APPLICATION OF INFORMATION TECHNOLOGY IN VOCATIONAL COLLEGES

高等职业院校信息技术应用“十三五”规划教材

计算机信息处理案例教程

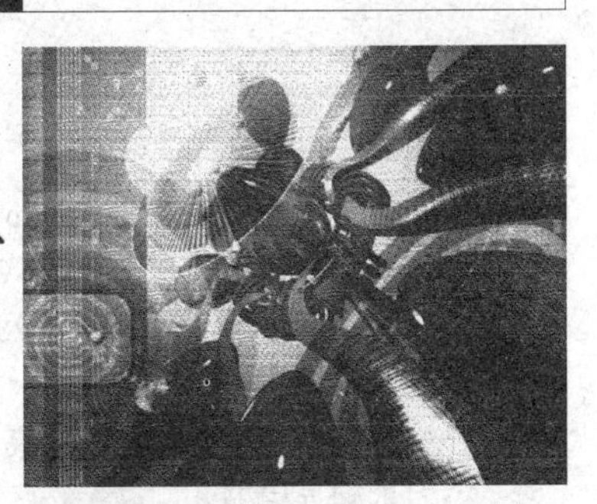

（Windows 7+Office 2010）

Computer Information Processing

杨家成 刘万授 许悦珊 ◎ 编著

人民邮电出版社

北京

图书在版编目（CIP）数据

计算机信息处理案例教程 : Windows 7+Office 2010/
杨家成，刘万授，许悦珊编著. -- 2版. -- 北京 : 人民
邮电出版社，2016.9（2018.6重印）
高等职业院校信息技术应用“十三五”规划教材
ISBN 978-7-115-43362-6

Ⅰ. ①计… Ⅱ. ①杨… ②刘… ③许… Ⅲ. ①
Windows操作系统－高等职业教育－教材②办公自动化－应
用软件－高等职业教育－教材 Ⅳ. ①TP316.7②TP317.1

中国版本图书馆CIP数据核字(2016)第204491号

内容提要

本书主要讲述了 Windows 7 操作系统、Office 2010 常用办公软件和计算机网络的应用。具体内容包括计算机基本知识、Windows 7 软件应用、Word 2010 软件应用、Excel 2010 电子表格、PowerPoint 2010 演示文稿、计算机网络应用。本教材的主要特点是“教、学、做”融为一体，强化学生计算机基本操作技能的培养。

本书适合作为高职高专院校各专业“计算机应用基础”课程的教材，也可作为计算机等级考试的辅导用书。

◆ 编　著 杨家成 刘万授 许悦珊
责任编辑 桑 珊
执行编辑 左仲海
责任印制 焦志炜

◆ 人民邮电出版社出版发行 北京市丰台区成寿寺路 11 号
邮编 100164 电子邮件 315@ptpress.com.cn
网址 http://www.ptpress.com.cn
北京隆昌伟业印刷有限公司印刷

◆ 开本：787×1092 1/16
印张：17 2016 年 9 月第 2 版
字数：424 千字 2018 年 6 月北京第 3 次印刷

定价：45.00 元

读者服务热线：(010)81055256 印装质量热线：(010)81055316
反盗版热线：(010)81055315

前　言

计算机信息处理能力是高职高专院校学生必备的能力。通过本课程的学习，学生应掌握基本的计算机知识，具有利用计算机进行收集、管理、发布信息的技能，具有综合应用计算机及计算机网络解决工作中实际问题的能力，具备在信息时代生存与发展的素养。

围绕上述目标，本教材着重培养学生的计算机信息处理能力，全书所涉及的计算机技能、知识点如下。

① 计算机基本知识。包括计算机系统、计算机网络等基本知识。

② 信息管理技能。包括操作与管理计算机，管理、压缩、备份文件，编辑文档，防治计算机病毒，管理电子表格，处理文档信息。

③ 信息发布技能。包括制作演示文稿，利用计算机网络传递信息等。

④ 信息收集技能。包括连接 Internet，利用 Internet 检索信息，通过 Internet 交流信息，下载网络资源等。

目前常用的办公自动化软件基本可以解决上述大部分问题，因此，本书的主要内容是 Windows 7 操作系统、Office 2010 常用办公软件和计算机网络的应用。在每章都有与技能点对应的实训题目或与工作过程密切相关的实训项目案例，借以消弭课堂与实际应用的差距。

为了帮助学生顺利通过计算机等级考试（一级），各部分的实验题目均根据计算机等级考试的大纲编写而成。

本书第 1 章、第 3 章由杨家成编写，第 2 章、第 5 章、第 6 章由刘万授编写，第 4 章由许悦珊编写。黄锡昌对本书的编写给予了支持和帮助。

由于编者水平有限，书中难免存在不足之处，敬请读者提出宝贵意见（xxjszyq@126.com）。

编者

2016 年 7 月

目 录 CONTENTS

第1章 计算机基本知识 1

第2章 Windows 7 软件应用 41

第3章 Word 2010软件应用 79

第4章 Excel 2010电子表格 138

PART 1 第1章 计算机基本知识

职业能力目标

本章主要介绍计算机的基础知识，要求掌握以下知识：

① 计算机的发展、特点及用途。

② 计算机的主要组成部件及各部件的主要功能。

③ 计算机的工作原理。

④ 计算机中使用的数制。

⑤ 多媒体计算机及计算机病毒常识。

1.1 认识计算机

1.1.1 计算机概述

世界上第一台电子计算机于1946年在美国宾夕法尼亚大学研制成功，名字叫ENIAC（Electronic Numerical Internal And Calculator）。此后，在半个多世纪的时间里，计算机的发展取得了令人瞩目的成就。电子计算机的产生和迅速发展是当代科学技术最伟大的成就之一。计算机从诞生到现在，已走过了60多年的发展历程，在这期间，计算机的系统结构不断发生变化，使用的软件也不断发展和丰富，毫不夸张地说，计算机已经成为日常工作和生活必不可少的一部分。

1．计算机的发展

电子计算机的发展阶段通常以构成计算机的电子器件来划分，至今已经经历了四代，正在向第五代过渡。每一个发展阶段在技术上都是一次新的突破，在性能上也都是一次质的飞跃。

第一代（1946～1958年）是电子管计算机，这时期的计算机使用的主要逻辑元件是电子管，因此也称为电子管时代。主存储器先采用延迟线，后采用磁鼓磁芯，外存储器使用磁带。软件方面，采用机器语言和汇编语言编写程序。这个时期计算机的特点是：体积庞大、运算速度低（一般每秒几千次到几万次）、成本高、可靠性差、内存容量小。这一代的计算机主要用于科学计算，从事军事和科学研究方面的工作，其代表机型有ENIAC、IBM650（小型机）、IBM709（大型机）等。

第二代（1959～1964 年）是晶体管计算机，这时期的计算机使用的主要逻辑元件是晶体管，因此也称为晶体管时代。主存储器采用磁心，外存储器使用磁带和磁盘。软件方面开始使用管理程序，后期甚至使用操作系统并出现了 FORTRAN、COBOL、ALGOL 等一系列高级程序设计语言。这个时期计算机的应用扩展到数据处理、自动控制等方面。计算机的运行速度已提高到每秒几十万次，体积大大减小，可靠性和内存容量也有较大的提高，其代表机型有 IBM7090、IBM7094、CDC7600 等。

第三代（1965～1970 年）是集成电路计算机，这时期的计算机用中小规模集成电路代替了分立元件，用半导体存储器代替了磁芯存储器，外存储器使用磁盘。软件方面，操作系统进一步完善，高级语言数量增多，出现了并行处理、多处理机、虚拟存储系统以及面向用户的应用软件。计算机的运行速度也提高到每秒几百万次，可靠性和存储容量进一步提高，外部设备种类繁多，计算机和通信密切结合起来，并广泛地应用到科学计算、数据处理、事务管理、工业控制等领域，其代表机器有 IBM360 系列、富士通 F230 系列等。

第四代（1971 年以后）是大规模和超大规模集成电路计算机。这时期的计算机主要逻辑元件采用大规模和超大规模集成电路，一般称为大规模集成电路时代。存储器采用半导体存储器，外存储器采用大容量的软、硬磁盘，并开始引入光驱。软件方面，操作系统不断发展和完善，同时扩展了数据库管理系统和通信软件等的功能。计算机的发展进入了以网络为特征的时代。其运行速度可达到每秒万亿次，计算机的存储容量和可靠性有了很大提高，功能更加完善。这个时期计算机的类型除小型、中型、大型机外，开始向巨型机和微型机（个人计算机）两个方面发展，使计算机开始进入办公室、学校和家庭。

随着超大规模集成电路技术的不断发展以及计算机应用领域的不断扩展，计算机的发展表现出了巨型化、微型化、网络化和智能化 4 种趋势。

① 巨型化。指发展高速度、大存储容量和强功能的超级巨型计算机，主要应用于天文、气象、原子和核反应等尖端科技。目前最快的超级巨型计算机的运算速度已超过每秒十万亿次。

② 微型化。指发展体积小、功耗低和灵活方便的微型计算机，主要应用于办公、家庭和娱乐等领域。

③ 网络化。指将分布在不同地点的计算机由通信线路连接到一起从而组成一个规模大、功能强的网络系统，可灵活方便地收集、传递信息，共享硬件、软件、数据等计算机资源。

④ 智能化。指发展具有人类智能的计算机，目前许多国家都在投入大量资金和人员研究这种具有更高性能的计算机。

2．计算机的分类

通常情况下计算机采用 3 种分类标准。

（1）按处理对象分类

计算机按处理对象的不同可分为电子模拟计算机、电子数字计算机和混合计算机。

① 电子模拟计算机所处理的电信号在时间上是连续的（称为模拟量），采用的是模拟技术。

② 电子数字计算机所处理的电信号在时间上是离散的（称为数字量），采用的是数字技术。计算机将信息数字化之后具有易保存、易表示、易计算、方便硬件实现等优点，所以数字计算机已成为信息处理的主流工具。通常所说的计算机都是指电子数字计算机。

③ 混合计算机是指将数字技术和模拟技术相结合的计算机。

（2）按性能规模分类

计算机按性能规模的不同可分为巨型机、大型机、中型机、小型机、微型机。

① 巨型机。研究巨型机（见图 1-1）是现代科学技术，尤其是国防尖端技术发展的需要。巨型机的特点是运算速度快、存储容量大，主要用于核武器、空间技术、大范围天气预报、石油勘探等领域。目前世界上只有少数几个国家能生产巨型机。我国自主研发的银河 I 型亿次机和银河 II 型十亿次机都是巨型机。

② 大型机。大型机的特点表现在通用性强，具有很强的综合处理能力，性能覆盖面广等方面，主要应用于公司、银行、政府部门、社会管理机构和制造厂等领域，通常人们称大型机为企业计算机。大型机在未来将被赋予更多的使命，如大型事务处理、企业内部的信息管理与安全维护、科学计算等（见图 1-2）。

图 1-1 巨型机

图 1-2 大型机

③ 中型机。中型机是介于大型机和小型机之间的一种机型。

④ 小型机。小型机规模小，结构简单，设计周期短，便于及时采用先进工艺。这类机器由于可靠性高，对运行环境要求低，易于操作且便于维护，所以更符合部门性的要求，常为中小型企事业单位所用，具有规模较小、成本低、维护方便等优点。

⑤ 微型机。微型机又称个人计算机（Personal Computer，PC），是日常生活中使用最多、最普遍的计算机，具有价格低廉、性能强、体积小、功耗低等特点。现在微型计算机已经进入千家万户，成为人们工作、生活的重要工具。随着微型计算机的不断发展，其又被分为台式机（见图 1-3）和便携机（又称为笔记本电脑，见图 1-4）。

图 1-3 台式机

图 1-4 便携机

（3）按功能和用途分类

计算机按功能和用途的不同可分为通用计算机和专用计算机。

通用计算机具有功能强、兼容性强、应用面广、操作方便等优点，通常使用的计算机都是通用计算机。

专用计算机一般功能单一、操作复杂，用于完成特定的工作任务。

3．计算机的特点

计算机作为一种通用的信息处理工具，具有极高的处理速度、很强的存储能力、精确的计算和逻辑判断能力，其主要特点如下。

（1）运算速度快

当今计算机系统的运算速度已达到每秒万亿次，微型机也可达到每秒亿次以上，使大量、复杂的科学计算问题得以解决。如卫星轨道的计算、大型水坝的计算等，过去人工计算需要几年甚至几十年的时间，而现在用计算机只需几天甚至几分钟即可完成。

（2）计算精确度高

科学技术的发展，特别是尖端科学技术的发展需要高度精确的计算。计算机控制的导弹之所以能准确地击中预定的目标，与计算机的精确计算密不可分。一般计算机可以有十几位甚至几十位（二进制）有效数字，计算精度可由千分之几到百万分之几，是其他计算工具望尘莫及的。

（3）具有记忆和逻辑判断能力

随着计算机存储容量的不断增大，可存储记忆的信息越来越多。计算机不仅能进行计算，而且能把参加运算的数据、程序以及中间结果和最后结果保存起来，以供用户随时调用；还可以对各种信息（如文字、图形、图像、音乐等）通过编码技术进行算术运算和逻辑运算，甚至进行推理和证明。

（4）有自动控制能力

计算机内部的操作是根据人们事先编好的程序自动进行的。用户根据解题需要，事先设计运行步骤与程序，计算机将严格按照程序设定的步骤操作，整个过程无须人工干预。

（5）可靠性高

随着微电子技术和计算机技术的发展，现代电子计算机连续无故障运行时间可达到几十万小时以上，具有极高的可靠性。例如，安装在宇宙飞船上的计算机可以连续几年时间可靠地运行。计算机在管理应用中也具有很高的可靠性，而人却很容易因疲劳而出错。另外，计算机对于不同的问题，只是执行的程序不同，因而具有很强的稳定性和通用性。用同一台计算机能解决各种问题，应用于不同的领域。

4．计算机的用途

计算机的应用已渗透到社会的各个领域，正在改变着人们的工作、学习和生活方式，推动着社会的发展。归纳起来，计算机的用途可分为以下几个方面：

（1）科学计算

科学计算也称数值计算。计算机最开始就是为解决科学研究和工程设计中遇到的大量数值计算而研制的工具。随着现代科学技术的进一步发展，数值计算在现代科学研究中的地位不断提高，在尖端科学领域中，显得尤为重要。例如，人造卫星轨迹的计算，房屋抗震强度的计算，火箭、宇宙飞船的研究设计都离不开计算机。

在工业、农业以及人类社会的各领域中，计算机的应用都取得了许多重大突破，就连我们每天收听收看的天气预报都离不开计算机的科学计算。

（2）信息处理

科学研究和工程技术会产生大量的原始数据，包括图片、文字、声音等，而信息处理就是对数据进行收集、分类、排序、存储、计算、传输、制表等操作。目前计算机的信息处理应用已非常普遍，如人事管理、库存管理、财务管理、图书资料管理、商业数据交流、情报检索、经济管理等。

信息处理已成为当代计算机的主要任务，是现代化管理的基础。据统计，全世界计算机用于信息处理的工作量占全部计算机应用的80%以上，大大提高了工作效率，提高了管理水平。

（3）自动控制

自动控制是指通过计算机对某一过程进行自动操作，无须人工干预，即可按预定的目标和状态进行过程控制。所谓过程控制就是对操作数据进行实时采集、检测、处理和判断，按最佳值进行调节的过程。目前被广泛用于操作复杂的钢铁、石油化工业、医药等工业生产中。使用计算机进行自动控制可大大提高控制的实时性和准确性，提高劳动效率和产品质量，降低成本，缩短生产周期。

计算机自动控制还在国防和航空航天领域中起着决定性作用，例如，对无人驾驶飞机、导弹、人造卫星和宇宙飞船等飞行器的控制，都是通过计算机实现的。可以说计算机是现代国防和航空航天领域的神经中枢。

（4）计算机辅助设计和辅助教学

计算机辅助设计（Computer Aided Design，CAD）是指借助计算机的帮助，来自动或半自动地完成各类工程设计工作。目前CAD技术已应用于飞机设计、船舶设计、建筑设计、机械设计、大规模集成电路设计等。在京九铁路的勘测设计中，使用计算机辅助设计系统绘制一张图纸仅需几个小时，而过去人工完成同样工作则要一周甚至更长时间。可见采用计算机辅助设计，可缩短设计周期，提高工作效率，节省人力、物力和财力，更重要的是提高了设计质量。CAD已得到各国工程技术人员的高度重视，有些国家已把CAD和计算机辅助制造（Computer Aided Manufacturing）、计算机辅助测试（Computer Aided Test）及计算机辅助工程（Computer Aided Engineering）组成一个集成系统，使设计、制造、测试和管理有机结合，形成高度自动化的系统，从而产生了自动化生产线和“无人工厂”。

计算机辅助教学（Computer Aided Instruction，CAI）是指用计算机来辅助完成教学计划或模拟某个实验过程。计算机可按不同要求，分别提供所需教材，还可以个别教学，及时指出其学生在学习中出现的错误，根据计算机对该生的测试成绩决定其学习能否从一个阶段进入另一个阶段。CAI不仅能减轻教师的负担，还能激发学生的学习兴趣，提高教学质量，为培养现代化高质量人才提供了有效方法。

（5）对人工智能的研究和应用

人工智能（Artificial Intelligence，AI）是指用计算机模拟人类某些智力行为的理论、技术和应用，是计算机应用的一个新的领域，这方面的研究和应用正处于发展阶段，在医疗诊断、定理证明、语言翻译、机器人等方面已取得显著成效。例如，用计算机模拟人脑的部分功能进行思维学习、推理、联想和决策，使其具有一定的“思维能力”。我国已成功开发一些中医专家诊断系统，可以模拟名医给患者诊病开方。

机器人是计算机人工智能的典型例子，其核心是计算机。第一代机器人是机械手；第二代机器人能够反馈外界信息，有一定的触觉、视觉、听觉；第三代机器人是智能机器人，具有感知和理解周围环境、使用语言、推理、规划和操纵工具的技能，能模仿人完成某些动作。

机器人不怕疲劳，精确度高，适应力强，现已开始用于搬运、喷漆、焊接、装配等工作中。机器人还能代替人在危险工作中进行繁重的劳动，如在有放射线、有毒、高温、低温、高压、水下等环境中工作。

（6）多媒体技术应用

随着电子技术特别是通信和计算机技术的发展，人们已经有能力把文本、音频、视频、动画、图形和图像等各种媒体综合起来，构成一种全新的概念——多媒体（Multimedia）。在医疗、教育、商业、银行、保险、行政管理、军事、工业、广播和出版等领域中，多媒体的应用发展很快。随着网络技术的发展，计算机的应用进一步深入到社会各行各业，通过信息网实现数据与信息的查询、高速通信服务（电子邮件、电视电话、电视会议、文档传输）、电子教育、电子娱乐、电子购物（通过网络选看商品、办理购物手续、质量投诉等）、远程医疗和会诊、交通信息管理等。计算机的应用将推动信息社会更快地向前发展。

（7）计算机网络

把计算机的超级处理能力与通信技术结合起来就形成了计算机网络。人们熟悉的全球信息查询、邮件传送、电子商务等都是由此实现的。计算机网络已进入到了千家万户，给人们的生活带来了极大的方便。

（8）电子商务

电子商务（E-Business）是指利用计算机和网络进行的商务活动，具体来说是指综合利用局域网（LAN）、企业内联网（Intranet）和因特网（Internet）进行商品与服务交易、金融汇兑、网络广告或提供娱乐节目等商业活动。交易的双方可以是企业与企业，也可以是企业与消费者。

电子商务旨在通过网络完成核心业务，改善售后服务，缩短周转周期，从有限的资源中获得更大的收益，从而达到销售商的目的。电子商务向人们提供新的商业机会、市场需求以及各种挑战。在一个拥有无数互联计算机的时代，电子商务的发展对于一个公司而言不仅仅意味着一个商业机会，还意味着一个新的全球性网络驱动经济的诞生。

1.1.2 计算机系统的组成

现在，计算机已发展成为一个庞大的家族，其中的每个成员，尽管在规模、性能、结构和应用等方面存在着很大的差别，但是其基本结构是相同的。计算机系统包括硬件系统和软件系统两大部分。硬件系统由中央处理器、内存储器、外存储器和输入/输出设备组成。软件系统分为两大类，即计算机系统软件和应用软件。

计算机通过执行程序而运行，工作状态下，软、硬件协同工作，两者缺一不可。计算机系统的组成框架如图 1-5 所示。

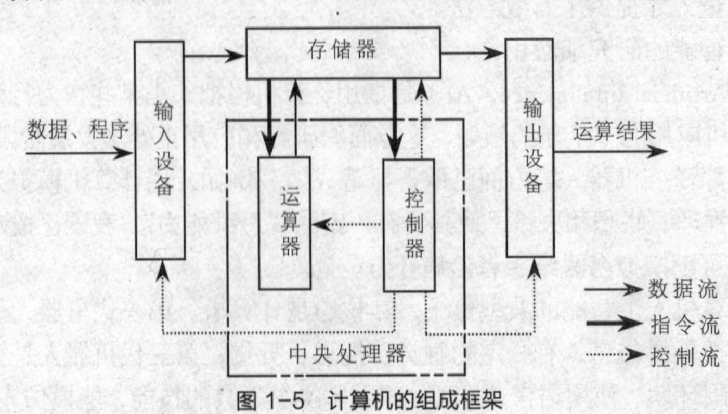

图 1-5 计算机的组成框架

1. **硬件系统**

硬件系统是构成计算机的物理装置，是指计算机中看得见、摸得着的有形实体。说到计算机的硬件系统，不能不提到美籍匈牙利科学家冯·诺依曼。从20世纪初，物理学和电子学科学家们就在争论制造可以进行数值计算的机器应该采用什么样的结构。人们被十进制这个人类习惯的计数方法所困扰，那时以研制模拟计算机的呼声更为响亮和有力。20世纪30年代中期，冯·诺依曼大胆提出，抛弃十进制，采用二进制作为数字计算机的数制基础，提出了存储程序概念，其主要内容为：数字计算机内部采用二进制存储和处理数据；人们事先将解决问题的程序存储到计算机内部；启动后计算机按照程序指令自动执行。从ENIAC到当前最先进的计算机都遵循该存储程序概念，所以冯·诺依曼是当之无愧的数字计算机之父。

根据冯·诺依曼提出的概念，计算机必须具有以下功能。

① 能够传送需要的程序和数据。

② 必须具有记忆程序、数据、中间结果及最终结果的能力。

③ 能够完成各种算术、逻辑运算和数据传送等数据加工处理的能力。

④ 能够根据需要控制程序走向，并能根据指令控制机器的各部件协调运作。

⑤ 能够按照要求将处理结果输出给用户。

为了完成上述功能，计算机必须具备五大基本组成部件，即输入数据和程序的输入设备、记忆程序和数据的存储器、完成数据加工处理的运算器、控制程序执行的控制器、输出处理结果的输出设备。

硬件是计算机运行的物质基础，计算机的性能如运算速度、存储容量、计算和可靠性等，很大程度上取决于硬件的配置。

仅有硬件而没有任何软件支持的计算机称为裸机。裸机只能运行用机器语言编写的程序，使用起来很不方便，效率也低，所以早期只有少数专业人员才能使用计算机。

计算机的硬件系统由主机和外部设备组成，主机由中央处理器（CPU）和内存储器构成，外部设备由输入设备（如键盘、鼠标等）、外存储器（如光盘、硬盘、U盘等）和输出设备（如显示器、打印机等）组成。计算机硬件结构如图1-6所示。

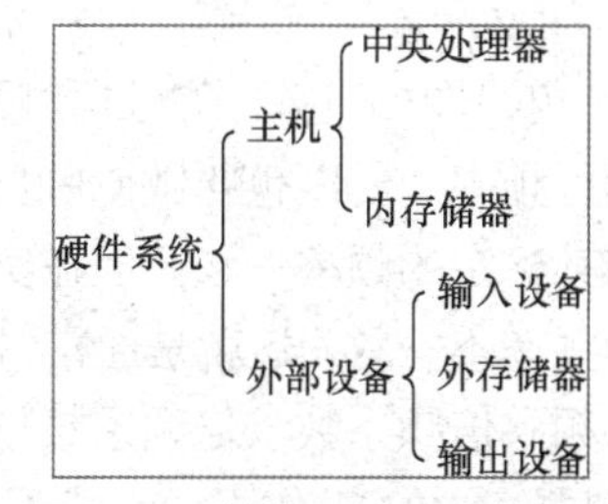

图1-6　计算机硬件系统的组成

微机与传统的计算机没有本质的区别，也是由运算器、控制器、存储器、输入和输出设备等部件组成。不同之处在于微机把运算器和控制器集成在一片芯片上，称之为中央处理器（CPU）。下面以微机为例说明计算机中各部分的作用。

（1）中央处理器

中央处理器（CPU）由控制器和运算器两部分组成。其中，运算器负责对数据进行算术和逻辑运算，控制器负责对程序所执行的指令进行分析和协调。中央处理器在很大程度上决定了计算机的基本性能，如平时所说的Pentium 4、Pentium 5等都是指中央处理器。CPU外形如图1-7所示。

近20多年中，CPU的技术水平飞速提高，在速度、功耗、体积和性价比方面平均每18个月就有一数量级的提高。最具代表性的产品是美国Intel公司的微处理器系列，先后有4004、4040、8080、8085、8086、8088、80286、80386、80486、Pentium（奔腾）、Pentium Ⅱ、Pentium Ⅲ、Pentium 4、Core（酷睿）、Core 2等系列产品，功能越来越强，工作速度越来越快，内部结构越来越复杂，每个微处理器包含的半导体电路元件也从两千多个发展到上亿个，如Core 2双核处理器在 143mm^2 的硅核芯片上集成了超过 2.91 亿个晶体管。

图 1-7　CPU 外形图

① CPU 字长。CPU 内部各寄存器之间一次能够传递的数据位，即在单位时间内（同一时间）能一次处理的二进制数的位数。CPU 内部有一系列用于暂时存放数据或指令的存储单元，称为寄存器。各个寄存器之间通过内部数据总线来传递数据，每条内部数据总线只能传递 1 个数据单元。该指标反映出 CPU 内部运算的速度和效率。

② 位宽。CPU 通过外部数据总线与外部设备之间一次能够传递的数据单元。

③ *x* 位 CPU。通常用 CPU 字长和位宽来称呼 CPU。例如，80286 CPU 的字长和位宽都是 16 位，则称为 16 位 CPU；80386 核查的字长是 32 位，位宽是 16 位，所以称为准 32 位 CPU；Pentium 系列的 CPU 字长是 32 位，位宽是 64 位，称为超 32 位 CPU。

④ CPU 前端总线（FSB）。CPU 外频也就是 CPU 总线频率，是由主板为 CPU 提供的基准时钟频率。正常情况下 CPU 总线频率和内存总线频率相同，所以当 CPU 外频提高后，与内存之间的交换速度也相应得到了提高，对提高计算机整体运行速度影响较大。早期的 CPU 前端总线与外频是一样的，但现在采用了特殊技术，使前端总线能够在一个时钟周期内完成 2 次甚至 4 次数据传输，因此相当于将前端总线频率提高了几倍。如 Pentium 4 的前端总线频率为 800MHz（200MHz×4），外频实为 200MHz，而最新的 CPU 前端总线可达 1.2GHz（300MHz×4），外频实为 300MHz。

⑤ CPU 主频。CPU 主频也叫工作频率，是 CPU 内核（整数和浮点运算器）电路的实际运行频率，所以也叫做 CPU 内频。从理论上讲，在主板上针对某 CPU 设置的工作频率应当与其标定的频率一致。但在实际使用过程中，允许用户为 CPU 设置的工作频率与 CPU 标定的频率不一致，这就是通常讲的超频使用。从 486DX2 开始，基本上所有的 CPU 主频都等于外频乘倍频系数。倍频系数与 CPU 的型号有关，如果不能准确地设置 CPU 的主频，就有可能导致 CPU 工作不稳定或不正常。

（2）存储器

存储器（Memory）具有记忆功能，是计算机用来存储信息的“仓库”。所谓“信息”是指计算机系统所要处理的数据和程序。程序是一组指令的集合。存储器可分为两大类：内存储器和外存储器。

CPU 和内存储器构成计算机主机。外存储器通过专门的输入/输出接口与主机相连。外存与其他的输入输出设备统称外部设备，如硬盘驱动器、软盘驱动器、打印机、键盘等都属外部设备。

现代计算机中内存普遍采取半导体元件，按其工作方式的不同，可分为动态随机存取器（DRAM）、静态随机存储器（SRAM）和只读存储器（ROM），DRAM 和 SRAM 都叫随机存储器（RAM）。对存储器存入信息的操作称为写入（Write），从存储器取出信息的操作称为读出（Read）。执行读出操作后，原来存放的信息并不改变，只有执行了写入操作，写入的信息才会取代原来的内容。随机存储器允许按任意指定地址的存储单元随机读出或写入数据，通常用来存储用户输入的程序和数据等。由于数据是通过电信号写入存储器的，因此在计算机断电后，RAM中的信息就会随之丢失。DRAM和SRAM断电后信息都会丢失，不同的是，DRAM存储的信息需要不断刷新，而SRAM存储的信息不需要刷新。ROM中的信息只可读出而不能写入，通常用来存放固定不变的程序。计算机断电后，ROM中的信息保持不变，重新接通电源后，信息依然可被读出。内存条外形如图1-8所示，其特点是存取速度快，可与CPU处理速度相匹配，但价格较贵，能存储的信息量较少。

为了便于对存储器内存放的信息进行管理，整个内存被划分成许多存储单元，每个存储单元都有一个编号，此编号称为地址（Address）。通常计算机按字节编址，地址与存储单元一一对应，是存储单元的唯一标志。存储单元的地址、存储单元和存储单元的内容是3个不同的概念。地址相当于旅馆的房间编号，存储单元相当于旅馆的房间，存储单元的内容相当于房间中的旅客。在存储器中，CPU对存储器的读写操作都是通过地址来进行的。

外存储器简称外存，又称辅助存储器，主要用于保存暂时不用但又需长期保留的程序或数据，如软盘、硬盘（见图1-9）、DVD盘（见图1-10）等。存放在外存中的程序必须调入内存才能运行，外存的存取速度相对来说较慢，但外存价格比较便宜，可保存的信息量大。常用的外存有磁盘、磁带、光盘等。

图1-8 内存条

图1-9 硬盘

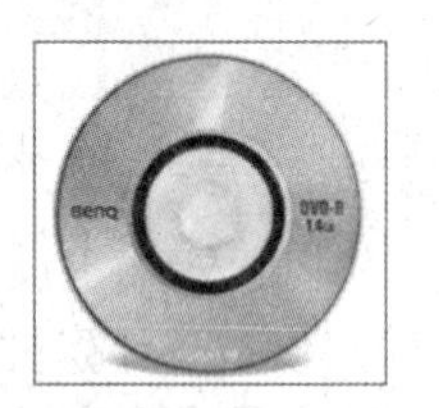

图1-10 DVD盘

目前使用最多的外存储器是磁表面存储器和光存储器两大类。磁表面存储器将磁性材料沉积在盘片基体上形成记录介质，在磁头与记录介质的相对运动中存取信息。现代计算机系统中使用的磁表面存储器有磁盘和磁带两种。常见的硬盘即是磁盘的一种，硬盘结构如图1-11所示。

用于计算机系统的光存储器主要是光盘（Optical Disk），现在通常称为CD（Compact Disk）。光盘用光学方式读写信息，存储的信息量比磁盘存储器的大得多，因此受到广大用户的青睐。

所有外部的存储介质（磁盘或磁带）都必须通过机电装置才能存取信息，这些机电装置称为“驱动器”，如常用的软盘驱动器、硬盘驱动器和光盘驱动器等。目前外存储器的容量不断增大，已从GB级扩展到TB级，还有海量存储器等。

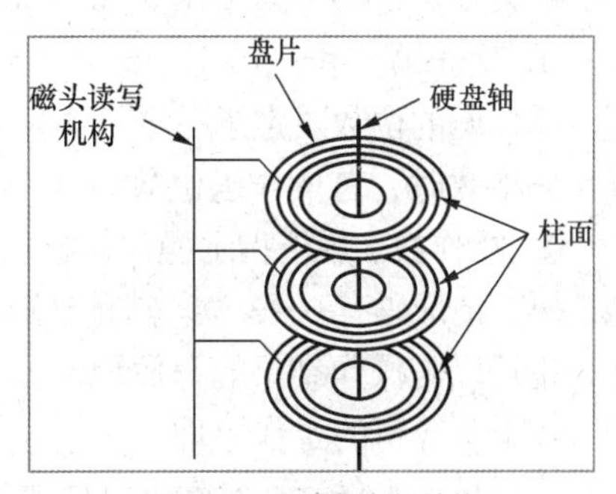

图1-11 硬盘内部结构

（3）输入设备

输入设备是将外界的各种信息（如程序、数据、命令等）送入到计算机内部的设备。常用的输入设备有键盘（见图1-12）、鼠标（见图1-13）、扫描仪、条形码读入器等。

图 1-12 键盘

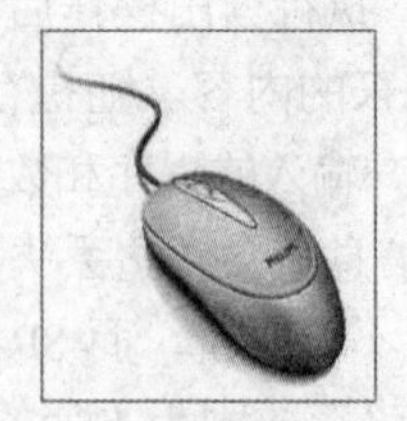

图 1-13 鼠标

（4）输出设备

输出设备是将计算机处理后的信息以人们能够识别的形式（如文字、图形、数值、声音等）进行显示和输出的设备。常用的输出设备有显示器（见图 1-14 和图 1-15）、打印机、绘图仪等。

图 1-14 阴极射线管显示器

图 1-15 液晶显示器

由于输入/输出设备大多是机电装置，有机械传动或物理移位等动作过程，相对而言，输入/输出设备是计算机系统中运转速度最慢的部件。

2. 计算机的基本工作原理

（1）计算机的指令系统

指令是能被计算机识别并执行的二进制代码，规定了计算机能完成的某一种操作。

一条计算机指令通常由两部分组成（见图 1-16）。

操作码	操作数

图 1-16 计算机指令

① 操作码。用于指明该指令要完成的操作，如存数、取数等。操作码的位数决定了一个机器指令的条数。当使用定长度操作码格式时，若操作码位数为 n，则指令条数可有 2^n 条。

② 操作数。用于指示操作对象的内容或者所在的单元格地址。操作数在大多数情况下是地址码，地址码有 0 ~ 3 位。从地址码得到的仅是数据所在的地址，可以是源操作数的存放地址，也可以是操作结果的存放地址。

（2）计算机的工作原理

计算机的工作过程实际上是快速地执行指令的过程。计算机工作时，有两种信息在流动，一种是数据流，另一种是控制流。

数据流是指原始数据、中间结果、最终结果、源程序等。控制流是由控制器对指令进行分析、解释后向各部件发出的控制命令，用于指挥各部件协调工作。

下面，以指令的执行过程来讲解计算机的基本工作原理。计算机的指令执行过程分为以下几个步骤。

① 取指令。从内存储器中取出指令送到指令寄存器。

② 分析指令。对指令寄存器中存放的指令进行分析，由译码器对操作码进行译码，将指令的操作码转换成相应的控制电信号，并由地址码确定操作数的地址。

③ 执行指令。由操作控制线路发出一系列完成该操作所需的控制信息，以完成该指令所需的操作。

④ 为执行下一条指令作准备。形成下一条指令的地址，然后指令计数器指向该地址，最后由控制单元将执行结果写入内存。

完成一条指令的执行过程叫做一个“机器周期”，如图 1-17 所示。

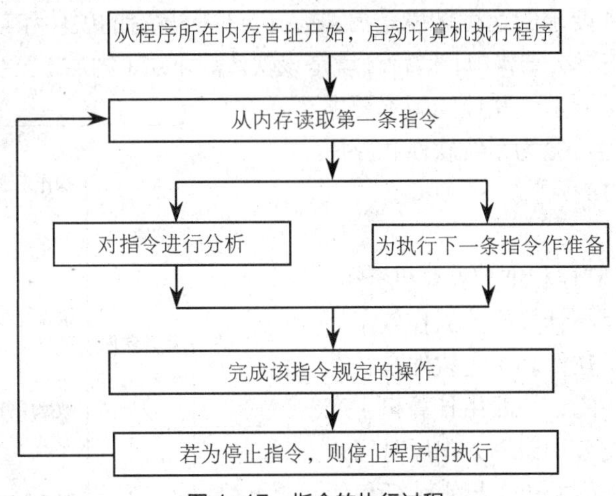

图 1-17 指令的执行过程

计算机在运行时，CPU 从内存读取一条指令到 CPU 内分析并执行，完成后，再从内存读取下一条指令。如此往复，便是程序的执行过程。

总之，计算机的工作就是自动连续地执行一系列指令，而程序开发人员的工作就是编程，然后通过运行程序使计算机工作。

3．软件系统

软件是计算机的灵魂，没有软件的计算机就如同没有磁带的录音机和没有录像带的录像机一样。使用不同的软件，计算机可以完成许许多多不同的工作。可以说，软件的安装使计算机具有了非凡的灵活性和通用性，也因此决定了计算机的任何动作都离不开由人安排的指令。人们针对某一需要而为计算机编制的指令序列称为程序。程序连同有关的说明资料称为软件。配上软件的计算机才成为完整的计算机系统。

随着计算机应用的不断发展，计算机软件在不断积累和完善的过程中，形成了极为宝贵的资源，在用户和计算机之间架起了桥梁，为用户的操作带来了极大的方便。

软件开发是个艰苦的脑力劳动过程，目前，软件生产的自动化水平还很低，所以许多国家投入大量人力从事软件开发工作。正是有了内容丰富、种类繁多的软件，使用户面对的不仅是一台由元器件组成的机器，而是包含许多软件的抽象的逻辑计算机（称之为虚拟机），这样，人们可以采用更加灵活、方便、有效的方式使用计算机。从这个意义上说，软件是用户与计算机的接口。

在计算机系统中，硬件和软件之间并没有一条明确的分界线。一般来说，任何一个由软件完成的操作也可以直接由硬件来实现，而任何一个由硬件执行的指令也能够用软件来完成。硬件和软件有一定的等价性，如图像的解压，以前的低档微机用硬件来完成，而现在的高档微机则用软件来实现。

软件和硬件之间的界线是经常变化的。使用时，要从价格、速度、可靠性等多种因素综合考虑，来确定哪些功能用硬件适合实现，哪些功能由软件适合实现。

计算机软件由程序和有关的文档组成。程序是指令序列的符号表示，文档是软件开发过程中建立的技术资料。程序是软件的主体，一般保存在存储介质（如硬盘、光盘等）中，以便在计算机上使用。文档对于使用和维护软件尤其重要，随着软件产品发布的文档主要是使用手册，其中包含该软件产品的功能介绍、运行环境要求、安装方法、操作说明和错误信息说明等内容。某个软件要求的运行环境是指其运行至少应具有的硬件和其他软件的配置，也就是说，在计算机系统层次结构中，运行环境是该软件的下层（内层）至少应具有的配置（包括对硬件的设备和指标要求、软件的版本要求等）。计算机软件按用途可分为系统软件和应用软件，其组成如图 1-18 所示。

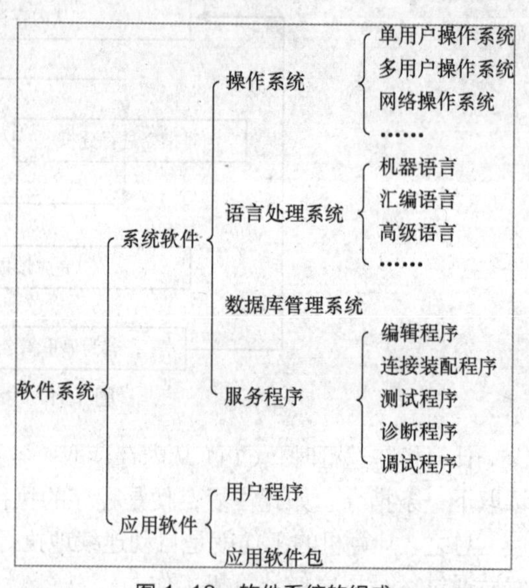

图 1-18　软件系统的组成

（1）系统软件

系统软件是管理、监控和维护计算机资源，扩大计算机的功能、提高计算机的工作效率、方便用户使用的计算机软件。系统软件是计算机正常运行所不可缺少的，一般由计算机生产厂家或专门的软件开发公司研制，出厂时写入 ROM 芯片或存入磁盘（供用户选购）。任何用户都要用到系统软件，其他程序都要在系统软件的支持下才能运行。

① 操作系统。操作系统是由指挥与管理计算机系统运行的程序模板和数据结构组成的一种大型软件系统，是最重要的系统软件。其功能是管理计算机的硬件资源和软件资源，为用户提供高效、周到的服务。操作系统与硬件关系密切，是建立在“裸机”上的第一层软件，其他软件绝大多数是在操作系统的控制下运行的，人们也是在操作系统的支持下使用计算机的。可以说，操作系统是硬件与软件的接口。

常用的操作系统有 DOS、Windows、UNIX Linux 和 OS/2。下面简单介绍这些操作系统的发展过程和功能特点。

- DOS 操作系统。DOS 操作系统最初是为 IBM PC 而开发的，因此该系统对硬件平台的要求很低。即使是 DOS 6.22 这样的高版本，在 640KB 内存、60MB 硬盘、80286 微处理器的环境下，也能正常运行。DOS 操作系统是单用户、单任务、字符界面的 16 位操作系统，因此，其对内存的管理仅局限于 640KB 的范围内。DOS 有 3 种不同的品牌，即 Microsoft 公司的 MS-DOS、IBM 公司的 PC-DOS 和 Novell 公司的 DR-DOS。这 3 种 DOS 系统既相互兼容，又互有区别。
- Windows 操作系统。Windows 操作系统是微软（Microsoft）公司在 1985 年 11 月发布的第一代窗口式多任务系统，由此使个人计算机进入了所谓的图形用户界面时代。在 1995 年，微软公司推出了 Windows 95 操作系统；在 1998 年，微软公司又推出了 Windows 95 的改进版 Windows 98 操作系统。该系统的一个最大特点就是集成了微软公司的 Internet 浏览器技术，使得访问 Internet 资源就像访问本地硬盘一样方便，从而更好地满足了人们越来越强烈的上网需求。Windows 95、Windows 98 操作系统都是单用户、多任务的 32 位操作系统。

在 2000 年到来之际，微软公司又推出了 Windows 2000 版本。该版本不仅吸取了 Windows 98 和 Windows NT 的许多精华之处，而且是 Windows 98 和 Windows NT 的更新换代产品。此后，Windows 不再有单用户和网络版之分，使用户能够在同一操作系统中，使用相同的、友好的界面处理不同的事务。Windows 2000 是一种多用户、多任务的操作系统。

之后，微软公司又推出了 Windows XP。该系统以 Windows 2000 的源代码为基础，继续保持其安全性、可靠性的优点。

2006 年年底，微软公司推出 Windows Vista，但由于该版本对硬件要求更高及用户使用习惯的原因，没有得到用户普遍的接受。2009 年 10 月，微软公司又推出 Windows 7，Windows 7 是目前操作系统中的主流。

- UNIX 操作系统。UNIX 最早由 Ken Thompson 和 Dennis Ritchie 等人于 1969 年在 AT&T 的贝尔实验室开发出来，由于 UNIX 具有技术成熟、结构简练、可靠性高、可移植性好、可操作性强、网络功能强、伸缩性突出和开放性好等特色，可满足各行各业的实际需要，特别能满足企业重要业务的需要，已经成为主要的工作站平台和重要的企业操作平台。它主要安装在巨型计算机、大型机上作为网络操作系统使用，也可用于个人计算机和嵌入式系统。经过长期的发展和完善，UNIX 已成长为一种主流的操作系统技术和基于这种技术的产品家族。常见版本包括：

AIX：这是一个由 IBM 公司主持研究的 UNIX 操作系统版本，它与 SVR4 兼容。主要是针对 IBM 的计算机硬件环境对 UNIX 系统进行了优化和增强。

HP-UX：是 HP 公司的 UNIX 系统版本，该系统是基于 UNIX System V 第 2 版开发的。它主要运行在 HP 的计算机和工作站上。

Solaris：原来称为 Sun OS，是 Sun 公司基于 UNIX System V 的第 2 版并结合 BSD 4.3 开发的。Solaris 2.4 上开发了许多图形用户界面的系统工具和应用程序，它主要应用在 Sun 的计算机和工作站上。

Linux：是 PC 上运行的一款类 UNIX 版本，该系统由芬兰的赫尔辛基大学计算机专业的学生 Linus Torvalds 的天才创意而来，借助于开源软件的发展机制成长起来。它发布后有许多操作系统爱好者对它进行了补充、修改和增强，目前已成为 PC 上一种十分流行的操作系统版本。

- OS/2 操作系统。OS/2 系统正是为 PS/2 系列机而开发的一款新型多任务操作系统。OS/2 克服了 640KB 主存的限制，具有多任务功能。1987 年 IBM 公司在激烈的市场竞争中推出了 PS/2（Personal System/2）个人计算机。该系列计算机突破了现行个人计算机的体系，采用了与其他总线互不兼容的微通道总线 MCA，并且 IBM 还自行设计了该系统的大部分零部件，以防止其他公司的仿制。

OS/2 的特点是采用图形界面，其本身是一种 32 位操作系统，不仅可以处理 32 位 OS/2 系统的应用软件，也可以运行 16 位 DOS 系统和 Windows 软件。OS/2 系统通常要求在 4MB 内存和 100MB 硬盘或更高的硬件环境下运行。硬件越高档，则系统运行就越加稳定。

② 语言处理系统。随着技术的发展，计算机经历了由低级向高级发展的历程，不同风格的计算机语言不断出现，逐步形成了计算机语言体系。用计算机解决问题时，人们必须首先

将解决该问题的方法和步骤按一定规则和序列用计算机语言描述出来，形成程序，计算机才可以按设定的步骤自动执行。

语言处理系统包括机器语言、汇编语言和高级语言。这些语言处理程序除个别常驻在ROM中可独立运行外，都必须在操作系统支持下运行。

- 机器语言。计算机中的数据都是用二进制数表示的，机器指令也是由一串“0”和“1”组成的不同二进制代码表示。机器语言是直接用机器指令作为语句与计算机交换信息的语言。

不同的机器，指令的编码不同，含有的指令条数也不同。指令的格式和含义是设计者规定的，一旦定案后，硬件逻辑电路就严格根据这些规定来设计和制造，而制造出的机器也只能识别这种二进制信息。

用机器语言编写的程序，计算机能识别，可直接运行，但程序容易出错。

- 汇编语言。汇编语言是由一组与机器指令一一对应的符号指令和简单语法组成的。汇编语言是一种符号语言，其将难以记忆和辨认的二进制指令码用有意义的英文单词（或缩写）作为辅助记忆符号，使之比机器语言前进了一大步。例如“ADD A, B”表示将A与B相加后存入B中，且能与机器指令01001001直接对应。但汇编语言与机器语言的一一对应仍需紧密依赖硬件，程序的可移植性差。

用汇编语言编写的程序称为汇编语言源程序。经汇编程序翻译后得到的机器语言程序称为目标程序。由于计算机只能识别二进制编码的机器语言，因此无法直接执行用汇编语言编写的程序。汇编语言源程序要由一种“翻译”程序来将其翻译为机器语言程序，这种翻译程序称为编译程序。汇编程序是系统软件的一部分。

- 高级语言。高级语言比较接近日常用语，对机器依赖性低，是适用于各种机器的计算机语言。用机器语言或汇编语言编程，因与计算机硬件直接相关，编程困难且通用性差，因此人们迫切需要与具体的计算机指令无关、表达方式更接近于被描述的问题、更易被人们掌握和书写的语言，于是，高级语言应运而生。

用高级语言编写的程序称为高级语言源程序，经语言处理程序翻译后得到的机器语言程序称为目标程序。计算机无法直接执行用高级语言编写的程序，高级语言程序必须翻译成机器语言程序才能执行。高级语言程序的翻译方式有两种：一种是编译方式，另一种是解释方式。相应的语言处理系统分别称为编译程序和解释程序。

在解释方式下，不生成目标程序，而是对源程序执行的动态顺序进行逐句分析，边翻译边执行，直至程序结束。在编译方式下，源程序的执行分成两个阶段：编译阶段和运行阶段。通常，经过编译后生成的目标代码尚不能直接在操作系统下运行，还需经由连接为程序分配内存后才能生成真正的可执行程序。

高级语言不再面向机器而是面向解决问题的过程以及现实世界的对象。大多数高级语言采用编译方式处理，因为该方式执行速度快，而且一旦编译完成后，目标程序可以脱离编译程序而独立存在，所以能被反复使用。面向过程的高级语言种类很多，比较流行的有BASIC、Pascal和C语言等。某些适合于初学者的程序，如BASIC语言及许多数据库语言则采用解释方式。

1980年左右开始提出的“面向对象（Object-Oriented）”概念是相对于“面向过程”的一次革命。专家预测，面向对象的程序设计思想将成为今后程序设计语言发展的主流。如C++、Java、Visual Basic、Visual C等都是面向对象的程序设计语言。“面向对象”不仅作为一种语言，而且作为一种方法贯穿于软件设计的各个阶段。

③ 数据库管理系统。数据库是将具有相互关联的数据以一定的组织方式存储起来，形成的相关系列数据的集合。数据库管理系统就是在具体计算机上实现数据库技术的系统软件。计算机在信息管理领域中日益广泛深入的应用，产生和发展了数据库技术，随之出现了各种数据库管理系统（Data Base Management System，DBMS）。

DBMS 是计算机实现数据库技术的系统软件，是用户和数据库之间的接口，是帮助用户建立、管理、维护和使用数据库进行数据管理的一种软件系统。

目前已有不少商品化的数据库管理系统软件，例如，Oracle、Visual FoxPro 等都是在不同的系统中获得广泛应用的数据库管理系统。

④ 服务程序。现代计算机系统提供多种服务程序，这些程序作为面向用户的软件，可供用户共享，方便用户使用计算机和管理人员维护管理计算机。

常用的服务程序有编辑程序、连接装配程序、测试程序、诊断程序、调试程序等。

- 编辑程序（Editor）：该程序使用户通过简单的操作就可以建立、修改程序或其他文件，并提供方便的编辑条件。
- 连接装配程序（Linker）：该程序可以把几个独立的目标程序连接成一个目标程序，且需要与系统提供的库程序相连接，才能得到一个可执行程序。
- 测试程序（Checking Program）：该程序能检查出程序中的某些错误，方便用户进行排除。
- 诊断程序（Diagnostic Program）：该程序能方便用户维护计算机，检测计算机硬件故障并对其定位。
- 调试程序（Debug）：该程序能帮助用户在源程序执行状态下检查错误，并提供在程序中设置断点、单步跟踪等方法。

（2）应用软件

应用软件是为了解决计算机各类问题而编写的程序，它是在硬件和系统软件的支持下，面向具体问题和具体用户的软件，分为应用软件包与用户程序。

① 应用软件包。应用软件包是为实现某种特殊功能而精心设计开发的结构严密的独立系统，是一套满足许多同类应用的用户所需要的软件。通常是由专业软件人员精心设计的，为广大用户提供的方便、易学、易用的应用程序，帮助用户完成相应的工作。目前常用的软件包有字处理软件、表处理软件、会计电算化软件、绘图软件、运筹学软件包等。如 Microsoft 公司生产的 Office 2010 应用软件包，包含 Word 2010（文字处理）、Excel 2010（电子表格）、PowerPoint 2010（演示文稿）等软件，实现了办公自动化。

② 用户程序。用户程序是用户为了解决特定的具体问题而开发的软件。充分利用计算机系统的已有软件，同时在应用软件包的支持下可以更加方便、有效地研制用户专用程序。如各种票务管理系统、人事管理系统和财务管理系统等。

系统软件和应用软件之间并不存在明显的界限。随着计算机技术的发展，各种各样的应用软件有了许多共同之处，把这些共同的部分抽取出来，形成一个通用软件，就成为了系统软件。

1.1.3 微型计算机接口

微型计算机（Micro Computer）简称微机，又称为个人计算机（Personal Computer，PC）。

目前家庭、办公所用的计算机多为微型计算机，这类计算机除了符合计算机的硬件组成特征外，还具有一些自身的特点，本节介绍它与外界进行数据交换的相关设备。

1．微机接口概述

接口是 CPU 与 I/O 设备的桥梁，起着信息转换和匹配的作用，也就是说，接口电路是处理 CPU 与外部设备之间数据交换的缓冲器。接口电路通过总线与 CPU 相连。由于 CPU 同外部设备的工作方式、工作速度、信号类型等都不同，所以必须通过接口电路的变换使两者匹配起来。

（1）接口的作用

原始数据或源程序要通过接口从输入设备进入微机，而运算结果也要通过接口向输出设备送出去，控制命令也是通过接口发出去的——这些来往的信息都通过接口进行交换与传递。用户从键盘输入的信息只有通过微机的处理才能显示或打印。只有通过接口电路，硬盘才可以极大地扩充微机的存储空间。

接口电路的作用，就是将微机以外的信息转换成与微机匹配的信息，使信息能够被有效地传递和处理。

由于微机的应用越来越广泛，要求与微机接口的外围设备越来越多，信息的类型也越来越复杂。微机接口本身已不是一些逻辑电路的简单组合，而是采用硬件与软件相结合的方法，因此接口技术是硬件和软件的综合技术。

（2）总线

总线是连接计算机 CPU、主存储器、辅助存储器、各种输入输出设备的一组物理信号线及相关控制电路，是计算机中各部件传输信息的公共通道。

微型计算机系统大多采用总线结构，这种结构的特点是采用一组公共的信号线作为微机各部件之间的通信线。

外部设备和存储器都是通过各自的接口电路连接到微机系统总线上的。因此，用户可以根据需要，配置相应的接口电路，将不同的外部设备连接到系统总线上，从而构成不同用途、不同规模的系统。

微机系统的总线大致可分为以下几种。

① 地址总线（Address Bus，AB）。微机用来传送地址的信号线，其数目决定了直接寻址的范围。例如，16 根地址线可以构成 2^{16}=65536 个地址，可直接寻址 64KB 地址空间；24 根地址线则可直接寻址 16MB 地址空间。

② 数据总线（Data Bus，DB）。微机用来传送数据和代码的总线，一般为双向信号线，可以进行两个方向的数据传送。

数据总线可以从 CPU 送到内存或其他部件，也可以从内存或其他部件送到 CPU。通常，数据总线的位数与微机的字长相等。例如，32 位的 CPU 芯片，其数据总线也是 32 位。

（3）控制总线（Control Bus）

控制总线（CB）用来传送控制器发出的各种控制信号。其中包括用来实现命令、状态传送、中断请求、直接对存储器存取的控制，以及供系统使用的时钟和复位信号等。

当前微型计算机系统普遍采用总线结构的连接方式，各部分以同一形式排列在总线上，结构简单，易于扩充。微型计算机的总线结构如图 1-19 所示。

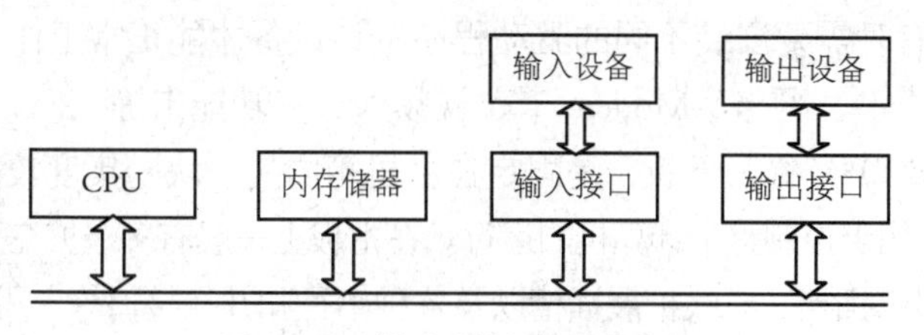

图 1-19　微型计算机的总线结构

2．标准接口

操作系统一般都可识别标准接口，插入有关的外部设备，马上就可以使用，真正做到了“即插即用”。微机中的标准接口一般包括键盘与显示器接口、并行接口、串行接口、PS/2 接口和 USB 接口等。

（1）键盘与显示器接口

在微型计算机系统中，键盘和显示器是必不可少的输入输出设备，因此在微机主板上提供了键盘与显示器的标准接口。

（2）并行接口

由于现在大多微机系统均以并行方式处理数据，所以并行接口也是最常用的接口电路。将一个字符的 n 个数位用 n 条线同时传输的机制称为并行通信。例如一次同时传送 8 位、16 位或 32 位数据，实现并行通信的接口就是并行接口。在实际应用中，凡在 CPU 与外设之间需要两位以上信息传送时，就要采用并行接口，例如打印机接口、A/D（Analog To Digit）与 D/A（Digit To Analog）转换器接口、开关量接口、控制设备接口等。

并行接口具有传输速度快、效率高等优点，适用于数据传输率要求较高而传输距离较近的场合。

（3）串行接口

许多 I/O 设备与 CPU 之间，或计算机与计算机之间的信息交换，是通过一对导线或通信通道来传送的。这时，每一次只传送一位信息，每一位都占据一个规定长度的时间间隔，这种数据一位一位按顺序传送的通信方式称为串行通信，实现串行通信的接口就是串行接口。

与并行通信相比，串行通信具有传输线少、成本低的优点，特别适合于远距离传送，但缺点是速度慢，若并行传送 n 位数据需要时间 t，则串行传送需要的时间至少为 nt。

串行通信之所以被广泛采用，其中一个主要原因是可以使用现有的电话网进行信息传送，即配置一部调制解调器，远程通信就可以在电话线上进行。这不但降低了通信成本，而且免除了架设线路等繁杂工作。

微机主板上提供了 COM1 和 COM2 两个现成的串行接口。早期的鼠标、显示终端就连接在这种串行口上，而目前流行的 PS/2 鼠标连接在主板的 PS/2 接口上。

（4）USB 接口

通用串行总线（USB）是一种新型接口标准。随着计算机应用的发展，外设越来越多，使得计算机本身所带的接口不够使用。USB 可以简单地解决这一问题，计算机只需通过一个 USB 接口，即可串接多种外设（如数码相机、扫描仪等）。用户现在经常使用的 U 盘（或称 USB 闪存盘）就是连接在 USB 接口上的。

3．扩展接口

操作系统一般不能识别扩展接口，需要安装相应的驱动程序。若是同一种外部设备，在不同的操作系统中有时需要安装不同的驱动程序，该设备才能正常工作。微机中的扩展槽接口一般有显示卡、声卡、网卡、Modem 卡、视频卡、多功能卡等。

主板（见图 1–20）又称为母版，是固定在主机箱内的一块密集度较高的集成电路板，是计算机的核心部件，用于控制整个计算机的运行。在主板上一般有多个扩充插槽，主要包括 CPU 插座、内存插槽、显卡插槽、总线扩展插槽以及各种串行和并行接口等，用于插入适配器（也称各种接口板）。适配器是为了驱动某种外设而设计的控制电路，通常插在主板的扩展槽内，通过总线与 CPU 相连。

① 显示接口卡（见图 1–21）。又称显示适配器，显示器配置卡，简称为显卡，用于连接显示器。

图 1–20 主板

图 1–21 显卡

② 存储器扩充卡。用于扩充微机的存储容量。

③ 串行通信适配器。用于连接与计算机通信有关的设备，如绘图仪等。

④ 多功能卡。为了简化系统接口，多功能卡是将多种功能的电路集成在一块电路板上的复合插卡。多功能卡的品种很多，现在微机上流行的多功能卡可以将软盘适配器电路，硬盘适配器电路，并行打印接口，串行通信接口 COM1 和 COM2，以及游戏接口这五大电路集成为一个接口，称为“超级多功能卡”。

⑤ 其他卡。如声卡、Modem 卡、网卡、视频卡等。

4．计算机外设简介

（1）键盘

键盘是计算机最常用的输入设备之一，其作用是向计算机输入命令、数据和程序。键盘由一组按阵列方式排列的按键开关组成，按下一个键，相当于接通一个开关电路，将该键的位置码通过接口电路送入计算机。

键盘根据按键的触点结构分为机械触点式键盘、电容式键盘和薄膜式键盘 3 种。键盘由导电橡胶和电路板的触点组成。

机械键盘的工作原理是：按键按下时，导电橡胶与触点接触，开关接通；按键松开时，导电橡胶与触点分开，开关断开。

目前，计算机上使用的键盘都是标准键盘（101 键、103 键等），键盘分为 4 个区：功能键区、标准打字键区、数字键区和编辑键区，如图 1–22 所示。

图1-22　101键键盘

① 标准打字键区。通常，主键盘与英文打字机的键盘相似，包括字母键、数字键、符号键和控制键等。

- 字母键：印有对应的某一英文字母，有大小写之分。
- 数字键：下档字符为数字，上档字符为符号。
- "Shift"键：换挡键（上档键），用来选择某键的上档字符或改变大小写。操作方法是：先按住"Shift"键不放再按具有上下档符号的键，则输入该键的上档字符，否则输入该键的下档字符；按住"Shift"键不放再按字母键时，输入与当前大小写状态相反的字母。
- "CapsLock"键：大小写字母锁定键。若原输入的字母为小写（或大写），按一下此键后，再次输入的字母即为大写（或小写）。此键与数字键区上面的 CapsLock 指示灯相关联，灯亮为大写状态，灯灭为小写状态。
- "Enter"：回车键，按此键表示结束一命令行。每输入完一行程序、数据或一条命令，均需按此键通知计算机。
- "Backspace"键：退格键。按下此键，可删除光标左边的字符。
- "Space"键：空格键，每按一次产生一个空格。
- "PrtSc"（或 Printscreen）键：屏幕复制键。利用此键可以实现将屏幕上的内容在打印机上输出。方法为：打开打印机电源并将其与主机相连，再按此键即可。
- "Ctrl"和"Alt"键：功能键。一般需要和其他键搭配使用才能起到特殊作用。
- "Esc"键：功能键，一般用于退出某一环境或废除错误操作，在各个软件应用中，都有特殊作用。
- "Pause"/"Break"键：暂停键。一般用于暂停某项操作，或中断命令、程序的运行（一般与"Ctrl"键配合使用）等。

② 数字键区。小键盘上的10个键都印有上档字符（数字0~9及小数点）和相应的下档字符（Ins、End、↓、PgDn、←、→、Home、↑、PgUp、Del）。上档字符全为数码，下档字符用于控制全屏幕编辑时的光标移动。

小键盘上的数码键相对集中，方便用户大量输入数字。"NumLock"键是数字小键盘锁定键，当 NumLock 指示灯亮时，上档字符即数字字符起作用；当指示灯灭时，光标控制字符键起作用。

③ 功能键区。功能键一般设置成常用命令的快捷键，即按某个键就是执行某条命令或完成某个功能，如 Windows 操作系统中按下“F1”键可启用帮助功能。在不同的应用软件中，相同的功能键往往具有不同的功能。

④ 编辑键区。主要用于控制光标的移动及翻页，功能与数字键区的光标控制功能相同。此外，此区还有两个键：“Insert”键用于切换键盘的插入/改写状态；“Delete”键用于删除光标右边的字符。

“Backspace”键删除的是光标左边的字符。

（2）鼠标

鼠标是一种输入设备。由于其使用方便，几乎取得了和键盘同等重要的地位。常见的鼠标有机械式和光电式两种。

机械式鼠标底部有一个小球，当手持鼠标在桌面上移动时，小球也相对转动，通过检测小球在两个垂直方向上移动的距离，并将其转换为数字量送入计算机进行处理。在光电鼠标内部有一个发光二极管，通过该发光二极管发出的光线，照亮光电鼠标底部表面（这就是为什么鼠标底部总会发光的原因）。然后将光电鼠标底部表面反射回的部分光线，经过一组光学透镜传输到一个光感应器件（微成像器）内成像。当光电鼠标移动时，其移动轨迹便会被记录为一组高速拍摄的连贯图像。最后利用光电鼠标内部的一块专用图像分析芯片（DSP，即数字微处理器）对移动轨迹上摄取的一系列图像进行处理，通过分析图像上特征点位置的变化，来判断鼠标移动的方向和距离，从而完成光标的定位。机械式鼠标的移动精度一般不如光电式鼠标。

鼠标有 3 个按键或 2 个按键，各按键的功能可以由所使用的软件来定义，在不同的软件中使用鼠标，其按键的作用可能不相同。一般情况下最左边的按键定义为拾取。使用时，通常先移动鼠标，使屏幕上的指针移动至某一位置上，然后再通过鼠标上的按键来确定所选项目或完成指定的功能。

（3）打印机

打印机是计算机系统重要的文字和图形输出设备，使用打印机可以将需要的文字或图形从计算机中输出，显示在各种纸张上。打印机是电子计算机系统最基本的输出形式，是独立于系统本身而存在的。相对电子计算机的历史，打印机及印刷技术的历史要悠久得多。据有关资料介绍，世界上第一台真正意义上的带活动机械的打印机是 John Gutenberg 于 1463 年发明的。

打印机的种类很多，目前常见的有点阵击打式和点阵非击打式两种。击打式常见的有针式打印机（见图 1-23），它由打印头、字车机构、色带机构、输纸机构和控制电路组成，打印头由若干根钢针构成，通过它们击打色带，从而在同步旋转的打印纸上打印出点阵字符。在汉字的输入中一般用 24 针打印机。

非击打式又分为喷墨打印机（见图 1-24）和激光打印机（见图 1-25）。喷墨式打印机通过向打印机的相应位置喷射墨水点来实现图像和文字的输出。其特点是噪声低、速度快。激光打印机则利用电子成像技术进行打印。当调制激光束在硒鼓下沿轴向进行扫描时，按点阵组字的原理使鼓面感光，构成负电荷阴影。当鼓面经过带正电荷的墨粉时，感光部分就吸附上墨粉，然后将墨粉转印到纸上，纸上的墨粉经加热熔化形成永久性的字符和图形。其特点是速度快、无噪声、分辨率高。喷墨式打印机和激光打印机的输出质量都比较高。

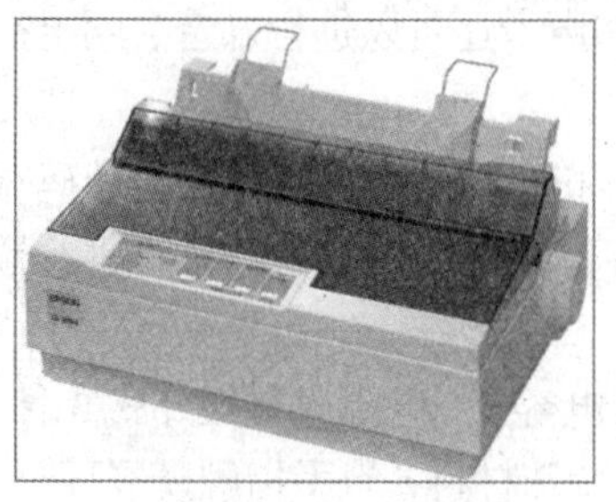

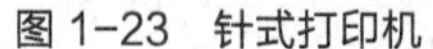
图 1-23　针式打印机

图 1-24　喷墨打印机

图 1-25　激光打印机

（4）扫描仪

扫描仪（见图 1-26）是计算机的图像输入设备，可以利用光学扫描原理从纸介质上“读出”照片、文字或图形，把信息送入计算机进行分析处理。随着性能的不断提高和价格的大幅度降低，其被越来越多地应用于广告设计、出版印刷、网页设计等领域。按感光模式，扫描仪可分为滚筒式扫描仪（CIS）和平板扫描仪（CCD）。

图 1-26　扫描仪

平板式扫描仪的工作原理是：将原图放置在一块很干净的有机玻璃板上，原图不动，而光源系统通过传动机构水平移动，发射出的光线照射在原图上，再经过反射或透射，由接收系统接收并生成模拟信号，通过模数转换器（ADC）转换成数字信号后，直接传送至计算机，由计算机进行相应的处理，完成扫描过程。

（5）Modem

Modem 是 Modulator（调制器）与 Demodulator（解调器）的简称，中文称为调制解调器（见图 1-27），也有人根据 Modem 的谐音，将之亲昵地称为“猫”。Modem 由发送、接收、控制、接口、操控面板及电源等部分组成。数据终端设备以二进制串行信号形式提供发送的数据，经接口转换为内部逻辑电平送入发送部分，经调制电路调制成线路要求的信号后向线路发送。接收部分接收来自线路的信号，经滤波、解调、电平转换后还原成数字信号送入终端设备。由于计算机内的信息是由“0”和“1”组成的数字信号，而电话线只能传递模拟电信号。于是，当两台计算机要通过电话线进行数据传输时，就需要一个设备来负责数模的转换，这个数模转换器就是 Modem。

图 1-27　Modem

Modem 根据外形和安装方式可分为 4 种，即外置式 Modem、内置式 Modem、PCMCIA 插卡式 Modem 和机架式 Modem。

（6）其他输入设备

常见的其他输入设备还有光笔、条形码读入器、麦克风、数码相机、触摸屏等。

① 光笔。光笔是专门用来在屏幕上作图的输入设备，配合相应的硬件和软件可以实现在屏幕上作图、改图及图形放大等操作。

② 条形码读入器。条形码是一种用线条和线条间的间隔按一定规则表示数据的条形符号。条形码读入器具有准确、可靠、实用、输入速度快等优点，广泛用于商场、银行、医院

等单位。

③ 麦克风。利用麦克风可以进行语音输入，利用麦克风和声卡还可以进行录音、网上交流等工作。

④ 数码相机。数码相机是一种无胶片相机，是集光、电、机于一体的电子产品。数码相机集成了影像信息的转换、存储、传输等部件，具有数字化存储功能，能够与计算机进行数字信息的交互处理。

⑤ 触摸屏。触摸屏是一种快速实现人机对话的工具，分为电容式、电阻式和红外式 3 种。其基本原理是在荧光屏前安装一块特殊的玻璃屏，其反面涂有特殊材料，当手指触摸屏幕时，引起触点正、反面间电容或电阻值发生变化，再由控制器将这种变化翻译成（x，y）坐标值，送到计算机中。

1.1.4 微型计算机的配置示例

无论是什么品牌和型号的微型计算机，其主要组成部分都是相似的，因此其基本配置也相似。了解微型计算机的基本配置可以考虑：制造商、型号、机箱样式、CPU 型号、内存、主板、显卡、显示器、硬盘、光驱、声卡、网卡、鼠标、键盘等。不必全部了解这些项目，只要抓住几个主要的配置就可以判断机器的性能。

表 1-1 列出了联想 YOGA 700-14-IFI 笔记本电脑的基本硬件、软件配置。

表 1-1 联想 YOGA 700-14-IFI

颜色	皓月银
平台	Intel
处理器	
CPU 类型	智能英特尔®酷睿 Broadwell 双核处理器 i5-6200U
CPU 速度	2.3GHz，超频至 2.7GHz
三级缓存	3M
核心	双核
CPU 型号	i5-6200U
操作系统	
操作系统	Windows 10 家庭版
显示器	
屏幕尺寸	14 英寸
显示比例	宽屏 16：9
物理分辨率	1920×1080
屏幕类型	IPS 广视角炫彩屏，支持十点触控
显卡	
类型	独立显卡
显示芯片	NVIDIA GeForce GT 940M
显存容量	2GB

续表

硬盘	
硬盘容量	256G SSD 极速固态硬盘
内存	
内存容量	8GB
内存类型	DDR3L
插槽数量	板载
光驱	
光驱类型	无光驱
通信	
内置蓝牙	蓝牙 4.0
局域网	无
无线局域网	INTEL 1*1 AC 无线网卡
内置 3G	无
端口	
USB2.0	USB2.0*1 个
音频端口	支持立体声的耳机、音频输出整合插孔
显示端口	Micro HDMI 高清接口
USB3.0	USB3.0*2 个
音效系统	
内置麦克风	全阵列式抗噪麦克风
输入设备	
触摸板	十点触控
其他设备	
读卡器	多合一读卡器
摄像头像素	HD 720p 高清摄像头
电源	
电池	4CELL 电池
电源适配器	45W
续航时间	6 小时续航（根据不同使用环境续航时间会有变化）
特性	
特性描述	手势控制、语音控制

1.2 信息表示与存储

人类用文字、图表、数字表达和记录着各种各样的信息，以便于人们用来处理和交流。

信息量的庞大势必为存储带来麻烦。现在可以把这些信息都输入到计算机中，由计算机来保存和处理。前面提到，当代冯·诺依曼型计算机都使用二进制来表示数据，本节所要讨论的就是如何用二进制来表示这些数据。

1.2.1 计算机中的数据

数据是指能够输入计算机并被计算机处理的数字、字母和符号的集合。平常所看到的景象和听到的声音，都可以用数据来描述。可以说，只要计算机能够接收的信息都可以叫做数据。经过收集、整理和组织起来的数据，能成为有用的信息。

1. 计算机中数据的单位

在计算机内部，数据都是以二进制的形式存储和运算的。计算机数据的表示经常用到以下几个概念。

（1）位

二进制数据中的位（bit），音译为比特，是计算机存储数据的最小单位。一个二进制位只能表示 0 或 1 两种状态，要表示更多的信息，就要把多个位组合成一个整体，一般以 8 位二进制表示一个基本单位。

（2）字节

字节（Byte）是计算机数据处理的最基本单位，简记为 B，规定一个字节为 8 位，即 1B=8bits。每个字节由 8 个二进制位组成。一般情况下，一个 ASCII 码占用一个字节，一个汉字国际码占用两个字节。

（3）字

一个字通常由若干个字节组成。字（Word）是计算机进行数据处理时，一次存取、加工和传送的数据长度。由于字长是计算机一次所能处理信息的实际位数，决定了计算机数据处理的速度，所以，字长是衡量计算机性能的一个重要指标，字长越长，性能越好。

（4）数据的换算关系

1Byte = 8bits，1KB = 1024B，1MB = 1024KB，1GB = 1024MB，1TB = 1024GB。

计算机型号不同，其字长是不同的，常用的字长有 8 位、16 位、32 位和 64 位。一般情况下，IBM PC/XT 的字长为 8 位，80286 微机字长为 16 位，80386/80486 微机字长为 32 位，Pentium 系列微机字长为 64 位。

例如，一台微机，内存为 256MB，软盘容量为 1.44MB，硬盘容量为 80GB，则其实际的存储字节数分别为

内存容量 = 256 × 1024 × 1024B = 268435456B

软盘容量 = 1.44 × 1024 × 1024B = 1509949.44B

硬盘容量 = 80 × 1024 × 1024 × 1024B = 85899345920B

如何表示正负和大小，在计算机中采用什么计数制，是计算机学习的重要问题。数据是计算机处理的对象，在计算机内部，各种信息都必须通过数字化编码后才能进行存储和处理。

由于技术原因，计算机内部一律采用二进制，而人们在编程中经常使用十进制，有时为了方便还采用八进制和十六进制。理解不同计数制及其相互转换是非常重要的。

2. 进位计数制

二进制并不符合人们的习惯，但是计算机内部却采用二进制表示信息，其主要原因有以下 4 点。

（1）电路简单

在计算机中，若采用十进制，则要求具备10种电路状态，相对于两种状态的电路来说，是很复杂的。而用二进制表示，则逻辑电路只有通、断两个状态。例如开关的接通与断开，电平的高与低等。这两种状态正好用二进制的0和1来表示。

（2）工作可靠

在计算机中，每个状态代表一个数据，数字传输和处理方便、简单、不容易出错，因而电路更加可靠。

（3）简化运算

在计算机中，二进制运算法则很简单，相加减的速度快，求积和求和规则均只有3个。

（4）逻辑性强

二进制的1和0正好代表逻辑代数中的“真”与“假”，而计算机工作原理是建立在逻辑运算基础上的，逻辑代数是逻辑运算的理论依据。因此，用二进制计算具有很强的逻辑性。

1.2.2 计算机中常用的数制

在日常生活中，最常使用的是十进制数。十进制是一种进位计数制，在进位计数制中，采用的计数符号称为数码（如十进制的 0~9），全部数码的个数称为基数（十进制的基数是10），不同的位置有各自的位权（如十进制数个位的位权是10^0，十位的位权是10^1）。

在计算机中，信息的表示与处理都采用二进制数，这是因为二进制数只有两个数码“0”和“1”，用电路的开关、电压的高低、脉冲的有无等状态非常容易表示，而且二进制数的运算法则简单，容易用电路实现。

由于二进制数的书写、阅读和记忆都不方便，因此人们又采用了八进制数和十六进制数，既便于书写、阅读和记忆，又可方便地与二进制数进行转换。在表示非十进制数时，通常用小括号将其括起来，数制以下标形式注在括号外，如$(1011)_2$、$(135)_8$和$(2C7)_{16}$等。

1．十进制

十进制数有10个数码（0~9），基数是10，计数时逢10进1，从小数点往左，其位权分别是10^0、10^1、10^2…从小数点往右，其位权分别是10^{-1}、10^{-2}…如：

$$1234.5= 1 \times 10^3 + 2 \times 10^2 + 3 \times 10^1 + 4 \times 10^0 + 5 \times 10^{-1}= 1000 + 200 + 30 + 4 + 0.5$$

2．二进制

二进制数有两个数码（0和1），基数是2，计数时逢2进1，从小数点往左，其位权分别是2^0、2^1、2^2…从小数点往右，其位权分别是2^{-1}、2^{-2}…如：

$$(1101.11)_2 = 1 \times 2^3 + 1 \times 2^2 + 0 \times 2^1 + 1 \times 2^0 + 1 \times 2^{-1} + 1 \times 2^{-2} = 13.75$$

3．八进制数

八进制数有8个数码（0~7），基数是8，计数时逢8进1，从小数点往左，其位权分别是8^0、8^1、8^2…从小数点往右，其位权分别是8^{-1}、8^{-2}…如：

$$(1234.5)_8 = 1 \times 8^3 + 2 \times 8^2 +3 \times 8^1 + 4 \times 8^0 + 5 \times 8^{-1} = 668.625$$

4．十六进制数

十六进制数有16个数码（0~9，A~F），其中A~F的值分别为10~15，基数是16，计数时逢16进1，从小数点往左，其位权分别是16^0、16^1、16^2…从小数点往右，其位权分别是16^{-1}、16^{-2}…如：

$$(1A2.C)_{16}= 1 \times 16^2 + 10 \times 16^1 + 2 \times 16^0 + 12 \times 16^{-1} = 418.75$$

二进制数与其他数制之间的对应关系如表 1–2 所示。

表 1-2　几种常用进制之间的对照关系

十进制	二进制	八进制	十六进制
0	0000	0	0
1	0001	1	1
2	0010	2	2
3	0011	3	3
4	0100	4	4
5	0101	5	5
6	0110	6	6
7	0111	7	7
8	1000	10	8
9	1001	11	9
10	1010	12	A
11	1011	13	B
12	1100	14	C
13	1101	15	D
14	1110	16	E
15	1111	17	F

1.2.3　ASCII 码

计算机中，字符是用得最多的符号数据，是用户和计算机之间的桥梁。用户使用计算机的输入设备，如键盘上的字符键向计算机内输入命令和数据，计算机把处理后的结果继续以字符的形式输出到屏幕或打印机等输出设备上。关于字符的编码方案有很多种，但使用最广泛的是 ASCII 码（American Standard Code for Information Interchange）。ASCII 码开始时是美国国家信息交换标准字符码，后来被采纳为一种国际通用的信息交换标准代码。

ASCII 码由 0～9 这 10 个数码，52 个大、小写英文字母，32 个符号及 34 个计算机通用控制符组成，共有 128 个元素。因为 ASCII 码总共为 128 个元素，故用二进制编码表示需用 7 位。任意一个元素由 7 位二进制数表示，从 0000000 到 1111111 共有 128 种编码，可用来表示 128 个不同的字符。ASCII 码表的查表方式是：先查列（高三位），后查行（低四位），然后按从左到右的书写顺序完成，如 B 的 ASCII 码为 1000010。由于 ASCII 码的编码是 7 位，而计算机中常用单位为 1 个字节（8 位），故仍以 1 字节来存放 1 个 ASCII 字符，每个字节中多余的最高位取 0。表 1–3 所示为 7 位 ASCII 字符编码表。

由表 1–3 可知，ASCII 码字符可分为以下两大类。

（1）打印字符

打印字符即从键盘输入并显示的 95 个字符。数字 0～9 的高 3 位编码（D6D5D4）为 011，低 4 位为 0000～1001，当去掉高 3 位时，低 4 位正好是二进制形式的 0～9。

表 1-3 ASCII 字符编码表

$d_6d_5d_4$ \ $d_3d_2d_1d_0$	000	001	010	011	100	101	110	111
0000	NUL	DEL	SP	0	@	P	、	P
0001	SOH	DC1	!	1	A	Q	a	q
0010	STX	DC2	”	2	B	R	b	r
0011	EXT	DC3	#	3	C	S	c	s
0100	EOT	DC4	$	4	D	T	d	t
0101	ENQ	NAK	%	5	E	U	e	u
0110	ACK	SYN	&	6	F	V	f	v
0111	BEL	ETB	,	7	G	W	g	w
1000	BS	CAN	(	8	H	X	h	x
1001	HT	EM	)	9	I	Y	i	y
1010	LF	SUB	*	:	J	Z	j	z
1011	VT	ESC	+	;	K	[	k	{
1100	FF	FS	,	<	L	\	l	⊥
1101	CR	GS	–	=	M	]	m	}
1110	SD	RS	.	>	N	∧	n	~
1111	SI	US	/	?	O	_	o	DEL

（2）不可打印字符

不可打印字符共 33 个，其编码值为 0～31（0000000～0011111）和（1111111），不对应任何可印刷字符。不可打印字符通常为控制符，用于计算机通信中的通信控制或对设备的功能控制。如编码值为 127（1111111）的字符，是删除控制 DEL 码，用于删除光标之后的字符。

ASCII 码字符的码值可用 7 位二进制代码或两位十六进制代码来表示。例如字母 D 的 ASCII 码值为 $(1000100)_2$ 或 84H，数字 4 的码值为 $(0110100)_2$ 或 34H 等。

1.2.4 汉字编码

英语文字由 26 个字母拼组而成，所以使用一个字节表示一个字符足够了。但汉字是象形文字，汉字的计算机处理技术比英文字符复杂得多，一般用两个字节表示一个汉字。由于汉字多达一万多个，常用的也有六千多个，所以编码采用两字节的低 7 位共 14 位二进制位来表示。一般汉字的编码方案要解决 4 种编码问题。

1．汉字交换码

汉字交换码主要用作汉字信息交换。以国家标准局 1980 年颁布的《信息交换用汉字编码字符集基本集》（标准号是 GB 2312—80）规定的汉字交换码作为国家标准汉字编码，简称国标码。

国标 GB 2312—80 规定，所有的国际汉字和符号组成一个 94 × 94 的矩阵。在该矩阵中，每一行称为一个“区”，每一列称为一个“位”，这样就形成了 94 个区号（01～94）和 94 个位号（01～94）的汉字字符集。国标码中有6763个汉字和682个其他字符，共计7445个。其中规定一级汉字3755个，二级汉字3008个，图形符号682个。一个汉字所在的区号与位号简单地组合在一起就构成了该汉字的“区位码”。在汉字区位码中，高两位为区号，低两位为位号。因此，区位码与汉字或图形符号之间是一一对应的。

2．汉字机内码

汉字机内码又称内码或汉字存储码。该编码统一了各种不同的汉字输入码在计算机内的表示，是计算机内部存储、运作的代码。计算机既要处理英文，又要处理汉字，所以必须能区别英文字符和汉字字符。英文字符的机内码是最高位为0的8位ASCII码。为了区分，把国标码每个字节的最高位由0改为1，其余位不变的编码作为汉字字符的机内码。

一个汉字用两个字节的内码表示，计算机显示一个汉字的过程首先是根据其内码找到该汉字字库中的地址，然后在屏幕上输出该汉字的点阵字型。

汉字的输入码是多种多样的，同一个汉字如果采用的编码方案不同，则输入码就有可能不同，但其机内码是相同的。有专用的计算机汉字内码，用以将输入时使用的多种汉字输入码统一转换成汉字机内码进行存储，以方便机内的汉字处理。在输入汉字时，根据输入码通过计算机或查找输入码表完成输入码到机内码的转换，如汉字国际码(H) + 8080(H) = 汉字机内码(H)。

3．汉字输入码

汉字输入码也叫外码，是为了通过键盘字符把汉字输入计算机而设计的一种编码。英文输入时，想输入什么字符便按什么键，输入码和内码是一致的。而汉字输入规则不同，可能要按几个键才能输入一个汉字。汉字和键盘字符组合的对应方式称为汉字输入编码方案。汉字外码是针对不同汉字输入法而言的，通过键盘按某种输入法进行汉字输入时，用户与计算机进行信息交换所用的编码称为“汉字外码”。对于同一汉字而言，输入法不同，其外码也不同。例如，对于汉字“啊”，在区位码输入法中的外码是1601，在拼音输入中的外码是a，而在五笔字型输入法中的外码是KBSK。汉字的输入码种类繁多，大致有4种类型，即音码、形码、数字码和音形码。

4．汉字字形码

汉字在显示和打印输出时，是以汉字字形信息表示的，即以点阵的方式形成汉字图形。汉字字形码是指确定一个汉字字形点阵的代码（汉字字形码）。一般采用点阵字形表示字符。

目前普遍使用的汉字字型码是用点阵方式表示的，称为“点阵字模码”。所谓“点阵字模码”，就是将汉字像图像一样置于网状方格上，每格为存储器中的一个位，16 × 16点阵是在纵向16点、横向16点的网状方格上写一个汉字，有笔画的格对应1，无笔画的格对应0。这种用点阵形式存储的汉字字型信息的集合称为汉字字模库，简称汉字字库。

通常汉字使用16 × 16点阵显示，而汉字打印可选用24 × 24点阵、32 × 32点阵、64 × 64点阵等。汉字字形点阵中的每个点对应一个二进制位，1字节又等于8个二进制位，所以16 × 16点阵字形的字要使用32个字节（16 × 16 ÷ 8字节 = 32字节）存储，64 × 64点阵的字形要使用512个字节。

在16 × 16点阵字库中，每一个汉字以32个字节存放，存储一、二级汉字及符号共8836个，需要282.5KB磁盘空间。假定用户的文档有10万个汉字，却只需要200KB的磁盘空间，是因为用户文档中存储的只是每个汉字（符号）在汉字库中的地址（内码）。

1.3 多媒体计算机

多媒体技术是一门新兴的信息处理技术，是信息处理技术的一次新的飞跃。多媒体计算机不再只是供少数人使用的专门设备，现已被广泛普及和使用。

1.3.1 多媒体的基本概念

媒体是指承载信息的载体，早期的计算机主要用来进行数值运算，运算结果用文本方式显示和打印，文本和数值是早期计算机所处理的信息的载体。随着信息处理技术的发展，计算机已经能够处理图形、图像、音频、视频等信息，这些形式也成为计算机信息的新载体。所谓多媒体就是多种媒体的综合。多媒体计算机就是具有多媒体功能的计算机。

多媒体技术具有三大特性：载体的多样性、使用的交互性和系统的集成性。

（1）载体的多样性

指计算机不仅能处理文本和数值信息，而且还能处理图形、图像、音频、视频等信息。

（2）使用的交互性

指用户不再只是被动地接收信息，反而能够更有效地控制和使用各种信息。

（3）系统的集成性

指将多种媒体信息以及处理这些媒体的设备有机地结合在一起，成为一个完整的系统。

1.3.2 多媒体计算机的基本组成

目前的计算机已经具备部分多媒体功能，一套完整的多媒体计算机除了包括普通计算机的基本配置外，还应包括声卡和视频卡。

1. 声卡

声卡是一块对音频信号进行数/模和模/数转换的电路板，插在计算机主板的插槽中。平常我们所听到的声音是模拟信号，计算机不能对模拟信号进行直接处理，声卡的一个功能就是采集音频的模拟信号，并将其转换为数字信号，以便计算机存储和处理。计算机内部的音频数字信号不能直接在扬声器等设备上播放，声卡的另一个功能就是把这些音频数字信号转换为音频模拟信号，以便在扬声器等设备上播放。声卡有多个输入输出插口，可以接扬声器、麦克风等设备。

2. 视频卡

视频卡是一块处理视频图像的电路板，也插在计算机主板的插槽中。视频卡有多种类型：能解压视频数字信息，播放VCD电影的设备——解压卡；能直接接收电视节目的设备——电视接收卡；能把摄像头、录像机、影碟机获得的视频信号进行数字化的设备——视频捕捉卡；能把VGA信号输出到电视机、录像机上的设备——视频输出卡。以上设备要能够正常工作往往需要相应的软件或驱动程序，安装硬件时应注意安装。

1.3.3 多媒体系统的软件

伴随着多媒体技术的发展，多媒体系统的软件也不断更新和完善。Windows 7 系统本身即带有多媒体软件，如录音机、CD播放器、媒体播放器等程序。此外，Windows 7 系统的应用软件也附加了多媒体功能，如Word、Excel、PowerPoint文件中都能插入图片、音频、视频等对象，与原文档成为一体。另外，一些专业的多媒体软件也不断出现，如超级解霸、RealOne

Player、暴风影音等。

1.4 计算机病毒简介及其防治

1.4.1 计算机病毒的定义、特征及危害

1．什么是计算机病毒

计算机领域引入“病毒”的用法，只是对生物学病毒的一种借用，以便更形象地刻画这些“特殊程序”的特征。1994 年 2 月 18 日发布的《中华人民共和国计算机信息系统安全保护条例》中，对病毒的定义是：计算机病毒，是指编制或者在计算机程序中插入的破坏计算机功能或者毁坏数据，影响计算机使用、并能自我复制的一组计算机指令或者程序代码。简单地说，计算机病毒是一种特殊的危害计算机系统的程序，能在计算机系统中驻留、繁殖和传播，具有与生物学中的病毒类似的某些特征，如传染性、潜伏性、破坏性、变种性等。

2．计算机病毒的特性

计算机病毒是一种特殊的程序，与其他程序一样可以存储和执行，此外还具有其他程序没有的特性。计算机病毒具有以下特性。

① 传染性。计算机病毒的传染性是指病毒具有的把自身复制到其他程序中的特性。病毒可以附着在程序上，通过磁盘、光盘、计算机网络等载体进行传染，被传染的计算机又成为病毒的生存的环境及新传染源。

② 潜伏性。计算机病毒的潜伏性是指计算机病毒具有的依附其他媒体而生存的能力。计算机病毒可能会长时间潜伏在计算机中，其发作由触发条件来确定，在触发条件不满足时，系统没有异常症状。

③ 破坏性。计算机系统被计算机病毒感染后，一旦病毒发作条件满足，就在计算机上表现出一定的症状。其破坏性包括占用 CPU 时间、占用内存空间、破坏数据和文件、干扰系统的正常运行等。病毒破坏的严重程度取决于病毒制造者的目的和技术水平。

④ 变种性。某些病毒可以在传播过程中自动改变自己的形态，从而衍生出另一种不同于原版病毒的新病毒，这种新病毒称为病毒变种。有变形能力的病毒能更好地在传播过程中隐蔽自己，使之不易被反病毒程序发现及清除。有的病毒能产生几十种变种病毒。

3．计算机病毒的危害

在使用计算机时，有时会碰到一些不正常的现象，例如，计算机无缘无故地重新启动，运行某个应用程序突然出现死机，屏幕显示异常，硬盘中的文件或数据丢失等。这些现象有可能是因硬件故障或软件配置不当引起，但多数情况下是由计算机病毒引起的。计算机病毒的危害归纳起来大致可以分成以下几方面。

① 破坏硬盘的主引导扇区，使计算机无法启动。

② 破坏文件中的数据，删除文件。

③ 对磁盘或磁盘特定扇区进行格式化，使磁盘中信息丢失。

④ 产生垃圾文件，占据磁盘空间，使磁盘空间逐渐减少。

⑤ 占用 CPU 运行时间，使运行效率降低。

⑥ 破坏屏幕正常显示，破坏键盘输入程序，干扰用户操作。

⑦ 破坏计算机网络中的资源，使网络系统瘫痪。

⑧ 破坏系统设置或对系统信息加密，使用户系统紊乱。

1.4.2 计算机病毒的结构与分类

1. 计算机病毒的结构

由于计算机病毒是一种特殊程序，因此，病毒程序的结构决定了病毒的传染能力和破坏能力。计算机病毒程序主要包括三大部分：一是传染部分（传染模块），是病毒程序的一个重要组成部分，负责病毒的传染和扩散；二是表现和破坏部分（表现模块或破坏模块），是病毒程序中最关键的部分，负责病毒的破坏工作；三是触发部分（触发模块），病毒的触发条件是由病毒编写者预先设置的，用以判断是否满足触发条件，并根据判断结果来控制病毒的传染和破坏动作。触发条件一般由日期、时间、某个特定程序、传染次数等多种形式组成。例如，耶路撒冷病毒（Jerusalem）又名黑色星期五病毒，是一种文件型病毒，其触发条件之一是：如果计算机系统日期是 13 日，并且是星期五，病毒就会发作，删除任何一个在计算机上运行的 COM 文件或 EXE 文件。

2. 计算机病毒分类

目前计算机病毒的种类很多，其表现方式也很多。据相关资料介绍，全世界目前发现的计算机病毒已超过 15000 种。病毒种类不一，分类的方法也不同。

① 按感染方式可分为引导型、一般应用程序型病毒和系统程序型病毒。

- 引导型病毒：在系统启动、引导或运行的过程中，病毒利用系统扇区及相关功能的疏漏，直接或间接地修改扇区，直接或间接地实现传染、侵害、驻留等目的。
- 一般应用程序型病毒：这种病毒感染应用程序，使用户无法正常使用该程序或直接破坏系统和数据。
- 系统程序型病毒：这种病毒感染系统程序，使系统无法正常运行。

② 按寄生方式可分为操作系统型、外壳型、入侵性和源码型病毒。

- 操作系统型病毒：这是最常见也是危害最大的一类病毒。这类病毒把自身贴附到一个或多个操作系统模块或系统设备驱动程序或高级编译程序中，主动监视系统的运行，用户一旦调用这些软件，病毒即实施感染和破坏。
- 外壳型病毒：此类病毒把自己隐藏在主程序的周围，一般情况下不对原程序进行修改。在微机中，许多病毒采取这种外围方式传播。
- 入侵型病毒：将自身插入到感染的目标程序中，使病毒程序和目标程序成为一体。这类病毒的数量不多，但破坏力极大，而且很难检测，有时即使查出病毒并将其杀除，但被感染的程序已被破坏，也无法使用了。
- 源码型病毒：该类病毒隐藏在用高级语言编写的源程序中，随源程序一起被编译成目标代码。

③ 按破坏情况可分为良性病毒和恶性病毒。

- 良性病毒：该类病毒发作方式往往是显示信息、奏乐、发出声响，对计算机系统的影响不大，破坏较小，但干扰计算机正常工作。
- 恶性病毒：此类病毒干扰计算机运行，使系统变慢、死机、无法打印等。极恶性病毒会导致系统崩溃、无法启动，其采用的手段通常是删除系统文件、破坏系统配置等。毁灭性病毒对于用户来说是最可怕的，其通过破坏硬盘分区表、FAT 区、引导记录、删除数据文件等行为使用户的数据受损，如果没有做好备份则将损失惨重。

1.4.3 计算机病毒的预防

计算机病毒及反病毒都是以软件编程技术为基础的技术，它们的发展是交替进行的。因此，对计算机病毒应以预防为主，防止其入侵要比入侵后再去发现和排除要好得多，预防时可以采取加强操作系统的免疫功能及阻断传染途径等方式。

1．操作系统防范

包括利用 Windows Update 确保操作系统及时更新，确定系统登录密码已设定为强密码，关闭不必要的共享资源，留意病毒和安全警告信息。

2．反病毒软件防范

① 定期扫描系统。如果是第一次启动反病毒软件，建议让其扫描整个系统。通常，反病毒程序都能够设置成在计算机每次启动时扫描系统或者在定期计划的基础上运行。

② 定期更新反病毒软件。安装了病毒防护软件后，应该对其实时更新。优秀的反病毒程序可以自动连接互联网，并且只要软件厂商发现了一种新的威胁就会添加新的病毒探测代码。

3．电子邮件防范

① 慎重运行附件中的 EXE 和 COM 等可执行文件，某些附件可能带有计算机病毒或黑客程序，运行后很可能带来不可预测的结果。对于电子邮件附件中的可执行程序必须检查，确定无毒后再使用。

② 慎重打开附件中的文档文件。将对方发送过来的电子邮件附件中的文档，首先保存到本地硬盘，用反病毒软件检查无毒后再打开。如果未经检查就直接用鼠标双击 DOC、XLS 等附件文档，会自动启动 Word 或 Excel，此时如附件中含有计算机病毒则会立刻传染；打开文档时如有“是否启用宏”的提示，不要轻易打开，否则极有可能传染上宏病毒。

③ 不要直接运行特殊附件。对于文件扩展名比较特殊的附件，或者带有脚本文件如 *.VBS、*.SHS 等的附件，不要直接打开，一般可以删除包含这些附件的电子邮件，以保证系统不受病毒的侵害。

④ 对收发邮件的设置。如果使用 Outlook 作为电子邮件的客户端，应当进行一些必要的设置。选择“工具”→“选项”命令，在“安全”选项卡中设置“病毒防护”选项区域的“选择要使用的 Internet Explorer 安全区域”为“受限站点区域（较安全）”，同时选中“当别的应用程序试图用我的名义发送电子邮件时警告我”及“不允许保存或打开可能有病毒的附件”两项。

4．U 盘病毒防范

U 盘病毒又称 Autorun 病毒，是通过 AutoRun.inf 文件使对方所有的硬盘完全共享或感染木马的病毒，随着 U 盘、移动硬盘、存储卡等移动存储设备的普及，U 盘病毒也随之泛滥成灾。最近国家计算机病毒处理中心发布公告称 U 盘已成为病毒和恶意木马程序传播的主要途径。防范措施主要是尽量不要在情况未明的计算机上使用上述移动存储设备，启用写保护功能，或安装 U 盘病毒专杀工具，如 USBCleaner。

1.5 计算机基本操作实训

实训 1 初步使用计算机

1．技能掌握要求

① 掌握计算机开、关机步骤。

② 掌握 Windows 7 的启动和关闭。

③ 掌握鼠标操作。

2．实训过程

（1）了解开关机

计算机的开机操作与电视机、影碟机等家用电器相似。虽然操作很简单，但如果方法不当，有可能对计算机造成损坏。因此，有必要对计算机的开、关机进行详细的了解。

① 开、关机顺序。一般来说，开机时要先开外设（即主机箱以外的其他部分）后开主机，关机时要先关主机后关外设。

② 冷启动开机。所谓“冷”指计算机尚未通电，此时可以先打开显示器的电源开关，然后再打开主机箱的电源开关（一般标有 POWER 字样）。

③ 热启动开机。所谓“热”指计算机已经通电并运行，由于某种原因发生“死机”或在运行完某些程序后需要重新启动计算机。

④ 复位重开机。主机箱面板上有个 RESET 复位开关，按下此开关可重新启动计算机。本质上这种方法属于冷启动。

⑤ 结束任务。在计算机中运行的应用程序叫做任务。Windows 系统可以同时运行多个任务，由于种种原因，可能有个别任务没有响应用户的操作，而其他任务正常运行，此时可采用结束任务的方法中止该任务而无须重新启动计算机。

⑥ 强制关机。有时用常规的方法无法正常关闭计算机，可通过按住主机箱电源开关 4 秒以上进行强制关机。

（2）认识计算机

进入计算机实验室坐下来后，不管以前有无使用计算机的经验，先不要急于开机使用，通过观察回答下列问题：

① 计算机是什么品牌？

② 显示器是什么类型（CRT、LED）？

③ 如果桌子上摆放有多台计算机，观察哪台主机箱与哪台显示器相连接，如果有可能的话，观察主机箱后面的接口连接各种设备（如显示器、键盘、鼠标、电源、网线、音箱或耳机）的位置及规律，如果各设备拆分开来，你能将计算机各组件重新连接吗？

④ 观察主机箱面板，找到电源开关（POWER）、复位开关（RESET）、电源指示灯和硬盘指示灯。

⑤ 观察显示器的标志，找出其电源开关、电源指示灯和调节开关（如亮度、对比度、位置等）。

（3）练习开机

确认电源插座已打开，如果显示器的指示灯已亮（可能上次关机时没有关闭显示器，这是不好的习惯），则直接按主机箱的电源开关就可以开机了；如果显示器指示灯不亮则须先按下显示器电源开关开启显示器，再按主机箱电源开关开启主机。

如果 Windows 7 操作系统设置了多个用户，则会在登录界面停下来，等待用户选择一个账户进行登录（如果没有事先声明，则选择“Administrator”，其具有最高的权限）。如果用户设置了密码，还需要输入正确的密码才能登录。

当看到 Windows 7 的操作环境——桌面（见图 1-28）时，表示开机完成，用户可以通过 Windows 7 系统操作计算机了。

图 1-28　Windows 7 桌面

（4）练习鼠标操作

启动计算机进入桌面后，该做些什么呢？如果你已经具有使用计算机的经验，则找到熟悉的程序，启动它们试着操作一下，感受这台计算机的运行速度；如果你还没有使用计算机的经验或不太熟悉计算机的使用，那就从最基本的鼠标操作练习开始。

鼠标至少有左右两个键，有些有左、中、右 3 个键。鼠标操作有以下几种：

① 指向。

移动鼠标，将鼠标指针指向目标叫做指向。指向是用鼠标进行其他操作的基础。

分别将鼠标指针指向桌面上的“我的电脑”“回收站”“网上邻居”等图标。如果觉得自己对鼠标掌控不熟练，请反复练习该操作。

② 单击。

先将鼠标指向目标，再按下左键叫做单击。单击一般用于选中目标或执行菜单命令。

练习单击桌面上的“我的电脑”“回收站”“网上邻居”等图标。

③ 右击。

先将鼠标指向目标，再按下右键叫做右击。右击一般用于打开与目标相关的快捷菜单。

练习右击桌面左下角的“开始”按钮，观察打开的快捷菜单命令；右击“我的电脑”图标，观察打开的快捷菜单命令。二者相同吗？说明什么？

④ 双击。

先将鼠标指向目标，再快速连续按两次左键即为双击。双击一般用于启动程序或打开文档。

练习双击桌面上的“计算机”图标，Windows 会打开一个窗口，启动“计算机”程序。

⑤ 拖动。

先将鼠标指向目标，再按住左键将其移动至新的位置并再释放左键的操作即为拖动，也称为拖曳。一般用于移动图标或文件。

- 先确保桌面的图标能自由移动。方法为：在桌面空白处右击，如果“自动排列”菜单项前有“√”则在其上单击（见图 1-29），否则单击桌面空白处取消菜单。

- 将鼠标指针指向“计算机”图标，往右边拖动（见图 1-30）。
- 将图标移动到一个新的位置（见图 1-31）。

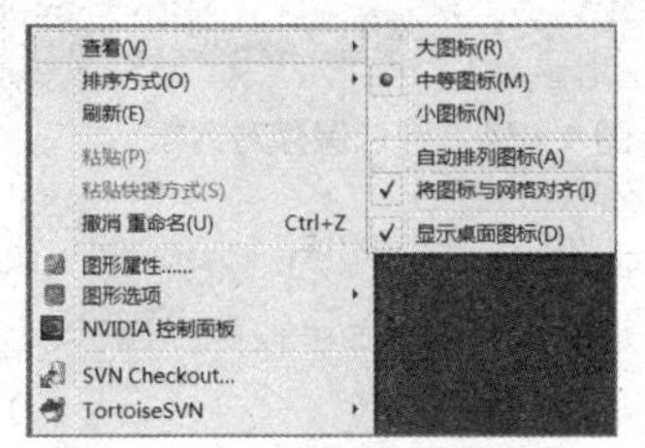

图 1-29　取消图标自动排列

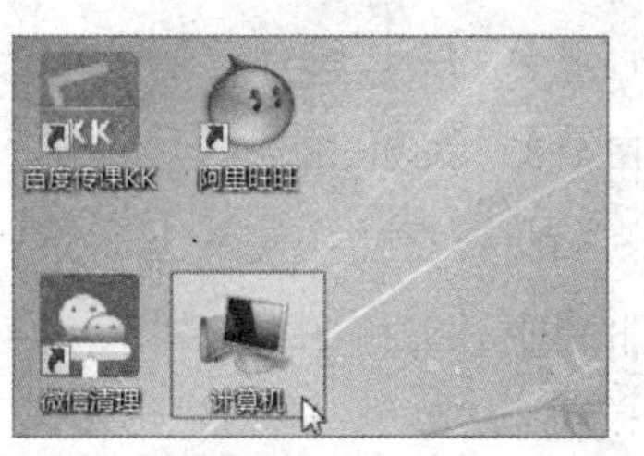

图 1-30　拖动图标

（5）Windows 7 中操作的一般方法

熟悉了鼠标基本操作后，也许你还不满足，想一展身手但又苦于不知从何入手。这个简单，一切皆从“开始”处开始。

单击桌面左下角的“开始”按钮，将鼠标指针指向“所有程序”，出现程序清单（见图 1-32），其中列出了 Windows 7 中所安装的应用程序，如果对哪个程序感兴趣就对其单击启动，当然如果对这些程序一无所知，说明还是个初学者，慢慢来吧，先从练习指法开始。

如果计算机中安装了打字练习软件，则将其启动并练习中、文输入。对于普通的计算机用户来说，解决了输入的问题，其他就好办了。

也可以选择“所有程序”→“附件”→“记事本”命令启动记事本进行中英文输入练习。

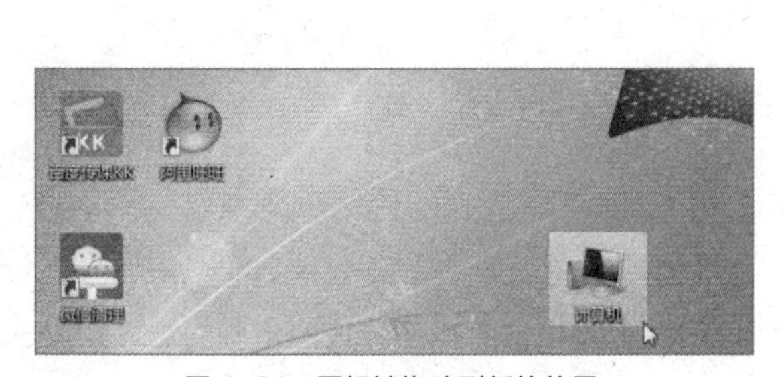

图 1-31　图标被拖动到新的位置

图 1-32　所有程序

（6）练习关机

建议读者从本次练习开始养成良好的关机习惯。

① 关闭正在运行的程序。方法为：单击程序窗口右上角的“关闭”按钮（见图 1-33），此时可能会弹出一个对话框询问是否需要保存文件，以记事本程序为例，这里不想涉及复杂的操作，简单起见就单击“否”退出（实际应用中可不能随意单击“否”），如图 1-34 所示。

图 1-33　关闭按钮

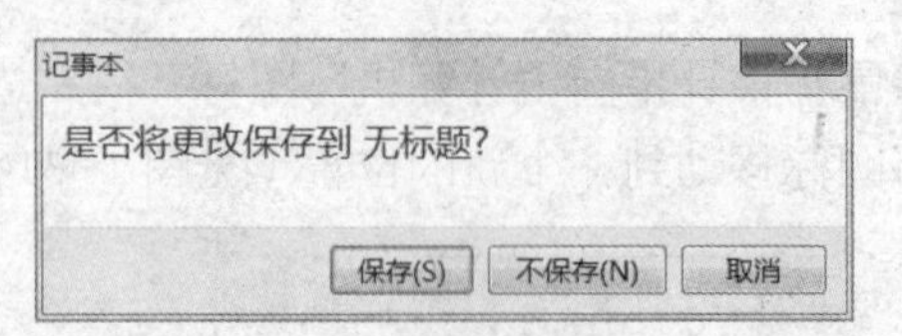

图 1-34　确认保存对话框

② 选择“开始”→“关机”命令（见图 1-35）。如果出现如图 1-36 所示的对话框提示信息，表示此时该计算机还有另一个用户登录，继续关机可能会导致数据丢失，应该先注销其他用户再关机。

图 1-35　关闭计算机命令

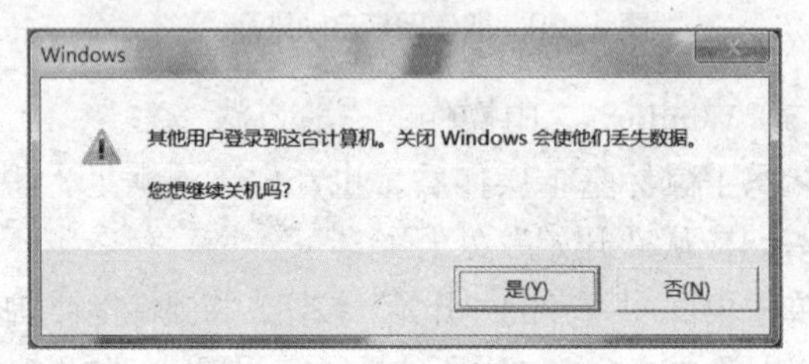

图 1-36　关闭计算机对话框

③ 按下显示器电源开关关闭显示器，完成关机。

有些同学上完实验课后随手按一下显示器的电源开关就走开。他是真的关机了吗？显示器关闭后什么都看不到，如果你从这台计算机旁经过，如何判断该计算机有没有关闭呢？

通常所说的关机指关闭主机及显示器，如果主机没有关闭只关了显示器，并没有完成关机操作，这时可从主机箱面板的电源指示灯进行识别。

实训 2　指法及英文打字练习

1．技能掌握要求

① 掌握键盘指法要领。

② 掌握常用键的功能。

③ 熟悉键盘布局。

2．实训过程

（1）指法要领

初学计算机的用户，一开始就应该正确地掌握键盘指法的操作，按照正确的键盘指法进行训练，以提高输入速度。

① 键盘指法分区。

键盘指法分区如图 1-37 所示，按键被分配到两手的 10 根手指上。初学者应严格按照指法分区的规定敲击键盘，每个手指均有各自负责的上下键位，“互相帮助”的原则在这里并不适用。

② 键盘指法分工。

键盘第三排上的 8 个键位“A”“S”“D”“F”“J”“K”“L”和“;”为基准键位，如图 1-38 所示。其中，在“F”“J”两个键位上均有一个突起的短横条，分别用两手的食指触摸这两个键以确定其他手指的键位。

图 1-37　键盘指法分区

③ 数字键盘指法练习。

数字键盘位于键盘的最右边，也称小键盘。适用于对大量数字进行输入的用户，其操作简单，只用右手便可完成相应输入。其键盘指法分工与主键盘一样，基准键为“4”“5”“6”。指法分工如图 1-39 所示。

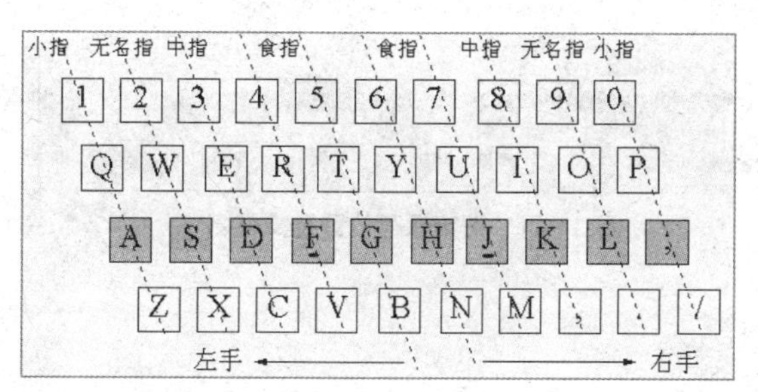

图 1-38　主键盘区指法分工

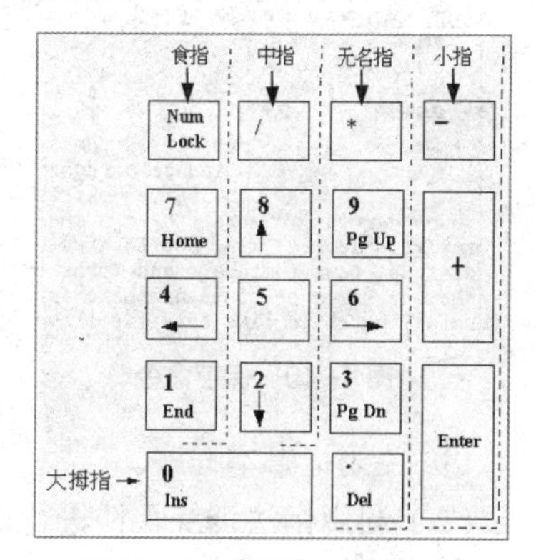

图 1-39　小键盘区指法分工

（2）英文打字练习

① 选择“开始”→“所有程序”→“附件”→“记事本”命令，启动记事本程序，从中输入下列英文短文。

YOUTH

Samuel Ullman

Youth is not a time of life; it is a state of mind; it is not a matter of rosy cheeks, red lips and supple knees; it is a matter of the will, a quality of the imagination, a vigor of the emotions; it is the freshness of the deep springs of life.

Youth means a temperamental predominance of courage over timidity of the appetite, for adventure over the love of ease. This often exists in a man of sixty more than a boy of twenty. Nobody grows old merely by a number of years. We grow old by deserting our ideals.

Years may wrinkle the skin, but to give up enthusiasm wrinkles the soul. Worry, fear, self-distrust bows the heart and turns the spirit back to dust.

Whether sixty or sixteen, there is in every human being’s heart the lure of wonder, the unfailing child-like appetite of what's next, and the joy of the game of living. In the center of your heart and my heart there is a wireless station; so long as it receives messages of beauty, hope, cheer, courage and power from men and from the infinite, so long are you young.

When the aerials are down, and your spirit is covered with snows of cynicism and the ice of pessimism, then you are grown old, even at twenty, but as long as your aerials are up, to catch the waves of optimism, there is hope you may die young at eighty.

② 将上述文本以文件方式保存起来。

选择“文件”→“保存”命令(见图 1-40),指定保存位置为“我的文档”,文件名为“InputEn”(见图 1-41)。

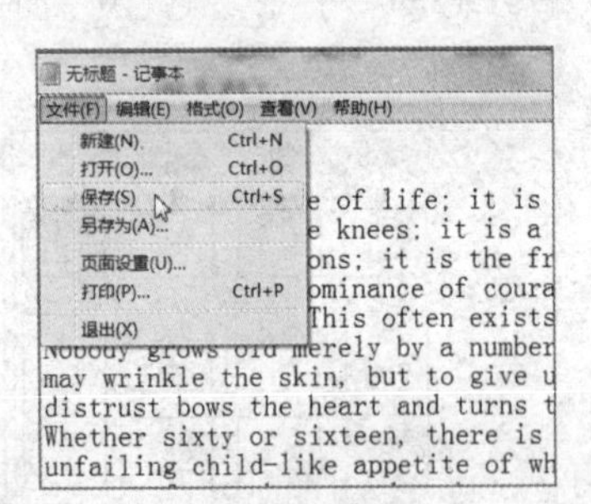

图 1-40 保存命令

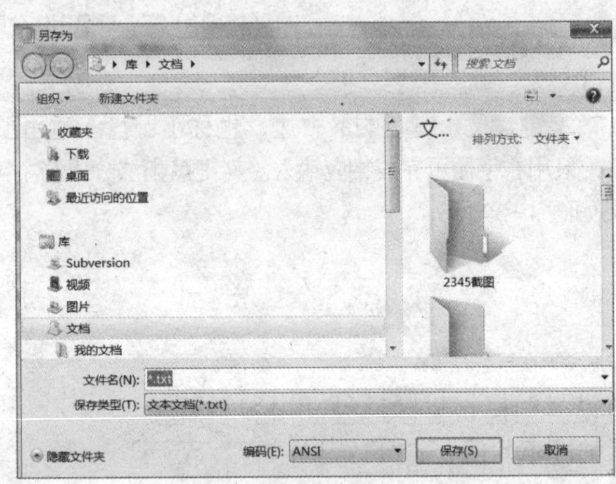

图 1-41 指定保存位置及文件名

③ 关闭记事本程序。

(3)利用指法训练软件进行键盘练习

用于教学的计算机上一般都会安装指法训练软件,可以使指法得到充分的训练,达到快速、准确地输入英文字母及符号的目的。

启动指法训练软件(见图 1-42),进行指法练习。

图 1-42 金山打字 2010

实训 3 输入法及中文打字练习

1. 技能掌握要求

① 掌握 Windows 7 中输入法的切换方法。

② 掌握一种常用的汉字输入法。

2．实训过程

（1）Windows 7 中输入法的切换

① 练习用鼠标切换。单击桌面右下角的输入法指示器，并从中选择自己喜欢的输入法（见图 1-43）。

② 练习用键盘快速切换（要求熟记）。

- 切换不同输入法（如标准、全拼、极品五笔、英文）：按“Ctrl+Shift”组合键。
- 切换中/英文输入法：按“Ctrl+空格”组合键。
- 切换中英文标点：按“Ctrl+.”组合键，常用汉字标点符号的键位分布如图 1-44 所示。

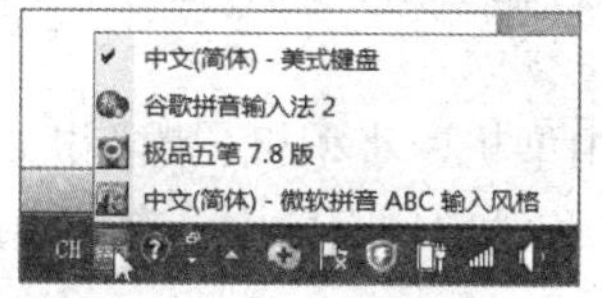

图 1-43　输入法指示器

中文标点	键位	说明	中文标点	键位	说明
。 句号	.		） 右括号	)	
， 逗号	,		〈《 单双书名号	<	自动嵌套
； 分号	;		〉》 单双书名号	>	自动嵌套
： 冒号	:		…… 省略号	^	双符处理
？ 问号	?		—— 破折号	-	双符处理
！ 感叹号	!		、 顿号	\	
“” 双引号	"	自动配对	· 间隔号	`	
‘’ 单引号	'	自动配对	— 连接号	_	
（ 左括号	(		￥ 人民币符号	$	

图 1-44　汉字标点符号键位分布

（2）汉字输入练习

① 选择“开始”→“所有程序→“附件”→“记事本”命令，启动记事本程序，从中输入下列中文短文，输入法不限。

> 青春赋
>
> 萨缪埃尔·沃尔曼
>
> 青春不是人生某一时期的标志，它是指人应有的心理状态。要永葆青春，既要有坚强的意志、丰富的想象和激荡的热情，还必须有战胜胆怯的勇气和绝不向困难妥协而敢于去冒险的希求。人不是因岁月的流逝而老朽，当理想之火泯灭的时候，人生的“暮年”就开始了。岁月的流逝会在皮肤上刻下皱纹，而热情的消失则在心灵上留下痕迹。担心、疑惑、不自信、恐慌、绝望——这些东西正是夭折精神之树的元凶。
>
> 无论是到了古稀之年的老人，还是尚未成熟的少年，在人们的心目中，他们应该有对奇迹的憧憬，对人生乐趣的寻觅，对竞赛的追求，以及对灿若群星的事物和思想的感知；还要有不屈不挠的斗志和像孩子期待即将出现的事物般的好奇心……
>
> 人与他的信念成比例地年轻，与疑惑成比例地衰老；与信心和希望成比例地年轻，与恐惧和绝望成比例地衰老。
>
> 谁能够从自然界、人类社会或神灵那里领悟到美丽、喜悦、勇气、高尚、力量……谁就富有青春的活力。
>
> 当失去所有的梦幻，心灵的花蕊被悲观之雪和沮丧之冰覆盖的时候，他就真正地“衰老”了。这样的人，只有去乞求神灵的怜悯。
>
> ——牛继华译

② 将上述文本以文本方式保存，保存位置为“我的文档”，文件名为“InputCn”。

③ 关闭记事本程序。

（3）利用汉字输入法训练软件进行汉字输入练习

如果启动使用过的“金山打字”软件，进行汉字输入练习，可以进行拼音打字或五笔打字练习，不熟悉输入法的同学可通过其中的“打字教程”进行学习，疲倦了可以通过“打字游戏”进行调节。

本章小结

通过本章学习，我们认识了计算机的基本概况、硬件和软件系统，懂得计算机工作的基本原理及计算机配置的常识；了解到信息在计算机内部是如何表示及存储的，并且学习了多媒体计算机及计算机安全方面的常识。

1．计算机的基本概况

① 计算机的发展历史。可分为四代：电子管计算机、晶体管计算机、中小规模集成电路计算机、大规模和超大规模集成电路计算机。计算机发展趋势为巨型化、微型化、网络化和智能化。

② 计算机的分类。按性能规模可分为巨型机、大型机、中型机、小型机、微型机。

③ 计算机的特点。运算速度快、计算精确度高、具有记忆和逻辑判断能力、有自动控制能力、可靠性高。

④ 计算机的用途。科学计算、信息处理、自动控制、计算机辅助设计和辅助教学、人工智能方面的研究和应用、多媒体技术应用、计算机网络、电子商务。

2．计算机系统

计算机系统包括硬件系统和软件系统。硬件系统包括主机和外设（又称外部设备、外围设备），主机包括中央处理器（CPU）和内存（又称主存）。运算器和控制器合称中央处理器。内存分为只读存储器（ROM）和随机存储器（RAM）。外设有输入设备、输出设备和外存（又称辅助存储器）。常用输入设备有键盘、鼠标、扫描仪等，常用输出设备有显示器、打印机绘图仪等，常用外存有硬盘、软盘、U 盘、光盘等。计算机软件包括系统软件和应用软件两部分。家用计算机的配置就是各组成部件的品牌型号清单。

3．信息在计算机内部的表示及存储

信息在计算机内部是用二进制表示的，表示信息存储容量的单位有位（bit，信息表示的最小单位），字节（Byte，简称 B，信息存储的最小单位，1 字节包含 8 个位），KB（$1KB = 2^{10}B = 1024B$），MB（1MB = 1024KB），GB（1GB = 1024MB），TB（1TB = 1024GB）。普通的英文字母、数字和符号采用 7 位编码（ASCII 码）。汉字采用双字节编码，存储处理时使用汉字内码，输入汉字时采用外码，显示或打印汉字时使用字形码。

4．多媒体计算机及计算机病毒常识

① 多媒体计算机。学习了多媒体计算机的硬件组成及常用的播放及处理软件。

② 计算机病毒。计算机病毒实质上是人为编写的小程序，发作时通常会占用系统资源、删除软件及数据，病毒还容易通过 U 盘和网络传染，因此必须安装反病毒软件进行查杀，启用病毒防火墙进行防护，并及时反病毒软件。

PART 2

第2章 Windows 7软件应用

职业能力目标

本章学习计算机操作系统 Windows 7 的应用，要求掌握以下技能：

① 管理计算机的文件、文件夹等资源。

② 利用控制面板对计算机系统进行简单的设置。

③ 创建、修改计算机的用户账户。

④ 压缩与解压文件、文件夹。

2.1 Windows 7 概述

2.1.1 发展历程

Windows 有“窗户”“视窗”的意思，所以 Windows 是基于图像、图标、菜单、窗口等图形界面的操作系统，由微软（Microsoft）公司所开发。Windows 发展到今天，经历了多个版本的变化，下面介绍几个比较有代表性的版本。

1．早期版本

Windows 1.0 是微软公司在 1985 年 11 月首次推出的图形界面的操作系统，该版本只是 MS-DOS 的一个扩展，提供了较有限的功能。1987 年 12 月，微软公司发行了 Windows 2.0 版本，1993 年微软公司推出了具有网络支持功能的全新 32 位操作系统——Windows NT 3.1。

2．中期版本

1995 年，微软公司推出了新一代操作系统 Windows 95，这款操作系统可以独立运行而无需 DOS 支持，是操作系统发展史上一块里程碑。后来，微软公司又分别推出了 Windows 98 和 Windows 2000。

3．近期版本

2001 年底，微软公司推出了 Windows XP(eXPerience)，其又细分为 Windows XP Professional 和 Windows XP Home Edition 两个版本。虽然 Windows XP 不是最新的版本，但其在目前依然拥有大量用户。2006 年年底，微软公司发布了 Windows Vista，该版本在安全可靠、简单清晰、互联互通以及多媒体方面体现了全新的构想，努力帮助用户实现工作效益的最大化，

Windows Vista 的发布象征着微软公司的操作系统进入了新时代,但因其采用了大量的 3D 技术以及动画效果,所以该操作系统对计算机硬件配置的要求比较高,造成其使用率并不高。2009年 10 月,微软发布了 Windows 7,该版本是目前的常用的版本,在易用性、安全性、运行速度等方面都进行了较大改善,得到大部分用户的认可。在 Windows 7 之后,微软又相继推出了 Windows 8 和 Windows 10。

2.1.2 安装软件

要使用 Windows 7 操作系统,必须先进行安装。安装方式有两种:升级安装和全新安装。其中升级安装可以从旧版 Windows 升级到 Windows 7 版本,采用升级安装时可以保存系统盘中原有的数据文件,但有一定的限制。下面介绍安装 Windows 7 Ultimate(旗舰版)的主要步骤。

① 插入安装光盘,系统自动检测光盘并运行安装程序。如果计算机尚未安装任何系统,需要先设置 BIOS 中的启动选项,使其可以从光驱启动。

② 当安装界面出现安装方式时,单击“要现在安装 Windows 7”选项,随后出现软件许可协议确认界面,单击“我接受协议”选项。

③ 设置好安装的分区后,安装软件进行硬件和软件的检测,这需要一定的时间。之后安装程序进行文件复制,把安装过程所需文件复制到系统的临时文件夹中,复制完成后系统重新启动,开始正式的安装过程。

④ 设置好区域和语言,在默认情况下设置为中文,接着输入用户名,之后需要设定密码。

⑤ 安装完成后,重新启动计算机。

安装过程到此结束。

2.1.3 启动程序

1. 启动

在使用计算机时,需要先将其启动。要启动计算机,需要打开显示器电源开关,然后按下主机电源按钮,经过一段时间的系统检测之后,即可进入 Windows 7 操作系统的登录界面(见图 2-1)。选择要登录的账号,如果设置了密码,只有输入相应的密码才能进入该操作系统。

图 2-1 登录界面

2．关闭计算机

在关闭计算机时，必须先退出 Windows 7 系统，再关闭对应的电源。切忌直接关闭计算机电源，这样可能会造成系统文件丢失或硬件的损坏。

要退出 Windows 7 系统，可以选择任务栏“开始”→“关机”命令，系统就会保存设置并关闭计算机。

3．重新启动

在使用过程中要重新启动计算机，可以通过选择任务栏“开始”→“关机”命令右边的三角形按钮，在弹出的快捷菜单中选择“重新启动”命令（见图 2-2）。计算机就会先关闭当前的操作系统，然后重新启动计算机。

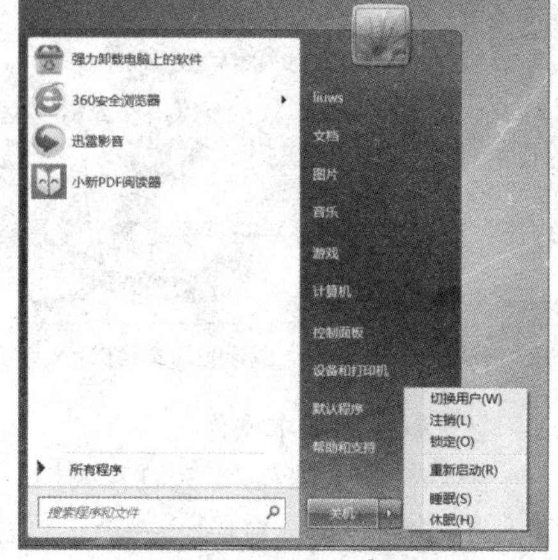

图 2-2　重新启动与注销用户

4．注销用户

Windows 7 是一个多用户的操作系统，允许几个用户共用一台计算机，每个用户拥有独立的一些系统设置以及个人文档。如果需要使用另外一个账户登录该计算机时，可以进行注销或者切换用户。要进行注销，通过任务栏“开始”→“关机”命令右边的三角形按钮，在弹出的快捷菜单中选择“注销”命令，若要进行用户切换，则选择“切换用户”命令。

注销与切换用户的主要区别在于，进行注销操作将终止当前用户的所有程序，而切换用户可以不终止当前用户所运行的程序。

5．睡眠与休眠

如果用户短时间内不使用计算机，可以通过睡眠方式使计算机处于低耗电状态，当需要使用时，只要移动鼠标即可进入用户登录界面，登录后就可以恢复到待机前的状态。可以通过选择任务栏“开始”→“关机”命令右边的三角形按钮，在弹出的快捷菜单中选择“睡眠”命令即可进入睡眠状态。

计算机处于待机状态时，数据还是保存在内存中，因此不可以关闭电源。若希望既能关闭电源，又能在登录后快速恢复到计算机上一次的状态，可以采用休眠方式。计算机进行休眠时，内存中的数据将保存到硬盘中。可以通过选择任务栏“开始”→“关机”命令右边的三角形按钮，在弹出的快捷菜单中选择“休眠”命令进入休眠状态。

2.2　窗口的操作

2.2.1　使用鼠标

1．认识鼠标

计算机出现之初，主要采用命令行的方式来操作，鼠标的出现，使得计算机的使用变得很方便。现在使用的鼠标，一般有 3 个按键，即除了左、右按键之外，中间还有一个滚动轮（见图 2-3）。使用鼠标操作计算机，主要通过控制鼠标来操作计算机屏幕上的指针来完成。通常情况下，鼠标指针是一个小箭头，当进行不同操作时，其形状会发生变化。不同的鼠标指针形状代表不同的含义（见图 2-4）。

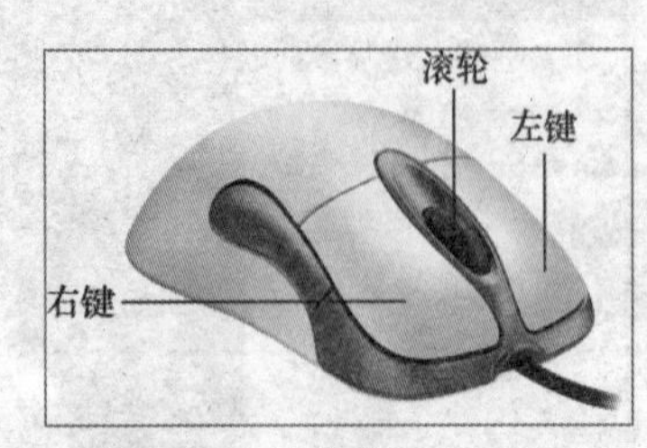

图 2-3 鼠标的基本组成

图 2-4 鼠标指针形状代表的含义

2．鼠标的基本操作

鼠标的基本操作一般有以下几种。

① 移动。握住鼠标进行移动，屏幕上的指针也跟着移动，由此来控制指针的位置，使其靠近要操作的对象。

② 指向。将鼠标指针移到某一对象上面，如文件、文件夹、按钮等。指向的对象不同，指针可以变成不同的形状，还可能在其下方出现该对象的提示文字。

③ 单击。即采用鼠标左键单击某对象，该操作用于选择或启动某对象。当单击某对象后，该对象的颜色一般会发生变化。

④ 右击。即采用鼠标右键单击某对象，该操作经常用于调用某对象的快捷菜单。

⑤ 双击。即采用鼠标左键快速单击某对象两次，表示选中并执行，一般用于打开某对象或运行某程序。对于初学者而言，掌握双击的速度有一定的难度。

⑥ 拖动。即单击某对象并按住鼠标左键不放进行移动，然后在另一个地方松开鼠标左键。该操作一般用来移动对象或者选择一定范围的对象。

2.2.2 个性化定制

1．认识桌面

登录操作系统之后，显现在用户面前的首先是桌面。通过桌面可以与计算机进行交互。在桌面上，可以看到任务栏、程序图标和“开始”按钮（见图 2-5）。

图 2-5 桌面

在安装 Windows 7 操作系统后，第一次使用时，桌面除了任务栏之外，只有一个“回收站”图标，这点跟原来的 Windows XP 一样，在传统的 Windows 桌面中一般还有“我的文档”“我的电脑”“网上邻居”“Internet Explorer”等系统图标。在 Windows 7 中，可以通过下面的操作来显示传统的桌面图标。

① 右击桌面空白处，在弹出的快捷菜单中选择“个性化”命令。

② 在“个性化”对话框中选择“更改桌面图标”命令。

③ 出现“桌面图标设置”对话框（见图 2-6）。

④ 在“桌面图标设置”选项区域中选择要显示在桌面上的系统图标，然后依次单击“确定”按钮，完成系统图标在桌面的显示设置。

图 2-6 “桌面图标设置”对话框

通过设置，即可在桌面看到“用户的文件”“计算机”“网络”“回收站”“控制面版”等图标了。这些是系统定义的图标，与添加的快捷方式图标有一定的区别，下面介绍这些图标的作用。

①“计算机”图标。管理本计算机的资源，可以在此进行磁盘、文件、文件夹的操作，其中存放着整个计算机的所有文件。

②“用户的文件”图标。存放着用户个人的文件或者文件夹。由于 Windows 7 是一个多用户操作系统，不同的用户登录之后，可以通过“我的文档”来存放各自的资源。

③“网络”图标。通过该图标可以查找局域网上的其他计算机，也可以管理网络资源和进行网络设备的设置。

④“回收站”图标。如同一个垃圾桶，用来存放删除的资源，没有从“回收站”中清除的资源可以进行还原，正如垃圾还没有从垃圾桶中倒出去外边一样。

⑤“控制面板”图标。通过该图标可以对计算机的软件和硬件进行设置管理等操作。

2．设置个性化桌面

Windows 7 为用户提供了较大的自由度和灵活性来调整桌面的设置，如用户可以改变屏幕的背景、分辨率、显示颜色和刷新频率等。通过这些设置，使计算机更具个性化及实用性。

（1）更改桌面背景

在安装好 Windows 7 之后，其桌面的背景图片一般为微软 LOGO 背景图。用户可以重新选择自己喜欢的图片作为桌面背景，具体操作步骤如下。

① 右击桌面的空白处，在弹出的快捷菜单中选择“个性化”命令，打开“个性化”对话框。

② 选择某一主题可以快速地更改桌面的背景，但通过主题的形式来更改背景的同时，也更改了窗口的颜色、声音等（见图 2-7）。另外，也可以通过“个性化”对话框下面的“桌面背景”按钮单独设置桌面的背景图。在弹出的“桌面背景”对话框中（见图 2-8），单击“浏览”按钮找到你想要设置的图片的位置，然后通过“图片位置”下拉列表框来设置背景图片的显示方式，选择拉伸可以使图片伸展到整个桌面；选择居中可以使图片显示在桌面的中间，而选择平铺则会使图片以重复的方式铺满整个桌面。

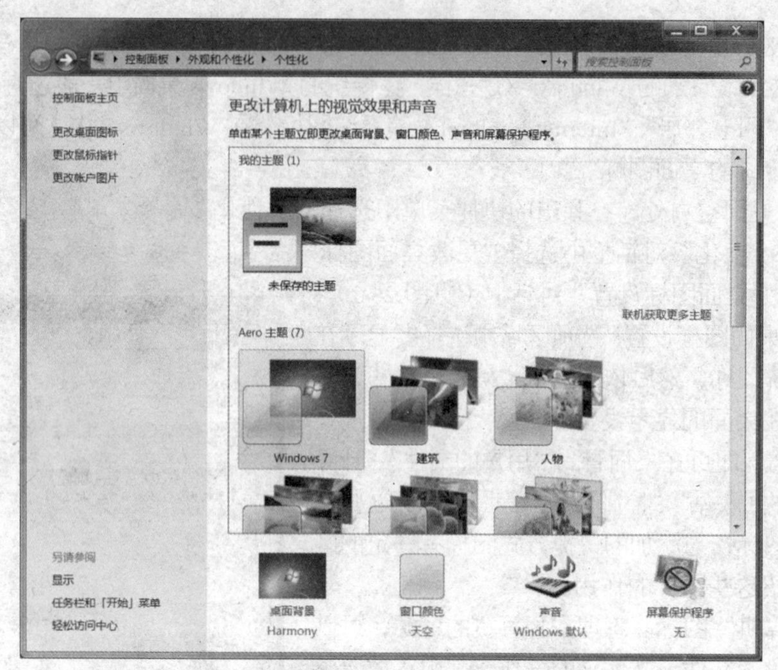

图 2-7 “个性化”对话框

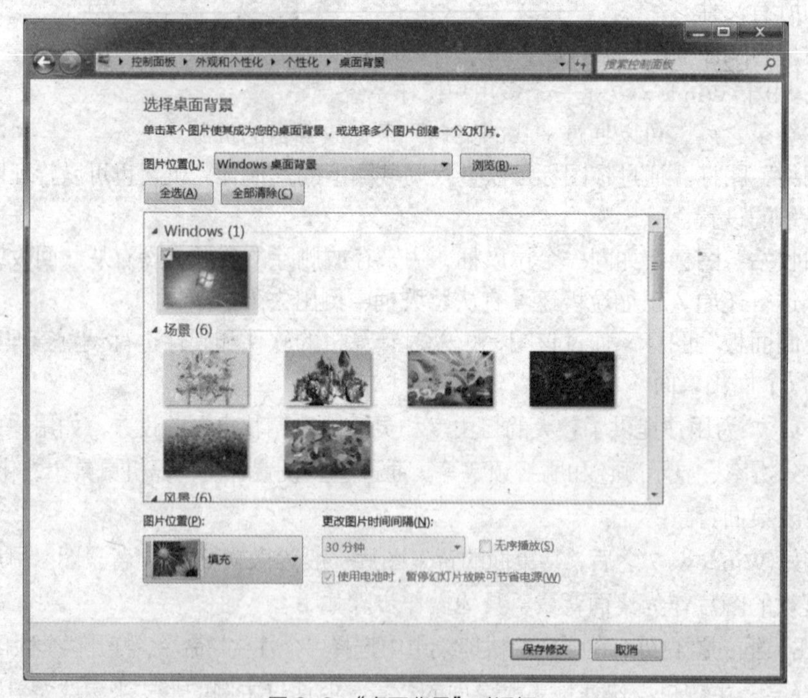

图 2-8 “桌面背景”对话框

（2）设置屏幕保护程序

屏幕保护程序在以往的 Windows 系统中就存在了，其“保护”作用主要体现在两个方面。

第一，保护显示器。长时间显示同一画面，容易造成显示器的显像管老化。

第二，保护屏幕上的信息。当一段时间内对计算机没有执行任何操作时，启动该程序可以隐藏屏幕上的信息。

设置了屏幕保护之后，如果在一定时间内没有刷新屏幕，即没有进行任何操作，系统将启动保护程序。设置屏幕保护程序的具体操作步骤如下。

① 右击桌面的空白处，在弹出的快捷菜单中选择“个性化”命令，打开“个性化”对话框。

② 选择“屏幕保护程序”按钮（见图 2-9）。

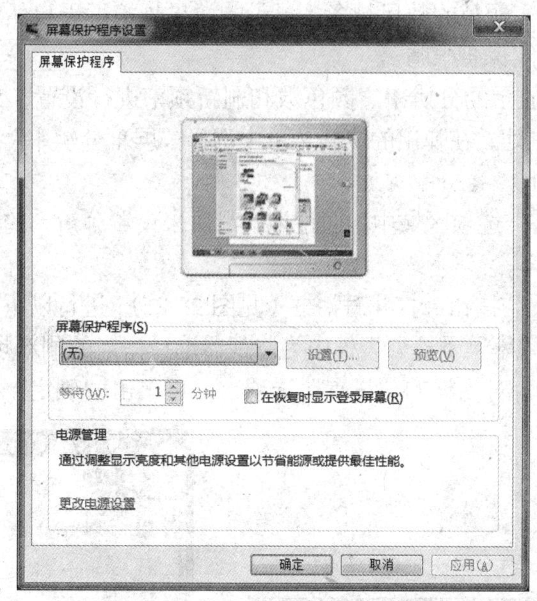

图 2-9 “屏幕保护程序”选项卡

③ 在“屏幕保护程序”下拉列表框中选择已经安装的屏幕保护程序。如果选择了“三维文字”，可以单击“设置”按钮来打开“三维文字设置”对话框，从中可输入字幕内容以及显示速度（见图 2-10）。

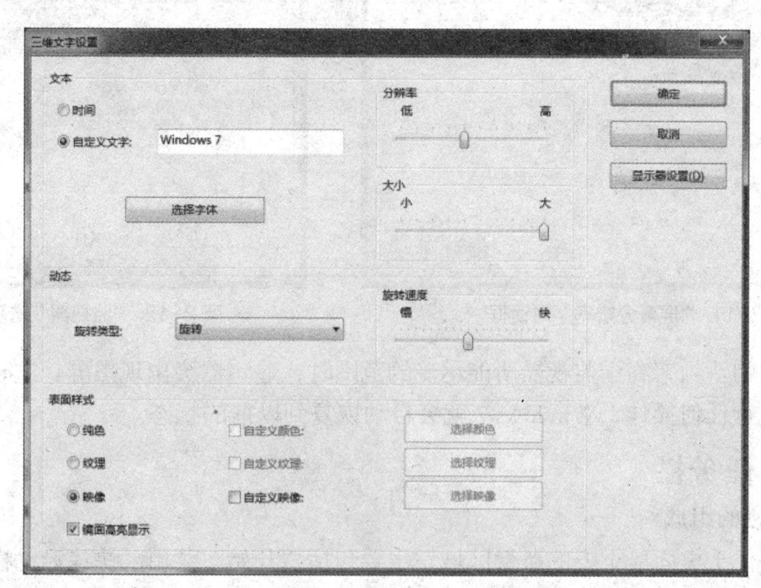

图 2-10 “三维文字设置”对话框

④ 在“等待”微调框中，设置屏幕在多长时间内没有刷新则启动屏幕保护。如有需要，可以为屏幕保护程序设置密码，启用“在恢复时显示登录屏幕”复选框。

当屏幕保护程序启动之后，按键盘上的任意键或移动鼠标，如果没有启用“在恢复时显示登录屏幕”复选框，即可返回原屏幕；如果已启用，需要登录之后才能返回原屏幕。

（3）设置显示分辨率、颜色数和刷新频率

对于显示器，其分辨率、显示的颜色数以及刷新频率直接影响着显示的效果。分辨率越高，能显示的内容越多；颜色的数目越多，显示的效果越接近于自然色；刷新频率越高，屏幕的显示就越平稳，越能保护眼睛。

Windows 7 允许对显示的分辨率、颜色数和刷新频率进行设置，具体操作步骤如下。

① 右击桌面的空白处，在弹出的快捷菜单中选择“屏幕分辨率”命令，打开“屏幕分辨率”对话框（见图 2–11）。

② 在“屏幕分辨率”选项区域中，通过拖动滑块来设置分辨率的多少。分辨率的范围由计算机的硬件决定。

③ 单击“高级设置”按钮，打开对话框（见图 2–12），进行以下设置：选择“监视器”选项卡，在“屏幕刷新频率”下拉列表框中为监视器选择适当的刷新频率，然后单击“确定”按钮，返回“显示属性”对话框的“设置”选项卡，再单击“确定”按钮完成设置。

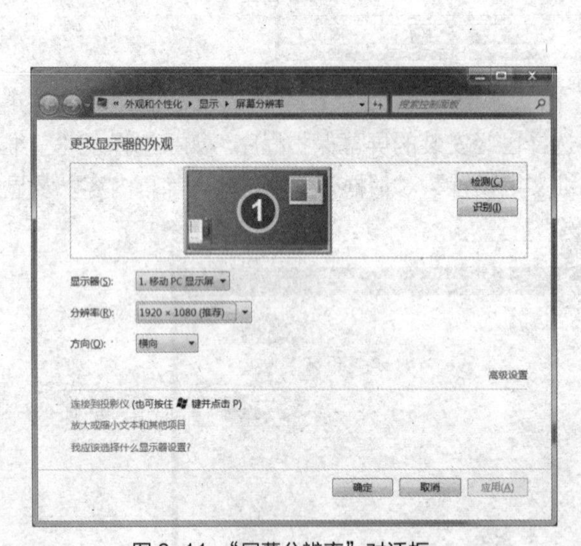

图 2–11 “屏幕分辨率”对话框

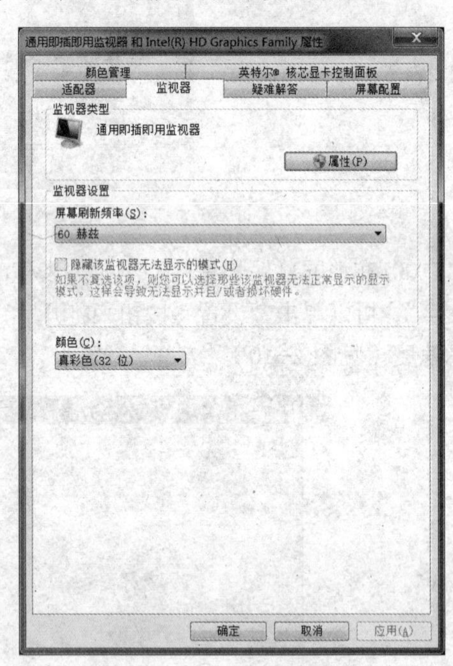

图 2–12 “监视器”选项卡

当设置的刷新频率高于监视器所能承受的范围时，显示器会出现黑屏。这时，只要等待十几秒，不进行任何操作，Windows 7 就会自动恢复到以前的状态。

2.2.3 任务栏

1. 任务栏的组成

任务栏是位于桌面最下方的条形区域，主要包括“开始”菜单、快速启动栏、窗口图标按钮列表、通知区 4 个部分。

（1）“开始”菜单

在任务栏的最左边为“开始”菜单，通过单击该按钮或者通过键盘上的键来打开“开始”菜单。通过该菜单，几乎可以完成所有任务，如运行程序、设置系统、打开文件、获取帮助信息、查找文件或文件夹、关闭计算机等（见图 2-13）。

- 系统控制工具区，在“开始”菜单的右侧为系统控制工具区，通过它，可以对计算机进行管理，查找文件、设置系统等。
- “所有程序”菜单，在“开始”菜单的左下侧有一个带箭头的“所有程序”选项（见图 2-14）。通过该项，可以快速找到计算机中安装的所有应用程序。
- “所有程序”菜单的上方为最常使用的程序列表，方便用户查找并运行这些程序。
- “开始”菜单的右下方为“关机”命令。

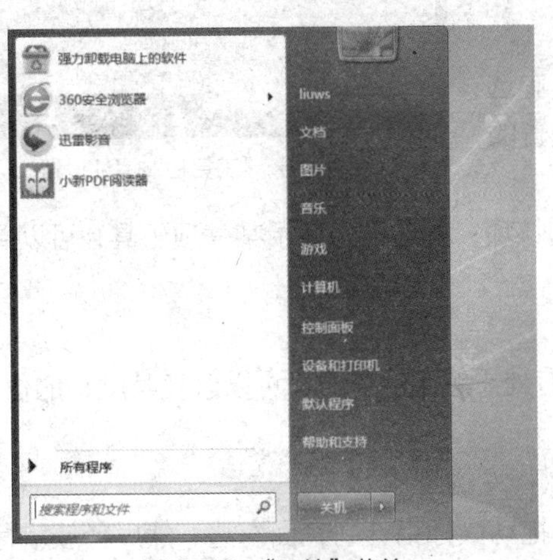

图 2-13 “开始”菜单

图 2-14 “所有程序”菜单

（2）快速启动栏

在“开始”菜单的右边为快速启动栏，用来存放一些经常运行的程序的图标，以便用户使用。当桌面被窗口所覆盖时，如果要启动的程序存放在快速启动栏，就可以不用最小化所有的窗口去桌面查找图标。快速启动栏默认排列了媒体播放器、Internet Explorer 浏览器与显示桌面图标。通过单击显示桌面图标，可以快速最小化所有窗口，采用“⊞+D”组合键也可以实现同样的操作。

把经常启动的程序图标拖动到快速启动栏上，就可以添加该程序到快速启动栏了。也可以删除快速启动栏中不再使用的图标。

（3）窗口图标按钮列表

每打开一个窗口，该窗口图标的按钮就会出现在任务栏的中间区域，通过单击这些按钮，可以方便地进行窗口之间的切换。当关闭窗口后，对应的图标按钮也会消失。

Windows 7 提供了一种任务栏按钮组合的功能，来帮助用户管理打开的多个窗口，使任务栏保持整洁的同时方便用户查找。该功能将相同类型或者同一程序打开的窗口组合在一起，例如，采用 Internet Explorer 上网时，打开的网页达到一定数目时，会自动组合成一个按钮，当用户打开多个文件夹时，自动组合成一个文件夹图标按钮。单击这些组合按钮，即可弹出该类型的窗口的图标列表，供用户选择。利用任务栏的组合按钮，用户可以一次关闭该组的所有窗口，用户右击组合按钮，在弹出的快捷菜单中选择“关闭所有窗口”命令即可。

（4）通知区

在任务栏的最右边排列着一些小图标，一般包括时间图标、音量调节器图标、输入法图标以及一些在后台运行的程序图标。

当鼠标指针指向时间图标时，会显示当前的日期；单击该图标将打开日历窗口。

通过单击音量调节器图标，可以打开音量控制器，调节音量的大小或者设置静音。

通过单击输入法图标，可以显示输入法列表，从中选择所需的输入法。右击输入法图标，在弹出的快捷菜单中选择“设置”命令，可以调出“文本服务和输入语言”对话框，进行输入法的添加与删除操作。

2．定制任务栏

（1）设置任务栏中的工具栏

Windows 7 允许设置任务栏中的工具栏，具体操作步骤如下。

① 右击任务栏的空白处，在弹出的快捷菜单中选择“工具栏”命令，右侧的小箭头将显示可以设置的工具栏的列表（见图 2-15）。

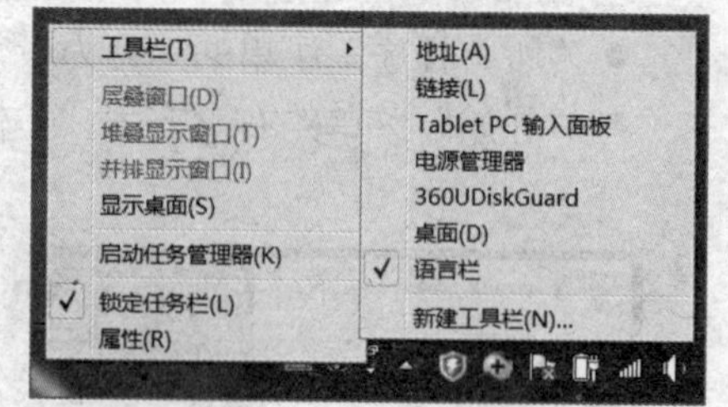

图 2-15 “工具栏”属性设置

② 在要显示的工具项的前面单击，可以勾选该项；如果不想显示某一项工具，可以单击取消勾选。

（2）设置任务栏的大小和位置

任务栏一般位于桌面的最下方，当任务栏没有处于锁定状态时，可以改变其默认的位置，具体操作步骤如下。

① 将鼠标指针指向任务栏的空白处，按下鼠标左键不放。

② 拖动鼠标指针到桌面的其他边上，例如，拖动鼠标指针到桌面右边，然后释放鼠标左键，即可以把任务栏移动到相应位置。

当任务栏没有处于锁定状态时，也可以调整其高度，操作方法为：移动鼠标指针到任务栏的上边线（当任务栏位于底部时），当指针变为双向箭头“↕”时拖动鼠标到要求的高度，然后松开鼠标左键即可。

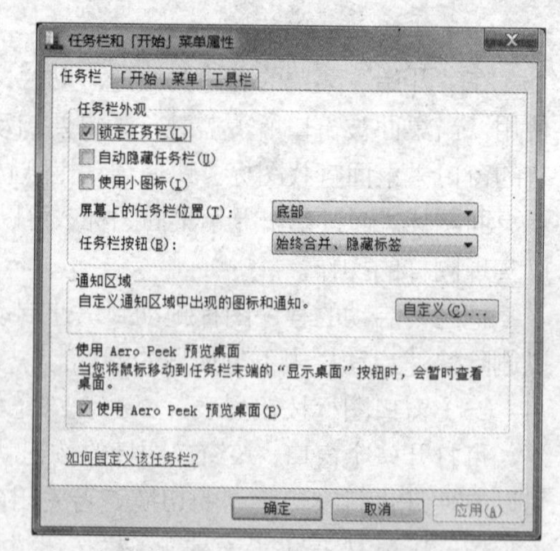

图 2-16 “任务栏和「开始」菜单属性”对话框

（3）设置任务栏

为方便使用，可以设置任务栏。在任务栏的空白区域右击，弹出快捷菜单，选择“属性”命令，将打开“任务栏和「开始」菜单属性”对话框（见图 2-16）。下面介绍“任务栏”选项卡中各选项的作用。

① 锁定任务栏。通过该选项，可将任务栏锁定在桌面的当前位置，不可以再对其进行移动或改变大小。

② 自动隐藏任务栏。通过该选项，当不使用任务栏时，任务栏会自动隐藏，当鼠标指针指向任务栏的位置时，可再次显示。

③ 使用小图标。通过该选项，可将任务栏中图标显示方式转换为小图标。

（4）设置“开始”菜单

在“任务栏和「开始」菜单属性”对话框的“「开始」菜单”选项卡中，可以对“开始”菜单进行设置。通过“自定义”按钮，可以进一步设置“开始”菜单中的其他内容。

2.2.4 图标

Windows 7 是一种图形界面的操作系统，所有的程序和数据都采用图标来表示。通过控制这些图标，可轻松控制存储在计算机内的信息。Windows 7 中的图标可以分成下面几种。

① 磁（光）盘图标。代表计算机的磁盘、光盘或者移动设备。

② 文件夹图标。采用一个可以打开的夹子来表示。

③ 程序图标。一般采用跟该程序相关的图标来表示。

④ 文件图标。一般采用卷角的纸页图标来表示。

⑤ 控制图标。出现在窗口左上角的图标。

⑥ 快捷方式图标。一般在图标左下角有一个小箭头。

2.2.5 窗口的组成与操作

在 Windows 系统中，大部分程序都以窗口的方式来表现。使用一个程序，就是对其窗口进行操作，因此，窗口的使用显得特别重要。

1．窗口的组成

“窗口”一般由标题栏、菜单栏、工具栏、工作区、状态栏、滚动条、窗口边框与窗口把柄等组成（见图 2-17）。

① 标题栏。位于窗口的最上面。在标题栏的左边为控制图标和应用程序的名称、窗口的名称或者文件名。标题栏的右边为窗口控制按钮。

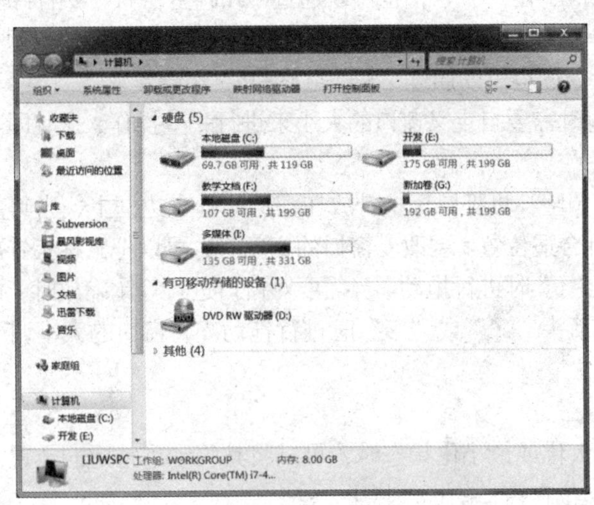

图 2-17 窗口组成

② 菜单栏。一般位于标题栏的下方，菜单栏提供了一些常用的命令，如“组织”菜单、“共享”菜单等。

③ 工具栏。以按钮图标的方式来显示操作命令，是与菜单中常用命令对应的一些按钮，单击即可执行。

④ 工作区。窗口的主要操作区域为工作区，显示当前窗口包含的对象。

⑤ 滚动条。当要显示的内容超过窗口当前范围时，才出现窗口的滚动条，通过滚动条显示被隐去的内容。滚动条有垂直滚动条和水平滚动条两种，分别用于进行上下和左右滚动。

⑥ 状态栏。位于窗口的最底部，用于显示当前窗口的信息。

⑦ 窗口边框与窗口把柄。窗口的边框标示着窗口的大小，通过拖动边框线可以调整窗口

的大小。大小不可改变的窗口不出现把柄。

2．窗口的操作

窗口的基本操作包括打开窗口、改变窗口大小、移动窗口、关闭窗口、窗口切换等。下面详细介绍这些操作。

（1）打开窗口

要显示一个窗口，如显示一个文件、文件夹或者一个应用程序窗口，首先必须将其打开，可以采用下面两种方法。

- 双击要打开的程序图标。
- 右击图标，在弹出的快捷菜单中选择“打开”命令。

（2）改变窗口大小

当打开的窗口的大小不符合需要时，可以对其进行调整，改变窗口大小的操作包括窗口的最大化、最小化、还原以及自由调整。窗口的最大化可以使窗口充满整个屏幕，方便对其进行操作；窗口的最小化可以使窗口缩小成一个图标只显示在任务栏上，以方便操作另一个窗口；窗口的还原可以将其还原到最大化前的大小。

① 窗口的最大化。单击窗口右上角的“最大化”按钮；或者右击窗口标题栏，在弹出的快捷菜单中选择“最大化”命令；也可以通过“Alt+空格+X”组合键。

② 窗口的最小化。单击窗口右上角的“最小化”按钮；或者右击窗口的标题栏，在弹出的快捷菜单中选择“最小化”命令；也可以通过“Alt+空格+N”组合键。

③ 还原窗口。单击窗口右上角的“还原”按钮；或者右击窗口标题栏，在弹出的快捷菜单中选择“还原”命令；也可以通过“Alt+空格+R”组合键。

④ 自由调整。有时需要自定义窗口的大小来进行一些操作，这时即可对窗口进行自由调整。

对窗口进行自由调整，可把鼠标指针放在窗口的垂直边框上，当其变成水平双向的箭头“↔”时，将其拖动到合适位置。要改变窗口的高度时，可以把鼠标指针放在水平边框上，当其变成垂直双向箭头“↕”时进行拖动。当需要对窗口进行等比缩放时，可以把鼠标指针放在边角上，当其变成斜箭头“⤢”或“⤡”时进行拖动。将窗口的大小调至满意后，松开鼠标左键。

（3）移动窗口

当窗口处于非最大化或最小化状态时，可以将其移动到特定的位置。操作步骤如下。

① 将鼠标指针定位在窗口的标题栏上。

② 按住鼠标左键不放，拖动窗口到所需的位置。

③ 释放鼠标左键，完成移动窗口操作。

（4）关闭窗口

当不使用某窗口时，可以采用关闭来退出该应用程序。方法有以下几种。

- 单击标题栏的“关闭”按钮。
- 使用“Alt+F4”组合键。
- 双击标题栏的控制图标。
- 选择菜单栏的“文件”→“关闭”命令。

（5）窗口切换

Windows 7 是一个多任务的系统，可以同时运行多个程序，如可以一边听音乐，一边编辑文档。当前进行操作的窗口称为活动窗口，一个窗口处于活动状态时，其标题栏默认为深蓝色，而不活动的窗口的标题栏则为灰色。处于活动的窗口只能有一个，而不活动的窗口可以有多个，但不能直接对不活动的窗口进行操作，需要先激活。因此，实际使用中经常需要进行窗口的切换操作。方法有以下两种。

- 单击要激活的窗口。
- 使用“Alt+Tab”组合键或“Alt+Esc”组合键。

（6）多窗口显示

对于桌面上打开的多个窗口，可以按一定的排列来显示，如采用层叠窗口、堆叠显示窗口、并排显示窗口。层叠式排列可使窗口一层层地叠加在一起，每个窗口的标题栏都可见，方便使用鼠标进行切换。堆叠显示窗口的显示方式，就是把窗口按照横向两个，纵向平均分布的方式堆叠排列起来。并排显示窗口的显示方式，就是把窗口按照纵向两个，横向平均分布的方式并排排列起来。要设置窗口的排列方式，可以用鼠标右击任务栏空白处，在弹出的快捷菜单中选择“层叠窗口”“堆叠显示窗口”或者“并排显示窗口”命令。

2.2.6 对话框及其操作

Windows 系统为了完成某项任务而需要从用户那里得到更多的信息时，通常会以对话框的形式与用户进行交互。所以，对话框是系统与用户对话、交互的场所，可以将其看成是一种特殊类型的窗口。对话框的形状为矩形，大小不能改变，但位置可以移动。在 Windows 7 中，对话框分为模式对话框和非模式对话框。当弹出模式对话框时，其处于屏幕的最顶层，只有完成该对话才能对其他窗口进行操作，如“格式”对话框。非模式对话框与模式对话框最大的区别在于，可以在显示前者的情况下操作其他窗口，如“查找”对话框。对话框通常包括文本框、列表框、选择框、命令按钮等。图 2-18 所示为“字体”对话框。

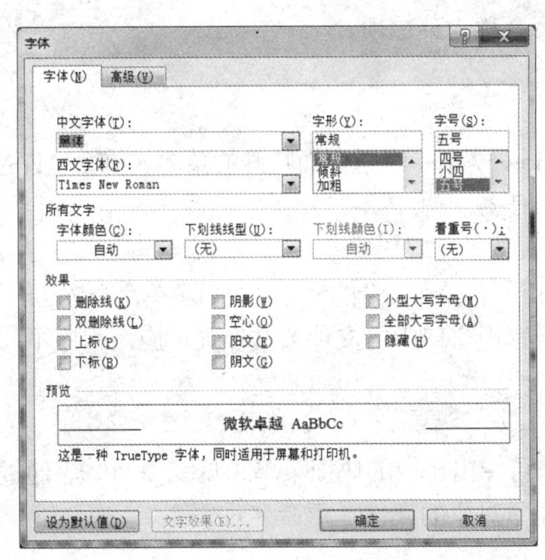

图 2-18 “字体”对话框

（1）文本框

文本框主要是为供用户输入一定的文字或数值信息而设置的。

（2）单选按钮

单选按钮是一组互相排斥项目的选项列表按钮，单选按钮一般供用户进行单项选择，由小圆圈按钮及名称构成。被选中时，圆圈中间出现绿点，通过单击其他项的单选按钮即可取消对当前项的选中。

（3）复选框

复选框一般用于供用户进行多项选择，被选中者其矩形框中会出现对号标记，未被选中者的矩形框中为空，用鼠标单击即可选中需要的项，再次单击可取消选择。

（4）列表式列表框

列表式列表框用于列出一组可用的选项，其通过一个矩形区域来组织列表项，用户可以从中选择一项或者几项。

（5）下拉式列表框

下拉式列表框用于对话框空间过于拥挤的情况。单击下拉式列表框右边的下三角按钮“▾”时，就会弹出一系列选项。

（6）数字按钮

通常我们需要输入数字信息，在对话框中，可以通过数字按钮来进行设置，它有一个减小和增加按钮。

（7）选项卡

选项卡类似于活页簿，每个选项卡都有一个标签，单击标签，即可显示该选项卡的内容。采用选项卡可以把内容按一定的类型进行组织，方便用户的操作。

（8）命令按钮

对话框一般都有命令按钮，如“确定”“取消”按钮。通过命令按钮，可以告诉系统是否执行用户设置的信息。

2.2.7 菜单及其操作

菜单是命令的集合，其中包含了供用户使用的一系列命令，用户可以利用鼠标或键盘进行选择。菜单中包含的命令称为菜单项。

1．菜单类型

（1）“开始”菜单

“开始”菜单是 Windows 7 中一个重要而特殊的菜单，前面也说过，通过该菜单，用户可以让计算机执行几乎所有任务。

（2）窗口菜单

窗口菜单是集合该窗口所有操作命令的地方。窗口菜单命令按功能可以分成不同的菜单项，如“组织”菜单命令用于管理窗口中的文件或文件夹。应用程序不同，其菜单栏中的菜单项也各有差异。

（3）快捷菜单

右击选定的对象，即可弹出相应的快捷菜单（见图 2-19）。通过其中的命令，可以方便地对对象进行操作，如显示对象的属性、重命名对象等。

2．菜单符号和约定

菜单中的菜单项形式各异，不同的形式代表不同的含义。

（1）暗淡的菜单项

若菜单项的文字为暗淡的灰色，则表示该命令当前无效，不能执行。

（2）层叠菜单项

若菜单项的名称右边带有一个黑色箭头，表示该菜单项为层叠菜单，其下还有级联菜单。

（3）含有对话框的菜单项

选择名称右边带有"…"的菜单项时，系统将弹出一个对话框，要求用户输入一些必要的信息。

（4）具有快捷键的菜单项

名称右边的字母或字母组合称为该命令的快捷键。可以不打开菜单而直接使用快捷键来执行该菜单项。

（5）选中标记

各称左侧带有"√"标记，表示此选项当前有效。

3．菜单的基本操作

（1）菜单的使用

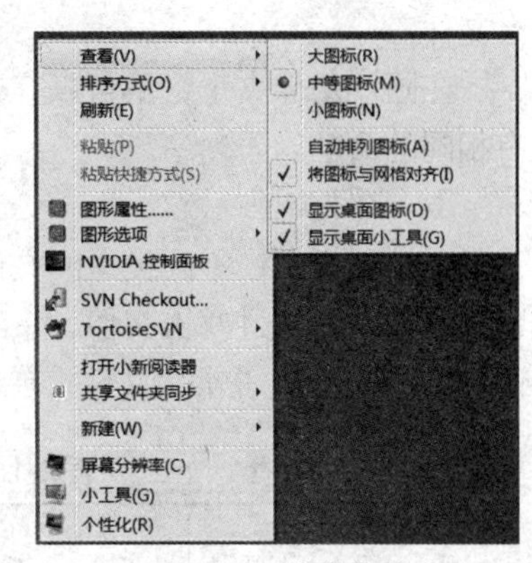

图2-19 快捷菜单

菜单的使用主要通过键盘选择或鼠标操作的方法。其中鼠标操作是使用菜单最为简便的方法。

① 鼠标操作。单击菜单名，指向要选取的菜单项再单击，即可执行相应的操作。

② 键盘选择。按"Alt"或"F10"键显示菜单栏，用方向键选择菜单名和菜单项，然后按"Enter"键即可执行相应的操作；也可以同时按"Alt"键和菜单名中带下划线的字母快速打开菜单，然后直接按快捷键快速执行相应的菜单项命令。

（2）菜单的关闭

菜单使用完毕一般会自动关闭，也可以通过单击菜单外的任何区域或者按"Esc"键关闭菜单。

2.3 文件和文件夹管理

2.3.1 文件和文件夹概述

1．文件和文件夹概念

文件是操作系统中的一个重要概念，是一组按一定格式存储在计算机外存储器中的相关信息的集合。在计算机中，任何程序和数据都是以文件形式存储在外存储器中。

计算机中存在着数以万计的文件，为了方便管理，引入了文件夹的概念。文件夹也称目录，可以把一定数目的文件放到同一个文件夹中，另外，也可以存放文件夹。例如，在计算机中建立一个文件夹，专门存放 MP3 文件，在该文件夹中，可以根据不同的歌手名建立不同的文件夹，并把相关的音乐文件放到对应的文件夹中。

2．文件和文件夹命名

在计算机中，每个文件和文件夹都有各自的名称，系统正是通过名称来进行文件和文件夹的操作。在 Windows 7 系统中，文件和文件夹的命名有一定的要求。

① 文件名或文件夹名中，最多可以有 256 个字符。

② 文件名或文件夹名可以由汉字、字母、数字和部分特殊符号构成，但不能包含/、\、:、|、*、?、"、<和>9 个符号中的任何一个。

③ 文件名由主文件名和扩展名两部分组成，中间用"."分隔。格式为

主文件名.扩展名

如文件名 test.txt 中，test 为主文件名，而 txt 为扩展名，表示其为文本文件。

文件名和文件夹名中的英文字母不区分大小写，例如，test.txt 和 TEST.TXT 被认为是同

名文件。

在同一文件夹下，不可以存在文件或者文件夹同名的情况，而在不同的文件夹下，可以有相同的命名。

3．**文件类型**

在计算机中，不同类型的文件有着不同的扩展名。文件的扩展名与特定的应用程序有着紧密的关联，通过双击文件，系统根据扩展名就可以判断需要调用哪个应用程序来打开该文件。表 2-1 列出了常用文件扩展名与文件类型的对应关系。

表 2-1　常用文件扩展名和文件类型对应表

文件扩展名	文 件 类 型	文件扩展名	文 件 类 型
txt	文本文件	pptx	PowerPoint 2010 文件
docx	Word 2010 文件	bmp	位图文件
xlsx	Excel 2010 工作表文件	wav	声音文件
xlcx	Excel 2010 图表文件	exe	可执行文件

要查看文件的扩展名，可以任意打开一个文件夹，在其窗口中选择菜单栏的“组织”→“文件夹和搜索选项”命令，在弹出的对话框中选择“查看”选项卡（见图 2-20）。在“高级设置”列表框中找到“隐藏已知文件类型的扩展名”，取消勾选该复选框，然后单击“确定”按钮，就可以显示文件的扩展名了。

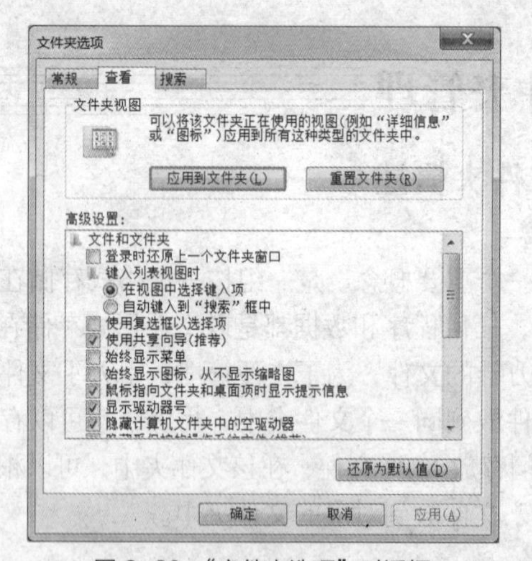

图 2-20　“文件夹选项”对话框

4．**驱动器和文件路径**

驱动器是通过某个文件系统格式化并带有一个驱动器号的存储区域，一般采用单字母和“:”来标识。根据不同的硬件，可以分为软盘驱动器、硬盘驱动器、光盘驱动器以及网络映射驱动器。打开“计算机”窗口，即可看到计算机上的驱动器。

计算机中所有的文件和文件夹都存放到驱动器中，驱动器可以被看成是最高层的文件夹，即根目录。为了表示一个文件在计算机中的位置，需要采用路径的形式。路径是表示文件层次关系的树形结构。例如，C:\Program Files\Microsoft Office\Office14\winword.exe，由此可知，要找到 winword.exe 文件，需要先打开 C 盘，再打开下面的 Program Files 文件夹，再找到

Microsoft Office 文件夹，接着进入 Office14 文件夹，最后找到 winword.exe 文件。即从驱动器出发，一层一层地查找，直到找到该文件。

2.3.2 “计算机”和“资源管理器”

计算机中存在着数目庞大的文件，对这些文件进行有效的组织和管理，就是操作系统所要具备的一个重要功能。与以往的版本一样，Windows 7 提供了两个程序来方便用户对文件进行组织和管理，即“计算机”和“资源管理器”。这两个程序的使用方法很相似，功能也基本相同，但又各具特点。

1. 计算机

通过双击桌面的“计算机”图标打开窗口，也可以选择“开始”→“计算机”命令，打开“计算机”窗口（见图 2-21）。

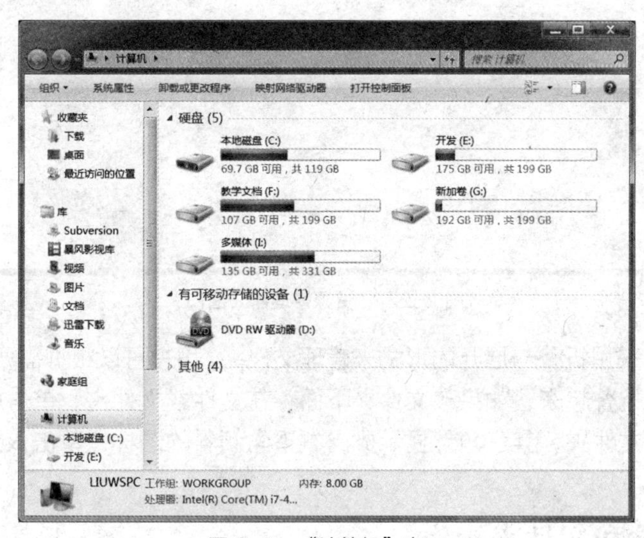

图 2-21 “计算机”窗口

在“计算机”窗口中可以看到计算机中的所有磁盘，即可在此打开所需的驱动器，查找对应的文件。窗口的左侧为一个窗格，由五部分组成：收藏夹、库、家庭组、计算机、网络。该窗格为用户操作文件，访问其他位置以及查看选择对象的详细信息提供了方便。根据所选对象的不同，还可能出现特殊的任务栏。

窗口中除了标准的菜单栏之外，还有标准的工具栏按钮，通过它，用户可以更好地进行文件管理和操作。表 2-2 列出工具栏按钮的功能。

表 2-2 工具栏功能表

按 钮	功 能 说 明	按 钮	功 能 说 明
后退	退到浏览过的上一位置	搜索	可以进行文件或文件夹的搜索
前进	前进到当前位置的下一浏览位置	位置栏	显示当前位置的路径

2. 资源管理器

在 Windows 7 中，“资源管理器”与“计算机”功能比较相近，都用于管理计算机中文件。可以采用下面的方法之一打开资源管理器：

- 右击“开始”按钮，在弹出的快捷菜单中选择“打开 Windows 资源管理器”命令。
- 选择“开始”→“所有程序”→“附件”→“Windows 资源管理器”命令。

“资源管理器”打开的时候，先打开库资源，如图 2-22 所示。

图 2-22 “资源管理器”窗口

“资源管理器”采用折叠与展开的形式来管理文件夹。用户可以根据需要展开部分文件夹，把不需要的文件夹折叠起来，如果该文件夹下面存在文件或文件夹，单击前面的三角形按钮进行展开；展开的文件夹，其三角形显示成向右下角倾斜的图标，单击该图标，可以折叠该文件夹。

2.3.3 文件和文件夹操作

1．打开文件或文件夹

要打开文件之前，必须先根据路径找到该文件，可以通过“资源管理器”或者“计算机”窗口来查找。要打开一个文件，可以采用下面的方法。

- 双击文件，一般用于打开已经建立关联的文件或者可执行文件。
- 右击文件，在弹出的快捷菜单中选择“打开”命令。
- 对于没有与应用程序建立关联的文件，如果知道其运行程序，可以自行打开。通过右击文件，在弹出的快捷菜单中选择“打开方式”→“选择默认程序”命令，打开“打开方式”对话框，从中选择需要的应用程序，如图 2-23 所示。

要打开一个文件夹，只要双击该文件夹即可；也可以右击该文件夹，在弹出的快捷菜单中选择“打开”命令。

2．新建文件或文件夹

（1）新建文件

一般可以采用下面的操作步骤来新建文件。

① 通过“资源管理器”或者“计算机”窗口找到存放文件的文件夹。

② 右击文件夹中任意空白处，从弹出的快捷菜单中选择“新建”命令，然后选择对应的文件类型。

③ 为新建的文件命名，并按“Enter”键进行确认。在文件的命名操作中，一般不改变其默认的扩展名，否则可能出现关联错误。

图 2-23 “打开方式”对话框

(2) 新建文件夹

新建文件夹的方法与新建文件类似，具体操作步骤如下。

① 通过“资源管理器”或者“计算机”，找到存放文件的文件夹。

② 右击文件夹中任意空白处，从弹出的快捷菜单中选择“新建”→“文件夹”命令。

③ 为新建的文件夹命名，并按“Enter”键进行确认。

3. 重命名文件或文件夹

右击需要重命名的文件或文件夹，在弹出的快捷菜单中选择“重命名”命令，或者选中需要重命名的文件或文件夹，按“F2”键，然后直接输入新名称并按“Enter”键即可。在对文件进行重命名时，若无特殊需要，一般不改变其扩展名。

4. 选择文件或文件夹

(1) 选择一个文件或文件夹

单击要选的文件或文件夹即可。

(2) 选择连续的多个文件或文件夹

先选择第一项，然后在按住“Shift”键的同时用鼠标单击最后一项。

(3) 选择不连续的多个文件或文件夹

单击要选择的第一个文件或文件夹，然后在按住“Ctrl”键的同时用鼠标单击剩下的文件或文件夹。

(4) 选择所有文件或文件夹

选择“组织”→“全选”命令，或者使用“Ctrl+A”组合键。

(5) 取消选择

单击窗口的空白处，即可取消所作的选择。

5. 复制文件或文件夹

复制文件是指制作某文件的一个副本，而复制文件夹是指制作该文件夹以及其下所有文件的副本。通过复制，可以产生多个相同的文件，一般复制的文件与原文件存放在不同的位置。复制文件或文件夹的方法很多，下面具体介绍其中 4 种。

（1）使用菜单命令进行复制

① 选择要复制的文件或文件夹。

② 选择“组织”→“复制”命令。

③ 打开要存放副本的文件夹。

④ 选择“组织”→“粘贴”命令。

（2）使用快捷键进行复制

① 选择要复制的文件或文件夹。

② 使用“Ctrl+C”组合键。

③ 打开要存放副本的文件夹。

④ 使用“Ctrl+V”组合键。

（3）使用鼠标进行复制

① 选择要复制的文件或文件夹。

② 右击，在弹出的快捷菜单中选择“复制”命令。

③ 打开要存放副本的文件夹。

④ 右击文件夹的空白处，在弹出的快捷菜单中选择“粘贴”命令。

（4）使用拖动进行复制

① 打开要进行复制的文件或文件夹所在窗口，然后在新的窗口中打开要存放副本的目标文件夹。

② 选择要复制的文件或文件夹，按住“Ctrl”键，将其拖动到目标文件夹窗口。如果源文件夹与目标文件夹不在同一个驱动器下，不用按下“Ctrl”键。

6．移动文件或文件夹

有时需要把一个文件或者文件夹，从一个位置移动到另一个位置。与复制操作不同，移动是把原文件移到别的地方，不制作副本。

移动文件或文件夹的方法很多，下面具体介绍其中 4 种。

（1）使用菜单命令进行移动

① 选择要移动的文件或文件夹。

② 选择“组织”→“剪切”命令。

③ 打开目标文件夹。

④ 选择“组织”→“粘贴”命令。

（2）使用快捷键进行移动

① 选择要移动的文件或文件夹。

② 使用“Ctrl+X”组合键。

③ 打开目标文件夹。

④ 使用“Ctrl+V”组合键。

（3）使用鼠标进行移动

① 选择要移动的文件或文件夹。

② 右击，在弹出的快捷菜单中选择“剪切”命令。

③ 打开目标文件夹。

④ 右击文件夹的空白处，在弹出的快捷菜单中选择“粘贴”命令。

（4）使用拖动进行移动

① 打开要进行移动的文件或文件夹所在窗口，然后在新的窗口中打开目标文件夹。

② 选择要移动的文件或文件夹，按住“Shift”键，将其拖动到目标文件夹窗口。如果源文件夹与目标文件夹不在同一个驱动器下，不用按“Shift”键。

7．发送文件或文件夹

在 Windows 7 中，用户可以把文件发送到许多位置或应用程序中。例如，可以把文件发送到软盘、移动磁盘、Web 服务器、我的文档、共享文档等位置。发送可以看成是一种简单的复制操作。

发送文件或文件夹的方法为：先选择要发送的文件或文件夹，右击要发送的文件或文件夹，在弹出的快捷菜单中选择“发送到”命令，然后选择发送的目的地即可。

8．删除文件或文件夹

当不需要某文件或者整个文件夹的内容时，可以通过删除操作将其从计算机中清除。进行删除之前，必须先找到目标文件或者文件夹。

（1）使用菜单命令进行删除

① 选择要删除的文件或文件夹。

② 选择“组织”→“删除”命令。

③ 在弹出的“删除文件”对话框中，单击“是”按钮进行删除。如果不想删除，可以单击“否”按钮。

（2）使用快捷键进行删除

① 选择要删除的文件或文件夹。

② 按“Delete”键。

③ 在弹出的“删除文件”对话框中，单击“是”按钮进行删除。

（3）使用鼠标进行删除

① 选择要删除的文件或文件夹。

② 将选择的文件或文件夹拖动到“回收站”图标上，或右击文件或文件夹，在弹出的快捷菜单中选择“删除”命令。

③ 在弹出的“删除文件”对话框中，单击“是”按钮进行删除。

上面的方法，都是把删除文件或文件夹存放在回收站中，如果有需要还可以从“回收站”中将其还原，即进行恢复操作。要从“回收站”中还原被删除的文件或文件夹，操作步骤如下。

① 双击桌面上的“回收站”图标。

② 在窗口中选择要还原的文件或文件夹并右击，在弹出的快捷菜单中选择“还原”命令。

被删除的文件同样占用了计算机的空间，如果想释放这部分空间，可以采用永久删除的方法，即文件删除之后不可恢复。进行永久删除有两种方法。

- 在选择要删除的文件或文件夹时，按住“Shift”键不放，再按“Delete”键。
- 从“回收站”中把文件或文件夹删除。

要把文件或文件夹从“回收站”中删除，可以采用下面的操作。

① 双击桌面“回收站”图标。

② 在窗口中选择文件或文件夹并右击，在弹出的快捷菜单中选择“删除”命令。

另外，可以通过“回收站”窗口中的“清空回收站”选项，将所有文件从回收站中删除。

删除文件夹时，该文件夹所包含的文件也一起被删除，因此对文件夹进行删除时要特别小心。

9．创建文件或文件夹的快捷方式

要打开一个路径比较长的文件时，需要打开较多的文件夹才能看到该文件，如果这个文件经常使用，不断反复操作会比较麻烦。Windows 7 提供了快捷方式来快速打开一个文件或者启动一个程序。快捷方式图标与文件图标的最大区别在于，快捷方式图标的左下角有一个小箭头。

（1）利用向导创建快捷方式

① 选择快捷方式的创建位置，如桌面、我的文档等。

② 打开任一窗口，在空白处右击，选择文件或“新建”→“快捷方式”命令，弹出“创建快捷方式”对话框。单击“浏览”按钮，弹出“浏览文件或文件夹”对话框，选择位置后单击“确定”按钮，回到“创建快捷方式”对话框，单击“下一步”按钮（见图 2-24）。

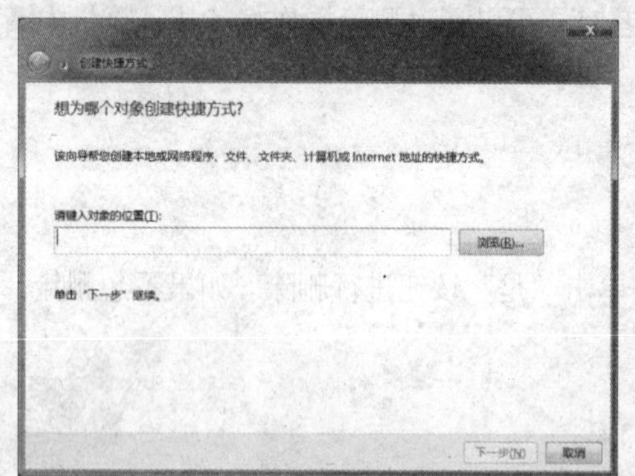

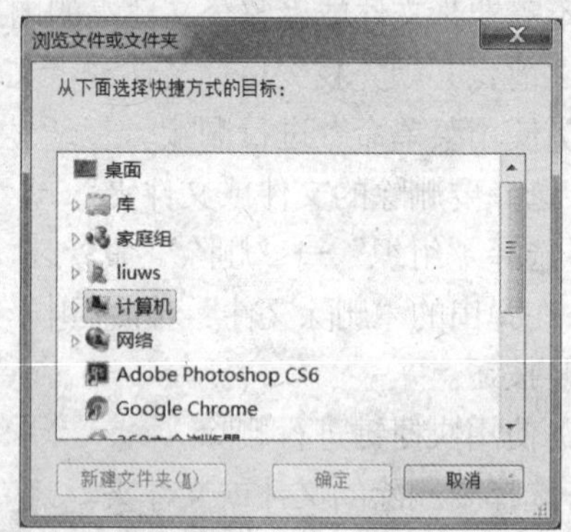

图 2-24　创建快捷方式

③ 在对话框中输入快捷方式的名称，然后单击“完成”按钮（见图 2-25）。

（2）利用鼠标创建快捷方式

① 选择需要创建快捷方式的文件或文件夹并右击。

② 在弹出的快捷菜单中选择“创建快捷方式”命令。

③ 把创建的快捷方式图标移动到需要的位置。

（3）创建桌面快捷方式

选择需要创建快捷方式的文件或文件夹并右击，在弹出的快捷菜单中选择“发送到”→“桌面快捷方式”命令。

10．查看、设置文件或文件夹属性

（1）查看文件或文件夹属性

通过查看文件或文件夹属性可以知道其名称、大小、位置、创建日期，以及该文件或文件夹是否具有只读、隐藏等属性。通过右击文件或者文件夹，在弹出的快捷菜单中选择“属性”命令，就可以打开“属性”对话框（见图 2-26）。

（2）设置文件或文件夹属性

通过文件或者文件夹的属性对话框可以设置其只读与隐藏属性。

① 只读。选择该复选框，就只能浏览文件或文件夹而不能修改其内容。

② 隐藏。选择该复选框，该文件或文件夹就被隐藏起来。

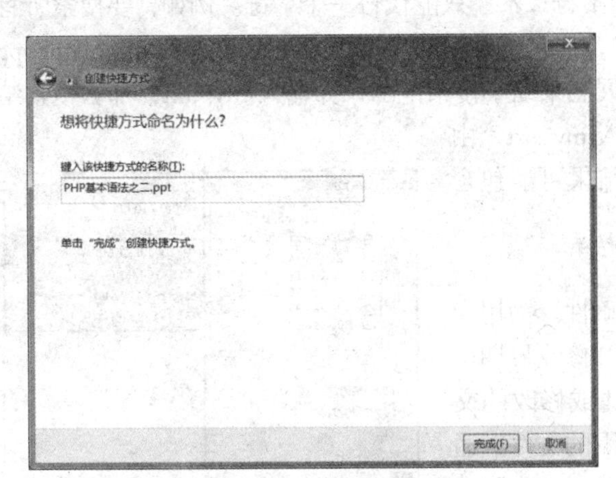

图 2-25　输入快捷方式名称对话框

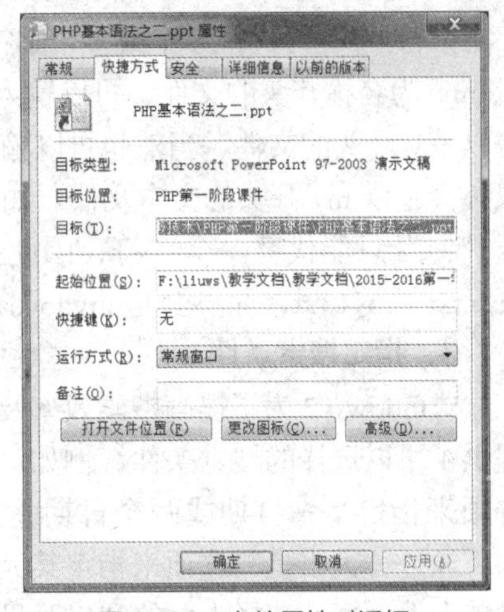

图 2-26　文件属性对话框

2.3.4　搜索文件

对于磁盘上存放的大量文件与文件夹，当不清楚某个文件、某类文件的名称或存放位置时，可以利用搜索功能来查找。Windows 7 在每一个窗口中引入了搜索功能，使得对文件、文件夹、网络计算机等的搜索变得更加容易。

1．进行简单搜索

要进行简单搜索，具体操作步骤如下。

① 打开桌面的“计算机”图标，在打开的窗口的右上角，就可以看到搜索文件的功能（见图 2-27）。

② 在搜索框中输入所要搜索的文件名称或文件夹的名称，并单击搜索按钮图标，即可以在整个计算机的范围内进行搜索，并出现查找到的一系列文件的列表（见图 2-28）。

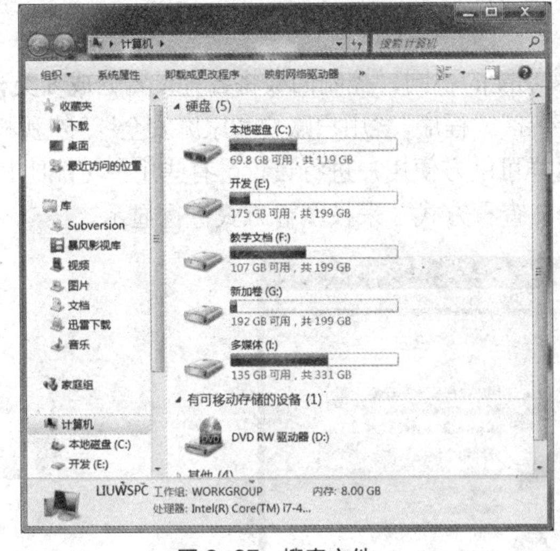

图 2-27　搜索文件

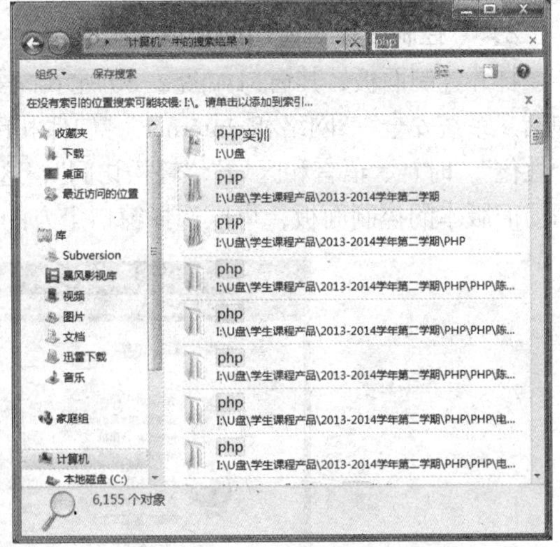

图 2-28　搜索结果列表

2．使用通配符

通配符是指采用字符“*”和“？”来表示的一个或多个字符。当用户不知道或者不想输入完整名称时，就可以采用通配符来代替一个或多个字符。

字符“*”可代替零个或多个字符，而字符“？”只能代替一个字符。例如，要搜索所有以 my 为名称开头的文件，可以输入 my*，搜索结果可能包括 my.txt、mydoc.txt、mypic.jpg 等以 my 开头的文件。当然也可以输入扩展名来缩小搜索范围，如输入 my*.txt，那么搜索结果只会是以 my 开头的文本文件。如果输入 my?.txt，由于“？”只能代替一个字符，因此搜索结果可能包含 myc.txt、my1.txt，而不会是 mydoc.txt。

3．指定搜索条件

Windows 7 为了提高搜索效率及其准确性，为用户提供了可以选择的搜索条件，例如，通过“修改日期”选项来指定某一日期或两个日期之间创建或修改的文件，通过“大小是”选项来指定某大小范围的文件，通过单击搜索框，选择下面的“修改日期”或“大小”来添加需要筛选的条件（见图 2-29）。

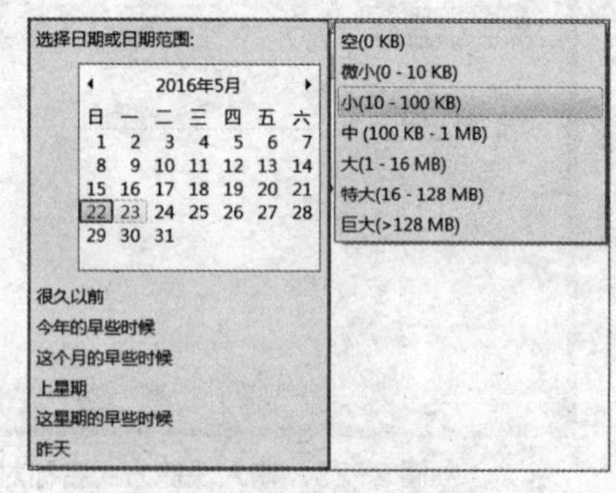

图 2-29 指定高级搜索条件

2.4 控制面板

控制面板是调整计算机系统硬件设置和配置系统软件环境的系统工具，可以对窗口、鼠标、计算机时间、打印机、网卡、串/并行接口等硬软件设备的工作环境和配套的工作参数进行设置和修改，也可添加和删除应用程序。

2.4.1 “控制面板”窗口

1．打开控制面板

打开控制面板的方法为：选择“开始”→“控制面板”命令，或者打开“计算机”窗口，在菜单栏中选择“打开控制面板”菜单项。

2．“控制面板”窗口的组成

打开控制面板，其窗口如图 2-30 所示。按功能的不同，控制面板将各种设置分成 8 类，包括“系统安全”“网络和 Internet”“硬件和声音”“程序”“用户账户和家庭安全”“外观和个性化”“时钟、语言和区域”“轻松访问”，这样可以方便用户进行设置。有些用户可能比较习惯旧版本的控制面板，可以选择窗口上方的“查看方式”来按图标方式进行显示。

图 2-30 “控制面板”窗口

2.4.2 日期、时间、语言和区域设置

不同地区的人不但使用的语言不同，日期和时间也不同，因此，Windows 7 提供了日期、时间、语言和区域设置功能。通过“控制面板”窗口中的“时钟、语言和区域”图标，就可以进入下一级界面，该界面列出“日期和时间”“区域和语言”的链接。

1．设置日期和时间

单击页面中的“日期和时间”图标，弹出 “日期和时间”对话框（见图 2-31）。

① 在“日期和时间”选项卡中，用户可以设置系统的时间和日期，也可以通过下面的“更改时区”进行区域时区设置。

② 在“附加时钟”选项卡中，添加其他时区的时钟。通过该选项卡可以同时添加另外两个时区的时钟。该功能对于经常出差的商务人士有很大的作用。

③ 在“Internet 时间”选项卡中，可以设置从网络时间服务器上获取当前时间。

2．设置语言和区域

由于不同国家所使用的时间和日期、数字、货币等格式不相同，因此 Windows 7 提供了区域和语言选项设置来设置自己习惯的格式。单击“区域和语言”图标，弹出“区域和语言”对话框（见图 2-32）。

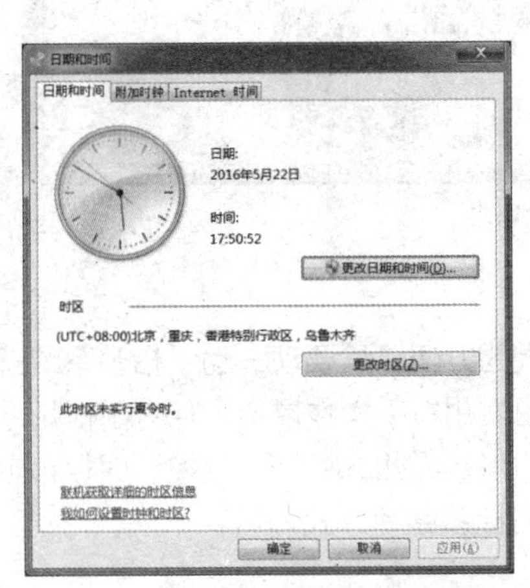

图 2-31 “日期和时间”对话框

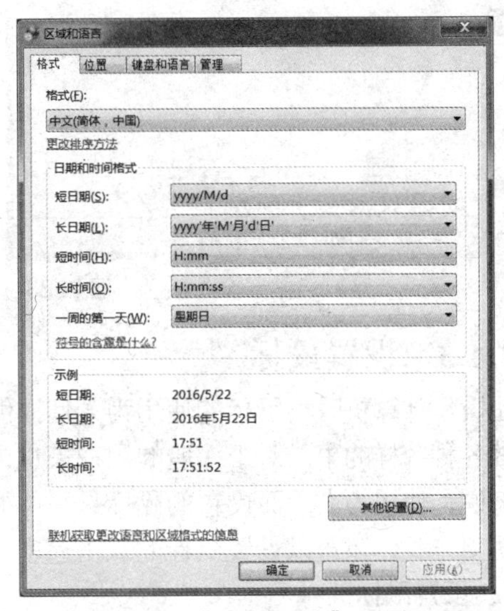

图 2-32 “区域和语言”对话框

① 在“格式”选项卡中，可以设置自己习惯的数字、货币、时间、日期和排序的格式。

② 在“键盘和语言”选项卡中，单击“更改键盘”按钮，可以调出设置“文字服务和输入语言”对话框。

③ 在“管理”选项卡中，可以设置非 Unicode 编码。

下面详细介绍“键盘和语言”选项卡的设置。

① 选择“区域和语言”对话框中的“键盘和语言”选项卡。

② 单击“更改键盘…”按钮，弹出“文字服务和输入语言”对话框。

③ 选择“常规”选项卡，在“默认输入语言”选项区域中的下拉列表框中选择计算机启动时使用的输入语言，一般选择“中文”。

④ 单击“已安装的服务”选项区域中的“添加”按钮，弹出如图 2-33 所示的“添加输

入语言”对话框，选择一种输入法，单击“确定”按钮完成添加。如果需要删除一种输入法，可以在“已安装的服务”列表框中选中该输入法，然后单击“删除”按钮。

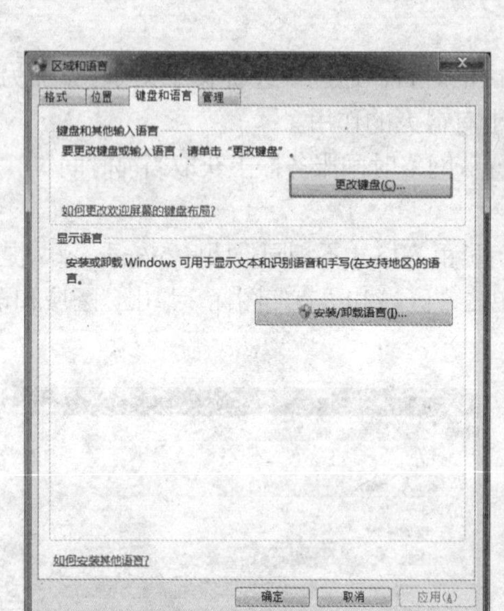

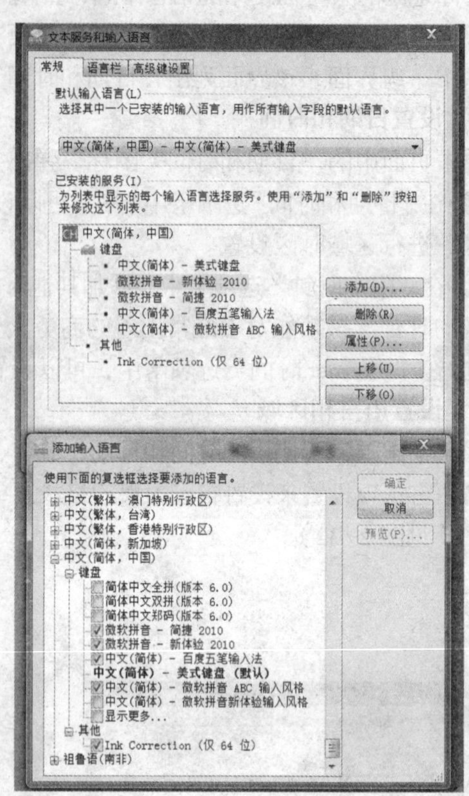

图 2-33 添加输入语言

2.4.3 设置鼠标

在操作计算机时，鼠标的使用为人们提供了很大的方便，只要动一动手指，系统就会帮用户做各种各样的事。对于一般的用户来说，比较习惯用右手操作鼠标，但对于惯用左手的用户来说，使用为右手而设置的鼠标是一件很麻烦的事，因此，可以通过控制面板自定义鼠标的使用方式，还可以设置鼠标的双击速度、指针图标和移动方式。

1．设置鼠标键

设置鼠标的具体操作步骤如下。

① 在“控制面板”窗口单击“硬件和声音”图标，然后在打开的窗口中找到“设备和打印机”，然后单击“鼠标”链接，弹出“鼠标属性”对话框（见图 2-34）。

② 选择“鼠标键”选项卡。

③ 在“鼠标键配置”选项区域中，切换右手使用方式和左手使用方式。

④ 在“双击速度”选项区域中，通过拖动滑块来设置双击的速度。

⑤ 在“单击锁定”选项区域中，可以设置是否在单击某一文件或文件夹时进行锁定，用户不需要按住鼠标左键就可以拖动或突出显示。打勾设置锁定，取消打勾即取消锁定。

⑥ 单击“确定”按钮完成设置。

2．设置鼠标指针图标

除了 Windows 7 默认的鼠标指针图标之外，用户也可以设置自己喜欢的图标作为指针。

具体操作步骤如下。

① 选择“鼠标属性”对话框中的“指针”选项卡，如图 2-35 所示。

② 在“方案”下拉列表框中选择系统提供的鼠标方案。

③ 如果不喜欢系统提供的图标，可以单击“浏览”按钮，打开“浏览”对话框，选择自己喜欢的图标。

④ 单击“确定”或者“应用”按钮，完成设置。

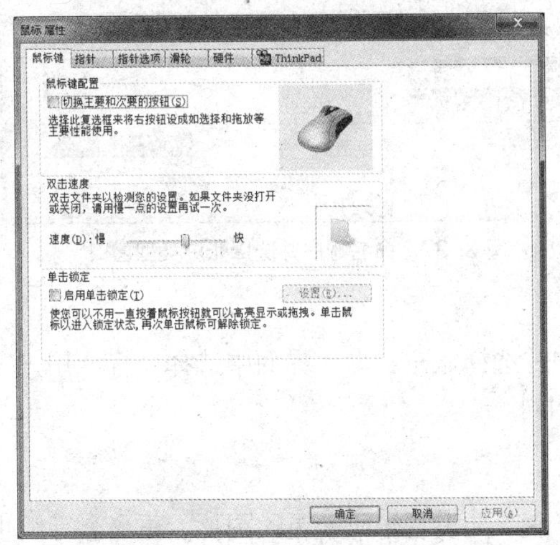

图 2-34 “鼠标键”选项卡

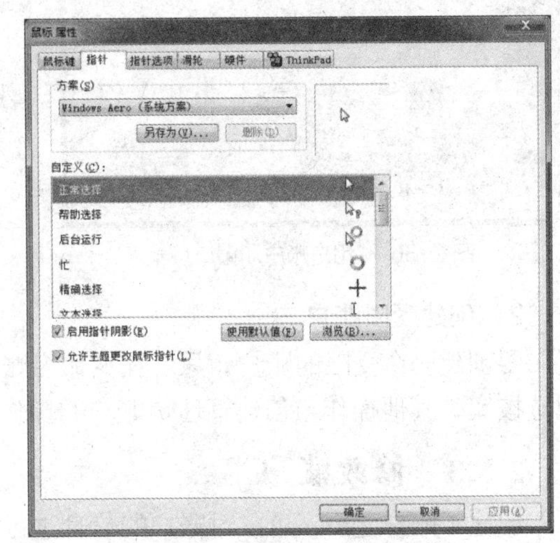

图 2-35 “指针”选项卡

2.5 用户账户管理

2.5.1 Windows 7 账户概述

Windows 7 作为一个多用户操作系统，允许多个用户共同使用同一台计算机，每位用户通过各自的用户名和密码登录到计算机上。账户就是系统的出入证，在 Windows 7 中有两种类型的账户：计算机管理员和来宾账户。计算机管理员在系统中拥有最高的权限，而对于来宾账户，有些操作会受到限制。

Windows 7 系统的用户账户管理，主要包括创建账户、设置密码、修改账户等操作。通过控制面板中的“用户账户”类别，就可以管理本地计算机的账户了。

2.5.2 创建账户

1. 创建管理员账户

要创建系统管理员账户，必须先以管理员的身份登录到计算机。一般在安装系统的时候，会默认创建一个系统管理员账户，如 Administrator。创建管理员账户的具体操作步骤如下。

① 选择“开始”→“控制面板”命令，打开“控制面板”窗口，单击“用户账户和家庭安全”图标。

② 在出现的窗口选择“用户账户”下面的“添加或删除用户账户”链接，如图 2-36 所示。

③ 在“管理账户”界面中，单击下面的“创建一个新账户”，然后在下一步的界面中输入账户的用户名。并选择下面的“管理员”选项，然后单击“创建账户”按钮，完成账户的

创建，如图 2-37 所示。

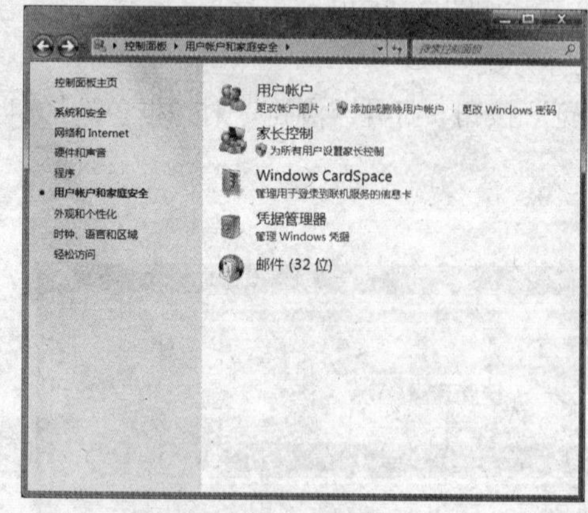

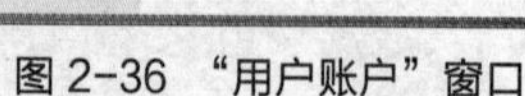
图 2-36 “用户账户”窗口

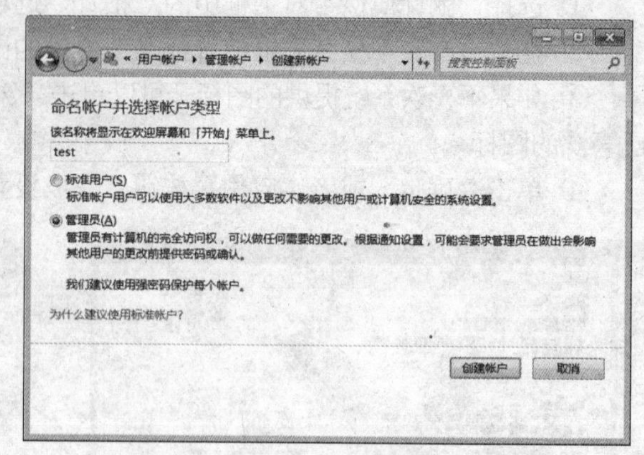

图 2-37 命名账户并选择账户类型窗口

2．创建受限账户

要创建一个受限的账户，只要在“命名账户并选择账户类型”界面中选择“标准用户”单选按钮，其他操作与创建管理员账户的操作相同。

2.5.3 修改账户

创建了账户之后，可以对账户的信息进行修改，如设置密码、更改图片、重命名等，也可以删除账户。以管理员身份登录计算机，可以对所有的账户进行修改，但受限账户只能修改自己的账户信息。具体方法为：打开控制面板，选择“用户账户”下面的“添加或删除用户账户”选项，然后单击一个需要进行修改的账户图标，打开修改账户界面，如图 2-38 所示。

图 2-38 修改账户界面

1．更改密码

通过更改账户界面中的“更改密码”命令，可以打开密码设置界面。输入两次相同的密码和密码提示即可以设置或者更改密码。

2．删除密码

如果账户设置了密码，可以在修改账户界面中单击“删除密码”命令，可以打开“删除密码”界面，进行密码删除。

3．更改图片

每个账户在登录的时候都显示一张图片，用户可以在这里对其进行设置。通过修改账户界面中的“更改我的图片”命令，进入挑选图片界面，通过图片列表可以选择账户图片。

4．更改账户名称

通过修改账户界面的“更改账户名称”命令，可以打开更改名称界面，重新输入账户名即可更改账户名称。

5．更改账户类型

通过修改账户界面中的“更改账户类型”命令，可以打开更改账户类型界面，重新为该账户选择账户类型。要更改账户类型必须以管理员身份登录到计算机。

6．设置家长控制

通过修改账户界面中的“设置家长控制”命令，可以打开“设置家长控制”界面，可以对儿童使用计算机的方式进行协助管理。例如，您可以限制儿童使用计算机的时段、可以玩的游戏类型以及可以运行的程序。

2.6 文件压缩

当计算机中的文件或文件夹达到一定数量时，会占用较多的硬盘空间，为了节省空间，可以通过一些压缩软件，对文件或文件夹进行压缩，把多个文件或文件夹压缩成一个压缩包，方便文件的管理和传送。相反的，当一个文件比较大时，可以通过压缩分割，使其变成几个较小的文件，以便存储到U盘或者符合电子邮件的文件传送大小。

2.6.1 WinRAR主界面

WinRAR程序是一个压缩文件管理工具，能创建和解压RAR和ZIP格式的压缩文件，程序界面如图2-39所示。可以在http://www.winrar.com.cn/下载其试用版本。

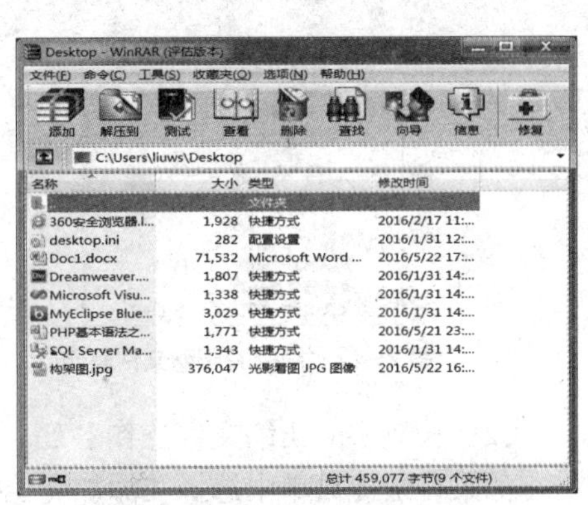

图2-39 WinRAR程序界面

WinRAR程序主界面包括菜单栏、工具栏、小型“向上”按钮和驱动器列表、文件列表框。

菜单栏包括“文件”“命令”“工具”“收藏夹”“选项”和“帮助”菜单以及相应的级联菜单。

工具栏包括的命令按钮如下。

① 添加。将文件、文件夹添加到压缩文件中。

② 解压到。将文件解压到指定路径。

③ 测试。对选中的文件进行测试。

④ 查看。查看文件。

⑤ 删除。删除文件。

⑥ 查找。单击该按钮，弹出“查找文件”对话框，输入条件后（可以使用通配符*与？）即可查找文件（见图2-40）。

⑦ 向导。单击该按钮，可以根据向导压缩或解压文件（见图2-41）。

⑧ 信息。显示选中的压缩文件的信息。

⑨ 修复。可以修复选中的被破坏的压缩文件。

在工具栏下是“向上”按钮和驱动器列表。“向上”按钮会将当前文件夹改变到上一级，驱动器列表则用以选择磁盘。

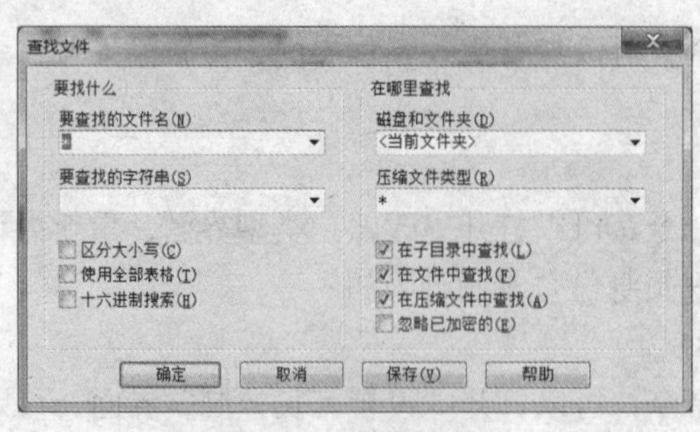

图 2-40　查找文件

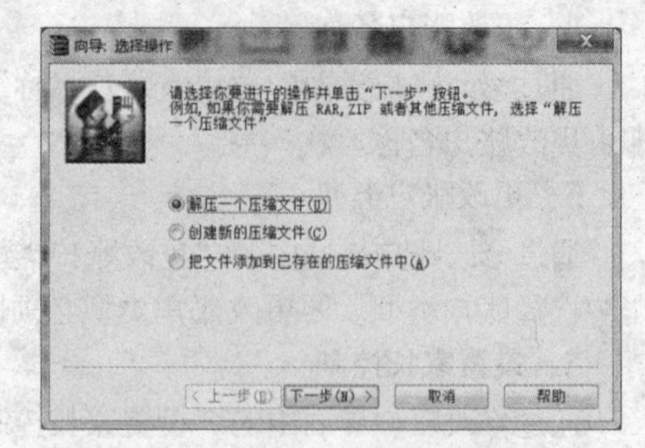

图 2-41　向导

文件列表位于工具栏的下面，显示当前的文件夹。双击某文件夹，则显示该文件夹中的内容；如果双击 WinRAR 压缩文件，则显示压缩文件中包含的内容，包括文件名称、大小、类型和修改时间；如果选中其中的文件双击，则打开该文件。

2.6.2　压缩文件

（1）较简捷的压缩文件操作

选中需要压缩的文件或文件夹（可以多选）后右击，在弹出的快捷菜单中选择“添加到“***.rar””命令（***通常是所选的文件或文件夹的名称，见图 2-42），则自动在当前文件夹下创建压缩文件（见图 2-43）。

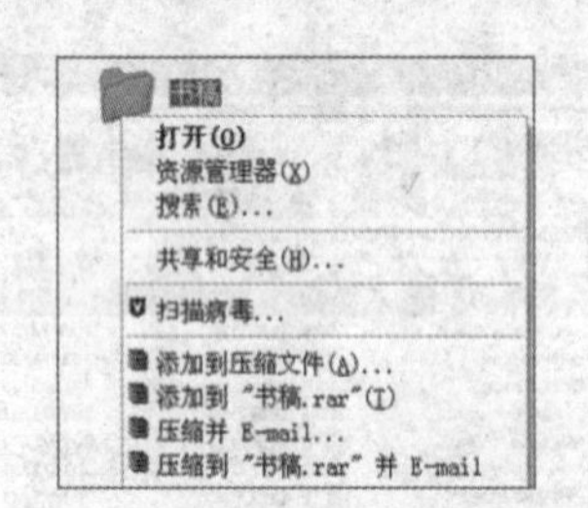

图 2-42　简捷的压缩文件操作

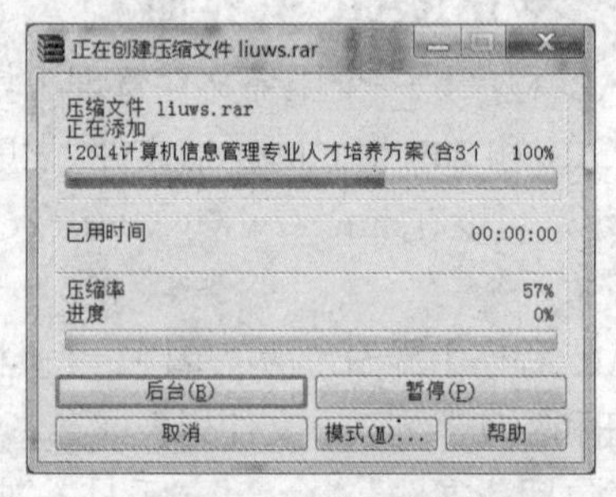

图 2-43　创建压缩文件

（2）较复杂的压缩文件操作

如果在快捷菜单中选择“添加到压缩文件”命令，则弹出“压缩文件名和参数”对话框（见图 2-44），在此可以进行较复杂的设置。

① 创建自解压格式压缩文件。选择“常规”选项卡，选中“创建自解压格式压缩文件”复选框，则将文件压缩为自解压可执行文件（以“.exe”为扩展名），这样可以在没有安装解压程序（如 WinRAR 软件）的计算机上解压。

② 文件分割。在压缩文件时，可以将文件分割成若干个限定大小的 RAR 压缩文件进行创建。方法为：选择“常规”选项卡，单击“压缩分卷大小，字节”下拉列表框，从中选择或输入限定的大小（见图 2-45），确定后，将会创建若干个 RAR 压缩文件。如果要解压，只需解压其中一个压缩文件即可。

③ 设置密码。选择“高级”选项卡（见图 2-46），单击“设置密码”按钮，然后在弹出的“带密码压缩”对话框中输入密码（见图 2-47）。设置后，要解压文件就必须输入相应的密码。

④ 在已存在的压缩文件中添加文件。如果要在已经创建的 RAR 压缩文件里添加文件，最简捷的方法是将后者拖动到前者的图标上。

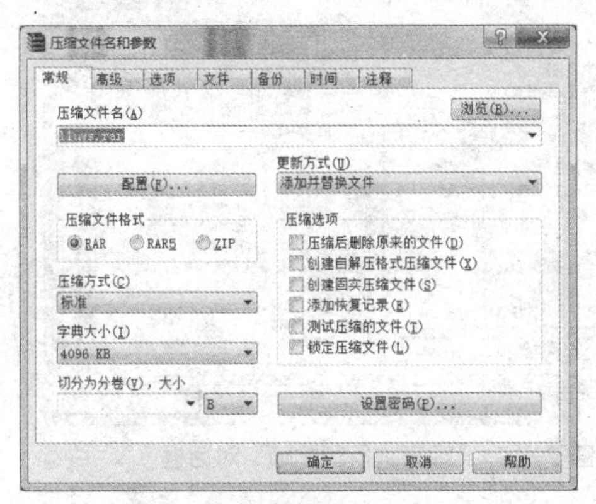

图 2-44 “常规”选项卡

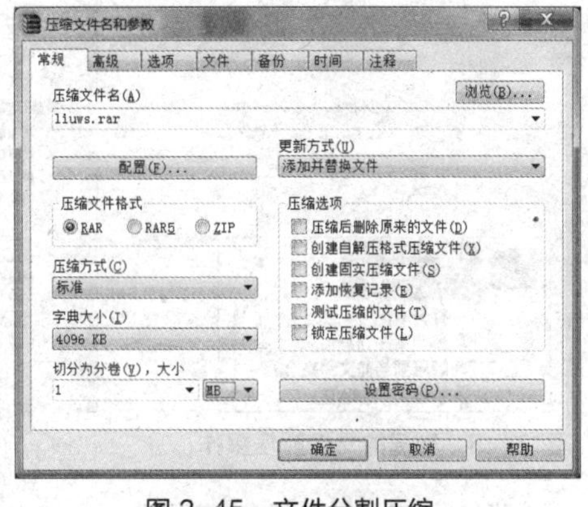

图 2-45 文件分割压缩

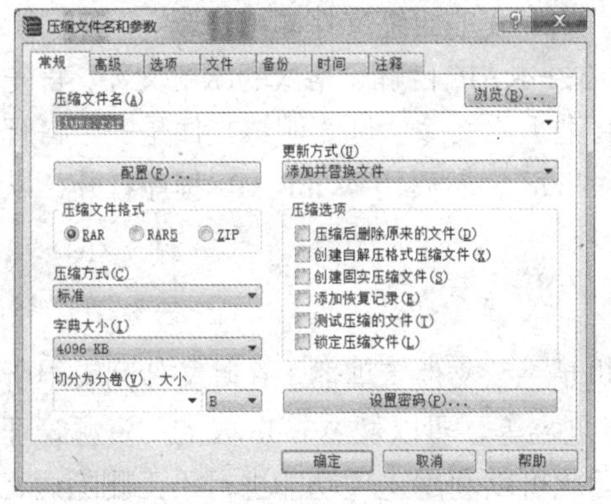

图 2-46 “高级”选项卡

图 2-47 “带密码压缩”对话框

2.6.3 解压文件

（1）简捷的文件解压操作

选中 RAR 压缩文件右击，在弹出的快捷菜单上选择“解压到当前文件夹”或“解压到…”命令（“…”通常是压缩文件的名称，解压时自动创建以“…”为名称的文件夹，见图 2-48）。

（2）解压路径和选项

如果在快捷菜单中选择“解压文件”命令（或者单击工具栏上的“解压到”按钮），则打开“解压路径和选项”对话框，从中可以设置存放解压文件的目标文件夹（如果不存在则自动新建文件夹，见图 2-49）。

（3）解压部分文件

如果要解压 RAR 压缩文件中的部分文件，则双击该压缩文件，在文件列表中选择需要解压的文件，然后单击工具栏中的“解压到”按钮。

（4）修复受损的压缩文件

如果解压 RAR 压缩文件时发现某文件有损坏，则在 WinRAR 主界面选中该文件，再单击工具栏中的“修复”按钮。

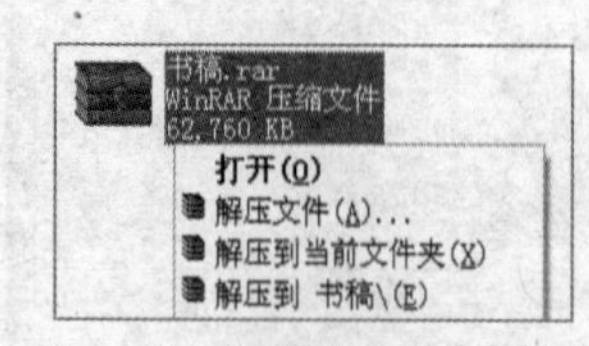

图 2-48　简捷的文件解压操作

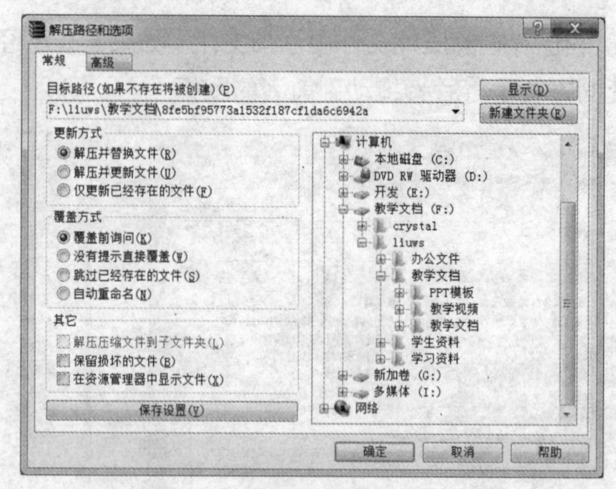

图 2-49　“解压路径和选项”对话框

（5）消除自解压文件的安全隐患

直接双击 WinRAR 自解压格式（扩展名为“.exe”）的压缩文件即可解压。但是由于此类压缩文件可能捆绑了木马病毒，因此对于陌生的 WinRAR 自解压格式的压缩文件，首先选中并右击，如果弹出的快捷菜单中有“用 WinRAR 打开”命令，则表明该文件是一个自解压文件，此时可以将该文件的扩展名由“.exe”改为“.rar”，然后用 WinRAR 程序打开，以确保安全。

2.6.4 文件管理器

WinRAR 是一个压缩和解压缩工具，同时也是一款文件管理器。在其文件列表中所有文件都会被显示出来，包括隐藏的文件、文件的扩展名等，可以像 Windows 的“资源管理器”一样进行复制、删除、移动、打开文件操作，因此可以利用这项功能进行手工删除病毒。

2.7 Windows 应用实训

本实训所有的素材均在“Windows 应用实训”文件夹内。

实训 1　资源编辑

1．技能掌握要求

① 对文件或文件夹等资源进行编辑管理，包括新建、重命名、复制、移动、删除等操作。

② 快捷方式的建立、移动、删除等操作。

③ 查看文件等资源的属性。

2．实训过程

① 将“rename”文件夹中的文件“0101.txt”的属性改为“只读”。

【提示】选中该文件，再右击，在弹出的快捷菜单中选择“属性”命令，然后在弹出的对话框内选择“只读”属性的复选框。

② 将“rename”文件夹中的文件“0102.txt”的属性改为“隐藏”。

③ 将“rename”文件夹中的文件“0103.txt”重命名为“new.txt”。

④ 将“rename”件夹中的文件夹“BB”重命名为“QQ”。

⑤ 将位于“copy”文件夹上的“0104.txt”文件，复制到“paste”文件夹中。

⑥ 将位于“copy”文件夹上的“0105.txt”文件，移动到“paste”文件夹中。

⑦ 删除“delete”文件夹中的文件“0106.txt”。

⑧ 删除“delete”文件夹下的文件夹“AA”。

⑨ 删除“delete”文件夹下的快捷方式图标“KK”。

⑩ 在“rename”文件夹中新建文件夹“CC”。

⑪ 为“copy”文件夹中的“0104.txt”文件创建快捷方式图标，放在“paste”文件夹中，并将图标命名为“A04”。

⑫ 为“nothing.exe”文件创建一个快捷方式图标，放在“开始”→“所有程序”栏中，并将图标命名为“NULL”。

选中“nothing.exe”文件后右击，在弹出的快捷菜单中选择“创建快捷方式”命令，创建该文件的快捷方式，然后重命名为“NULL”。然后单击“开始”右击“所有程序”命令，单击“打开”，在弹出的“「开始」菜单”文件夹中打开“程序”文件夹，这时将刚才创建的快捷方式移进去即可。

实训 2　资源搜索

1．技能掌握要求

① 在本地计算机中快速、准确、有效地搜索相关文件资源。

② 查看文件的扩展名以及隐藏的文件。

2．实训过程

① 在“rename”文件夹中搜索包含“气贯长虹”文字的文档，并将搜索到的所有文件复制到“paste”文件夹中。

a. 打开“rename”文件夹，选择菜单中的“组织”→“文件夹和搜索选项”命令，在弹出的对话框（见图 2-50），选择“搜索”选项卡，并选中“始终搜索文件名和内容（此过程可能需要几分种）”单选框，单击“确定”按钮保存。

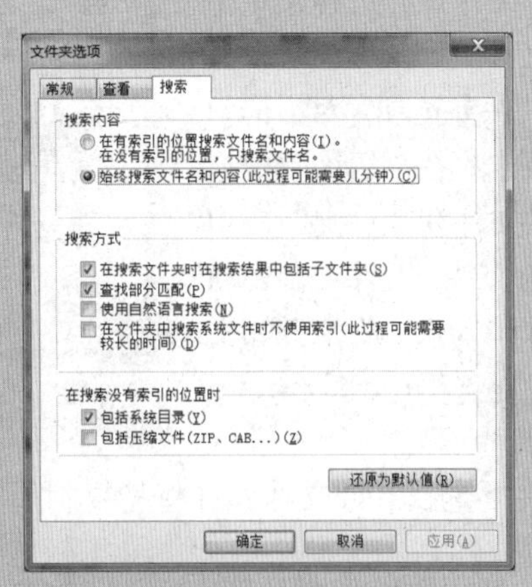

图 2-50　搜索结果

b. 在“rename”文件夹窗口的右上角搜索框中输入“气贯长虹”，并单击“搜索”图标，显示搜索结果。

② 将“101”文件夹中含有“广交会”文字的文件复制到“Win”文件夹中。

含有“广交会”文字的文件不一定直接存放在“101”这一层文件夹中，有可能在该文件夹嵌套的子文件夹下面，因此需要“搜索”功能，另外，注意文件夹选项中的“始终搜索文件名和内容”要选中。

打开“101”文件夹，在搜索框中输入“广交会”并单击搜索图标（见图 2–51）。

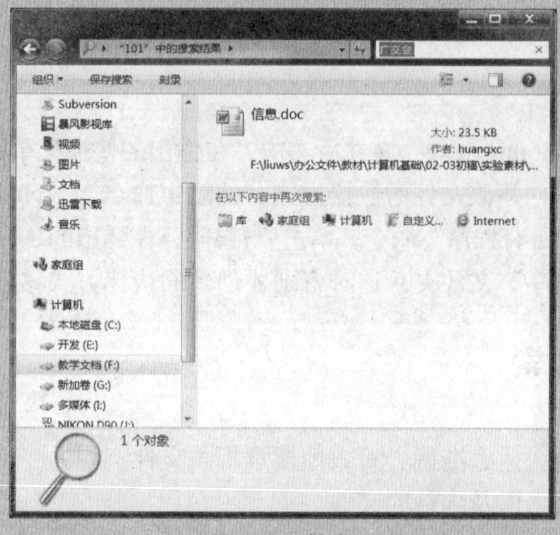

图 2–51 搜索

③ 将“101”文件夹下的“102.bmp”文件复制到“Win”文件夹下。

在文件夹下查看文件时，可能没有显示扩展名，或者文件本身就是隐藏的。这时需要将隐藏的文件及其扩展名显示出来，以便准确选中该文件。

打开“101”文件夹，选择菜单中的“组织”→“文件夹和搜索选项”命令，在打开的“文件夹选项”对话框中选择“查看”选项卡，在高级设置中拖动滚动条，“隐藏文件和文件夹”一项选择“显示隐藏的文件、文件夹和驱动器”单选框，并取消勾选“隐藏已知文件类型的扩展名”复选框（见图 2–52）。

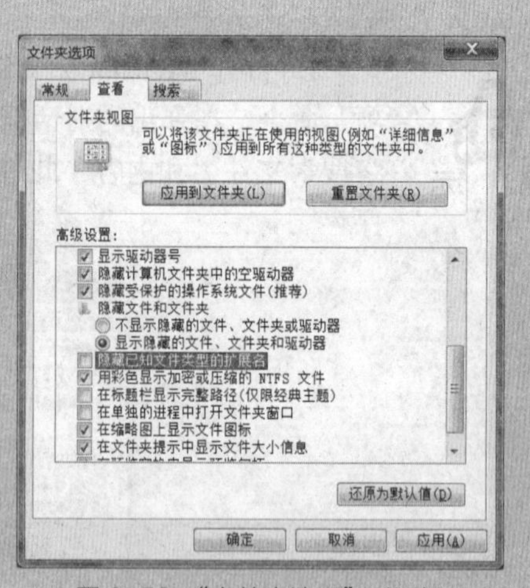

图 2–52 “文件夹选项”对话框

④ 在“Windows”文件夹下查找 JPG 文件，并将其复制到“102”文件夹下。

要注意审题。例如题目要求搜索（查找）JPG 文件，实际上指的是要求搜索 JPG 类型文件，而不是文件名为 JPG 的文件。

实训 3 使用简单程序

1．技能掌握要求

① 复制桌面、窗口、对话框。

② 记事本程序的使用。

③ 画图软件的使用。

④ 科学计算器的使用。

⑤ 压缩、解压缩文件或文件夹。

2．实训过程

① 将计算机桌面复制下来，粘贴在“画图”程序中，保存文件类型为 JPG，文件名为“Wallpaper”。

要复制桌面，首先按“PrintScreen”（或“PrtSc”）键，然后选择“开始”→“所有程序”→“附件”→“画图”命令，打开“画图”程序窗口，选择“粘贴”命令，最后保存。

② 打开“计算机”窗口，选择“组织”→“文件夹和搜索选项”命令，在弹出的“文件夹选项”对话框中选择“查看”选项卡，将此时的“文件夹选项”对话框（见图 2-53）复制下来，粘贴在画图程序中，保存其文件名为“Form”，文件类型为 TIFF。

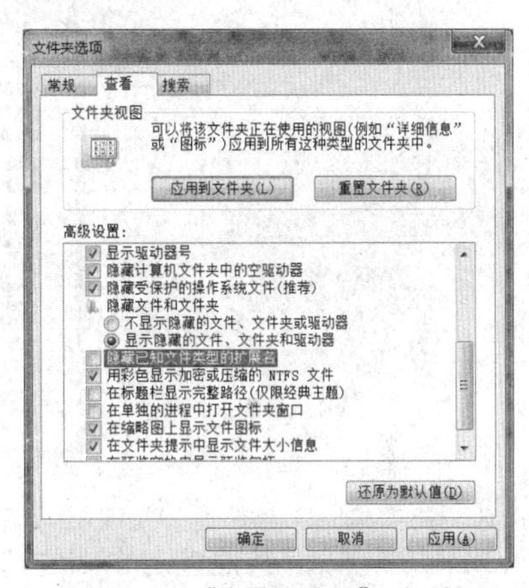

图 2-53 “文件夹选项”对话框

对话框与窗口的复制方法是按“Alt+PrintScreen”组合键。

③ 打开“记事本”程序，创建文件“A01”，文件类型为 txt，存放于 pad 文件夹中，文件的内容为（内容结尾不含空行）“浅尝辄止”。

打开“记事本”程序的方法为：选择“开始”→“所有程序”→“附件”→“记事本”命令，然后在记事本内输入文字“浅尝辄止”，之后选择“文件”→“另存为”命令。

保存时，务必将“另存为”对话框中“文件名”文本框中的“*.txt”改为“A01.txt”（见图 2-54）。

④ 将十进制 268 转换为十六进制。

$$(268)_{10}=(\quad)_{16}$$

a. 选择“开始”→“所有程序”→“附件”→“计算器”命令，打开“计算器”对话框（见图 2-55）。

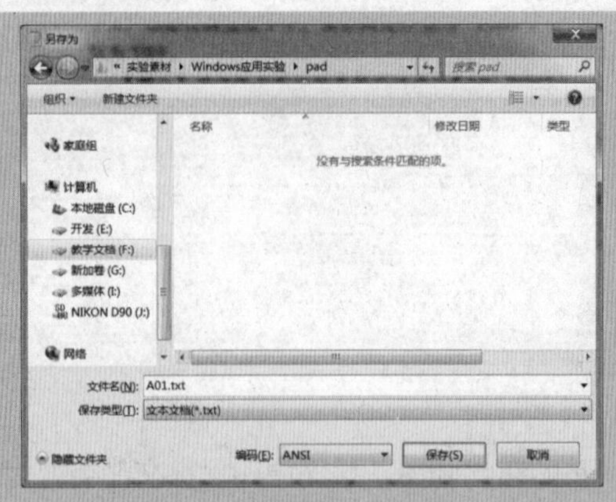

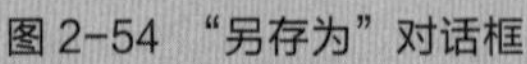
图 2-54 “另存为”对话框

图 2-55 计算器

b. 选择“查看”→“程序员”命令，使计算器变成程序员面板（见图 2-56）。

c. 将十进制数转化为十六进制。选择计算器面板上的“十进制”，然后输入一个十进制数，这里输入 268。再选择计算器面板上的“十六进制”单选按钮，则原计算器中的数值变成了十六进制的“10C”。

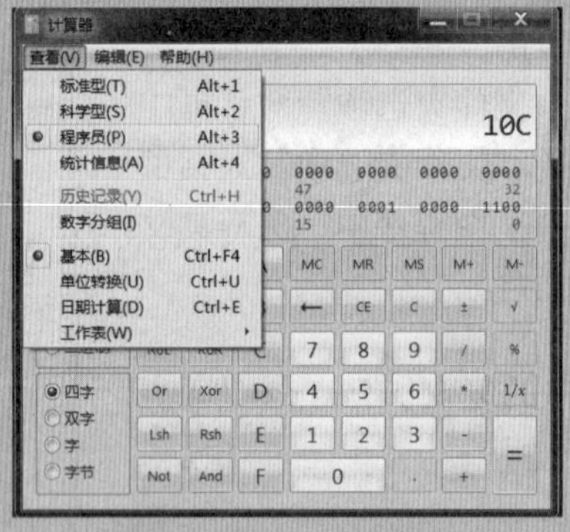

图 2-56 科学型计算器

其他进制之间的转化方法与之类似。

⑤ 将“实习须知.docx”文件压缩为“实习须知.rar”文件。

选中“实习须知.docx”文件并右击，在弹出的快捷菜单中选择“添加到“实习须知.rar””命令即可（见图 2-57）。

图 2-57 压缩文件

⑥ 将文件“Car.rar”解压到当前文件夹。

右击“Car.rar”文件，在弹出的快捷菜单中选择“解压到当前文件夹”命令。

本章小结

我们日常使用计算机普遍使用 Windows 7 操作系统，熟练掌握资源管理、系统配置以及各种工具的使用，能大大地帮助我们提高工作的效率。

1．启动与关闭

注意先选择“开始”→“关机”命令退出系统，再关闭电源。

2．个性化定制

① 通过右击桌面的任意空白处，选择“个性化”命令，打开“个性化”对话框，根据需要选择某一主题快速更改桌面背景。

② 根据上面的步骤，选择对话框下面的“桌面背景”设置桌面背景为用户选择的图片。

③ 通过“屏幕保护程序”选项卡来启动屏幕保护，并设置文字或密码。

④ 通过右击桌面的任意空白处，选择“屏幕分辨率”命令，打开“屏幕分辨率”对话框，设置显示器显示的分辨率，另外，通过该对话框中设置显示器的屏幕刷新频率。

⑤ 通过选择任务栏中的“开始”→“所有程序”命令可以查找所需要执行的程序；通过任务栏的快速启动栏，可以设置一些常用的软件，以方便使用；通过右击任务栏的窗口图标按钮列表的空白区域，可以选择排列窗口的方式。

3．文件管理

通过“资源管理器”，可以方便用户对文件进行管理。

① 选择需要进行操作的文件，然后通过“Ctrl+C”组合键执行复制，通过“Ctrl+X”组合键执行剪切，通过“Ctrl+V”组合键执行粘贴。

② 在选择多个文件时，可以结合“Shift”键来选择连续的多个文件，可以结合“Ctrl”键来选择多个不连续的文件。

③ 选择窗口菜单中的“组织”→“文件夹和搜索选项”命令，通过“查看”选项，来设置文件是否显示扩展名、是否显示隐藏属性的文件。

④ 通过文件的搜索功能，可以帮助用户快速地搜索需要的文件。打开要进行搜索的文件夹，在菜单栏的搜索框中输入搜索内容即可。搜索的文件名称或者部分文件名称，可以利用*（代替零个或多个字符）和?（代替一个字符）；打开“文件夹和搜索选项”中的“始终搜索文件名和内容（此过程可能需要几分种）”单选框时，可以搜索文件中内容所包含的关键字。为了提高查找速度，可以指定搜索的条件。

⑤ 需要对文件进行压缩操作，可以右击该文件或者文件夹，在弹出的快捷菜单中选择“添加到“***.rar””（*号为压缩文件的名称），如果需要设置压缩参数，可以在弹出的快捷菜单中选择“添加到压缩文件”；如果需要解压一个压缩文件，可以通过右击，并选择“解压到当前文件夹”或“解压到***”，注意后者在解压后会自动以该压缩文件的名称建立一个文件夹。

4．控制面板

① 选择“开始”→“控制面板”命令，打开“控制面板”窗口，并选择“时钟、语言和区域”来设置时间、日期、语言和区域。

② 选择“开始”→“控制面板”命令，并在“控制面板”窗口中选择“设备和打印机”→“鼠标”，在“鼠标属性”对话框中可以配置鼠标使用方式、击键速度、指针图标等。

③ 选择“开始”→“控制面板”命令，选择“用户账户和家庭安全”，在弹出的“用户账户”对话框中，可以对账户进行管理。

PART 3

第3章 Word 2010软件应用

职业能力目标

本章学习 Word 2010 的应用，要求掌握以下技能。

① 输入并保存文档内容。

② 对文档进行编辑、排版。

③ 在文档中制作表格、插入图形。

④ 使用邮件合并等高级功能。

3.1 Word 2010 概述

3.1.1 功能简介

Word 2010 是 Microsoft 公司开发的 Office 2010 办公组件之一，采用全新界面及操作方式，它的常规功能主要有：文档的输入和编辑、文本的查找和替换、表格的制作和处理、文档的分栏和分页、设置页眉和页脚、为文本加脚注或批注、图文混排、艺术字体的使用、修饰文档的外观、文档的保存和管理、制作 Web 页等，此外它还具有一些新的特点和新的改进。

1. Office 2010 新特点

① 工程化——选项卡。Office 2010 采用名为“Ribbon”的全新用户界面，将 Office 中丰富的功能按钮按照其功能分为了多个选项卡。选项卡按照制作文档时的使用顺序依次从左至右排列。当用户在制作一份文档时，用户可以按照选项卡的排列，逐步的完成文档的制作过程，就如同完成一个工程。选项卡可以通过双击选项卡来关闭/打开。

② 条理化——功能区分组。选项卡下按照功能的不同，将按钮分布到各个功能区。当用户需要使用某一项功能时，用户只需要找到相应的功能区，在功能区中就可以快速地找到该工具。

③ 简捷化——显示比例工具条。Office 2010 的工作区与 Office 2003 相比变得更加的简洁。在工作区的右下方增加了“显示比例”的工具条。用户通过拖动工具条可以实现快速精确的改变视图大小。

④ 集成化——文件按钮。在 Office 2010 中，“文件”选项集成了丰富的文档编辑以

外的操作。用户在编辑文档之外的操作都可以在“文件”中找到。其中值得一提的是在“保存和发送”中新增加了保存为“PDF/XPS”格式，使得用户不需要借助第三方软件就可以直接创建PDF/XPS文档。

2. Office 2010的十项改进

① 更加丰富的视觉特效。通过Office 2010，用户可以轻松实现强大的视觉效果，并且将专业级的设计效果应用到图片和文字以及PowerPoint的视频中。通过增强的图片编辑特效以及格式化功能，用户可以制作出更加精美的文档。

② 更加高效的协同工作。通过集成的通信工具SharePoint Workplace，用户可以查看联机状态的联系人信息。采用即时消息的方式可以轻松进行沟通，并且在沟通的同时，用户还可以在Office中共同编辑一份文档，实现更好的版本控制和更高的办公效率。

③ 更加灵活的使用Office。Office Web Apps可以让用户更为灵活的使用Office 2010。用户可以随时随地通过智能手机或者具备网络连接的计算机来访问自己的文档。

④ 更加丰富的模板。

⑤ 更加轻松快速的处理文档。Microsoft Office后台视图（backstage）取代了传统的文件菜单，用户只需要单击几下鼠标，即可实现文档的保存、共享、打印和发布。通过增强的功能区，用户可以快速访问自己常用的命令，并且可以通过自定义的选项卡来个性化自己的工作环境。

⑥ 实时预览。在Office 2010中，当用户在选择实现某项功能之前，可以得到预览。例如，在选择字号或者字体时，当鼠标移动到某种字号时，工作区中的字体就会瞬时改变，用户可以方便地看到所选择的效果。

⑦ 保护视图。当打开从不安全位置获得的文件时，Office 2010会自动进入保护视图，保护视图相当于沙箱，防止来自 Internet 和其他可能不安全位置的文件中可能包含的病毒、蠕虫和其他种类的恶意软件，避免它们对计算机可能构成的危害。在“受保护的视图”中，只能读取文件并检查其内容，不可进行编辑等操作，降低可能发生的风险。

⑧ 自定义功能区（Ribbon）。在Office 2010中，功能区不仅变得更加强大和智能，也变得更加人性化。其中一个特点便是拥有了自定义功能。用户可以根据自己的需要按需调整选项卡按钮，可以自定义设置的包括功能区、工具选项卡、快速访问栏等。

⑨ 自动保存“未保存的文件”。以往版本中，当用户退出Office并选择“不保存”按钮后，当前编辑的内容将不会产生任何存储。在Office 2010中，即使用户单击了“不保存”按钮，Office依然会为用户提供一个自动备份的文档，避免用户由于误操作、误单击而造成的损失。

⑩ 保护用户信息。在与其他人共享文档之前，用户可以使用文档检查器检查文档中的隐藏元数据、个人信息或文档中可能存储的内容。

3.1.2 启动与关闭程序

1. 启动程序

可以通过以下任意一种方法启动Microsoft Office Word 2010应用程序。

- 通常桌面上会有“Microsoft Office Word 2010程序”的快捷图标，双击即可打开。这是最常用的方法。
- 选择“开始”→“所有程序”→“Microsoft Office”→“Microsoft Office Word 2010”命令。

● 选择“开始”，在“搜索程序和文件”框内输入“Word”后按“Enter”键确认。

2. 关闭程序

退出Word的方法有很多，最常用的就是单击窗口右上角的“关闭”按钮或选择“文件”菜单中的“退出”命令来关闭程序。

3.1.3 界面简介

启动Microsoft Office Word 2010程序，其操作窗口如图3-1所示。

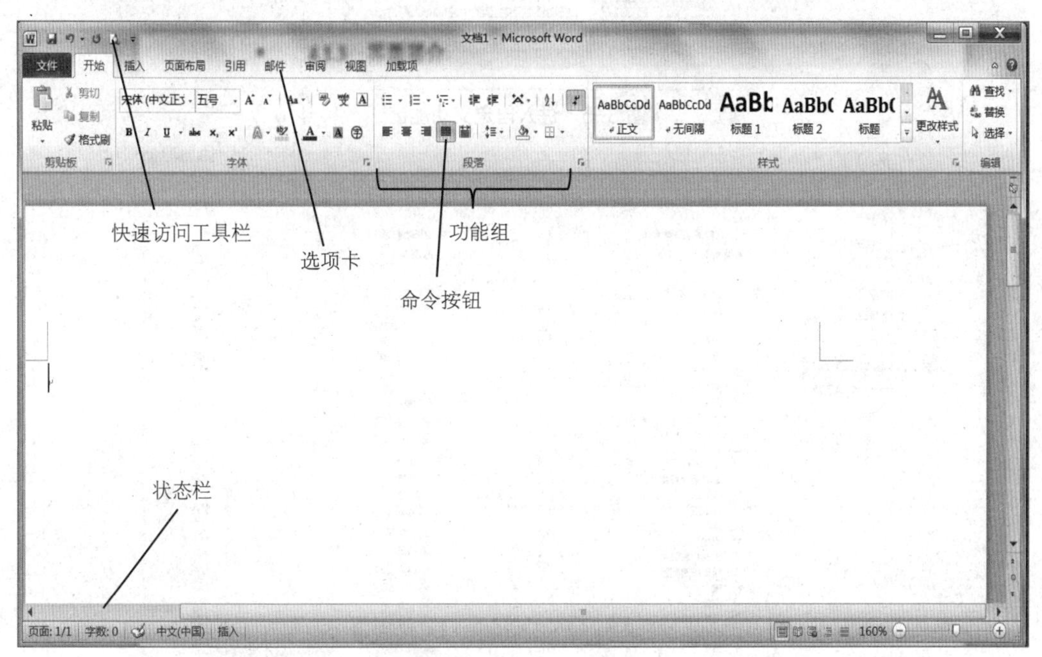

图3-1 Word 2010操作界面

1. 选项卡操作

（1）切换当前选项卡

除了保留一个“文件”菜单外，Word 2010将所有功能以选项卡中的按钮方式呈现，方便用户选择操作，根据功能相似性将它们分布到不同选项卡，可根据当前操作随时切换选项卡。一般情况下保持在“开始”选项卡（见图3-2），这里集中了最常用功能。此外还有“插入”“页面布局”“引用”“邮件”“审阅”“视图”“加载项”。随着当前选择不同对象，可能会出现“格式”选项卡（见图3-3），它是专门用来补充设置选定对象的格式的，因此它的功能会随着选定对象不同而不同，有时还会出现“布局”选项卡（见图3-4），这个选项卡的功能按钮也根据选定对象不同而不同。

图3-2 “开始”选项卡

图3-3 “格式”选项卡

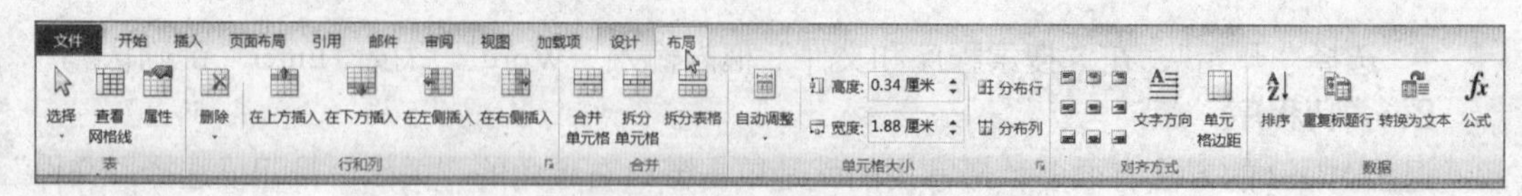

图 3-4 “布局”选项卡

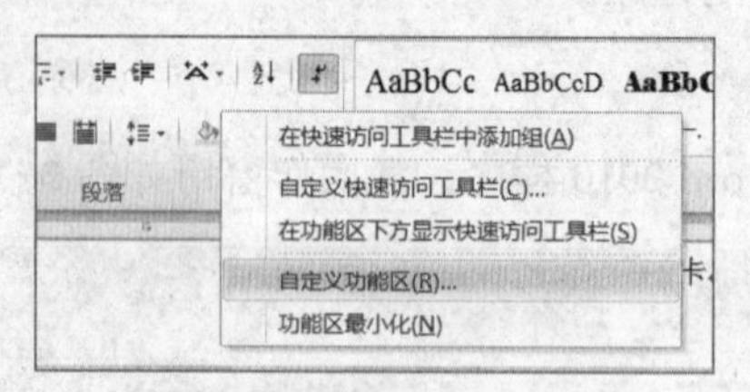

图 3-5 进入自定义功能区

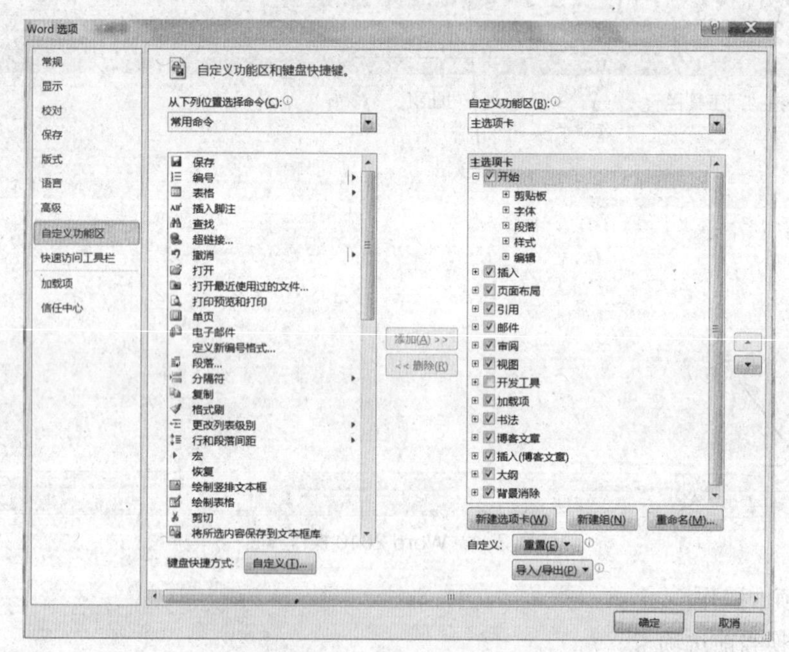

图 3-6 自定义功能区

（2）自定义功能区

使用自定义设置根据需要对用户界面一部分的功能区进行个性化设置。用户可以创建包含常用命令的自定义选项卡和自定义组，进入自定义功能区的方法为右击功能区选择“自定义功能区”（见图 3-5），并在自定义功能界面上进行设置（见图 3-6）。

2．选项卡的显示与隐藏

有时候觉得 Word 2010 的工作区太小，不方便操作，可以隐藏选项卡功能区，方法为按“Ctrl+F1”组合键，或者单击 Word 窗口右上角的 ^ 按钮。

3.2 文档操作

3.2.1 文档制作一般步骤

文档制作的一般步骤如下。

① 新建文档。

② 文档内容输入。包括中英文及其他语言的文字、特殊字符、图形、图像及表格等的输入。

③ 文档编辑。在输入过程中需要进行各种编辑操作，包括选中、插入、删除、修改、查找、替换、复制、剪切、粘贴、文档合并等。

④ 文档排版。即格式化输入的内容，包括字符格式化、段落格式化、页面格式化、图形格式化、表格格式化等。

⑤ 文档保存。

⑥ 文档打印。

步骤①~⑤有时交替反复进行。

3.2.2 新建文档

启动 Word 2010 后，会出现一个空白的文档窗口，标题栏文字为“文档 1”，这是一个临时的文档名。如果需要建立其他新的文档，则选择“文件”→“新建”→“空白文档”，单击“创建”按钮，此时新建立的文档窗口标题栏文字为“文档 2”，依此类推。在 Word 中可同时建立多个文档，这些文档通过“视图”选项卡中的“切换窗口”按钮进行切换（见图 3-7）。

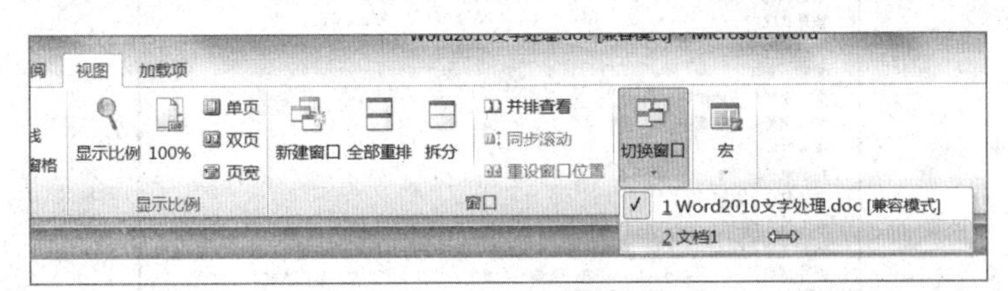

图 3-7 多文档切换

3.2.3 输入文本

1．切换输入法

根据输入的内容和输入习惯按“Ctrl+Shift”组合键切换到要使用的输入法，如拼音、五笔等。通常用户需要在自己惯用的中、英文输入法之间转换，转换的组合键是“Ctrl+空格”。

2．输入文本

输入文档内容时须注意的事项：

① 在输入中文时，中文格式一般是首行缩进两个字符。可以输入部分文字后，再设置段落格式，然后继续输入。

② 每行输入到右边界时会自动换行，不到段落结束时建议不要按下“Enter”键，只有在段落结束处才需要按“Enter”键，此时产生一个段落标识符↵。不管有多少文字，Word 中的段落是以此符号识别的。乱按“Enter”键，在排版时将遇到许多麻烦。

③ 如果标题文字需要居中，不要通过按空格键的方式实现，只管顶格输入标题文字，然后通过单击选项卡的“居中”按钮实现（见图 3-8）。

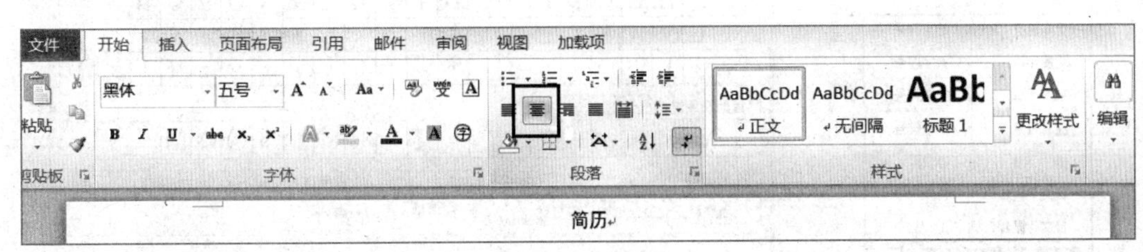

图 3-8 标题居中

注　意

Word 文档中的内容和格式互相独立，但通常是先输入内容，再设置格式（见图 3-9 和图 3-10）。

3．输入特殊字符

输入特殊字符有以下两种方法。

- 使用软键盘：在中文输入法工具条的键盘按钮上右击，再根据符号类型进行选择（见图 3-11）。
- 选择"插入"选项卡→符号组中的"符号"按钮Ω，再选择相应符号（见图 3-12）。

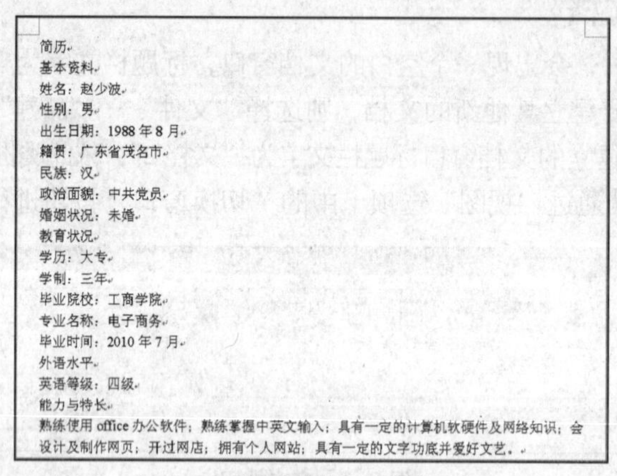

简历
基本资料
姓名：赵少波
性别：男
出生日期：1988 年 8 月
籍贯：广东省茂名市
民族：汉
政治面貌：中共党员
婚姻状况：未婚
教育状况
学历：大专
学制：三年
毕业院校：工商学院
专业名称：电子商务
毕业时间：2010 年 7 月
外语水平
英语等级：四级
能力与特长
熟练使用 office 办公软件；熟练掌握中英文输入；具有一定的计算机软硬件及网络知识；会设计及制作网页；开过网店；拥有个人网站；具有一定的文字功底并爱好文艺。

图 3-9　排版前输入的文档内容

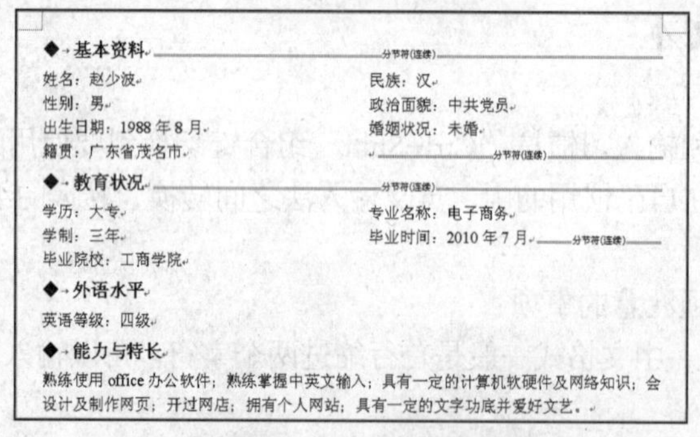

◆ 基本资料
姓名：赵少波　　民族：汉
性别：男　　政治面貌：中共党员
出生日期：1988 年 8 月　　婚姻状况：未婚
籍贯：广东省茂名市
◆ 教育状况
学历：大专　　专业名称：电子商务
学制：三年　　毕业时间：2010 年 7 月
毕业院校：工商学院
◆ 外语水平
英语等级：四级
◆ 能力与特长
熟练使用 office 办公软件；熟练掌握中英文输入；具有一定的计算机软硬件及网络知识；会设计及制作网页；开过网店；拥有个人网站；具有一定的文字功底并爱好文艺。

图 3-10　排版后文档的效果

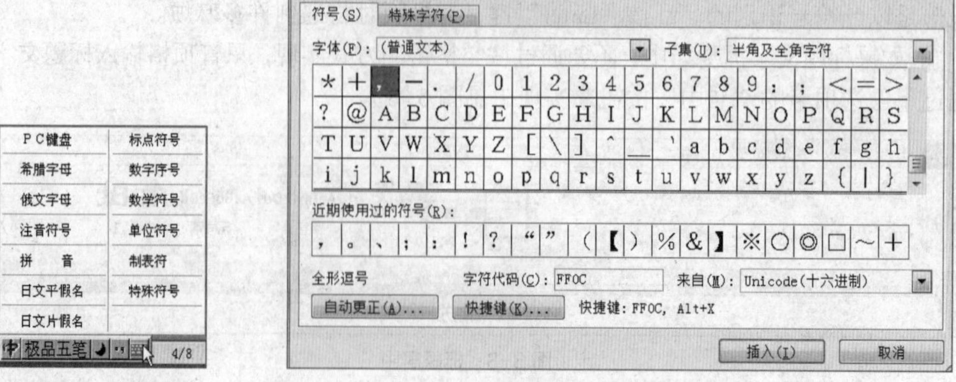

图 3-11　软键盘

图 3-12　插入特殊字符

3.2.4 保存文档

1．常规保存

若要保存文档，单击 Word 2010 左上角的快速访问工具栏上的“保存”按钮，或者选择“文件”→“保存”命令，又或者按“Ctrl+S”组合键。如果该文档尚未保存，则会弹出“另存为”对话框（见图 3-13），输入文件名和保存的位置（保存类型一般为“Word 文档”）即可；如果该文档已经保存，则会按原文件名快速保存。

2．换名或换位置保存

方法为：选择“文件”→“另存为”命令。

3．设置自动保存

设置自动保存的操作步骤如下。

① 选择“文件”→“选项”命令，然后在打开“选项”对话框中选择“保存”（见图 3-14）。

② 选中“自动保存时间间隔”复选框。

③ 在“分钟”文本框中输入要保存文件的时间间隔。保存越频繁，则文件处于打开状态时，若发生断电或类似情况，文件可恢复的信息也就越多。

“自动恢复”不能代替正常的文件保存。打开恢复的文件后，如果选择了不保存该文件，则恢复文件会被删除，未保存的更改也相应丢失；如果保存恢复文件，其会取代原文件（除非指定新的文件名）。

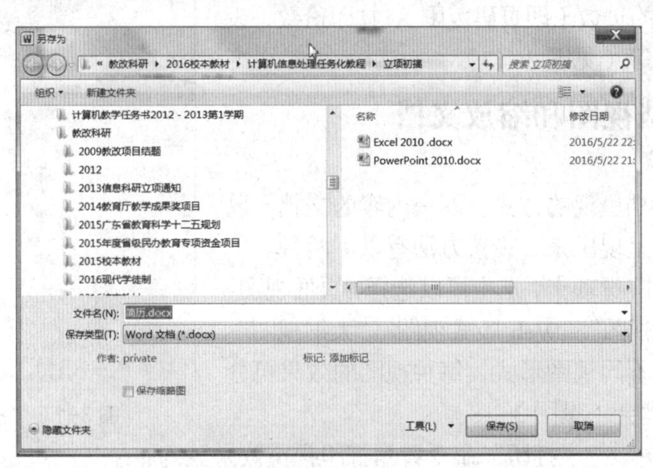

图 3-13 保存文档

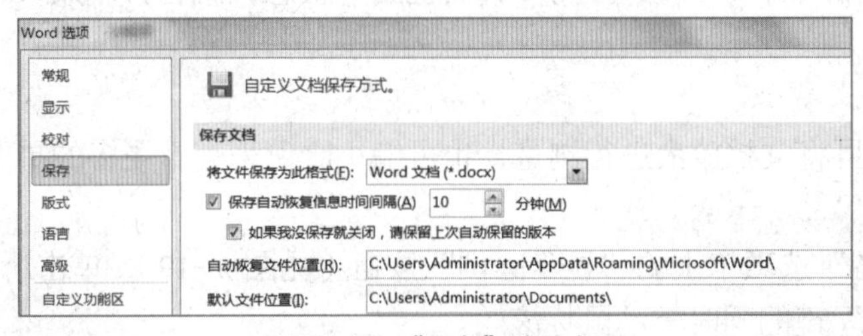

图 3-14 “保存”选项卡

3.2.5 打开文档

打开文档的操作有以下两种方法。

- 在计算机中找到要打开的文档，然后双击（见图 3-15）。
- 选择“文件”→“打开”命令打开文档（见图 3-16）。

图 3-15 双击文件图标打开文档

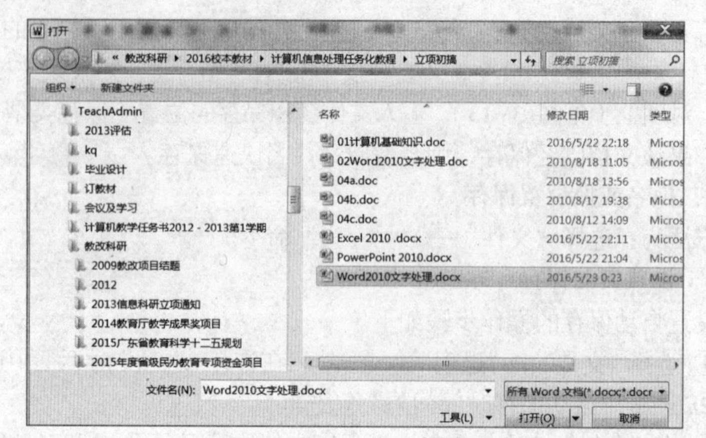

图 3-16 命令方式打开文档

3.2.6 打印文档

文档经过反复排版、打印预览满意后，就可以打印出来了。

选择“文件”→“打印”命令对当前文档进行定制打印，如指定打印的页数（即页码范围）、打印份数，设置为手动双面打印等（见图 3-17）。

图 3-17 “打印”对话框

3.2.7 文档视图和缩放文档

1．文档视图

文档视图是文档呈现的方式，同一内容的文档可以以不同的视图方式呈现出来，设置方法有以下两种。

- 选择“视图”选项卡，从中可以选择“页面视图”“阅读版式视图”“Web 版式视图”“大纲视图”“草稿”等不同视图形式，每种视图的效果可分别选择后体会（见图 3-18）。
- 选择“文件”→“打印”命令看到打印预览效果。

在文档编辑、排版阶段一般选择为“页面视图”状态；想看打印效果时切换到“打印预览”状态。

2．缩放文档

缩放文档功能可将文档放大进行浏览，也可缩小比例来查看更多的页面，调整方法有以下两种。

① 单击“视图”选项卡上的“显示比例”按钮（见图 3-19），单击所需的显示比例。

② 按住“Ctrl”键的同时转动鼠标滚轮。

3．显示或隐藏格式标记

文档中的格式标记只起到控制作用，不会在纸上打印出来。如果不想显示这些格式标记，可将其设置为隐藏。方法为：单击“开始”选项卡上的“显示/隐藏编辑标记”按钮（见图 3-20）。

一般来说，在文档编辑时要显示这些标记，以便查看文档使用了什么格式。

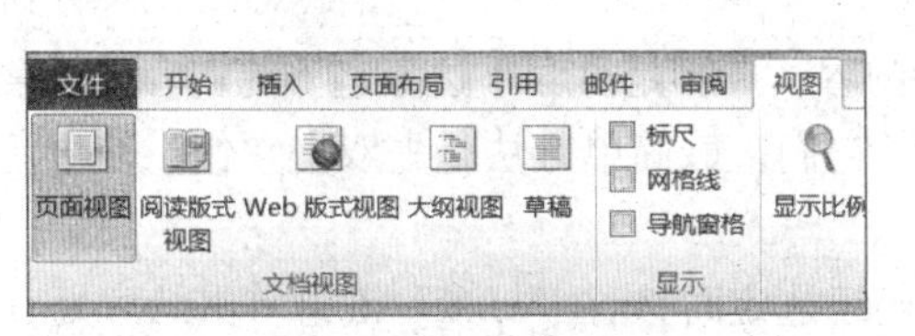

图 3-18　文档视图

图 3-19　显示比例

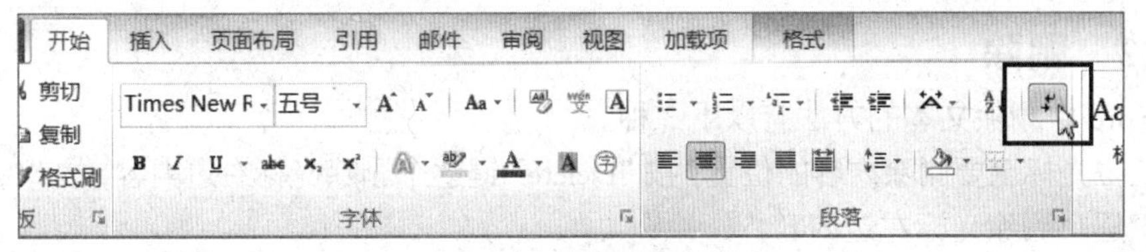

图 3-20　控制编辑标记

3.3　文本编辑

3.3.1　定位光标和选中

这是两个非常重要的功能，几乎所有的编辑、排版操作都以此为基础，即 Word 中的操作都具有先选中内容（定位光标）后执行命令的特点。

1．定位光标

（1）鼠标方式

在文档中单击即可将光标定位到该处，如果要定位的位置不在当前屏幕，可先滚动屏幕至相应位置。

（2）键盘方式

① 按光标键“↑”“↓”“←”“→”可分别向上、下、左、右移动一行或一字。

② 按“Home”键可将光标快速定位到本行首。

③ 按“End”键可将光标快速定位到本行末。

④ 按“Ctrl+Home”组合键可将光标快速定位到文档首。

⑤ 按“Ctrl+End”组合键可将光标快速定位到文档末。

2．选中

① 任何数量的文本。鼠标单击后拖动，框选相应文本。

② 一个单词。双击该单词。

③ 一行文本。将鼠标指针移动到该行的左侧，直到指针变为右向箭头，然后单击。

④ 一个句子。按住“Ctrl”键，然后单击该句中的任何位置。

⑤ 一个段落：将鼠标指针移动到该段落的左侧，直到指针变为右向箭头，然后双击。或者在该段落中的任意位置连续按鼠标左键 3 次。

⑥ 多个段落。将鼠标指针移动到段落的左侧，直到指针变为右向箭头，再单击并向上或向下拖动鼠标。

⑦ 一大块文本。单击要选中内容的起始处，然后滚动至要选中内容的结尾处，并在按住“Shift”键的同时单击。

⑧ 整篇文档。将鼠标指针移动到文档中任意正文的左侧，直到指针变为右向箭头，然后连续按鼠标左键 3 次。

⑨ 页眉和页脚。页眉是页面上边距之上的内容，页脚是页面下边距之下的内容，正常情况下只能选择正文，选不到页眉页脚，要想选择它们，最简单方法是先双击它们，使之变成可编辑状态，再选定。

用键盘结合鼠标快速选中文本的方法为：连续选定时按住“Shift”键再单击结束处；不连续选定按住“Ctrl”键再选中其他文本。

3.3.2 删除

在 Word 中删除文本的方法有以下 3 种。

- 定位光标至要删除内容的位置，按“Delete”键逐个删除光标右边内容，按“Backspace”键逐个删除光标左边内容。
- 先选中要删除的内容，再按“Delete”键。
- 先选中要删除的内容，再选择“开始”选项卡→单击剪贴板组中的“剪切”按钮✂，或者直接按“Ctrl+X”组合键。

3.3.3 插入

先将光标定位到要插入内容的位置，然后在“插入”状态下输入新的内容。

注　意

Word 有两种编辑状态，即插入和改写状态。二者的切换是通过单击状态栏的“改写”按钮或按“Insert”键。状态栏的插入/改写状态直接显示在状态栏（见图 3-21），一般情况下应确保 Word 处于插入状态，以免光标后的内容被新输入的内容所替代。

中文(中国) | 插入

图 3-21　改写/插入状态的切换

3.3.4 修改

文档中的输入内容有误则需要修改，方法有以下两种。

- 先输入正确的内容，再删除错误的内容。
- 先选中错误的内容，再输入正确的内容进行替换。

3.3.5 段落合并与拆分

在 Word 中，段落标识符↵的出现就表示段落的结束，段落的合并与拆分就是删除或插入段落标识符。

（1）段落合并

删除前一段的段落标识符。段落标识符的删除像普通文字一样，可以按“Delete”键或退格键“←”。

（2）段落拆分

在拆分处按下“Enter”键产生段落标识符。

3.3.6 复制

文档中重复出现的内容可通过复制操作来避免重复输入，操作步骤如下。

① 先选中要复制的内容，如果是整个段落一起复制，则应选中段落标识符。

② 选择“复制”命令，可用方式如下。

- 选择“开始”选项卡→剪贴板组中的“复制”按钮。
- 按“Ctrl+C”组合键。
- 在选定文字之上右击鼠标选“复制”命令。

③ 将光标定位至要复制到的位置。

④ 选择“粘贴”命令，可用方式如下。

- 选择“开始”选项卡→剪贴板组中的“粘贴”按钮。
- 按“Ctrl+V”组合键。
- 在插入的位置右击鼠标选“粘贴”命令。

3.3.7 移动

文档中输入的内容放错了位置，可通过移动操作避免重复输入，方法与复制操作相似。

① 先选中要移动的内容，如果是整个段落一起移动，则应选中段落标识符。

② 选择“剪切”命令，可用方式如下。

- 选择“开始”选项卡→剪贴板组中的“剪切”按钮。
- 按“Ctrl+X”组合键。
- 在选定文字之上右击鼠标选“剪切”命令。

③ 将光标定位至要移动到的位置。

④ 选择“粘贴”命令，可用方式如下。

- 选择“开始”选项卡→剪贴板组中的“粘贴”按钮。
- 按“Ctrl+V”组合键。
- 在插入的位置右击鼠标选“粘贴”命令。

3.3.8 查找/替换

如果文档中同样的内容不规则地出现在多个地方，而这些内容都需要进行相同的操作，则可以使用此项功能快速实现。“查找”功能是只找到位置，手动操作；“替换”功能可以把找到的内容自动进行替换，功能强大。下面以替换为例介绍操作步骤。

① 选择“开始”选项卡→编辑组中的“替换”按钮。

② 在“查找内容”文本框内输入要搜索的文字。

③ 在“替换为”文本框内输入替换文字。

④ 选择其他所需选项。

⑤ 单击“查找下一处”“替换”或者“全部替换”按钮。

例如，将文档中所有的“电脑”文本替换为“计算机”文本（见图3-22）。

按“Esc”键可取消正在进行的搜索。

还可以单击“查找和替换”对话框中的“更多”按钮，打开更多搜索选项，进行“格式”和“特殊字符”等更高级的查找和替换。

例如，将文档中所有的“电脑”文本替换为红色的“计算机”文本（见图 3-23）。

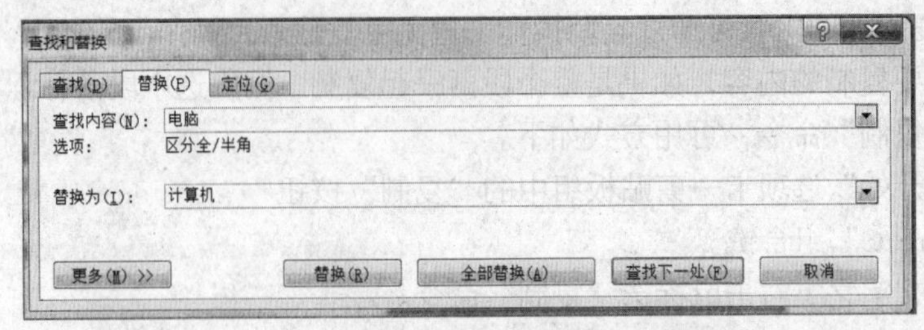

图 3-22　简单替换

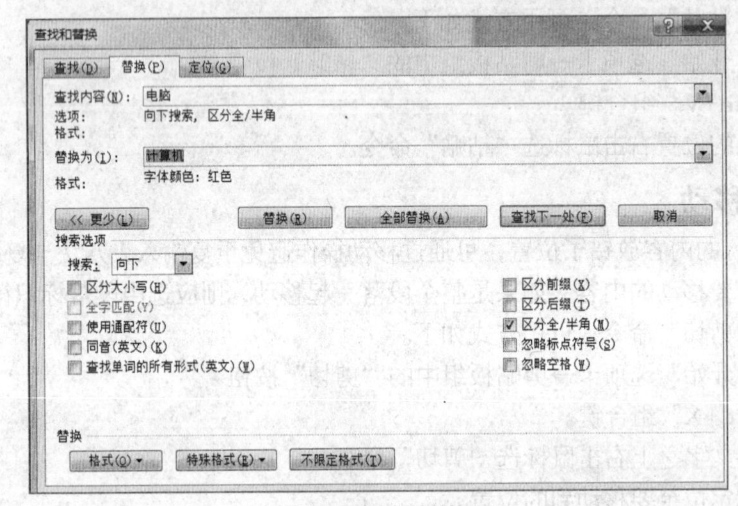

图 3-23　高级替换

3.3.9　撤销/重复

在 Word 中，误操作可通过“撤销/重复”命令进行更正，该命令是对已经执行过的命令序列进行操作，“撤销”指往后的回滚操作，“重复”指往前的继续操作。

撤销误操作步骤如下。

① 在快速访问工具栏上，单击“撤销”按钮旁边的箭头，Word 将显示最近执行的可撤销操作的列表（见图 3-24）。

② 单击要撤销的操作。如果该操作不可见，滚动列表。

撤销某项操作的同时，也将撤销列表中该项操作之上的所有操作。如果过后又不想撤销该操作，可单击快速访问工具栏上的“重复”按钮。

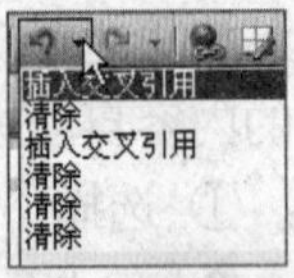

图 3-24　撤销操作

3.3.10　修订

Word 具有自动标记修订过的文本内容的功能。也就是说，Word 可以将文档中插入、删除、修改过的文本以特殊的颜色显示或加上一些特殊标记，便于以后审阅修订过的内容。

图 3-25　“修订”功能组

① 打开修订功能：选择“审阅”选项卡→修订组中的“修订”按钮，如图 3-25 所示，单击该按钮即可打开 Word 的修订功能。

② 关闭修订功能：选择“审阅”选项卡→修订组中的“修订”按钮。

③ 显示最终修订标记：选择“审阅”选项卡→修订组中的“最终状态”按钮旁的箭头

▾→“最终：显示标记”。

④ 不显示最终修订标记：选择“审阅”选项卡→修订组中的“最终状态”按钮旁的箭头▾→“最终状态”。

⑤ 显示原始修订标记：选择“审阅”选项卡→修订组中的“最终状态”按钮旁的箭头▾→“原始：显示标记”。

⑥ 显示原始修订标记：选择“审阅”选项卡→修订组中的“最终状态”按钮旁的箭头▾→“原始状态”。

⑦ 接受修订：选择“审阅”选项卡→修订组中的“接受”按钮下的箭头▾→选择接受方式。

⑧ 拒绝修订：选择“审阅”选项卡→修订组中的“拒绝”按钮下的箭头▾→选择拒绝方式。

Word 的修订功能只针对单个文档，也就是说一个文档被打开了修订功能，不会影响到其他文档，其他文档要打开修订功能还是得按照上面的操作来进行。

3.3.11 合并文档

可通过合并文档操作将两个或多个文档合并成一个文档，这在由多人分工输入一篇长文档时经常用到。合并两个文档操作步骤如下。

① 打开第一个文档。

② 将光标移动到文档末尾并按“Enter”键换行。

③ 打开第二个文档，按“Ctrl+A”组合键全选，再按“Ctrl+C”组合键复制。

④ 粘贴到第一个文档末尾。

同样方法可以再合并更多文档。

3.3.12 使用文本框

文本框是一种可移动、可调大小的文字或图形容器，能够放在文档中的各种内容基本都可以放进文本中。使用文本框，可以在一页上放置数个文字块，或使文字框中文字与文档中其他文字的排列方向不同，达到不同的版面效果，在版报排版中尤为常用。

插入文本框的操作步骤如下。

① 选择“插入”选项卡→文本组中的“文本框”按钮下的▾→根据需要选择“绘制文本框”或“绘制竖排文本框”。

② 在文档中需要插入文本框的位置单击后拖动鼠标画出文本框大小。

③ 在文本框中输入内容。

插入文本框时，可能会自动插入一个画布，也可能没有画布，取决于 Word 的选项设置，设置方法为：选择“文件”菜单→“选项”命令→“高级”→选中或取消选中“插入“自选图形”时自动创建绘图画面”。

3.3.13 文档中文字下划线的含义

如果没有对文本设置下划线格式，屏幕上却出现了下划线，可能是由于以下原因。

（1）红色或绿色波形下划线

当自动检查拼写和语法时，Microsoft Word 用红色波形下划线表示可能的拼写错误，用绿色波形下划线表示可能的语法错误。

（2）电子邮件标题的红色波形下划线

Word 会自动检查电子邮件标题中的姓名，将其与“通讯簿”中的名字相比较。如果有多个名字与输入的名字相匹配，则会在输入的名字下出现红色波形下划线，提示用户必须选择一个名字。

（3）蓝色波形下划线

Word 使用蓝色波形下划线标明可能格式不一致的实例。

（4）紫色波形下划线（在页边距中也可能显示紫色垂直线）

在 XML 文档中，Word 使用紫色波形垂直线和下划线来提示不符合文档所附加的 XML 架构的 XML 结构。

（5）蓝色或其他颜色的下划线

默认情况下，超链接显示为带蓝色下划线的文本。

（6）紫色或其他颜色的下划线

默认情况下，使用过的超链接显示为紫色。

（7）红色或其他颜色的单下划线或双下划线（在左页边距或右页边距中可能显示有竖线）

默认情况下，使用修订功能后，新插入的文本将带有下划线标记。竖线（用于标记“修订行”）可能会显示在包含修订文本的左侧或右侧。

（8）紫色点下划线

智能标记以紫色点下划线出现在文本的下方。在 Word 中可以使用智能标记来执行操作，这些操作通常需要打开其他程序来执行。

3.4 文档排版

3.4.1 字符格式设置

Word 文档中字符的格式包括中西文字体、字号、字形（加粗、倾斜、常规等）、字体颜色、着重号、效果（如上标、下标、删除线、空心等）、字符间距、文字动态效果等。

① 选中要设置格式的文字。

② 选择相关命令进行字符格式设置，方式有以下两种。

- 选项卡方式：适用于常用的字符格式，如字体、字号、字形、字体颜色等，选择“开始”选项卡→字体组中的相应命令按钮进行设置。
- 对话框方式：适用于所有字符格式，选择“开始”选项卡→字体组右下角的按钮右下箭头→在弹出的“字体”对话框中进行设置（见图 3-26）。

这种方式由于执行起来没有选项卡方式方便，一般仅用于不太常用的格式设置，如在“字体”对话框的“高级”选项卡中可以设置字符间距。

③ 设置文字效果，单击“字体”对话框底部的“文字效果”按钮进入设置（见图 3-27）。

当设置的格式度量单位与对话框中默认的单位不同时，要自行输入单位名称，如“厘米”。

图 3-26　字符常规格式设置

图 3-27　文字效果设置

3.4.2　段落格式设置

1. Word 中段落格式

Word 中段落格式有以下几种。

① 对齐方式。控制段落在页面水平方向的位置，包括左对齐、右对齐、居中、分散对齐和两端对齐。

② 缩进。控制整段文字距离页面左、右边距的距离，包括左缩进和右缩进。

③ 特殊格式。控制段落第一行的缩进方式，包括首行缩进、悬挂缩进等。中文文档通常设置首行缩进两个字符。

④ 间距。控制段落之间的距离，包括段前距和段后距。

⑤ 行距。控制段落内行与行之间的距离，可以设置单倍行距、多倍行距、固定值行距等。

2. 段落格式设置步骤

段落格式设置步骤如下。

① 选中段落，如果只设置一个段落，只需将光标任意定位到该段落中即可(选中整个段落也可以)。

② 与设置字体格式相似，设置段落格式也有两种方式。

- 选项卡方式：适用于常用的段落格式，如对齐方式、缩进、间距等，选项卡有两个地方：选择“开始”选项卡→段落组中的相应命令按钮进行对齐方式设置；选择“页面布局”选项卡→段落组中的相应命令按钮进行段落缩进或间距设置。
- 对话框方式：适用于所有段落格式，选择“开始”选项卡→段落组右下角的按钮右下箭头 →在弹出的“段落”对话框中进行设置(见图 3-28)。

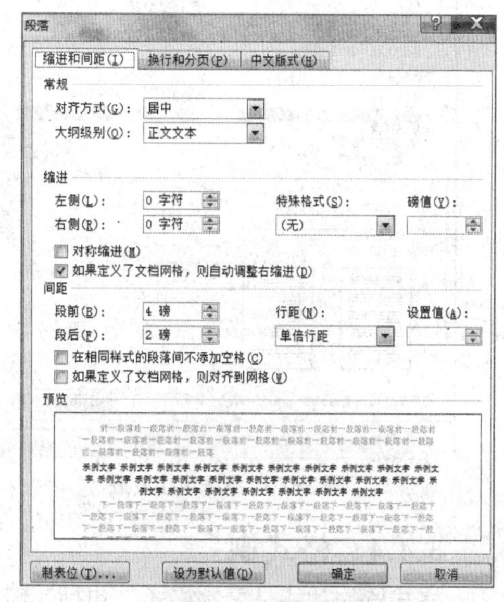

图 3-28　段落格式设置

3.4.3 页面格式设置

1. 页面格式

常用的页面格式设置内容如下。

① 页边距。控制文档中的所有文字距离纸张上、下、左、右的距离，即页面四周的空白位置，亦即上、下、左、右页边距。

- 设置装订线及装订线位置。
- 控制文档排布的纸张方向，分纵向和横向两种，默认为纵向。

② 纸张大小。控制打印纸的类型，一般可从列表中选择，亦可自定义纸张大小。

③ 版式。一般在此设置页眉/页脚的位置，页面垂直对齐方式等。

④ 文档网格。一般在此定义每页的行列数，页面文字的排列方向。

⑤ 文字方向。可以设计文字呈水平或者垂直两个方向排列。

2. 页面格式设置

常用的页面格式设置方法有以下两种。

- 选项卡方式：适用于常用的页面格式，如文字方向、页边距、纸张方向、纸张大小等，选择“页面布局”选项卡→页面设置组中的相应命令按钮进行设置。
- 对话框方式：适用于所有页面格式，选择“页面布局”选项卡→页面设置组右下角的按钮右下箭头 →在弹出的“页面”对话框中进行设置（见图 3-29～图 3-31）。

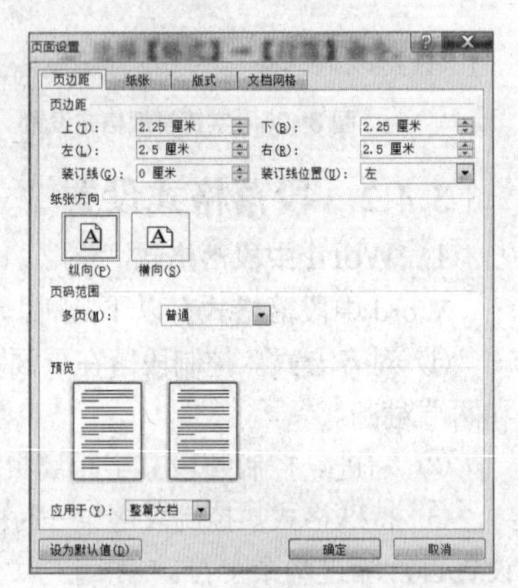

图 3-29 页面格式设置

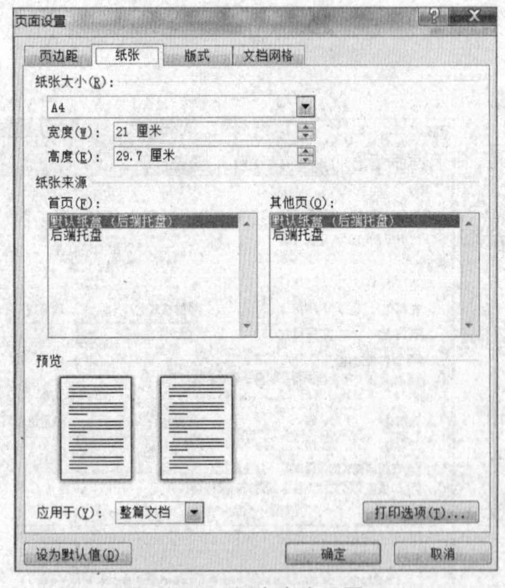

图 3-30 纸张大小设置

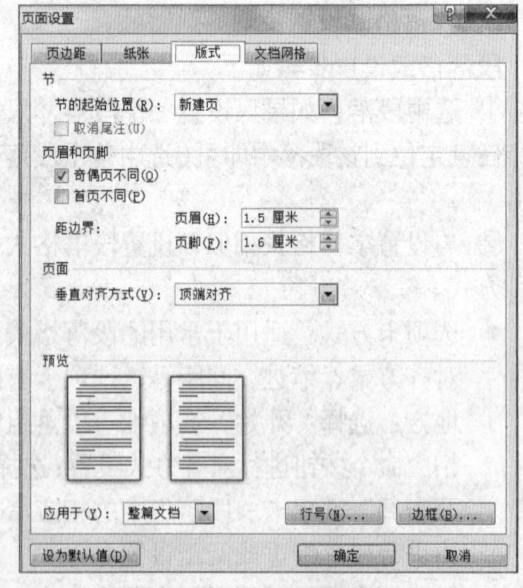

图 3-31 版式设置

3.4.4 格式刷

格式刷的功能是复制格式，包括字符格式和段落格式，操作步骤如下。

① 选中已经设置好格式的文字或段落。

② 选择“开始”选项卡→单击或双击剪贴板组中的“格式刷”按钮按钮（注意，单击只能复制一次，双击可连续复制多次）。

③ 拖动鼠标，刷向目标文字或段落（见图 3-32 和图 3-33）。

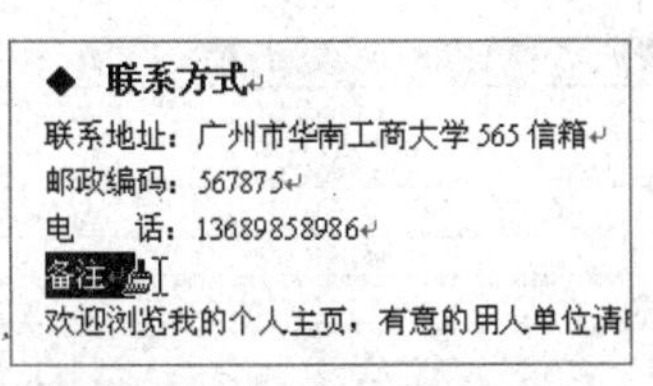

图 3-32　正在使用格式刷

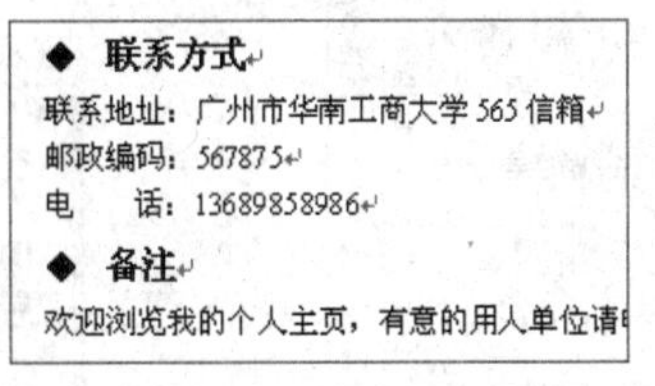

图 3-33　使用格式刷后的效果

取消格式刷的方法为：可再次单击“格式刷”按钮或直接按“Esc”键。

3.4.5　样式

样式就是应用于文档中的文本、表格和列表的一套格式编排组合，能迅速改变文档的格式。在一个简单的任务中应用一组格式，能保证相同层次内容格式的一致性。应用样式与使用格式刷都可以实现格式一致，不同点在于一旦格式需要修改，使用格式刷的地方还得重新再刷一遍，而应用样式的地方则可以自动同步更新。

用户可以创建或应用两种类型的样式：段落样式控制段落外观的所有方面，如文本对齐、制表位、行间距和边框以及字符格式等；字符样式影响段落内选中文字的外观，如字体、字号、加粗及倾斜等格式。

Word 中内建了一套标准样式，如标题 1、标题 2、正文等，输入的文字默认为正文样式（见图 3-34）。用户可以对内建的样式进行应用、修改，也可以自定义的样式。

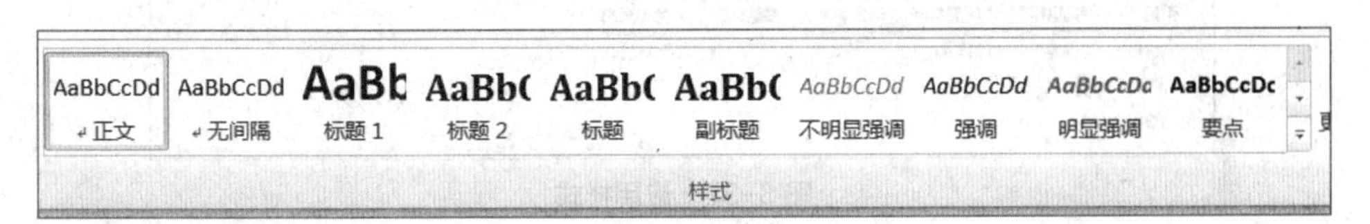

图 3-34　内建样式

1．样式的建立

方法一：

① 选择“开始”选项卡→样式组右下角的按钮→单击“样式”对话框左下角的“新建样式”按钮（见图 3-35）。

② 在出现的对话框中“名称”文本框中输入样式的名称。

③ 在“样式类型”文本框中，分别选择“段落”“字符”“表格”或“列表”选项来指定所创建的样式类型（见图 3-36）。

④ 单击“格式”按钮设置样式包含的各种字体、段落及其他格式。

⑤ 单击“确定”按钮完成样式添加。

方法二：先设置好文字的字体、段落格式，然后选定文字，执行图 3-37 中的“将所选内容保存为新快速样式”快速创建。

2．样式的应用

① 选中要应用的文字或段落。

② 选择“开始”选项卡→样式组样式列表框滚动条下箭头展开样式列表（见图 3-37）

→单击要应用的样式名称。

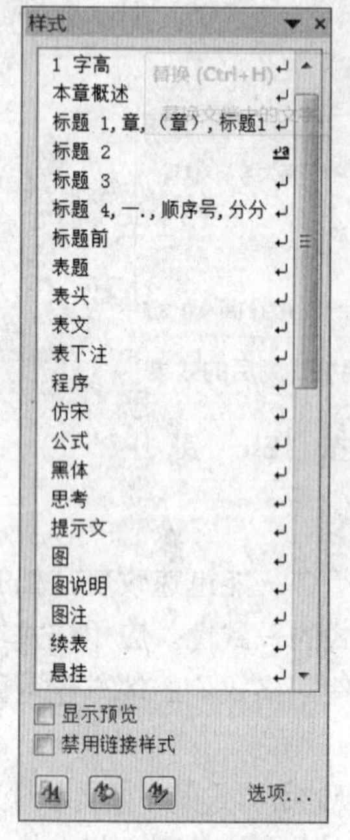

图 3-35　样式对话框

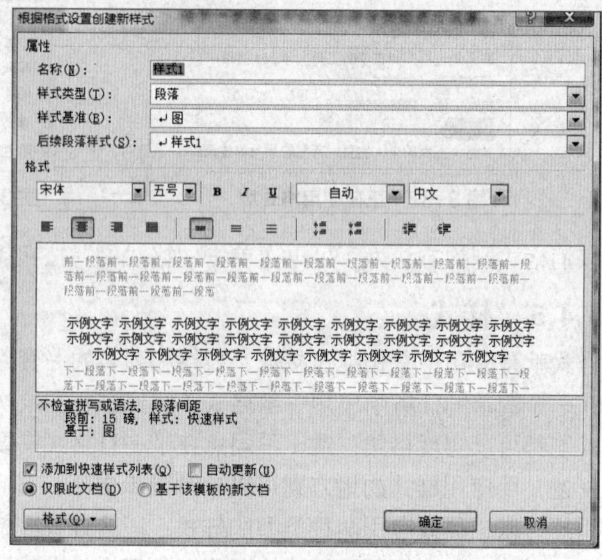

图 3-36　新建样式

图 3-37　应用样式

3. 样式的修改

① 选择“开始”选项卡→样式组右下角的按钮。

② 在“样式”对话框单击选定要修改的样式。

③ 单击此样式右边下箭头。

④ 执行“修改”命令

⑤ 在“修改样式”对话框中进行格式修改（见图 3-38）。

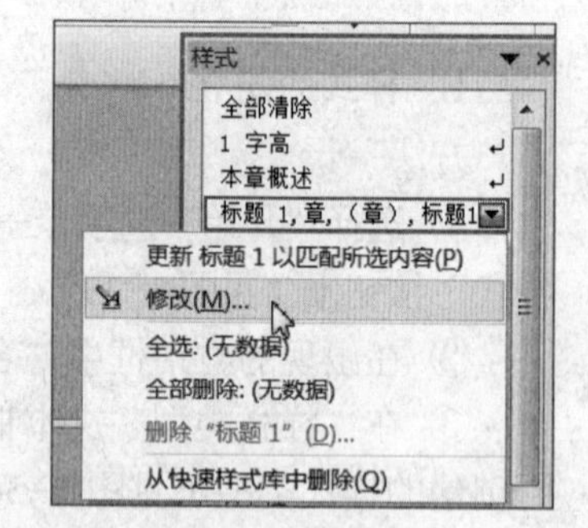

图 3-38　修改样式

3.4.6　其他格式设置

1. 页眉和页脚

页眉和页脚是文档中每个页面的顶部和底部区域。可以在页眉和页脚中插入文本或图形，如页码、日期、公司徽标、文档标题、文件名或作者名等，这些信息通常按设置打印在纸上。

通过选择“视图”→“页眉和页脚”命令，可以在页眉和页脚区域中进行设置。

（1）创建每页都相同的页眉和页脚。

创建页眉：选择“插入”选项卡→页眉和页脚组的“页眉”按钮→单击选择内置的页

眉样式或执行“编辑页眉”命令→输入页眉内容并格式化→双击正文内容退出页眉编辑状态（见图 3-39）。

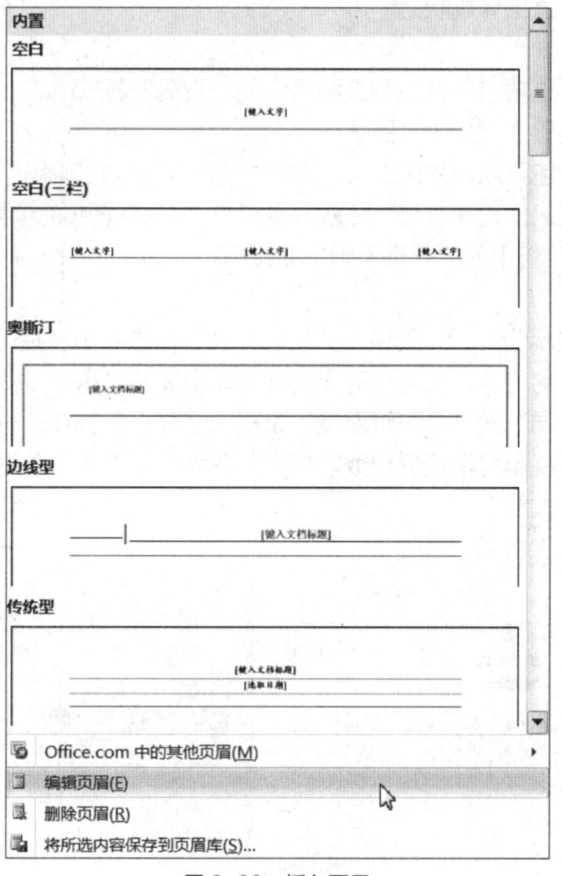

图 3-39 插入页眉

创建页脚：选择“插入”选项卡→页眉和页脚组的“页脚”按钮→单击选择内置的页脚样式或执行“编辑页脚”命令→输入页脚内容并格式化→双击正文内容退出页脚编辑状态。

处于页眉或页脚编辑状态时，功能区会增加一个专门针对页眉页脚操作的“设计”选项卡，可从中进行设置或选择内容。

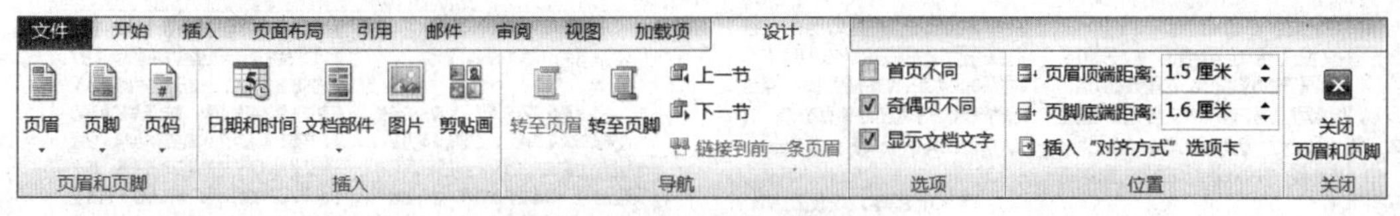

图 3-40 设置页眉/页脚的选项卡

（2）为奇偶页创建不同的页眉或页脚

① 在图 3-40 的“设计”选项卡中选中“奇偶页不同”复选框。

② 分别在奇数页和偶数页创建页眉和页脚。

（3）页眉页脚的修改与删除

① 双击要修改的页眉或页脚。

② 进行修改和删除。

③ 双击正文内容退出修改状态。

2．设置页码

① 选择“插入”选项卡→页眉和页脚组中的“页码”按钮。

② 选择页码的位置及样式（见图 3-41）。

③ 设置好页码后还可以利用图 3-41 中的“设置页码格式”来进一步设置。

④ 如果不希望页码出现在首页，先双击页码进入页眉\页脚的编辑状态，选择“设计”选项卡→勾选“选项”组中的“首页不同”复选框。

3．分栏

Word 文档默认显示为一栏，可通过分栏操作将页面显示为多栏，操作步骤如下。

① 选择需要分栏的内容，如果要对全文分栏，则无须选中。

② 选择“页面布局”选项卡→页面设置组中的“分栏”按钮→更多分栏。

③ 在弹出的对话框中可以设置栏数、栏宽、分隔线等选项（见图 3-42）。

④ 单击“确定”按钮。

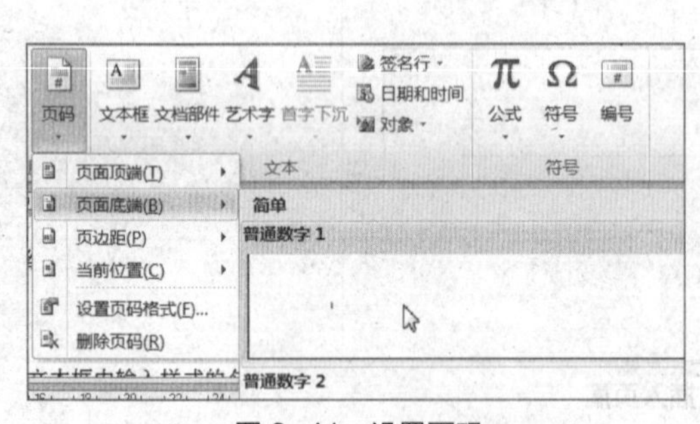

图 3-41　设置页码

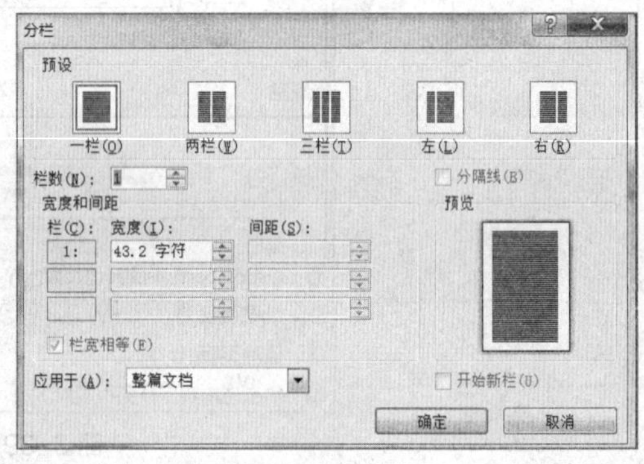

图 3-42　分栏

在“分栏”对话框中选择“一栏”，即可恢复不分栏时的效果。

注　意

分栏后文本会优先排满左边的栏，再排右边的栏，如果内容不足以填满右边栏，就会出现分栏后两边内容不对称的情况（见图 3-43），解决的方法是在分栏前先在文本末尾插入一个连续的分节符（见图 3-44）。

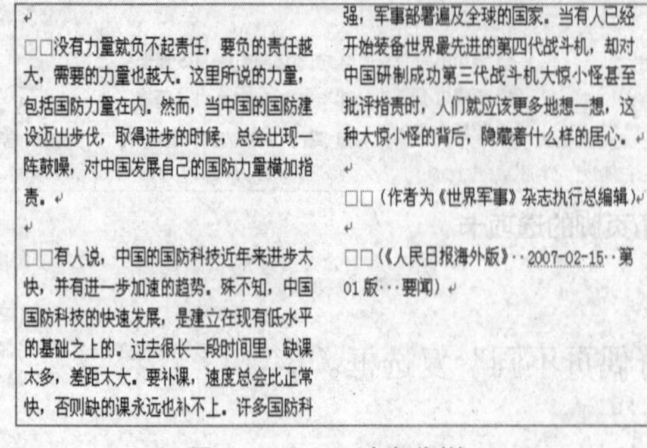

□□没有力量就负不起责任，要负的责任越大，需要的力量也越大。这里所说的力量，包括国防力量在内。然而，当中国的国防建设迈出步伐，取得进步的时候，总会出现一阵鼓噪，对中国发展自己的国防力量横加指责。

□□有人说，中国的国防科技近年来进步太快，并有进一步加速的趋势。殊不知，中国国防科技的快速发展，是建立在现有低水平的基础之上的。过去很长一段时间里，缺课太多，差距太大。要补课，速度总会比正常快，否则缺的课永远也补不上。许多国防科强，军事部署遍及全球的国家。当有人已经开始装备世界最先进的第四代战斗机，却对中国研制成功第三代战斗机大惊小怪甚至批评指责时，人们就应该更多地想一想，这种大惊小怪的背后，隐藏着什么样的居心。

□□（作者为《世界军事》杂志执行总编辑）

□□（《人民日报海外版》 2007-02-15 第01版 要闻）

图 3-43　不对称分栏

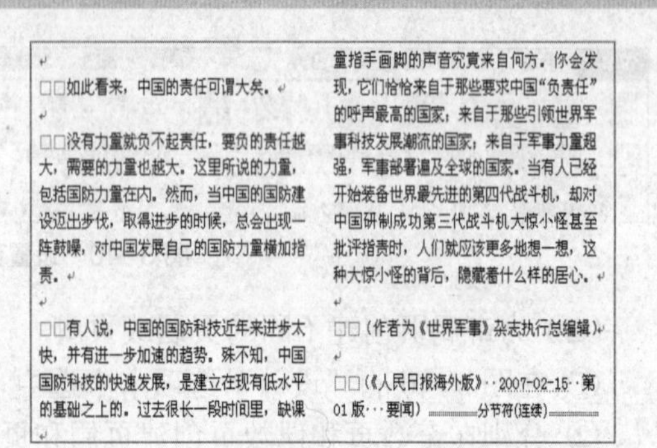

□□如此看来，中国的责任可谓大矣。

□□没有力量就负不起责任，要负的责任越大，需要的力量也越大。这里所说的力量，包括国防力量在内。然而，当中国的国防建设迈出步伐，取得进步的时候，总会出现一阵鼓噪，对中国发展自己的国防力量横加指责。

□□有人说，中国的国防科技近年来进步太快，并有进一步加速的趋势。殊不知，中国国防科技的快速发展，是建立在现有低水平的基础之上的。过去很长一段时间里，缺课量指手画脚的声音究竟来自何方，你会发现，它们恰恰来自于那些要求中国“负责任”的呼声最高的国家，来自于那些引领世界军事科技发展潮流的国家，来自于军事力量超强，军事部署遍及全球的国家。当有人已经开始装备世界最先进的第四代战斗机，却对中国研制成功第三代战斗机大惊小怪甚至批评指责时，人们就应该更多地想一想，这种大惊小怪的背后，隐藏着什么样的居心。

□□（作者为《世界军事》杂志执行总编辑）

□□（《人民日报海外版》 2007-02-15 第01版 要闻）分节符(连续)

图 3-44　对称分栏

4．制表位

制表位可以实现无须画表格却可使文本工整对齐的效果，实质上也属于段落格式的一种。使用时，先设置好制表位，再按“Tab”键使光标到达制表位后输入内容。

（1）设置制表位

① 单击 Word 窗口左上角的“左对齐式”制表符，直到其更改为其他所需制表符类型：“右对齐式”制表符、“居中式”制表符、“小数点对齐式”制表符或“竖线对齐式”制表符。

② 在水平标尺上单击要插入制表位的位置。

（2）输入内容项

① 按一下“Tab”键输入一项内容。

② 行末按“Enter”键，则下一行会继承上一行的制表位（见图 3-45）。

（3）删除或移动制表位

① 选中包含要删除或移动的制表位的段落。

② 将制表位标记向下拖离水平标尺即可将其删除。

③ 在水平标尺上左右拖动制表位标记即可对其进行移动。

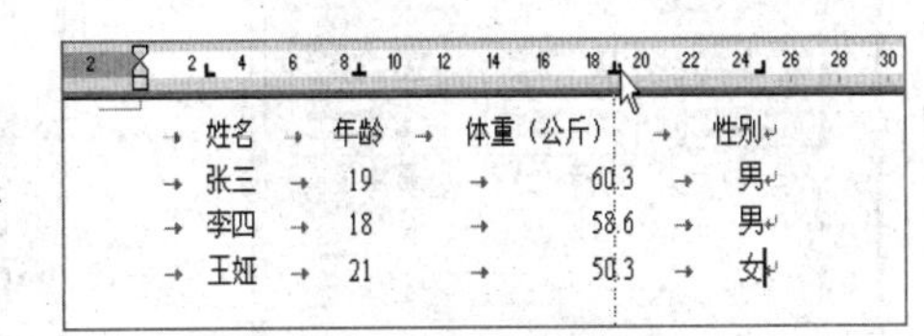

图 3-45　制表位

5．首字下沉与悬挂

首字下沉与首字悬挂是对整个段落而言的，效果如图 3-46 所示，操作步骤如下。

① 将光标定位到要设置首字下沉或悬挂的段落。

② 选择“插入”选项卡→文本组的“首字下沉”按钮→首字下沉选项。

③ 在打开的对话框中进行设置并单击“确定”按钮（见图 3-47）。

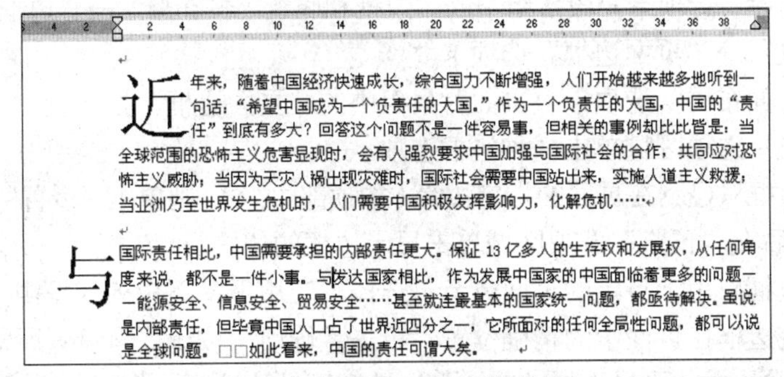

图 3-46　首字下沉与悬挂效果

在“首字下沉”对话框中选择“无”，则可取消首字下沉效果。

6．边框和底纹

边框、底纹和图形填充能增加读者对文档不同部分的兴趣和注意程度。用户可以把边框加到页面、文本、表格和表格的单元格、图形对象、图片和 Web 框架中，也可以为段落和文本添加底纹，还可以为图形对象应用颜色或纹理填充。添加边框和添加底纹方法相同，下面以边框为例说明。

（1）为图片、表格或文本添加边框

① 选择需要添加边框的文本、图片或表格。

如果要为特定表格单元格添加边框，需选中单元格，包括单元格结束标记。

② 执行命令有两种方式。

- 直接选择框线方式：选择“开始”选项卡→段落组中的“边框和底纹”按钮（此按钮形状根据当前选择可能会变成诸如的样子）→选取所需的边框样式（如“所有框线”）。这种方式当选定内容不包括段落标记符↵时，边框自动应用于文字；当选定内容包括段落标记符↵时，边框自动应用于段落。
- 对话框方式：选择“开始”选项卡→段落组中的“边框和底纹”按钮→“边框和底纹”→“边框”选项卡→设置边框选项（见图 3-48）。这种方式比较灵活，能够指定将边框应用于文字或段落。

图 3-47 设置首字下沉与悬挂

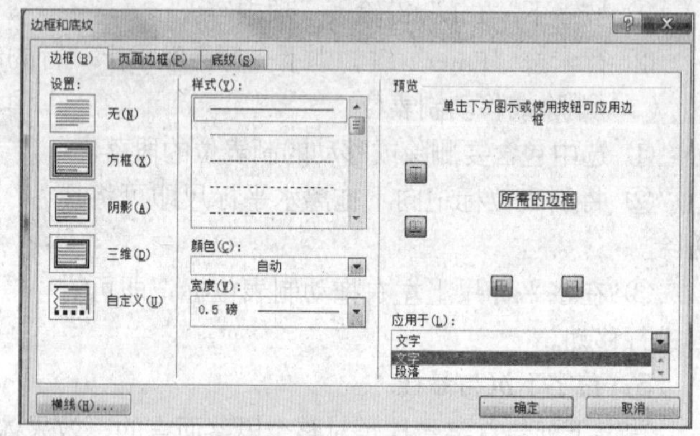

图 3-48 设置边框

（2）为页面添加边框

① 进入页面边框设置对话框途径有两种。

- 选择“开始”选项卡→段落组中的“边框和底纹”按钮→“边框和底纹”→“边框和底纹”→“页面边框”选项卡。
- 选择“页面布局”选项卡→页面背景组中的“页面边框”按钮。

② 在“设置”选项区域单击一种边框选项。

③ 若要使边框只显示在页面的指定边缘（如顶部边缘），则单击“设置”选项区域的“自定义”按钮，然后在“预览”选项区域单击显示边框的位置。

④ 若要将边框应用于特定的页面或节，选择“应用于”下拉列表框中的所需选项。

⑤ 若要指定边框在页面中的精确位置，单击“选项”按钮，再设置所需选项。

若要指定艺术边框，可以选择“艺术型”选项区域的选项。

（3）删除边框

在“边框和底纹”对话框中的“设置”区域选择“无”。

7．项目符号和编号

Word 可以在输入内容的同时自动创建项目符号、编号及多级列表，也可以在文本的原有行中添加项目符号、编号及多级列表，设置了项目符号和编号的文字效果如图 3-49 所示。

（1）在输入内容的同时自动创建项目符号和编号列表

① 输入“*”（星号）开始一个项目符号列表或输入“1.”开始一个编号列表，然后按空格键或“Tab”键。

② 输入所需的任意文本。

③ 按“Enter”键添加下一个列表项，Word 会自动插入下一个编号或项目符号。

④ 若要结束列表，按“Enter”键两次，或通过按“Backspace”键删除列表中的最后一个编号或项目符号，来结束该列表。

注 意

如果项目符号或编号不能自动应用，则先选择“文件”→“选项”→出现对话中选“校对”→“自动更正选项”按钮→单击“输入时自动套用格式”标签→选中“自动项目符号列表”或“自动编号列表”复选框

（2）为原有文本添加项目符号或编号

① 选中要添加项目符号或编号的文本。

② 选择“开始”选项卡→段落组中的“项目符号”按钮 、“编号”按钮 或“多级列表”按钮 →在出现的对话框中进行选择设置（见图 3-50）。

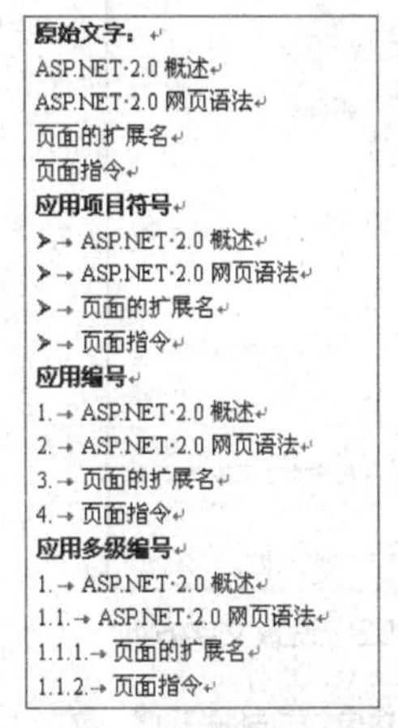

图 3-49 项目符号和编号效果

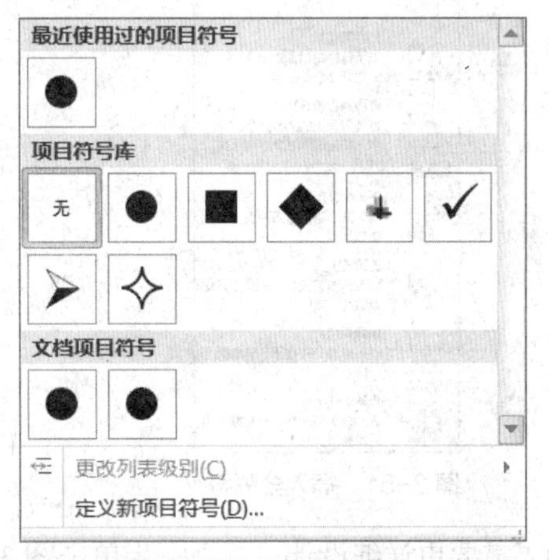

图 3-50 设置项目符号

说 明

- 用户可以使整个列表向左或向右移动。单击列表中的第一个编号并将其拖到一个新的位置，整个表会随着用户的拖动而移动，但列表中的编号级别不变。
- 通过更改列表中项目的层次级别，可将原有的列表转换为多级符号列表。单击列表中除了第一个编码以外的其他编码，然后按“Tab”键或“Shift+Tab”组合键，或选择“开始”选项卡→段落组中的“增加缩进量”按钮 或“减少缩进量”按钮 即可。

8．手动分页

当文字或图形填满一页时，Word 会自动插入一个分页符并开始新的一页。要在特定位置插入分页符，可手工进行设置。例如，可强制插入分页符以确认章节标题总在新的一页开始。

① 单击新页的起始位置。

② 选择“页面布局”选项卡→页面设置组中的“分隔符”按钮 →单击“分页符”（见图 3-51）。

9．插入分节符

可用“节”在一页之内或两页之间改变文档的布局。只需插入分节符即可将文档分成若干“节”，然后根据需要设置每“节”的格式。例如，可将报告内容提要一节的格式设置为一栏，将报告正文部分的一节设置成两栏。

① 单击需要插入分节符的位置。

② 选择“页面布局”选项卡→页面设置组中的“分隔符”按钮→单击选分节符类型（见图 3-51）。

10. 文字方向

用户可以更改文档或图形对象（如文本框、图形、标注或表格单元格）中的文字方向，使文字可以垂直或水平显示。操作步骤如下。

① 选中文本，或者单击包含要更改的文字的图形对象或表格单元格。

② 选择“页面布局”选项卡→页面设置组中的“文字方向”按钮，如图 3-52 所示。

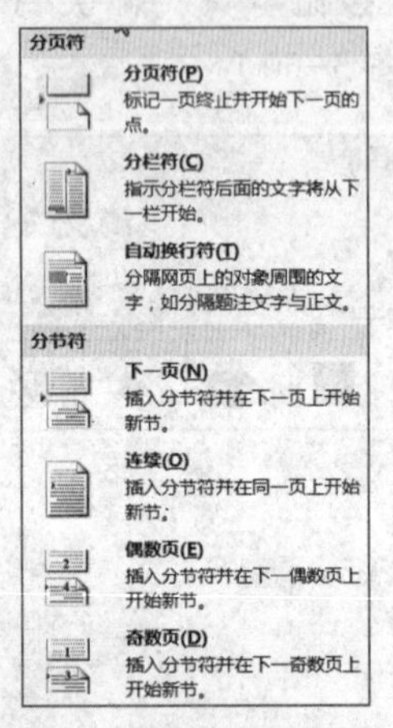

图 3-51 插入分隔符

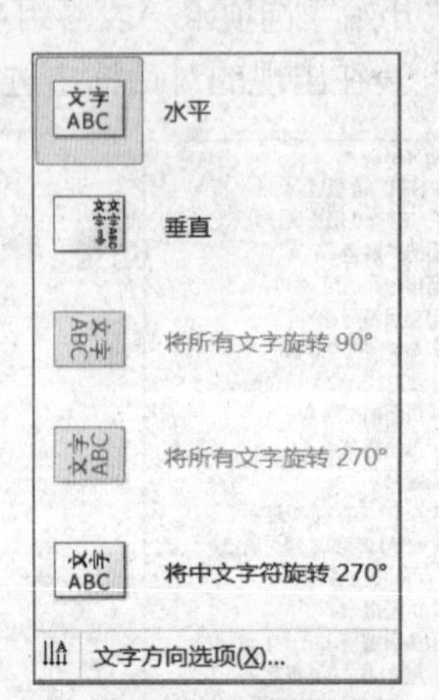

图 3-52 设置文字方向

③ 如果需要更详细设计，可进一步单击图 3-52 中的“文字方向选项”，在“文字方向”对话框中详细设置。

3.4.7 打印预览

选择“文件”→“打印”命令。在出现的“打印”对话框中可以调整预览比例，上下翻页，按“Esc”键退出预览状态，如图 3-53 所示。

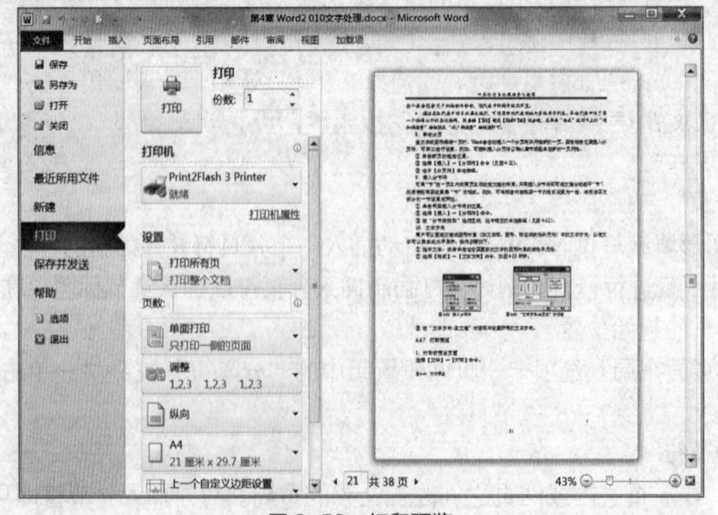

图 3-53 打印预览

3.5 制作表格

3.5.1 插入表格

表格由行、列和单元格组成，可以在单元格中输入文字和插入图片，通常用来组织和显示信息。使用时一般先画表格再填内容，Word 提供了几种创建表格的方法，其适用程度与用户工作的方式以及所需表格的复杂程度有关。

1．拖动方式绘制表格

① 单击要创建表格的位置。

② 选择“插入”选项卡→表格组中的“表格”按钮。

③ 拖动鼠标，选中所需的行数和列数（见图 3-54）。

2．对话框方式绘制表格

使用该方式可以在将表格插入文档之前选择表格的大小和格式。

① 单击要创建表格的位置。

② 选择“插入”选项卡→表格组中的“表格”按钮下方的箭头→单击“插入表格”命令。

③ 在“表格尺寸”选项区域，选择所需的行数和列数（见图 3-55）。

④ 在“‘自动调整’操作”选项区域，选择调整表格大小的选项。

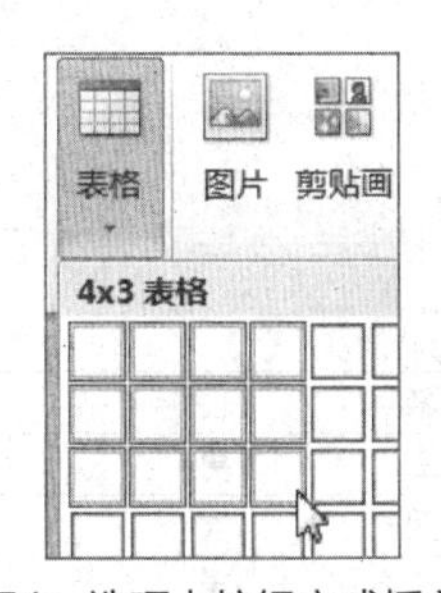

图 3-54　选项卡按钮方式插入表格

图 3-55　菜单命令方式插入表格

3．手绘表格

可以利用“表格和边框”选项卡绘制复杂的自由表格，例如单元格高度不同或每行包含的列数不同的表格。

① 单击要创建表格的位置。

② 选择“插入”选项卡→表格组中的“表格”按钮下方的箭头→单击“绘制表格”命令。此时鼠标指针变为笔形，并且打开一个关于绘制表格的“设计”选项卡（见图 3-56）。

③ 要绘制表格的外围边框，可以先绘制一个矩形，然后在矩形内绘制行、列边框线。

④ 若要清除一条或一组线，可单击“设计”选项卡上的“擦除”按钮，再单击需要擦除的线；要继续绘制表格线则选“绘制表格”按钮。

3.5.2 转换表格和文字

1．将文本转换成表格

将文本转换成表格时，使用逗号、制表符或其他分隔符标记新列开始的位置。在要划分列的位置处插入所需的分隔符。例如，在一行有两个字的列表中，在第一个字后插入逗号或制表符，从而创建一个两列的表格。

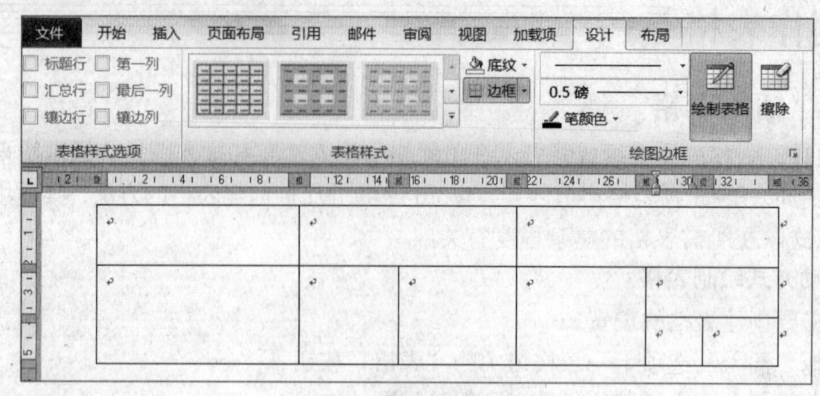

图 3-56　手绘表格

下面举例说明将文本转换成表格的操作步骤。

① 选择要转换的文本。

② 选择“插入”选项卡→表格组中的“表格”按钮下方的箭头→单击“文本转换成表格”命令。(见图 3-57)。

③ 在“文字分隔位置”选项区域，选择所需的分隔符或输入其他字符并单击“确定”按钮，结果如图 3-58 所示。

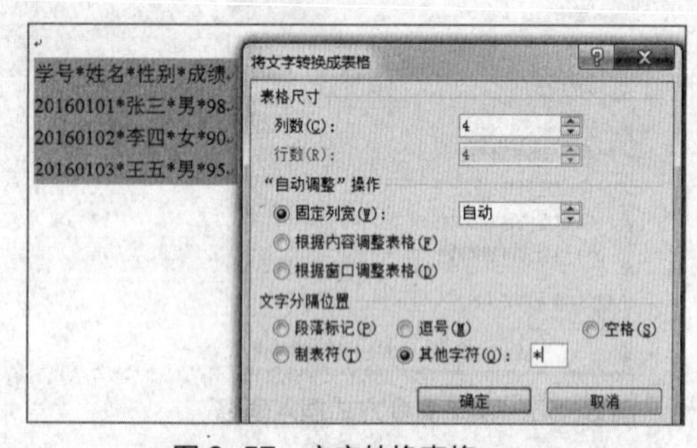

图 3-57　文字转换表格

学号	姓名	性别	成绩
20160101	张三	男	98
20160102	李四	女	90
20160103	王五	男	95

图 3-58　文字转换表格结果

2．将表格转换成文本

可以将整个表格或表格的部分行转换成文字，下面举例说明将表格转换成文本的操作步骤。

① 选择要转换为段落的行或表格。

② 选择“布局”选项卡→表格组中的“转换为文本”按钮（见图 3-59）。

③ 在“文字分隔符”选项区域，选择所需的字符或输入其他字符，作为替代列边框的分隔符，并单击“确定”按钮。结果如图 3-60 所示。

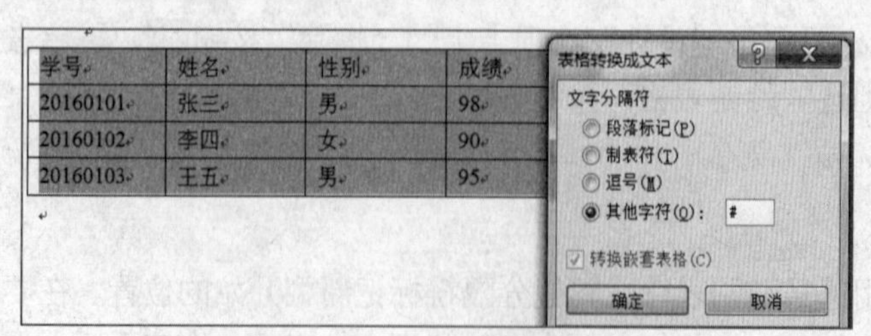

图 3-59　表格转换文字

学号#姓名#性别#成绩
20160101#张三#男#98
20160102#李四#女#90
20160103#王五#男#95

图 3-60　表格转换文字结果

3.5.3 编辑表格

表格快速绘制出来后，往往还需要通过编辑的方法使之变成我们需要的样子，编辑表格命令集中放在“布局”选项卡中。

1．表格中的选中操作

（1）选中行

将鼠标指针移动至表格左端，当其变成一个反向箭头时单击某行的左侧即可选中该行，按住鼠标左键拖动可连续选中多行，按住“Ctrl”键再单击反向箭头可选中不连续的多行（见图 3-61）。

（2）选中列

单击该列顶端的虚框或边框即可（见图 3-62）。

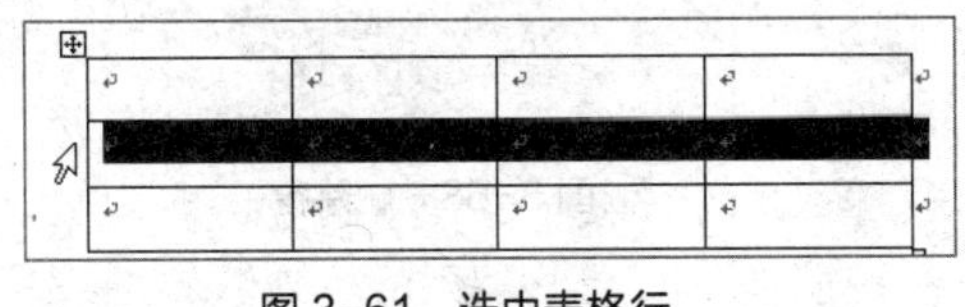

图 3-61 选中表格行

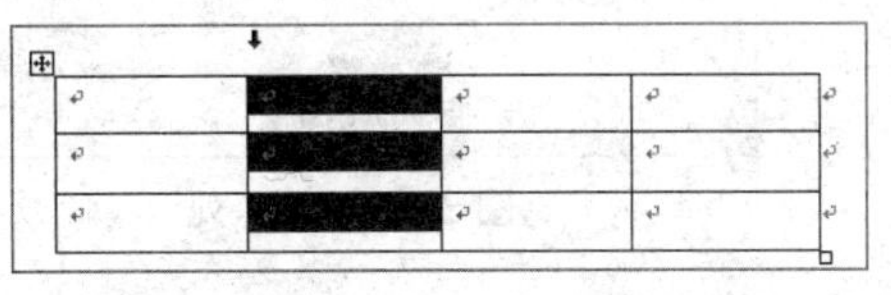

图 3-62 选中表格列

（3）任意单元格

按住“Ctrl”键，当鼠标指针变成箭头时，单击需要选中的单元格（见图 3-63）。

（4）整个表格

单击该表格移动句柄，或框选整个表格（见图 3-64）。

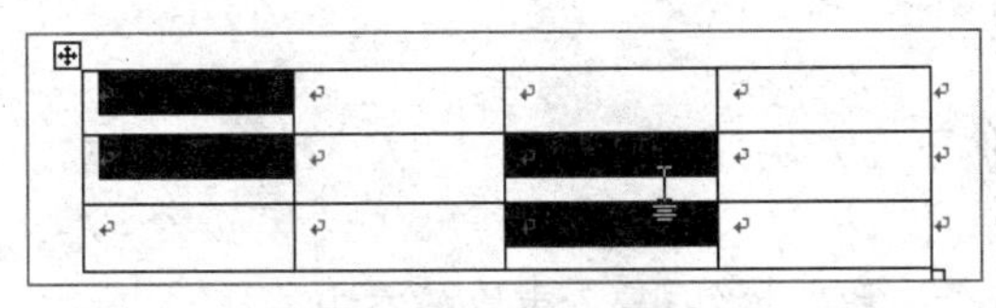

图 3-63 选中表格任意单元格

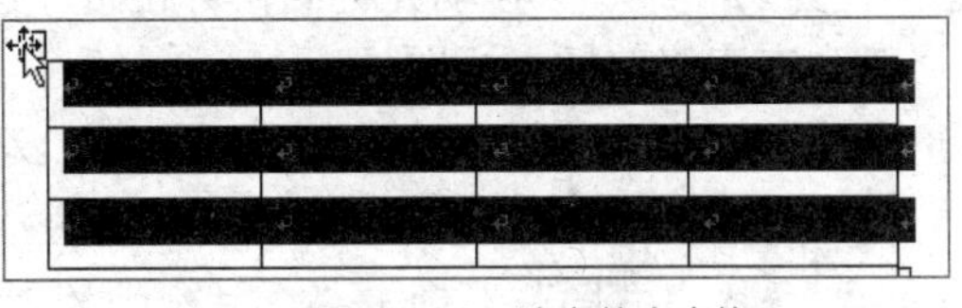

图 3-64 选中整个表格

2．合并单元格

“合并单元格”操作指将所选中的多个单元格合并成一个单元格，方法为：选中要合并的单元格→鼠标在选定内容上右击→从弹出的快捷菜单中选择“合并单元格”命令（见图 3-65）。

有时右键方式比较简便，如果想用选项卡按钮方式执行，则在“布局”选项卡中找命令按钮。

3．拆分单元格

“拆分单元格”操作指将选中的一个或多个单元重新平均拆分成多个单元格，方法为：选中要拆分的单元格（一个或多个）→鼠标在选定内容上右击→从弹出的快捷菜单中选择“拆分单元格”命令，最后输入拆分后的行数和列数并单击“确定”按钮（见图 3-66）。

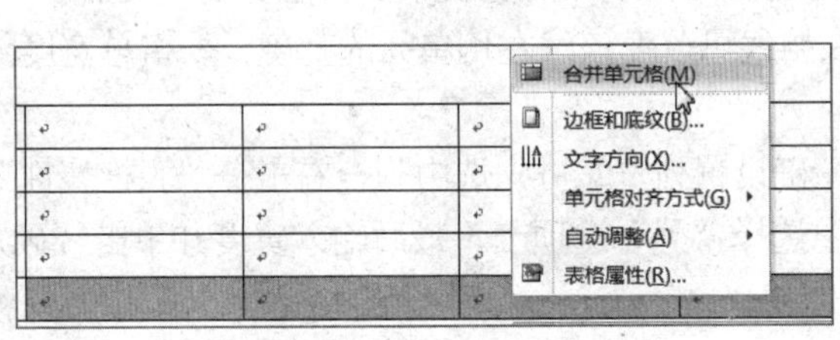

图 3-65 合并单元格

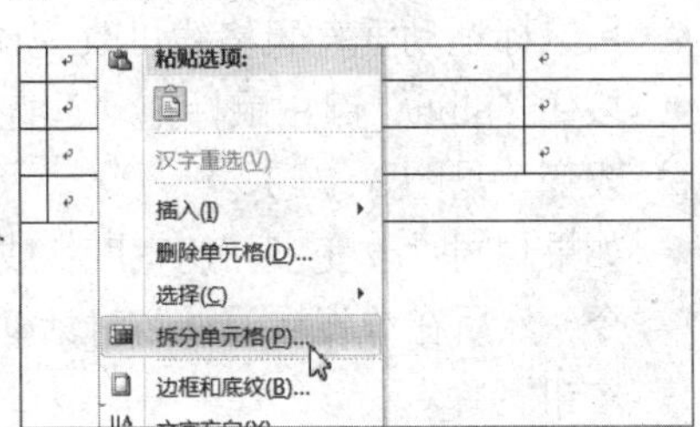

图 3-66 拆分单元格

4．插入行、列、单元格

先选中要插入行、列、单元格的位置→鼠标在选定内容上右击→从弹出的快捷菜单中选择“插入”命令→单击插入位置命令（见图 3-67）。

5．删除行、列、单元格

先选中要删除的行、列、单元格→鼠标在选定内容上右击→从弹出的快捷菜单中选择“删除列”“删除行”或“删除单元格”命令（见图 3-68）。

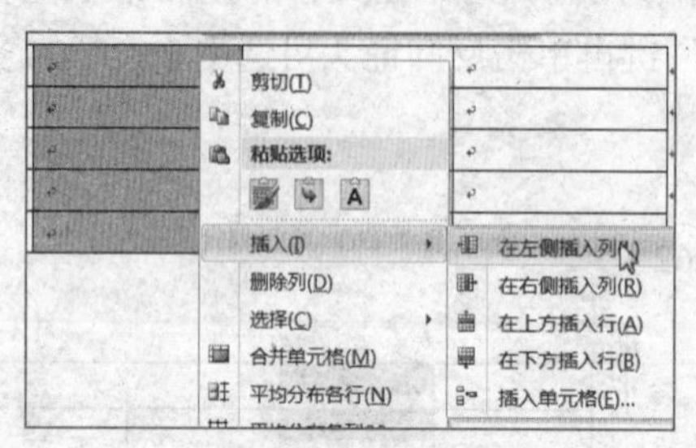

图 3-67　插入列

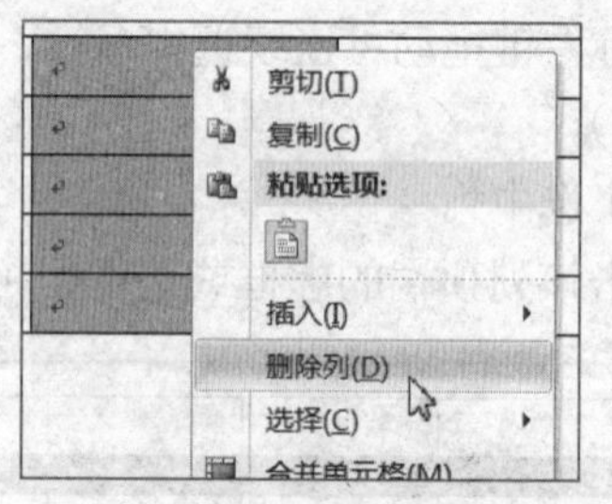

图 3-68　删除行

6．复制行、列、单元格

表格的行、列、单元格像普通文本一样可以复制，具体方法同文本的复制：选中对象→选择“复制”命令→移动光标到目标位置→选择“粘贴”命令。

7．移动行、列、单元格

表格的行、列、单元格像普通文本一样可以移动，具体方法同文本的移动：选中对象→选择“剪切”命令→移动光标到目标位置→选择“粘贴”命令。

8．在表格前插入标题

有时候只画表格，没有输入表格标题，可按下面方法处理：

① 选定表格首行。

② 选择“布局”选项卡→合并组中的“拆分表格”按钮，表格前空出一行。

③ 在空行中输入表格标题内容。

3.5.4　格式化表格

编辑表格命令集中放在“布局”选项卡中。

1．改变行高

- 直接用鼠标往垂直方向拖动表格水平线位置，可改变行的高度（见图 3-69）。
- 如果想同时改变多行的高度或精确设置行高，可先选中行→右击→“表格属性”命令，然后在“表格属性”对话框中选择“行”选项卡，最后输入高度并单击“确定”按钮（见图 3-70）。

2．改变列宽

- 用鼠标拖动垂直表格线可改变该线左右两侧单元的宽度，表格总宽度不变。
- 按住“Shift”键用鼠标拖动垂直表格线可改变该线左侧单元的宽度，表格总宽度随之改变（见图 3-71）。
- 如果想同时改变多列的宽度，或精确设置列宽，可先选中列→右击→“表格属性”命令，然后在“表格属性”对话框中选择“列”选项卡，最后输入宽度并单击“确定”按钮。

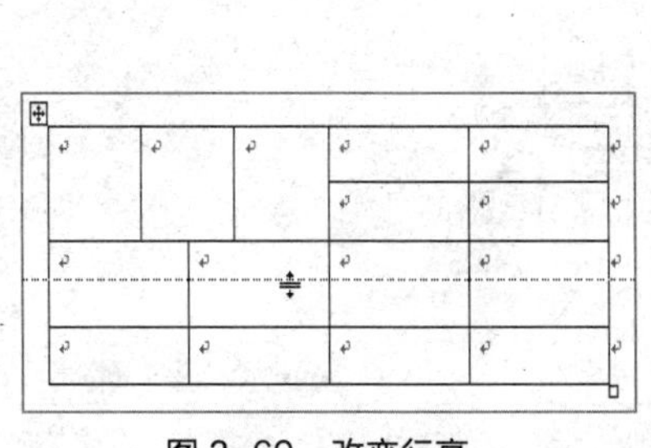
图 3-69　改变行高

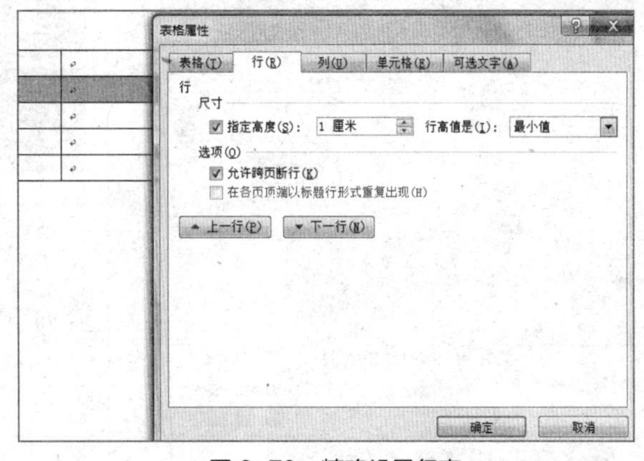

图 3-70　精确设置行高

3．平均分布行和列

“平均分布行和列”操作会将选中的行或列重新设置成相同的高度或宽度。操作方法为：先选中行或列→右击→根据情况选择“平均分布各行”或“平均分布各列”命令（见图 3-72）。

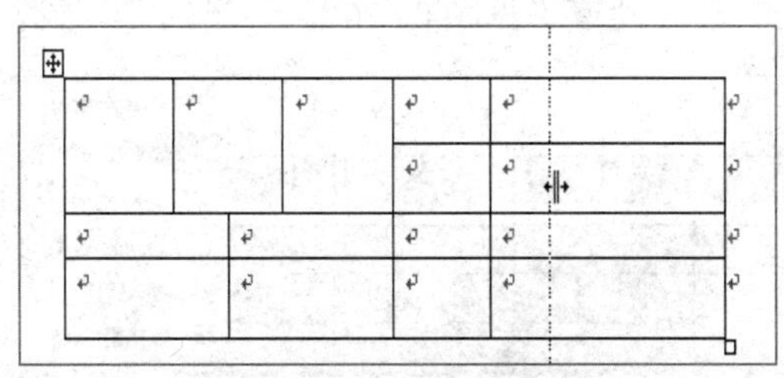
图 3-71　改变列宽

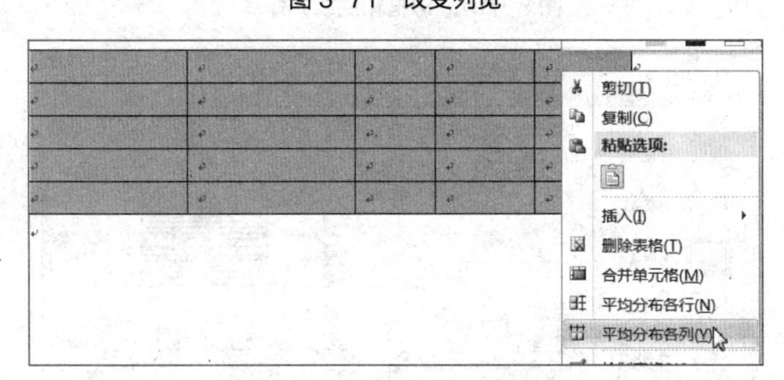

图 3-72　平均分布行和列

4．设置单元内容的字体格式

先选中单元格，再设置字体格式，方法与文档中普通内容的字体格式设置相同。

5．设置单元格内容的对齐方式

单元格内容的对齐方式包括水平对齐和垂直对齐两大类，通常利用“格式”选项卡按钮设置水平对齐方式。操作方法为：先选中单元格→右击→单击“单元格对齐方式”→单击选择所需的对齐方式（见图 3-73）。

6．设置表格的对齐方式

表格的对齐方式指整个表格在页面水平方向的对齐。操作方法为：先选中表格→右击→“表格”选项卡→选对齐方式（见图 3-74）。

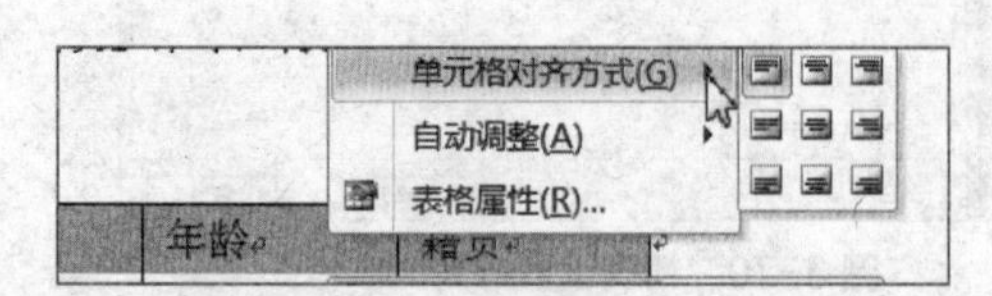

图 3-73　设置表格单元格对齐方式

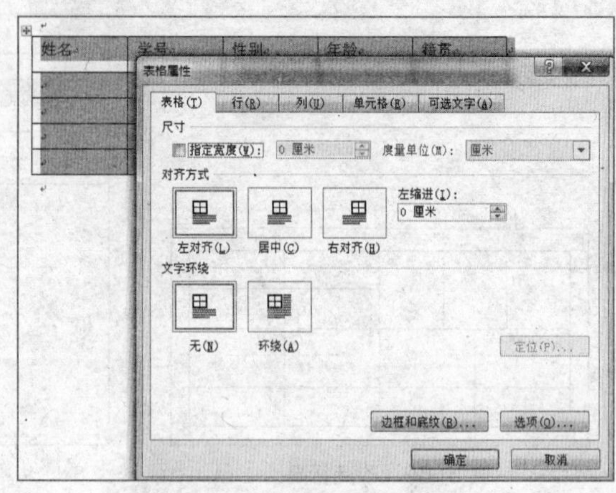

图 3-74　设置表格对齐方式

7. 设置表格边框和底纹

先选中要设置边框和底纹的单元格→右击→“边框和底纹”命令（见图 3-75），然后在出现的“边框和底纹”对话框中进行设置（见图 3-76）。

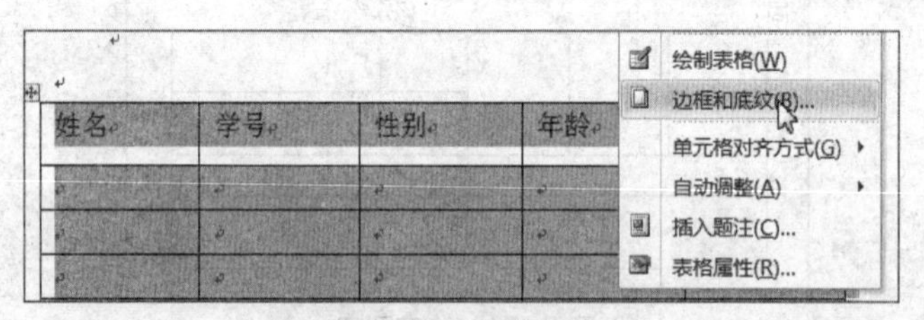

图 3-75　“边框和底纹”命令

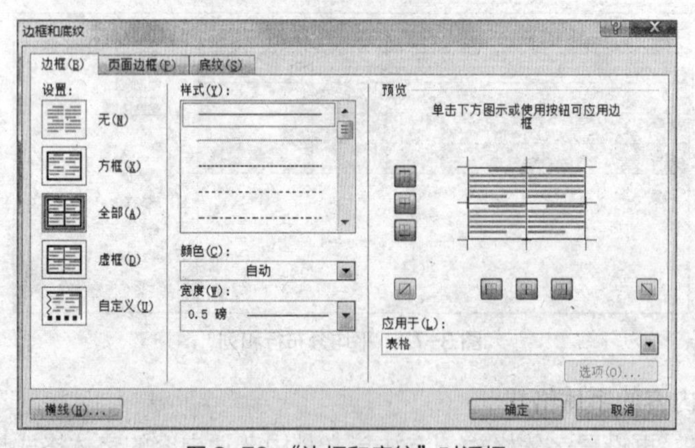

图 3-76　“边框和底纹”对话框

3.5.5　公式应用

（1）计算行或列中数值的总和

① 单击要放置求和结果的单元格。

② 选择“布局”选项卡→数据组中的“公式”按钮 *fx*（见图 3-77）。

③ 如果选中的单元格位于一列数值的底端，Word 2010 将建议采用公式 =SUM(ABOVE) 进行计算。如果该公式正确，单击“确定”按钮。

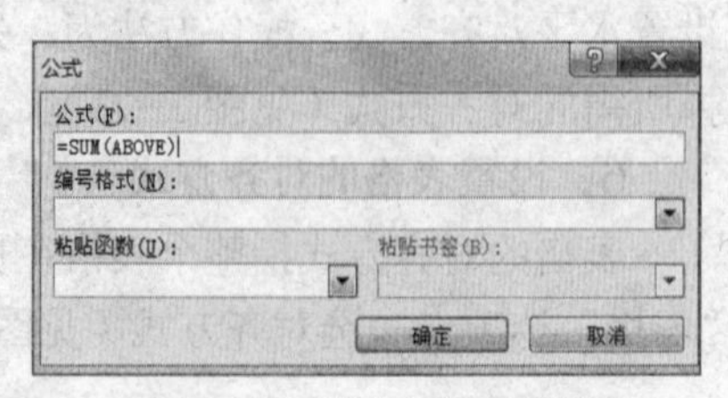

图 3-77　表格中使用公式

如果选中的单元格位于一行数值的右端，Word 2010 将建议采用公式 =SUM(LEFT) 进行计算。如果该公式正确，单击“确定”按钮。

（2）其他计算公式

在“公式”对话框中的“粘贴函数”下拉列表框中进行选择。

3.5.6 表格排序

下面说明表格排序的操作步骤。

① 选中要排序的表格。

② 选择“布局”选项卡→数据组中的“排序”按钮 A↓Z。

③ 在“排序”对话框中选择所需的排序选项并单击“确定”按钮（见图 3-78）。

结果如图 3-79 所示。

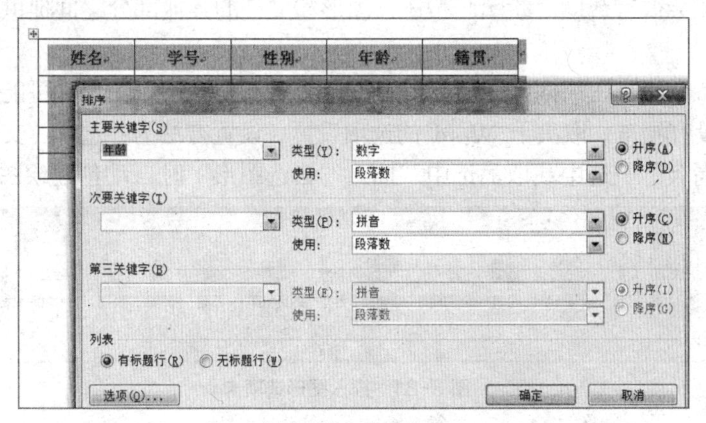

图 3-78　表格排序

姓名	学号	性别	年龄	籍贯
王五	20160103	男	18	湖南
赵六	20160104	女	19	广东
李四	20160102	女	20	广西
张三	20160101	男	21	广东

图 3-79　排序结果

3.5.7 绘制斜线表头

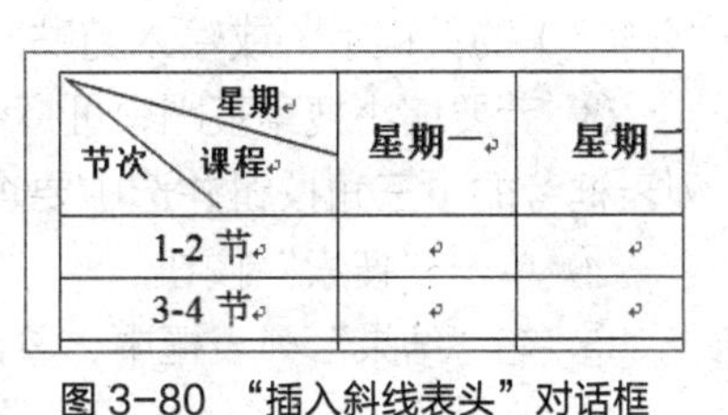

星期 课程 节次	星期一	星期二
1-2 节		
3-4 节		

图 3-80 “插入斜线表头”对话框

斜线表头总是位于所选表格第一行、第一列的第一个单元格中。Word 2010 不再直接为绘制斜线表头提供命令，但可以用自己绘制方法达到同样效果。

① 单击要添加斜线表头的单元格。

② 选择“插入”选项卡→插图组中的“形状”按钮→选择“线条”中的“工具”。

③ 在左上角单元画出斜线表头形状。

④ 结合空格和“Enter”键将光标移动合适位置输入文字内容（见图 3-80）。

绘制斜线表头时，表格左上角单元要调整到足够大，太小的话放不下需要输入的内容。

3.6 插入图片

3.6.1 关于 Word 中的图形

可以使用图形对象和图片两种基本类型的图形来增强 Word 2010 文档的效果。图形对象包括各种形状、图表、SmartArt 和艺术字等，图片是由其他文件创建的图形，包括位图、屏幕截图及剪贴画。这些对象都是 Word 文档的一部分。使用图片工具“格式”选项卡可以更改这些对象的颜色、图案、边框和其他效果。

在 Word 中插入一个图形对象时，该对象的周围会放置一块画布，用来帮助用户在文档中安排图形的位置。绘图画布帮助用户将图形中的各部分整合在一起，当图形对象包括几个图形时这个功能会很有帮助。绘图画布还在图形和文档的其他部分之间提供一条类似图文框的边界。

插入图片命令按钮在“插入”选项卡中（见图 3-81），插入图形时可能会自动插入一个画布，也可能没有画布，取决于 Word 的选项设置，设置方法为：选择“文件”菜单→“选项”命令→“高级”→选中或取消选中“插入“自选图形”时自动创建绘图画面”。

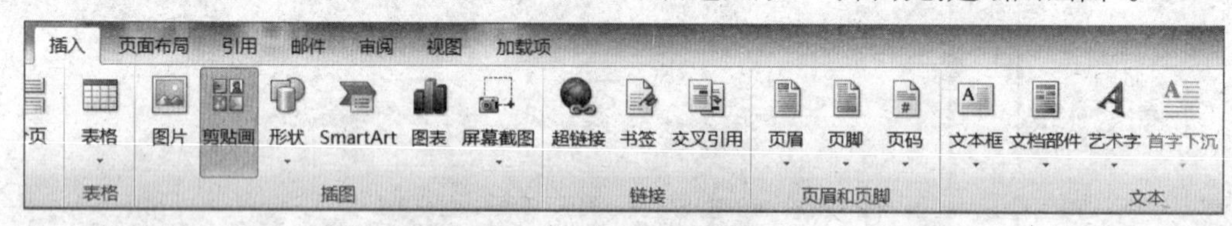

图 3-81 插入图形选项卡

插入图片的操作步骤一般是先插入图形图片，再进行编辑及格式化。针对图形图片系统提供“设计”“格式”两个选项卡，针对不同的图形图片对象，选项卡的命令也有所不同。

3.6.2 插入图形

1．插入剪贴画

① 选择“插入”选项卡→插图组中的“剪贴画”按钮。

② 在窗口右侧“剪贴画”任务窗格的“搜索”文本框中，输入描述所需剪贴画（也称为“剪辑”）的关键字，或输入剪贴画的全部或部分文件名。

③ 若要缩小搜索范围，可将结果限定为特定的媒体文件类型，则单击“结果类型”下拉列表框旁的下三角按钮并选中要查找的剪贴画类型旁的复选框（见图 3-82）。

④ 单击“搜索”按钮。

⑤ 在“结果”列表框中，单击剪贴画（见图 3-83）以将其插入，结果如图 3-84 所示。

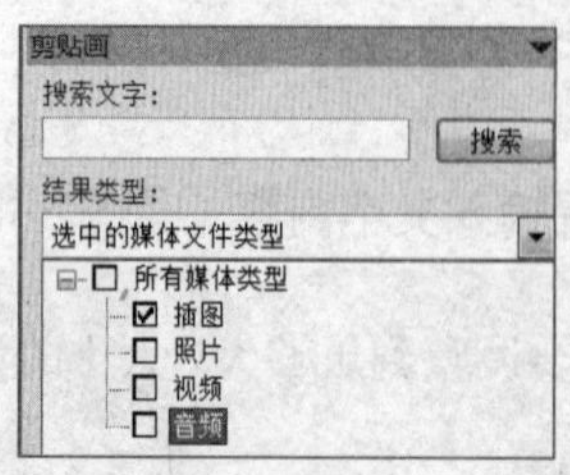

图 3-82 剪贴画搜索框

图 3-83 选择剪贴画

2．插入图片

① 单击要插入图片的位置。

② 选择“插入”选项卡→插图组中的“图片”按钮。

③ 找到要插入的图片。

④ 双击需要插入的图片，效果如图 3-85 所示。

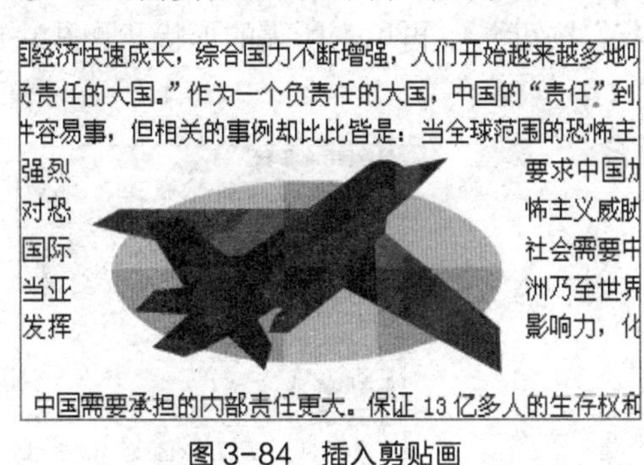

图 3-84 插入剪贴画

图 3-85 插入图片

3．插入艺术字

有时候有些文字需要呈现一定的效果，而这种效果是无法通过设置字体格式达到的，就可以使用艺术字，下面介绍插入艺术字的操作步骤。

① 选择“插入”选项卡→文本组中的“艺术字”按钮，如图 3-86 所示。

② 在“编辑‘艺术字’文字”对话框中，输入所需的文字。如“中国国防力量与国家责任：没有力量就负不起责任”。

③ 选定艺术字后可以用下列方式改变艺术字的格式。

- 若要更改字体格式，选择“开始”选项卡→字体组中的相关命令按钮。
- 若要更改艺术字样式，包括样式、文本填充、文本轮廓、文本效果，选择“格式”选项卡→艺术字样式组中的相关命令按钮，如图 3-87 所示。

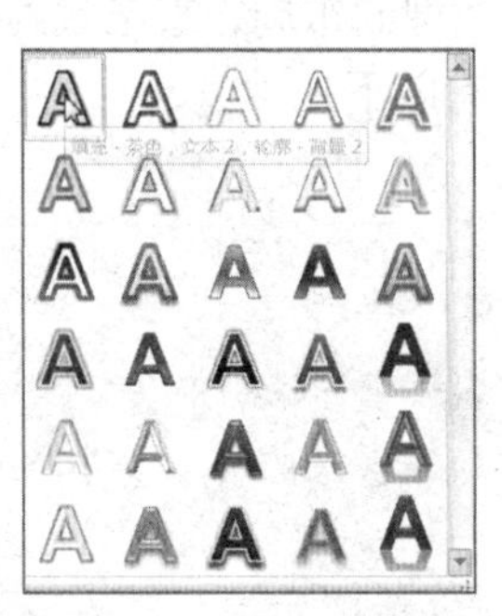

图 3-86 选择艺术字样式

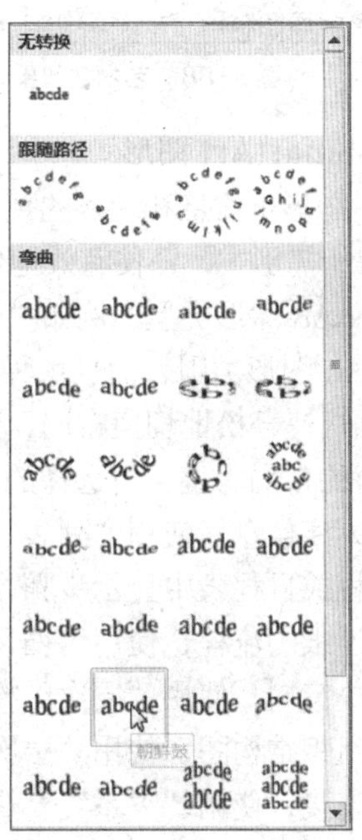

图 3-87 设置艺术字文本“转换”效果

更改结果如图 3-88 所示。

4．插入形状

可以在文档中添加一个形状，或者合并多个形状以生成一个绘图或一个更为复杂的形状。可用的形状包括线条、基本几何形状、箭头、公式形状、流程图形状、星、旗帜和标注。

添加一个或多个形状后，可以在其中添加文字、项目符号、编号和快速样式。

① 选择“插入”选项卡→插图组中的“形状”按钮，再单击所需的形状（见图 3-89）。

② 在文档适当位置画出形状。

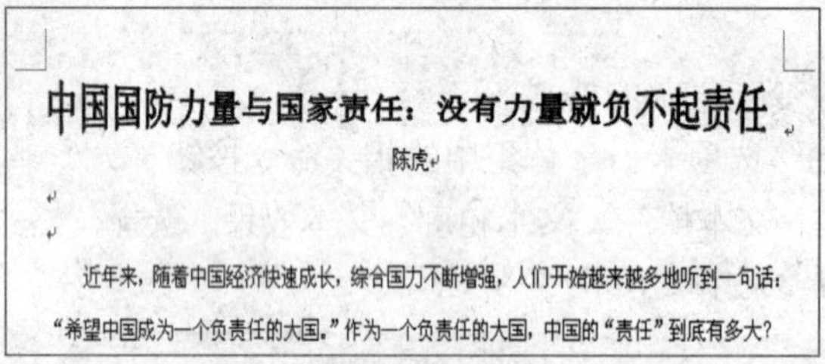
中国国防力量与国家责任：没有力量就负不起责任

陈虎

近年来，随着中国经济快速成长，综合国力不断增强，人们开始越来越多地听到一句话：“希望中国成为一个负责任的大国。”作为一个负责任的大国，中国的“责任”到底有多大？

图 3-88　艺术字效果

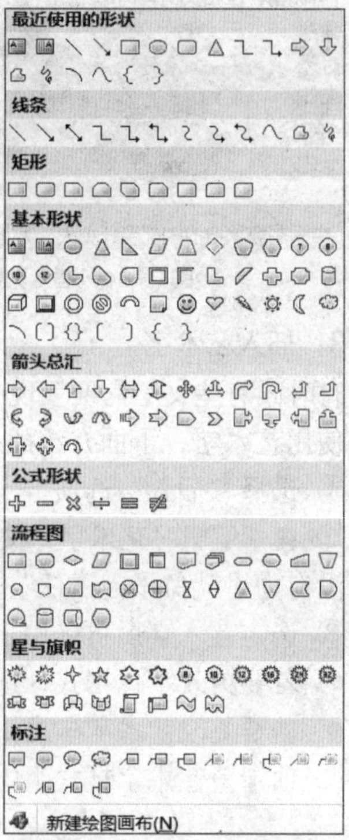

图 3-89　插入形状命令

5．插入 SmartArt 图形

SmartArt 图形是信息和观点的视觉表示形式，可以从多种不同布局中进行选择，从而快速轻松地创建所需形式，以便有效地传达信息或观点。创建 SmartArt 图形时，系统将提示您选择一种 SmartArt 图形类型，例如“列表”“流程”“循环”“层次结构”或“关系”等。类型类似于 SmartArt 图形类别，而且每种类型包含几个不同的布局。

由于可以快速轻松地切换布局，因此可以尝试不同类型的布局，直至找到一个最适合对信息进行图解的布局为止。可选择的 SmartArt 图形类型有以下几种。

① 显示无序信息，使用“列表”。

② 在流程或日程表中显示步骤，使用“流程”。

③ 显示连续的流程，使用“循环”。

④ 显示决策树，使用“层次结构”。

⑤ 创建组织结构图，使用“层次结构”。

⑥ 图示连接，使用“关系”。

⑦ 显示各部分如何与整体关联，使用“矩阵”。

⑧ 显示与顶部或底部最大部分的比例关系，使用“棱锥图”。

⑨ 绘制带图片的族谱，使用“图片”。

插入 SmartArt 图形方法如下。

① 选择“插入”选项卡→插图组中的“SmartArt”按钮，再单击所需的类型和布局（见图 3-90）。

② 编辑和格式化插入的 SmartArt 图形。在“SmartArt 工具”的“设计”和“格式”选项卡中可以直观进行。

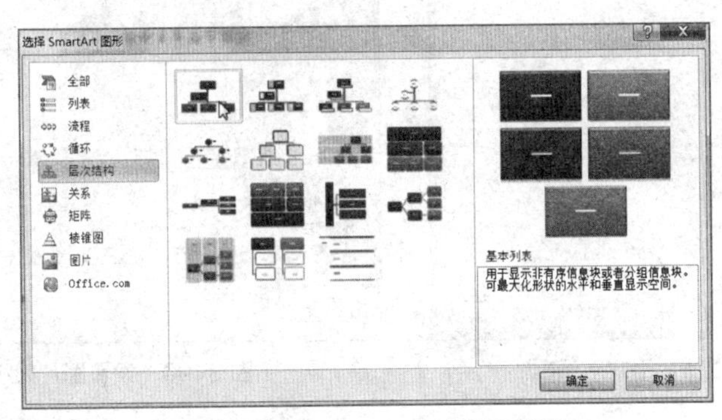

图 3-90 插入 SmartArt 图形对话框

3.6.3 设置图片格式

设置图片格式的方法有两种。

- 选中图片并右击，再选择“大小和位置”或“设置图片格式”命令（见图 3-92）。
- 选中图片，切换到图片工具“格式”选项卡上单击相关按钮进行设置（见图 3-91）。

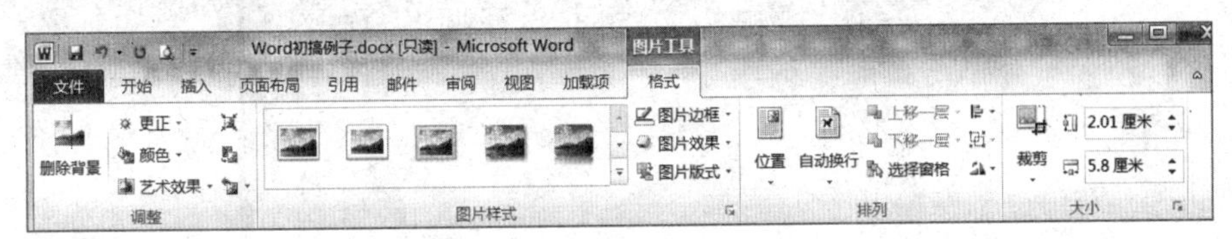

图 3-91 设置图片格式按钮

常用的图片格式有三种。

（1）图片样式

包括应用图片样式、边框的颜色和线型，可在图片工具“格式”选项卡或者“设置图片格式”对话框进行设置（见图 3-91、图 3-93）。

（2）大小

指改变图片的大小，可以直接拖动图片尺寸控点随意改变图片大小，也可在图片工具“格式”选项卡或者“设置图片格式”对话框进行设置（见图 3-91、图 3-93）。

注 意

如果选中图 3-93 选项卡中的“锁定纵横比”复选框，则图片的宽高比例固定，改变宽度，高度也会自动改变，改变高度，宽度也会自动改变。如果想自由改变宽度和高度，则需取消选中该复选框。

（3）文字环绕

指图形存在的方式，主要有嵌入型和浮动型两大类。嵌入型指图形嵌入在文本中，与文本处于同一层，此时图形只是一个特殊的文字，还可以设置图形与文字之间的关系，包括四周型、紧密型、穿越型、上下型等。浮动型指图形与文档中的文本处于不同的层，可以设置它“浮于文字上方”，相当于插图效果；也可以设置它“衬于文字下方”，相当于背景效果。

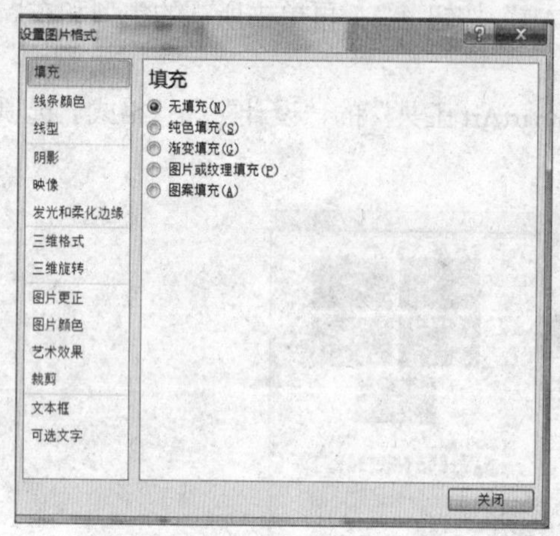

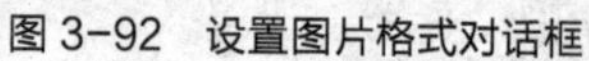
图 3-92　设置图片格式对话框

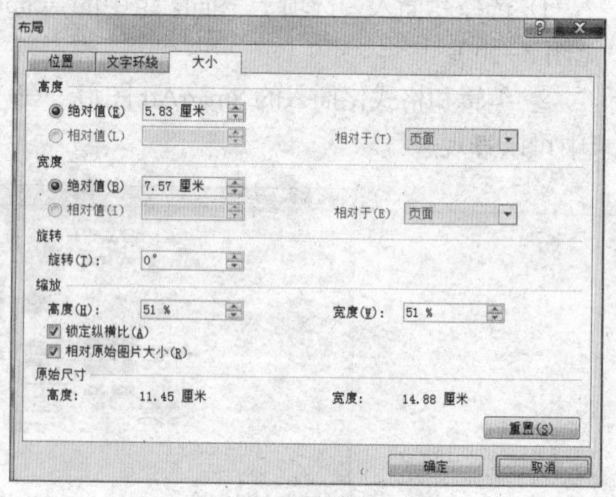

图 3-93　设置图片大小对话框

文字环绕设置在图片“布局”对话框的“文字环绕”选项卡进行（见图 3-94），或者选择图片工具“格式”选项卡→排列组的“自动换行”按钮中的命令进行设置。

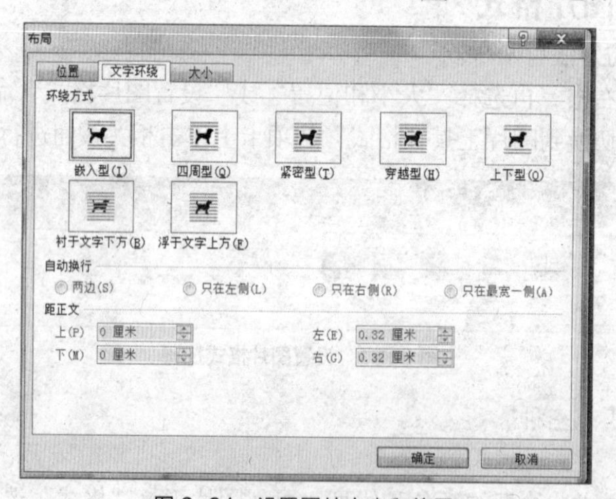

图 3-94　设置图片大小和位置

3.7　高级操作

3.7.1　拼写和语法

在默认情况下，Word 2010 在用户输入内容的同时自动进行拼写检查。用红色波形下划线表示可能的拼写问题，用绿色波形下划线表示可能的语法问题。

Word 2010 也可以通过命令检查拼写和语法错误。

① 选择“审阅”选项卡→校对组的“拼写和语法”按钮。

② 当 Word 发现可能的拼写和语法问题时，用户需在“拼写和语法”对话框中进行更正，如图 3-95 所示。有些情况下给出的建议不一定都正确，可以忽略。

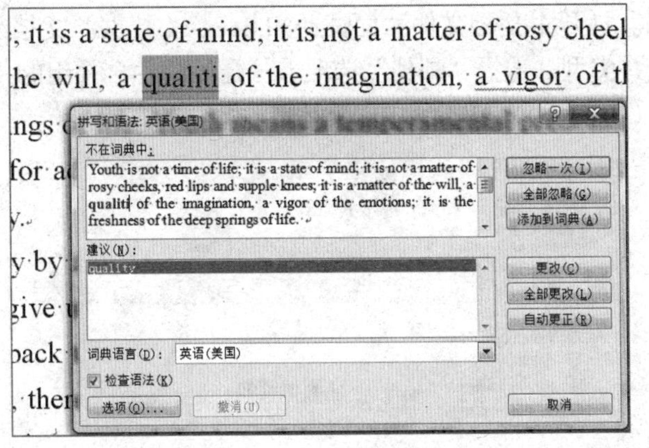

图 3-95 拼写检查

3.7.2 字数统计

若要了解整个文档或选中的文字中包含的字数，可用 Microsoft Word 进行统计。Word 也可统计文档中的页数、段落数和行数，以及包含或不包含空格的字符数。

方法为：选定文字→选择“审阅”选项卡→校对组的“字数统计”按钮，弹出相应对话框，从中看到数字统计信息，如图 3-96 所示。

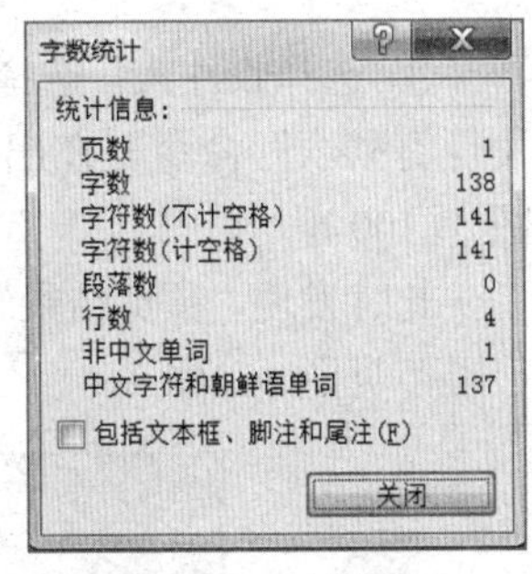

图 3-96 字数统计

3.7.3 邮件合并

邮件合并是将两个文档合并成为一个文档的操作。录取通知书、成绩通知书、会议通知、招聘面试通知等合并后生成的文档由多页组成，每一页的大部分文字是相同的，仅少数位置的文字不同。如招聘通知的姓名、面试时间、面试地点等项目因人而异，通知中的其他文字、格式完全相同，为避免重复输入，保证格式统一，采用邮件合并方法是最佳方案。将其中重复的文字设置好格式放在一个单独的 Word 文档中，称为主文档；另外因人而异的信息以表格方式放在一个单独的 Word 文档中，称为数据源。所谓的邮件合并实质上就是将数据源合并到主文档。下面以招聘通知为例，介绍邮件合并操作步骤。

① 建立主文档和数据源。在 Word 中建立主文档，设置好格式，并保存为“面试通知.docx”文件（见图 3-97）。在 Word 中建立一个表格，输入因人而异的信息，并保存为“面试名单.docx”文件（见图 3-98）。

面试通知

：

你好，经过本公司对你应聘资料的认真审核，很高兴邀请你于参加第二轮面试，时间是，地点在本公司。如果你不参加面试，请提前告知，联系方式：电话：87877888，Email：job@ld.com，地址：广州市沙太路 999 号。

广州力达科技有限公司人力资源部

2016 年 8 月 10 日

图 3-97 主文档

姓名	日期	时间	地点
张三	2016 年 8 月 1 日	9 点 30 分	办公楼 1106 室
李四	2016 年 8 月 1 日	9 点 30 分	办公楼 1108 室
王五	2016 年 8 月 1 日	11 点	办公楼 1106 室
刘六	2016 年 8 月 1 日	11 点	办公楼 1108 室
邓七	2016 年 8 月 2 日	9 点 30 分	办公楼 1106 室
赵八	2016 年 8 月 2 日	9 点 30 分	办公楼 1108 室
杨九	2016 年 8 月 2 日	11 点	办公楼 1106 室

图 3-98 数据源

② 打开主文档。打开主文档文件“面试通知.docx”（数据源文档无须打开）。

③ 选择邮件合并类型。选择“邮件”选项卡→开始邮件合并组的“开始邮件合并”按钮→“信函”命令（见图 3-99）。

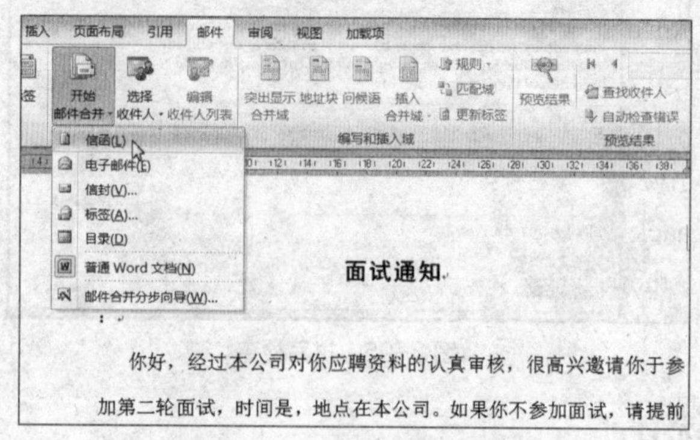

图 3-99 “开始邮件合并”命令

④ 选择收件人。选择“邮件”选项卡→开始邮件合并组的“选择收件人”按钮→“使用现有列表”命令→在出现“选取数据源”对话框中选取数据源文件“面试名单.docx”（见图 3-100）。

此时发现“预览结果”选项卡中的记录数由原来的灰色变为 1，说明主文档与数据源对接上了（见图 3-101）。

图 3-100 “选择收件人”命令

图 3-101 “预览结果”选项卡

⑤ 插入合并域。先定位插入点至缺少内容的位置，然后选择“邮件”选项卡→编写和插入域组的“插入合并域”按钮→选择所需的域命令，如“姓名”“日期”（见图 3-102），一处处完成，最终的效果见图 3-103。

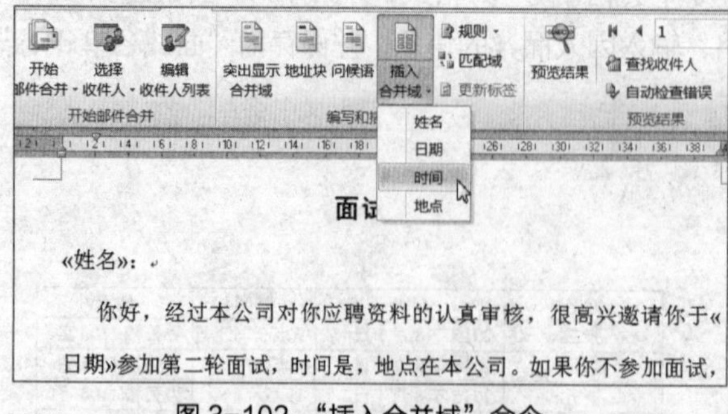

图 3-102 “插入合并域”命令

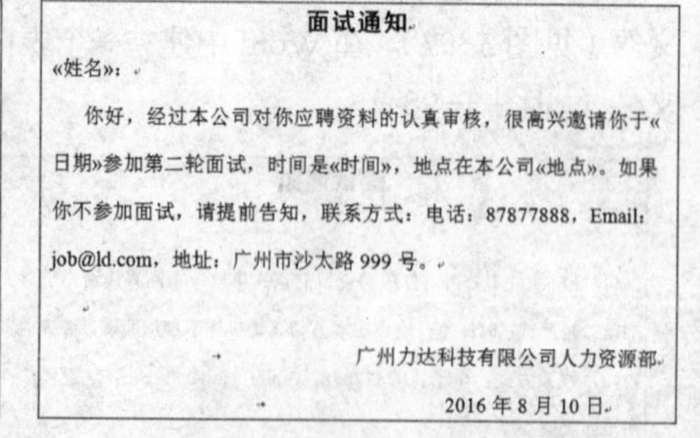

面试通知

«姓名»：

你好，经过本公司对你应聘资料的认真审核，很高兴邀请你于«日期»参加第二轮面试，时间是«时间»，地点在本公司«地点»。如果你不参加面试，请提前告知，联系方式：电话：87877888，Email：job@ld.com，地址：广州市沙太路 999 号。

广州力达科技有限公司人力资源部

2016 年 8 月 10 日

图 3-103 插入合并域后的文档

⑥ 预览结果。选择“邮件”选项卡→预览结果组的“预览结果”按钮，进行信函预览，单击该选项卡中的“⏮”“◀”“▶”“⏭”按钮分别进行前、后翻页看结果（见图 3-104）。

⑦ 合并到新文件。预览结果无误后，选择“邮件”选项卡→完成组的“完成并合并”按

钮 →“编辑单个文档”命令→在“全新到新文件”对话中选“全部”并单击“确定”按钮（见图 3-105）。

面试通知

张三：

你好，经过本公司对你应聘资料的认真审核，很高兴邀请你于2016年8月1日参加第二轮面试，时间是9点30分，地点在本公司办公楼1106室。如果你不参加面试，请提前告知，联系方式：电话：87877888，Email：job@ld.com，地址：广州市沙太路999号。

广州力达科技有限公司人力资源部

2016年8月10日

图 3-104　插入合并域后的文档

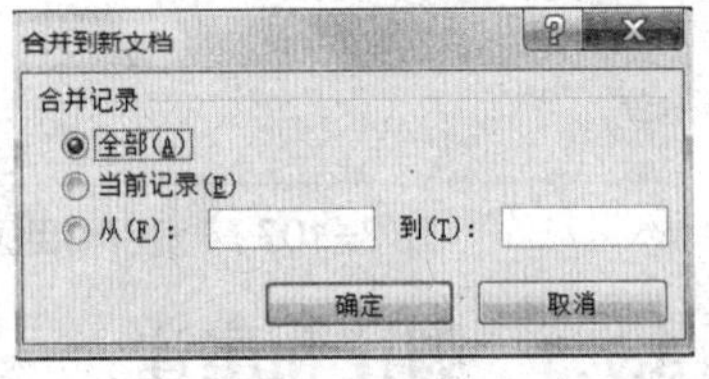

图 3-105　合并到新文档

⑧ 保存文件。将包含有合并域的主文档及最终合并生成的新文档另存起来（见图 3-106）。

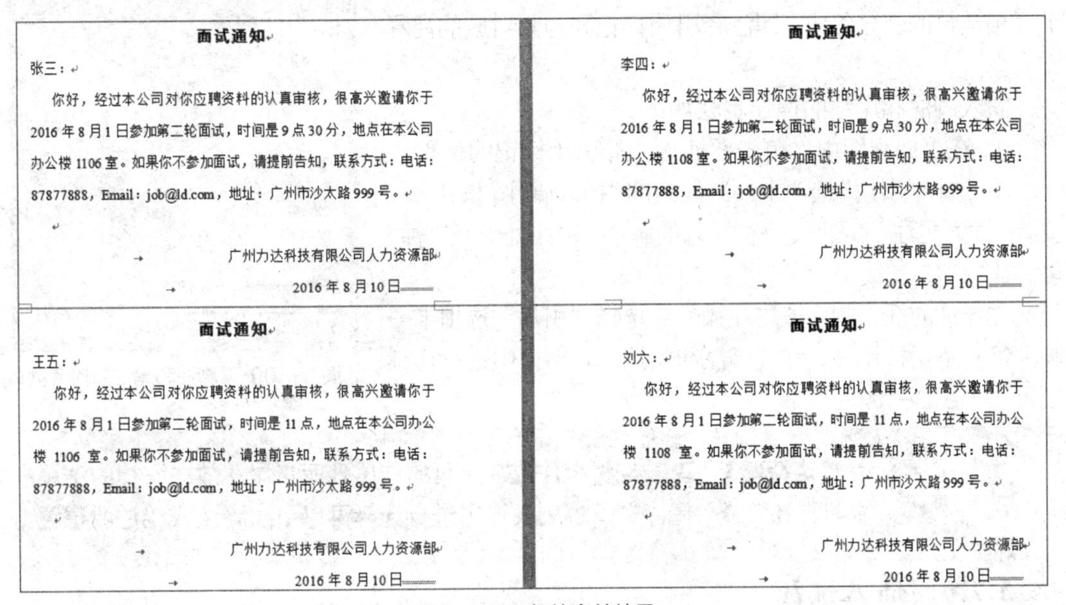

面试通知

张三：

你好，经过本公司对你应聘资料的认真审核，很高兴邀请你于2016年8月1日参加第二轮面试，时间是9点30分，地点在本公司办公楼1106室。如果你不参加面试，请提前告知，联系方式：电话：87877888，Email：job@ld.com，地址：广州市沙太路999号。

广州力达科技有限公司人力资源部

2016年8月10日

面试通知

李四：

你好，经过本公司对你应聘资料的认真审核，很高兴邀请你于2016年8月1日参加第二轮面试，时间是9点30分，地点在本公司办公楼1108室。如果你不参加面试，请提前告知，联系方式：电话：87877888，Email：job@ld.com，地址：广州市沙太路999号。

广州力达科技有限公司人力资源部

2016年8月10日

面试通知

王五：

你好，经过本公司对你应聘资料的认真审核，很高兴邀请你于2016年8月1日参加第二轮面试，时间是11点，地点在本公司办公楼1106室。如果你不参加面试，请提前告知，联系方式：电话：87877888，Email：job@ld.com，地址：广州市沙太路999号。

广州力达科技有限公司人力资源部

2016年8月10日

面试通知

刘六：

你好，经过本公司对你应聘资料的认真审核，很高兴邀请你于2016年8月1日参加第二轮面试，时间是11点，地点在本公司办公楼1108室。如果你不参加面试，请提前告知，联系方式：电话：87877888，Email：job@ld.com，地址：广州市沙太路999号。

广州力达科技有限公司人力资源部

2016年8月10日

图 3-106　邮件合并结果

3.7.4　编制目录

编制目录最简单的方法是使用内置的大纲级别格式或标题样式对文档中的标题进行排版。如果已经使用了大纲级别或内置标题样式，按下列步骤编制目录。

① 单击要插入目录的位置。

② 选择“引用”选项卡→目录组的“预览结果”按钮→“插入目录”命令。

③ 在“目录”对话框中选择“目录”选项卡（见图 3-107）。根据需要，对其中的选项进行设置，最后单击“确定”按钮生成目录。

生成目录后，如果目录项或者页码发生改变，可通过更新目录的方法刷新目录：在目录上右击→“更新域”命令，在出现的“更新目录”对话框中选择“只更新页码”或“更新整个目录”并单击“确定”按钮（见图 3-108）。

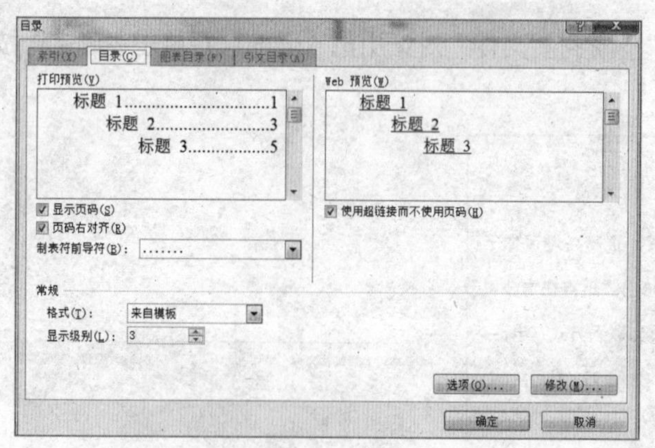

图 3-107 “索引和目录”对话框

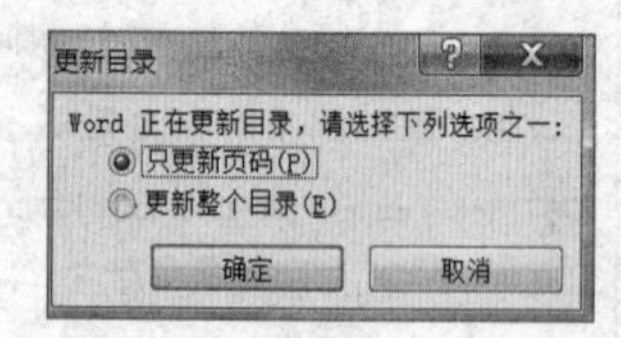

图 3-108 “更新目录”对话框

3.7.5 脚注和尾注

脚注和尾注用于为文档中的文本提供解释、批注以及相关的参考资料。可用脚注对文档内容进行注释，用尾注说明引用的文献。脚注或尾注由两个互相链接的部分组成，即注释引用标记和与其对应的注释文本。

插入脚注和尾注的操作步骤如下。

① 在页面视图中，单击要插入注释引用标记的位置。

② 选择“引用”选项卡→脚注组的“插入脚注”按钮 AB¹、或者“插入尾注”按钮 →在插入的脚注、尾注处输入脚注、尾注的内容。

更详细的插入脚注、尾注操作为选择“引用”选项卡→脚注组右下角按钮 ，在“脚注和尾注”对话框中进行详细设置（见图 3-109）。

图 3-109 “脚注和尾注”对话框

在默认情况下，Word 将脚注放在每页的结尾处而将尾注放在文档的结尾处。在“脚注”或“尾注”下拉列表框中进行选择可以更改脚注或尾注的位置

3.7.6 插入批注

使用 Word 批注可以很方便地对 Word 文档做注解，批注一般出现于文档右侧。插入批注方法为：

选择“审阅”选项卡→批注组的“新建批注”按钮 →输入批注内容（见图 3-110）。

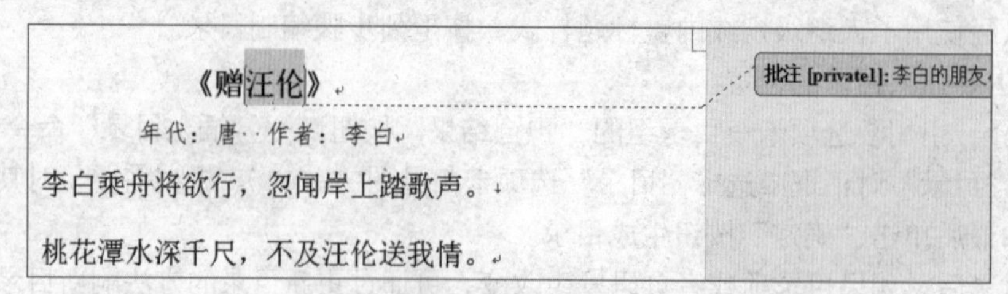

图 3-110 批注

插入批注后，可以选定它直接进行编辑，右击也可以选择“删除批注”。

3.7.7 插入数学公式

对于复杂的数学公式，如：$f(x)=a_0+\sum_{n=1}^{\infty}(a_n\cos\frac{n\pi x}{L}+b_n\sin\frac{n\pi x}{L})$，我们无法直接通过键盘输入，需要用到插入公式操作，方法为：

① 选择“插入”选项卡→符号组的“公式”按钮 π 的下箭头 ▾，在出现的“内置”下拉选择框中如果有所需的公式则直接选择，否则单击下面的“插入新公式”命令插入空白的公式框（见图 3-111）。

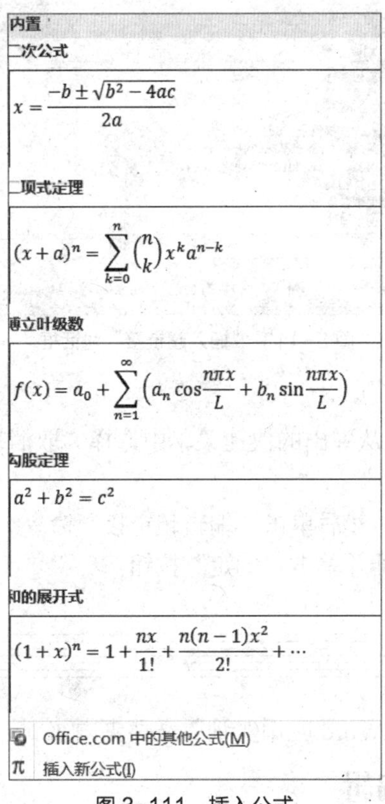

图 3-111 插入公式

② 利用公式工具的“设计”选项卡中的命令按钮对公式进行编辑（见图 3-112）。

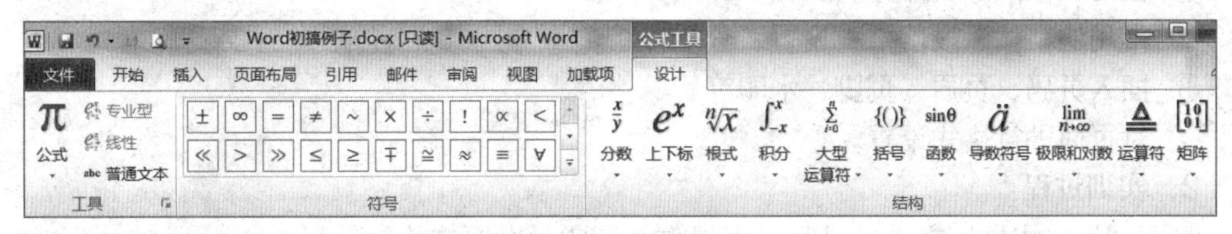

图 3-112 编辑公式

3.7.8 超链接

超链接是带有颜色和下划线的文字或图形，单击后可以转向万维网中的文件、文件的位置或网页，或是 Intranet 上的网页。

（1）自动创建超链接

当在文档中输入一个现有网页地址（如 www.nhic.edu.cn）时，如果超链接自动格式设置尚未关闭，Word 将创建一个超链接。

（2）创建自定义链接

① 选中超链接文字。

② 选择“插入”选项卡→链接组的“超链接”按钮。

③ 在出现的对话框中输入地址，或设置链接到的其他目标，最后单击“确定”按钮（见图 3-113）。

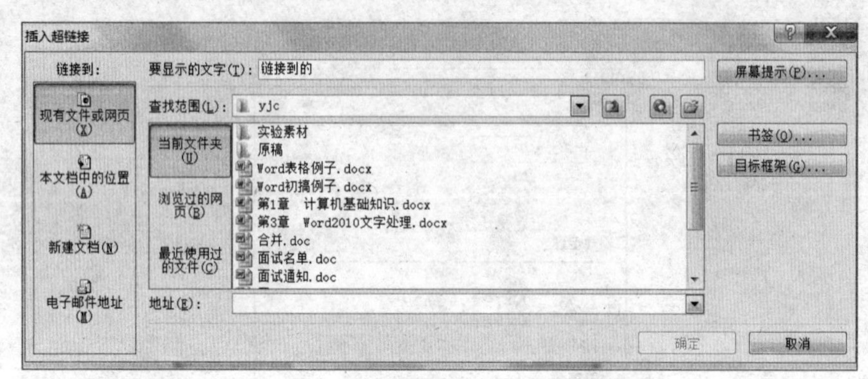

图 3-113 “插入超链接”对话框

（3）取消超链接

右击要取消的超链接，再从弹出的快捷菜单中选择“取消超链接”命令。

（4）更改超链接的目标

① 右击要更改的超链接，然后单击“编辑超链接”命令。

② 输入一个新的目标地址并单击“确定”按钮。

3.8 Word 实训

本实训所有的素材均在“Word 应用实训”文件夹内。

实训 1 文档基本编辑

1. 技能掌握要求

① 在文档中插入、保存、删除字符或文本。

② 常用的字体、段落格式设置、分栏方法。

③ 插入页码、页眉、页脚、水印等。

④ 对页面进行格式设置。

2. 实训过程

打开“凤凰古城”文档，进行以下操作，完成后以原文件名保存。

① 将标题“凤凰古城”的字体设置为一号、蓝色、黑体样式。

字体的颜色必须准确选取，将光标移至字体颜色的样本上时，会显示颜色名称。

打开“字体”对话框的组合键是“Ctrl+D”。

② 将标题“凤凰古城”字符间距设置为加宽 0.8mm，字符缩放比例设置为 120%。

③ 将标题“凤凰古城”设置为居中对齐。

④ 为标题“凤凰古城”添加绿色底纹，仅应用于文字。

⑤ 将文档中，除标题“凤凰古城”外的其他文字设置为楷体，字号为 13 磅。

在“字号”下拉列表框中没有“13”的选项，可以直接输入数值“13”，然后按“Enter”键。

⑥ 将文档中，除标题“凤凰古城”外的其他文本设置为首行缩进 2 字符。

⑦ 将文档所有文本的段落行距设置为固定值 32 磅，将段前间距和段后间距均设置为 0.5 行。

设置行距为固定值 32 磅，则在“段落”对话框内的“行距”下拉列表框中选择“固定值”，在“设置值”数值框中输入数值“32”（该设置值的单位已经默认为“磅”）。切勿选择“多倍行距”后输入“32”。

⑧ 将文档第二段文字（碧绿的沱江边……）设置为首字下沉 2 行。

首字下沉与首字悬挂均可以通过选择“插入”选项卡→文本组的“首字下沉”按钮进行设置。文档的段落是按段落符号划分的，本文档中，标题文字“凤凰古城”为第一段。

⑨ 将文档第三段文字（清早的沱江……）设置为首字悬挂，字体为隶书，下沉 3 行。

⑩ 将文档第四段文字（3 日上午……）分为偏左的 2 栏，有分隔线。

选中要分栏的段落，选择选择“页面布局”选项卡→页面设置组的“分栏”按钮。

⑪ 将文档第五段文字（船过东门城楼……）对齐方式设置为右对齐，左缩进 0.3 英寸，右缩进 18 磅，首行缩进 0.7mm。

在设置字号、间距、缩进量等数值时，如果其单位与下拉列表框内显示的单位不同，则可以直接输入所要求的单位。例如，要求是以“磅”为单位，则可直接输入数值及“磅”字，系统会自动转换。

⑫ 为文档插入页码，位于页脚中间，首页显示页码，其数字格式为罗马数字“Ⅰ、Ⅱ、Ⅲ…”。

⑬ 插入文字水印“游记”两字。

选择“页面布局”选项卡→页面设置组的“水印”按钮进行设置（见图 3-114）

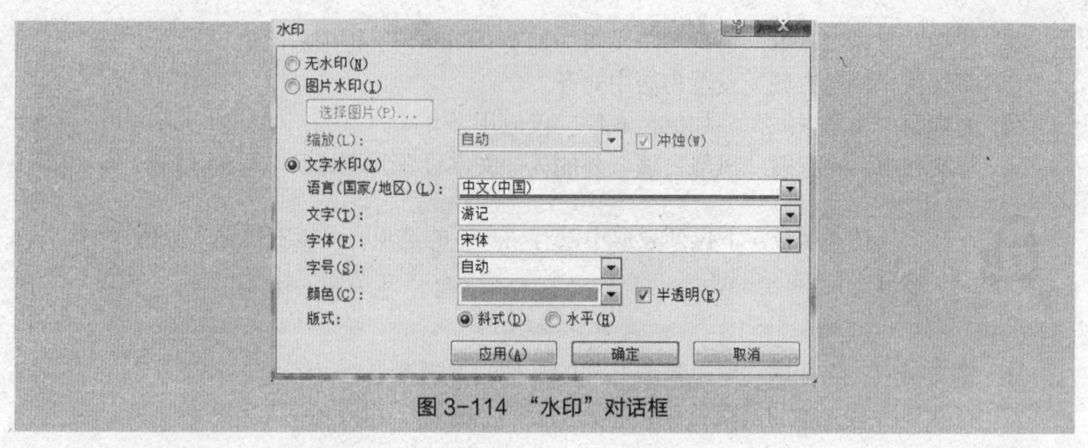

图 3-114 “水印”对话框

⑭ 插入页眉“行走边城山水间”，居中对齐。

⑮ 设置页面边框为红色气球（见图 3-115），宽度为 12 磅，页边距均为 20 磅。

图 3-115 页面边框

在“边框和底纹”对话框中选择“页面边框”选项卡。选择艺术型为气球的边框，宽度设为 12 磅（见图 3-116）。单击“选项”命令按钮，在打开的“边框和底纹选项”对话框中设置页边距均为 20 磅（见图 3-117）。

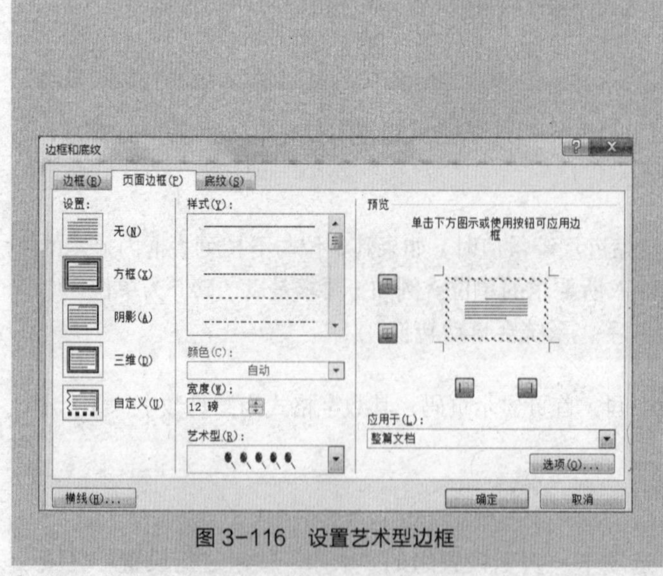

图 3-116 设置艺术型边框

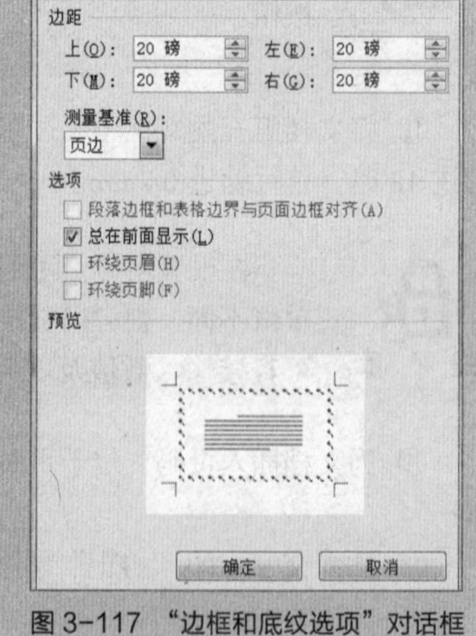

图 3-117 “边框和底纹选项”对话框

⑯ 设置整篇文档的背景填充效果为“白色大理石”纹理。

选择“页面布局”选项卡→页面设置组的“页面背景”按钮→“填充效果”命令，在“填充效果”对话框内选择“纹理”选项卡，然后选择“白色大理石”纹理（选项卡内有该纹理的名称提示）（见图3–118）。

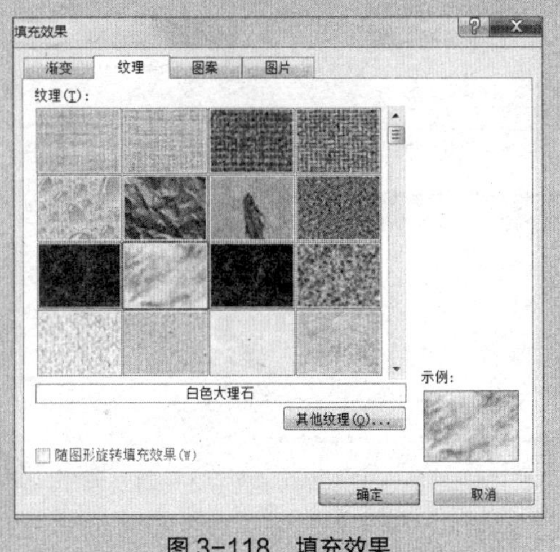

图3–118 填充效果

⑰ 自定义纸张大小，设置其宽度为450磅，高度为600磅。

⑱ 设置页面的页边距：上为23.5mm，下为25.3mm，左为50磅，右为50磅，装订线为0.5英寸，页眉距边界为25.4mm，页脚距边界为26.85mm。

实训2 文档排版技巧

1．技能掌握要求

① 在文档查找内容，统一替换文档的内容。

② 给文档内容添加自动项目符号和编号。

③ 给文档内容设置不同样式。

④ 统计文档字数。

⑤ 插入书签、标注、脚注和尾注。

⑥ 插入目录。

⑦ 使用修订功能。

2．实训过程

打开“南粤大地”文档，进行以下操作，完成后以原文件名保存。

① 将主标题“南粤大地”设置为“标题一”样式，居中对齐。

② 新建一个样式，命名为“小标题”，字体格式为三号黑体，段落格式为左对齐，大纲级别为2级，段前间距和段后间距均为0.5行。

③ 为文中的“广东概况”“广州简介”“广东气候”“南粤河流”“部分行政区域”“部分城市电话区号”应用“小标题”样式。

选择“开始”选项卡→样式组右下角的按钮→单击“样式”对话框左下角的“新建样式”按钮，在弹出的对话框中输入名称，然后单击左下角的“格式”按钮（见图3–119），分别选择“字体”与“段落”进行设置（见图3–120）。

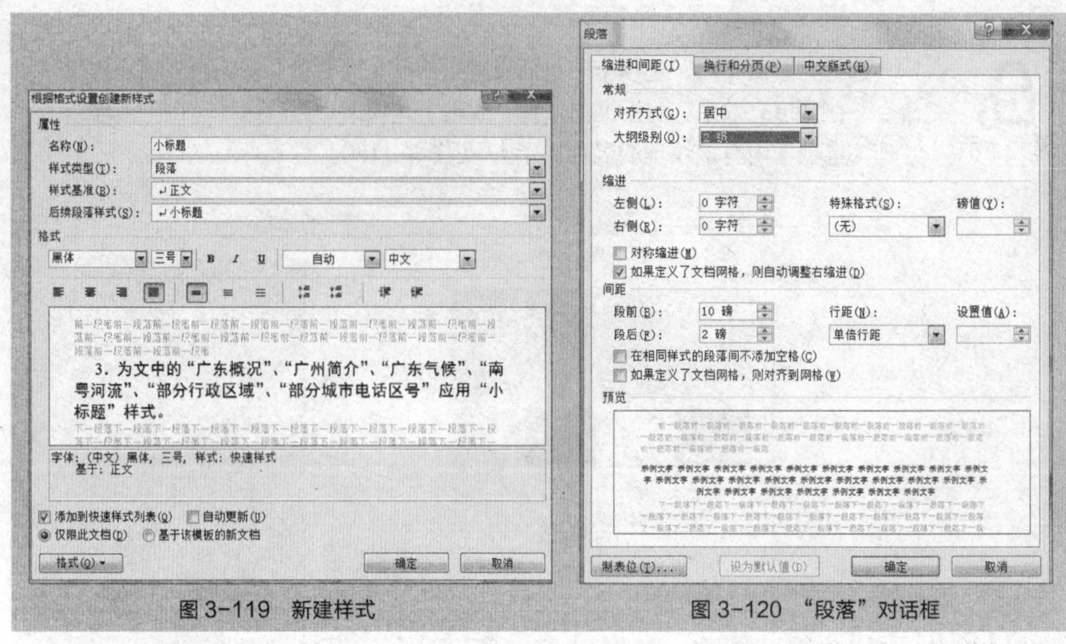

图 3-119 新建样式　　　　图 3-120 “段落”对话框

④ 查找文档中的“洪奇沥”文字，在该文本之后插入书签，书签名为“洪奇沥”。将文章的小标题“南粤河流”链接到“洪奇沥”书签上。

要快速准确查找到指定的文本，可以选择“开始”选项卡→单击编辑组“查找”按钮，在弹出的“查找和替换”对话框中选择“查找”选项卡，输入查找内容“洪奇沥”，单击“查找下一处”按钮，则可以找到“洪奇沥”文字的位置。

将光标移至文本“洪奇沥”之后，选择“插入”选项卡→链接组“书签”按钮，在弹出的“书签”对话框中输入书签名为“洪奇沥”，则在该位置插入了书签（见图 3-121）。

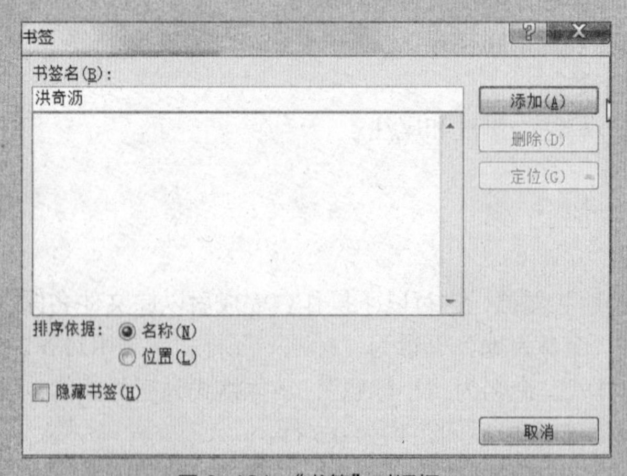

图 3-121 “书签”对话框

选中小标题“南粤河流”文本后右击，在弹出的快捷菜单中选择“超链接”命令，在打开的“插入超链接”对话框中，选择“本文档中的位置”选项，再选择文档中名称为“洪奇沥”的书签（见图 3-122）。

可以按“Ctrl+F”（或“Ctrl+H”）组合键打开“查找和替换”对话框。

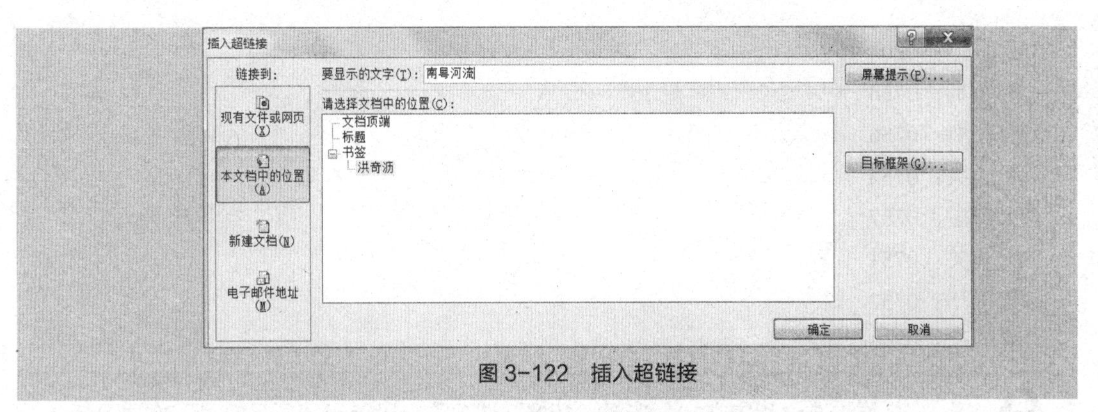

图 3-122 插入超链接

⑤ 在文档中查找“珠江”文字，并全部替换为浅绿色、楷体的“珠江”文字。

按“Ctrl+H”组合键打开“查找和替换”对话框，确保当前在“替换”选项卡，输入“查找内容”及“替换为”内容，务必选中“替换为”文本框内的内容，然后单击“格式”按钮设置格式。如果没有选中“替换为”文本框内的内容，则很可能是对“查找内容”文本框内的内容设置格式。如果设置有误，则可以单击“不限定格式”按钮清除已设置的格式（见图 3-123）。

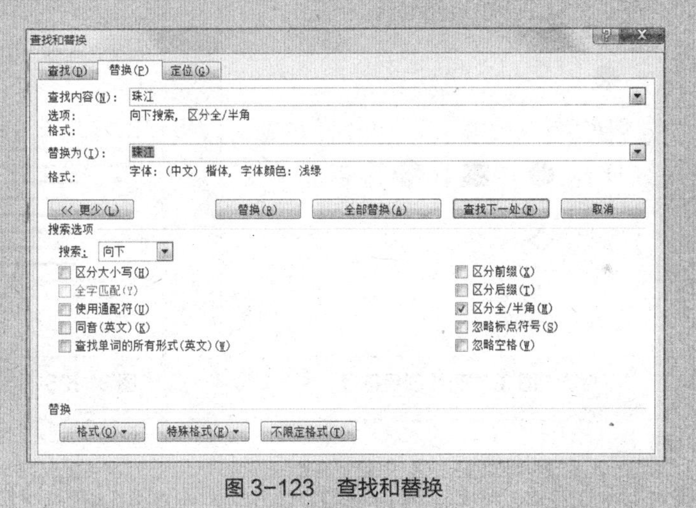

图 3-123 查找和替换

⑥ 清除文档中的所有空格。

为了将全角空格与半角空格显示出来，需要显示所有编辑标记。方法为：选择“开始”选项卡→段落组的“显示/隐藏编辑标记”按钮。

清除所有空格则在“查找和替换”对话框的“查找内容”文本框内输入一个空格，“替换为”文本框内则不输入内容，单击“高级”按钮，取消选中“区分全/半角”复选框，然后单击“全部替换”按钮。如果不去除这个复选框，则只能替换了半角空格，而全角空格则不能被替换。

⑦ 将文档中所有字体为“楷体”的文字换为橙色、隶书、加粗倾斜的“气温”文字。

⑧ 按以下样文所示给“部分城市电话区号”下的所有文本添加自定义项目符号，项目符号字体为“Wingdings 2”，字符代码为 39。

☎广州：020
☎深圳：0755
☎珠海：0756
☎汕头：0754
☎佛山：0757
☎韶关：0751
☎惠州：0752
☎清远：0763

首先选中相应文本，选择“开始”选项卡→段落组“项目符号”右边下箭头▾→“定义新项目符号”命令（见图 3–124）。

然后在弹出的“自定义新项目符号”对话框中单击“符号”按钮（见图 3–125）。之后在弹出的“符号”对话框中设置字体为 Wingdings 2，在“字符代码”文本框内输入“39”，则选中符号“☎”，之后单击“确定”按钮，然后单击“确定”按钮即可（见图 3–126）。

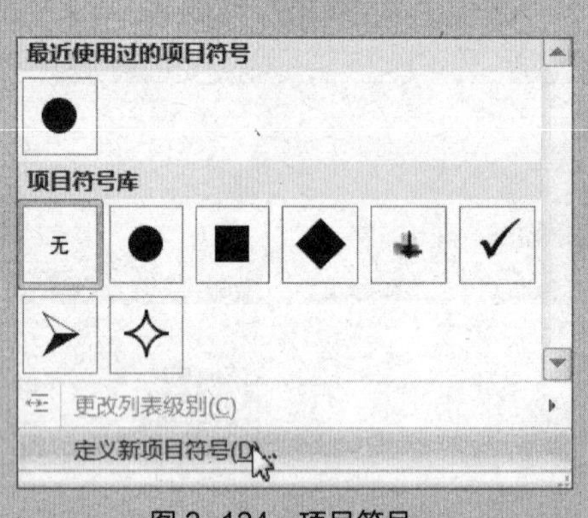

图 3–124　项目符号

图 3–125　自定义项目符号列表

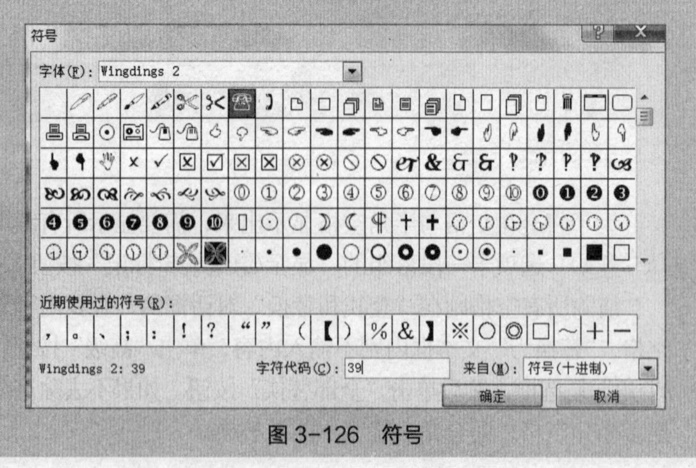

图 3–126　符号

⑨ 对“部分行政区域”下的文本按图 3–127 所示进行编号设置。自定义多级符号，级别 1 编号位置：左对齐 0cm，文字缩进位置 0.75cm；级别 2 编号位置：左对齐 0.75cm、文字缩进位置 1.75cm（注意：没有指定的选项请勿更改）。

选择“开始”选项卡→段落组“多级列表”右边下箭头→“定义新的多级列表”命令（见图 3–128）。

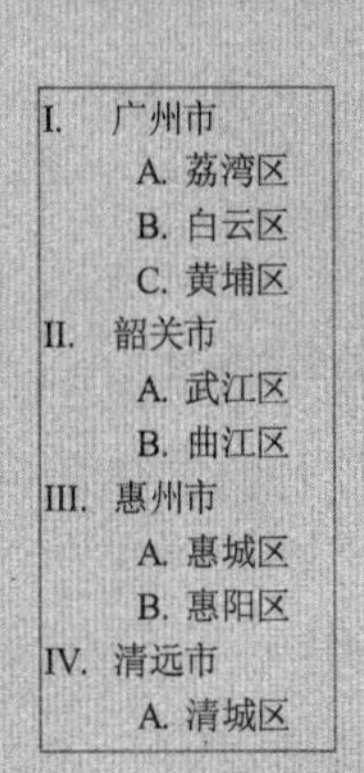

图 3–127 多级符号

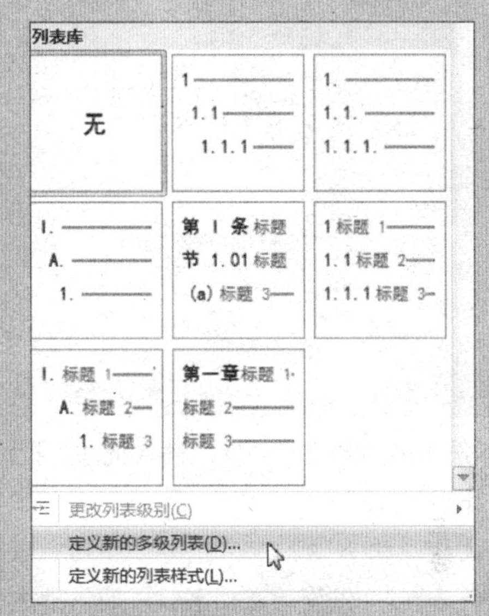

图 3–128 定义新的多级列表

在“定义新多级列表”对话框中，选择级别为“1”，设置编号对齐方式为“左对齐”，对齐位置为“0 厘米”，文本缩进位置为“0.75 厘米”（见图 3–129）。再选择级别“2”进行相应设置（见图 3–130）。

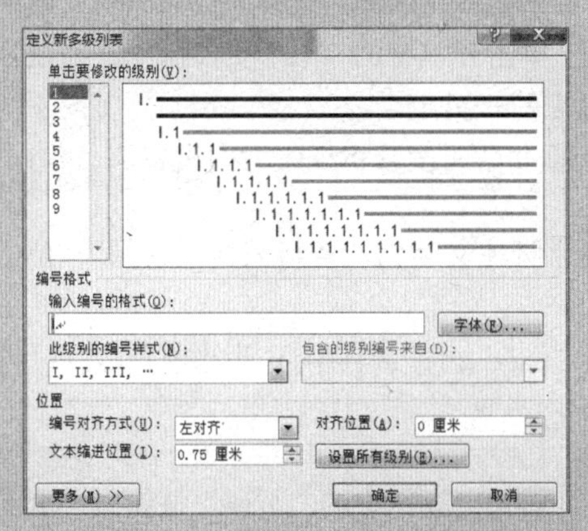

图 3–129 自定义多级符号的第 1 级

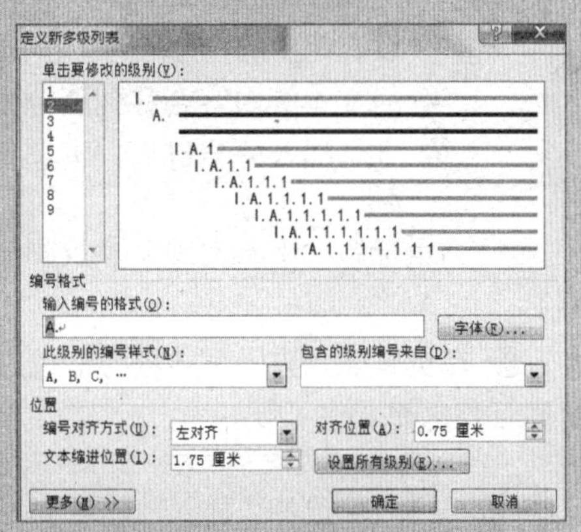

图 3–130 自定义多级符号的第 2 级

如果题目要求将编号样式进行修改，例如将 1 级改为从“XI”开始则单击左下方“更多”按钮打开更多选项，选择“编号样式”与“起始编号”进行设置（见图 3–131）。

完成自定义多级符号设置后，先选中需要设置的文本，应用该多级符号。此时所有文本均为第 1 级，如果需要将某一行文本设置为第 2 级，则先将光标移至该行文本的开始处，然后按“Tab”键将其降为第 2 级。

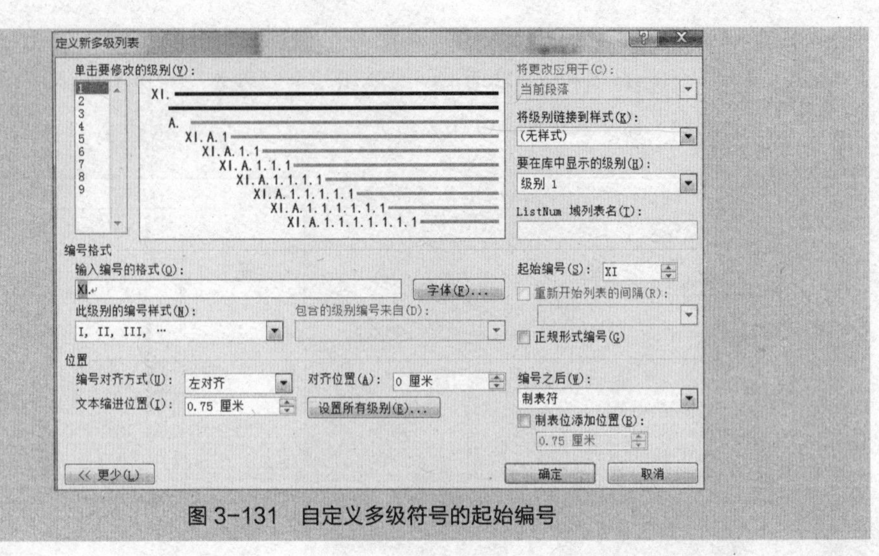

图 3-131　自定义多级符号的起始编号

⑩ 选中最后的文字“完”插入批注，批注内容为本文档的字符数（不计空格，不包括脚注和尾注）。

先统计文档字数再插入批注。

⑪ 插入“下一页”分节符，将“部分城市电话区号”及之后的页面方向设置为横向。

将光标移至“部分城市电话区号”前面，选择“页面布局”选项卡→页面设置组中的“分隔符”按钮→单击分节符的“下一页”命令，则在分节符之后的文本等内容会移到新分出来的一页上。

插入分节符后，再选择通过页面设置将纸张方向设置为“横向”。

⑫ 为主标题“南粤大地”插入脚注，脚注文字为“资料来自互联网”，位于页脚，编号为 1。

⑬ 在页脚插入页码，内容与格式为“page *x*–*y*”，其中 *x* 为当前页数，*y* 为总页码（*x*,*y* 随页面变化而变化）。

选择“插入”选项卡→页眉和页脚组中的“页码”按钮→“页面底端”→“加粗显示的数字 2”命令，再通过编辑页脚方法达到所需效果。

⑭ 在主标题“南粤大地”后面插入目录，采用正式格式，只显示 2 级大纲级别。

先定位插入点到“南粤大地”后面，选择“引用”选项卡→目录组中的“目录”按钮。

⑮ 打开修订功能，在文档最后的“完”字上一行输入“2010 年 3 月”，之后关闭修订。

实训 3　图文混排

1. 技能掌握要求

① 插入文件。

② 插入文本框并设置格式。

③ 插入图片并设置格式。

④ 插入自选图形及并设置格式。

⑤ 插入艺术字并设置格式。

⑥ 插入公式。

2. 实训过程

打开“黄金分割”文档，进行以下操作，完成后以原文件名保存。

① 在该文档的第一个空行处（即“其比值是”的下一行）输入以下公式。

$$\frac{\sqrt{5-1}}{2}$$

定位好插入点，选择“插入”选项卡→符号的“公式”按钮，文档中出现一个空白的公式，显示“在此处键入公式”，接着在公式工具的“设计”选项卡中进行公式的输入。

② 在该文档的第二个空行处输入以下公式（“*n*”及“*n*+1”为下标，所有字体倾斜）。

$$f_n/f_{n+1}\rightarrow 0.618$$

③ 取消插入“形状”时自动创建画布。

④ 在文档的左下角插入一个正五角星，线条无颜色，填充颜色为金色，透明度为50%，宽度为5cm。在图形内添加文字“五角星”，文字颜色为红色，字体为黑体，字号为五号，居中对齐（见图3-132）。

图 3-132　五角星

⑤ 插入图片文件“黄金分割.jpg”，设置其宽度为 8cm，环绕方式为“紧密型”，在文本中间右对齐。

⑥ 在文档中右下方插入一竖排文本框，并在文本框内插入文本文件“身体的黄金分割.txt”。设置文本框填充色为黄色、线条为红色，并将其高度、宽度调整到合适大小，恰好显示所有文字。

⑦ 将标题“黄金分割”设置为艺术字，字体为黑体，字号为 48 磅，样式为第三行第一列的样式，环绕方式为“上下型”，水平居中对齐，字符间距为稀疏（见图3-148）。

⑧ 在文档中画一个直径为5cm（即长、宽均为5cm），线条宽度为3.5磅的红色圆环，并在里面插入艺术字。将其环绕方式设为“衬于文字下方”，并移至文本中。

⑨ 制作桌牌。在日常会议中，通常要在桌上放置桌牌，桌牌呈三角形支放，两面都写有文字。利用 Word 程序在A4纸上打印两个相对的“演讲人”文字，以便折叠后做成桌牌（见图3-133）。以“桌牌.doc”为文件名进行保存。

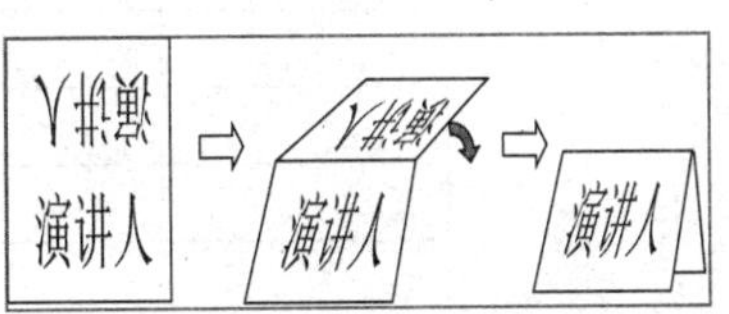

图 3-133　桌牌

方法一：插入两个相同的艺术字文本，然后将其中一个旋转 180°。

方法二：插入一个 1×2 的表格，在每个单元格内分别输入文本，然后设置为对倒的文字方向。

方法三：插入两个文本框，输入相同的文字后，设置对倒的文字方向。

方法四：将文字选择性粘贴为图片，然后将图片设置为非嵌入式，再旋转 180°。

实训 4　表格编辑

1．技能掌握要求

① 表格制作方法，包括合并、拆分单元格，绘制斜线表头。

② 设置表格格式、单元格格式、内容格式。

③ 在单元格内插入文本、图片以及简单统计公式。

④ 文本与表格之间的转换。

⑤ Word 软件综合应用。

2．实训过程

新建一文档，进行以下操作，最后保存为“表格编辑”文件。

① 在文档中插入一个 6×6 的表格。

② 将表格宽度设为 12cm，表格第一行高度为 1cm，其余各行高度设为 0.8cm，并将最后一列宽度设为 1cm，表格居中对齐。

效果如图 3-134 所示。

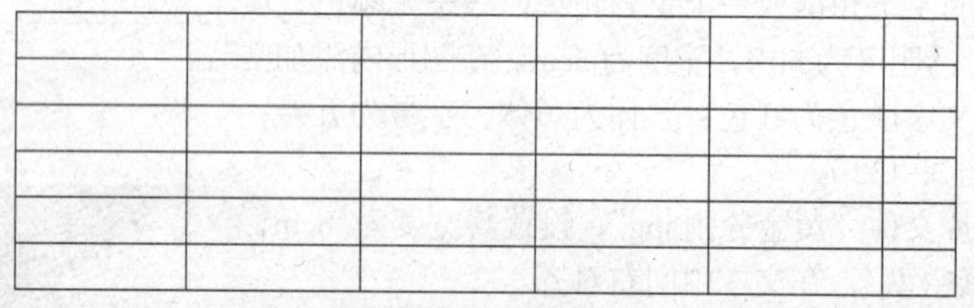

图 3-134　效果图一

③ 合并最后一列，并插入斜线表头，设置字体大小为小五，行标题为“公司”，列标题为“季度”，效果如图 3-135 所示。

公司 / 季度					

图 3-135　效果图二

④ 按样文依次输入行标题“广东公司”等，设置其水平方向分散对齐、垂直方向居中对齐。列标题为“第一季度”等，水平、垂直方向均为居中对齐。第二列输入数值，水平方向

右对齐、垂直方向居中对齐。在最后一列输入竖向排列的文本“备注：单位为万元”，字体为小五、仿宋。效果如图 3-136 所示。

季度 \ 公司	广东公司	上海公司	北京公司	山东公司	备注：单位为万元
第一季度	23				
第二季度	24				
第三季度	32				
第四季度	33				
小计					

图 3-136　效果图三

⑤ 将列标题 4 个季度所在的单元格设置为浅绿色底纹，带浅色上斜线图案。将表格外表框线设置为 1.5 磅的褐色文武线（即一粗一细的双线），内边框线设置为 1 磅的橙色单线。效果如图 3-137 所示。

季度 \ 公司	广东公司	上海公司	北京公司	山东公司	备注：单位为万元
第一季度	23				
第二季度	24				
第三季度	32				
第四季度	33				
小计					

图 3-137　效果图四

⑥ 在最下面一行第二单元格统计广东公司 4 个季度的合计值，效果如图 3-138 所示。

季度 \ 公司	广东公司	上海公司	北京公司	山东公司	备注：单位为万元
第一季度	23				
第二季度	24				
第三季度	32				
第四季度	33				
小计	112				

图 3-138　效果图五

实训 5　企业报纸排版

1. 职业情景

现代企业日益注重企业文化的传播，而企业的内部报纸是弘扬企业文化的媒介。使用 Word 软件编辑报纸，是一种十分便捷、有效的方式。

2. 能力运用

① 图文混排技巧运用。

② Word 软件综合应用。

3. 任务要求

自行确定主题，收集资料、制作图片、采写文章，编排一份报纸。

报纸的内容要求主题健康，还要注意尊重知识产权，如果转载他人作品，要求注明作者和出处。要想编排一份美观大方的报纸，平时要多留意、学习优秀报纸的编排方法，从模仿开始学习。

排版步骤如下。

① 如果是多人合作，则需要分工（分别负责文字格式、标题制作、装饰图形制作、图像处理等工作）。

② 选择合适的纸张，常用 A3 大小的纸张，并设置合适的页边距，一般为 1cm 左右。

③ 划版（估算各篇文章的篇幅、图片占位的大小等）。

④ 在草稿纸上画草图，进行布局，大概地编排各部分内容的位置，设计好报头的内容与编排。报头包括报名、编辑姓名、日期。

⑤ 通过 Word 程序进行详细排版。

⑥ 编排完成后通过“打印预览”功能，观察图片是否移位。

⑦ 初稿完成后，要仔细检查，反复改进。

⑧ 保存文件。

4. 实训过程

（1）布局

为了便于编辑，将文档设置为页面视图，并显示文档中的所有格式标记。

① 使用分栏布局。

可以利用分栏来分隔文字，一般分为 2～3 栏。

②利用文本框布局。

根据需要调整文本框的内部边距，使文字紧凑（见图 3-139）。

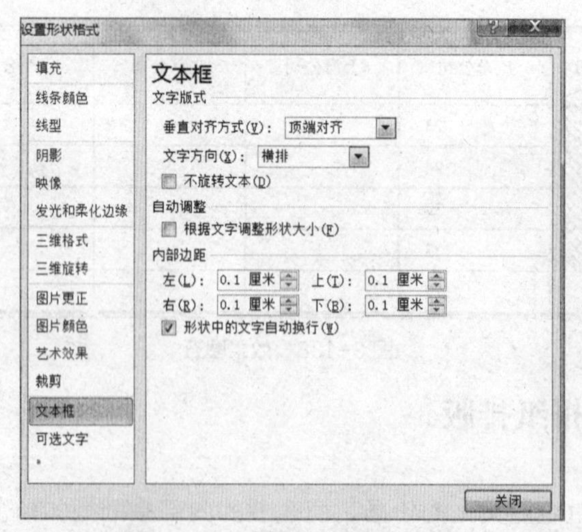

图 3-139 设置文本框内部边距

在文本框内插入的图片，是无法改变版式中的文字环绕方式的，只能是“嵌入型”。这是使用文本框布局的缺陷。解决的办法是，调整文本段落缩进量，空出位置，然后在空位上插入文本框，用于放置图片。

通过鼠标拖动也可以调整文本框，按住“Ctrl”键后，用“↑”“↓”“←”“→”方向键则可以对文本框进行精细调整。

③ 使用表格布局。

可以通过表格来设置版面。排版完成后，将表格的边框设为“无”。

在单元格内输入内容，要调整内容与单元格边框之间的距离，可以选中单元格并右击，在弹出的快捷菜单中选择“表格属性”命令。之后弹出“表格属性”对话框，选择“单元格”选项卡，然后单击“选项”按钮，在弹出的“单元格选项”对话框内，取消选中“与整张表格相同”复选框，这样即可输入合适的单元格边距（见图3-140）。

（2）格式

① 文字。

报纸文字的字体要统一风格，正文字号通常选用小五，内文字体为宋体，姓名字体为楷体。

② 段落。

中文的文字需要首行缩进2个字符，建议不要用空格进行缩进。

将“如果定义了文档网络，则对齐网格”前的复选框去掉，这样可以精细调整行距（见图3-141）。

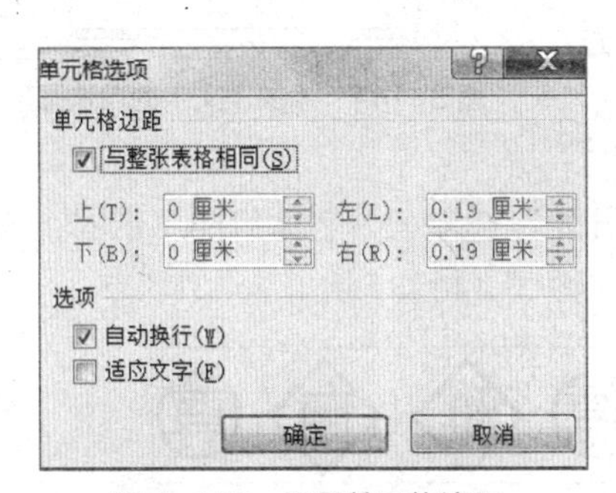

图3-140 设置单元格边距

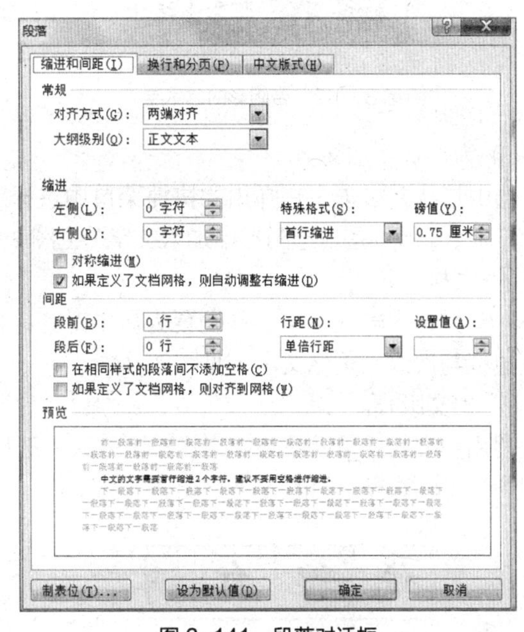

图3-141 段落对话框

（3）分隔

为了区分报纸版面各部分内容，需要通过线条来分隔，例如在报头下面可以使用横线与内文区分开来。

可以使用自选图形中的直线作为分隔线。手工绘制分隔线有时很难把握线条的长度，可以运用以下技巧。

连续输入3个或3个以上的“=”，然后按“Enter”键，可以自动得到一条双直线；连续输入3个或3个以上的“~”，然后按“Enter”键即可得到一条波浪线；连续输入3个或3个以上的“*”，然后按“Enter”键即可得到一条虚线；连续输入3个或3个以上的“-”，然后按“Enter”键即可得到一条细直线；连续输入3个或3个以上的“#”，然后按“Enter”键即可得到一条实心线。如果不希望得到分隔线，而只希望得到其中 3 个连续的符号，则在出现分隔线后按“Ctrl+Z”组合键。

（4）报名与标题

报名通常位于左上角，起着画龙点睛的作用。标题要醒目、多样化。可以利用以下方式制作报名和标题。

① 设置字体格式。

可以使用组合键来调整文字的字号。

- “Ctrl+Shift+>”：增大字号。
- “Ctrl+Shift+<”：减小字号。
- “Ctrl+]”：逐磅增大字号。
- “Ctrl+[”：逐磅减小字号。

② 艺术字。

可以为艺术字添加阴影（见图 3-142）。

或者给艺术字添加三维效果（见图 3-143）。

图 3-142 带阴影的艺术字

图 3-143 带三维效果的艺术字

③ 为形状添加文字。

选中形状并右击，在弹出的快捷菜单中选择“添加文字”命令，即可在自选图形中加入文字（见图 3-144）。

图 3-144 添加了文字的自选图形

④ 表格。

在单元格内输入文字，并设置为居中对齐，再通过设置边框与底纹来美化文字（见图 3-145）。

⑤ 中文版式。

利用中文版式可以添加中文的排版效果。选择“开始”选项卡→字体组的“带圈字符”按钮，可以选择不同的效果，如“带圈字符”等（见图 3-146）。

图 3-145 表格内的文本

图 3-146 中文版式的文本

（5）图文混排

① 版式设置。

在 Word 中的文字中插入图片，可以使文档显得生动活泼。

建议图片的文字环绕方式选用“四周型”版式，文字环绕图片周围；或者是“紧密型”“穿越型”版式，文字环绕图片周围且插入到图片的空白处。

设置图片的位置，建议水平对齐与垂直对齐均设为绝对位置（见图 3-147）。

- 在“选项”选项区域，如果选中“对象随文字移动”复选框，则图片随其所属段落一起移动。

- 选中“锁定标记”复选框，则图片的锚点锁定在当前所属的段落上；如果不选中，当垂直移动对象时，其锚点亦会跟着移动，并归属到其他的段落。对于锁定的图片，如果删除图片所属的段落（包括段落标记），不管图片放置在何处，也将一并被删除。拖动锚点，可以改变图片从属的段落，但图片锁定后，就不能再拖动锚点了。

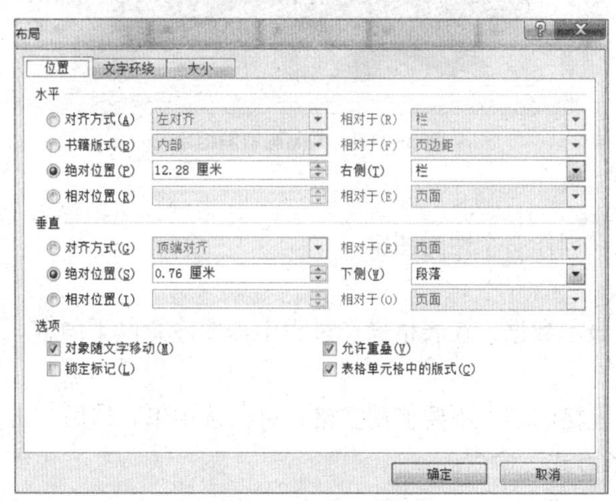

图 3-147　设置图片位置

- 选中“允许重叠”复选框，可以使有相同（或相近）文字环绕方式的图片重叠。一般是不需要将图片重叠，因此建议取消选中此复选框。

设置图片版式后，要通过打印预览来检查图片位置是否正确。

② 图片调整。

在调整图片位置时，按住“Ctrl”键后，用“↑”“↓”“←”“→”方向键可以进行精细调整。

在按住“Shift”键的同时，用鼠标左键逐一选中需要组合的上述对象，再右击，选择“组合”→“组合”命令，即可将选中的对象一次性组合在一起。这些对象可以包括图片、文本框等。需要注意的是，参与组合的图片必须是非“嵌入型”文字环绕方式。

通过图片工具“格式”选项卡可以对图片进行简单处理，例如，进行适当的裁剪，调整亮度或对比度，设置其中的某种颜色为透明色等。如果报纸是黑白印刷，则需要将图片颜色转化为“灰度”（注意，不要选为“黑白”）。如果能用图像处理软件事先对图片进行处理则效果更好。

图片宽度一般取 6～8cm，如果是含有人像的图片，注意不要变形，需要锁定图片的纵横比。对于四周颜色较浅的图片要加细边框，边框线的宽度一般取 0.25 磅。

③ 插入剪贴画。

Microsoft Office 自带的剪贴画提供了很多图片素材，可以用来充分点缀报纸。插入的剪贴画要与报纸的主题、内容相关。例如，一份关于“计算机”的报纸，则可以插入以“计算机”为主题的剪贴画。

一张剪贴画是由多个部分组合起来的，用户可以只选择需要的部分。选中剪贴画，设置为非“嵌入型”的文字环绕方式，然后选中图片右击，选择“组合”→“取消组合”命令，将其转换为 Microsoft Office 图形对象，这样即可根据需要去掉多余的部分，最后将剩下的部分重新组合（见图 3-148）。

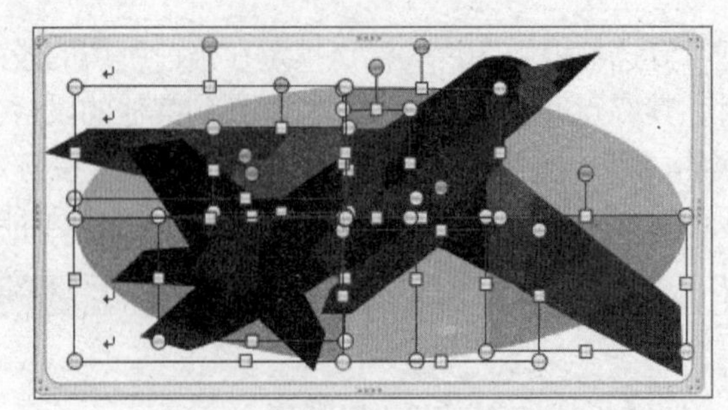

图 3-148　剪贴画取消组合

④ 插入形状。

利用自选图形可以创作有个性的图案。

（6）表格

表格可以简练地表示数据，在表格操作过程中需要注意以下内容。

① 对齐。

如果需要对齐单元格内容，不要使用空格，可以选中单元格后右击，在弹出的快捷菜单中选择"“单元格对齐方式”命令。

② 竖排文字。

如果需要竖排单元格内的文字，不要使用“Enter”键对文本分行，可以右击单元格，在弹出的快捷菜单中选择“文字方向”命令，在弹出的对话框内选择文字竖排方向。

本章小结

Word 是处理文档的软件，可以在文档中输入文字、图片、表格等内容，并可以对输入的内容进行格式设置，对文档进行排版编辑。

1．字体格式设置

① 当完成了文档的文字输入后，选择“开始”选项卡→字体组中的命令按钮，可以设置字体、字型（斜体、加粗等）、字号、颜色、下划线、着重号等，可以按一定比例设置字符的宽度以及字符间距。

② 在设置字号时，可以在文本框内直接输入数值。

③ 可以将文本设置为上标、下标。

2．段落格式设置

① 选择“开始”选项卡→段落组中的命令按钮，可以将段落设置为左（右）对齐、居中或分散对齐等常规的对齐方式，中文需要设置为首行缩进 2 个字符的特殊格式。可以改变段落的行距、段前（后）间距（其单位可以是“行”，或者是“磅”，可以直接输入数值和单位）、段落的左（右）缩进量。

② 如果要将段落的首字下沉或悬挂，则选择“插入”选项卡→文本组中的“首字下沉”按钮，注意首字悬挂操作也是这个命令。

③ 如果要将段落分栏，则选择“页面布局”选项卡→页面设置组中的“分栏”按钮。需注意，选中需要分栏的段落时，最末处只需包括一个段落标记，不要多选。

④ 对于一些并列关系的文本，可以在文本前面设置项目符号或者编号。相关操作按钮在“开始”选项卡→段落组中。

⑤ 还可以给段落或文字设置边框或底纹，但是要注意选择应用于“段落”还是“文字”，因为应用对象不同，所设置的边框或底纹的范围是不同的。

⑥ 将字体与段落等的特定格式，称为样式。用户可以命名样式，当修改样式的字体、段落等格式后，运用了该样式的文字将统一更改。

3．页面格式设置

① 选择“页面布局”选项卡→页面设置组中的命令按钮，可以设置页面的格式，如纸张的大小、纸张方向以及页边距等页面格式。

② 选择“页面布局”选项卡→页面背景组中的命令按钮，可以为页面添加图片或文字水印；选择“页面颜色”，可以为页面插入图片和纹理效果等。

4．文字输入技巧

① Word 程序是文字处理软件，除了输入常规的文字，还可以输入一些特殊的字符。

② 如果要统一替换多处相同的文字，可使用替换操作。

③ 对于需要添加序号（或符号）的段落，可以选择“格式”→“项目符号和编号”命令。

④ 文档中可以插入批注、脚注、尾注等说明性内容。启用修订功能能够清楚了解修改过哪些内容。

5．图文混排

Word 文档中除了文字外，还可以插入图片、各种形状、SmartArt 图形、剪贴画等对象，增强文档的生动性及表现力，一般做法是先插入图形图片对象，再对其进行编辑及格式化。

6．表格制作

使用表格时，一般先绘制一个规则表格，再通过编辑操作把表格变成所需要的形状，通过格式化操作美化表格。

7．邮件合并

一些要批量编辑、打印的文档，如通知等，其中大部分内容相同，只需要改变同一位置的个别文本，则可以使用“邮件合并”操作。将相同的内容编辑成主文档，将不同的内容编辑成 Word 表格（也可以使用 Excel 工作表），作为数据源。

PART 4

第4章 Excel 2010电子表格

职业能力目标

本章学习电子表格软件Excel 2010的应用，要求掌握以下技能。

① 编辑电子表格，设置电子表格及数据格式。

② 运用公式对数据进行统计，利用函数处理数据。

③ 对数据进行排序、筛选、汇总统计等分析处理。

④ 制作图表直观展示数据。

4.1 Excel 2010概述

4.1.1 功能简介

Microsoft Office Excel 2010是微软公司推出电子表格软件，其主要功能如下。

数据编辑：记录数据，设置格式。

数据计算：利用公式以及函数可以对数据进行各种运算。

数据分析：可以对数据进行排序、筛选、分类汇总等多种分析处理。

图表展示：利用图表可以直观地展现数据。

在Word 2010，我们也学习了表格制作，与Excel 2010相比，后者的计算、数据分析的能力更强大。

Excel 2010提供了强大的新功能和工具，可帮助用户发现模式或趋势，从而做出更明智的决策并提高用户分析大型数据的能力。使用单元格内嵌的迷你图及带有新迷你图的文本数据获得数据的直观汇总。使用新增的切片器功能快速、直观地筛选大量信息，并增强了数据透视表和数据透视图的可视化分析。

4.1.2 启动与关闭程序

1．启动程序

可以通过以下任意一种方法启动Microsoft Office Excel 2010应用程序。

- 通常桌面上会有“Microsoft Office Excel 2010程序”的快捷图标，双击即可打开。这是最常用的方法。
- 选择“开始”→“所有程序”→“Microsoft Office”→“Microsoft Office Excel 2010”命令。

- 选择“开始”，在“搜索程序和文件”框内输入“Excel”后按“Enter”键确认。

2．关闭程序

退出Excel的方法有很多，最常用的就是单击窗口右上角的“关闭”按钮或选择“文件”菜单中的“退出”命令来关闭程序。

4.1.3 界面简介

启动Microsoft Office Excel 2010程序，其操作窗口如图4-1所示。

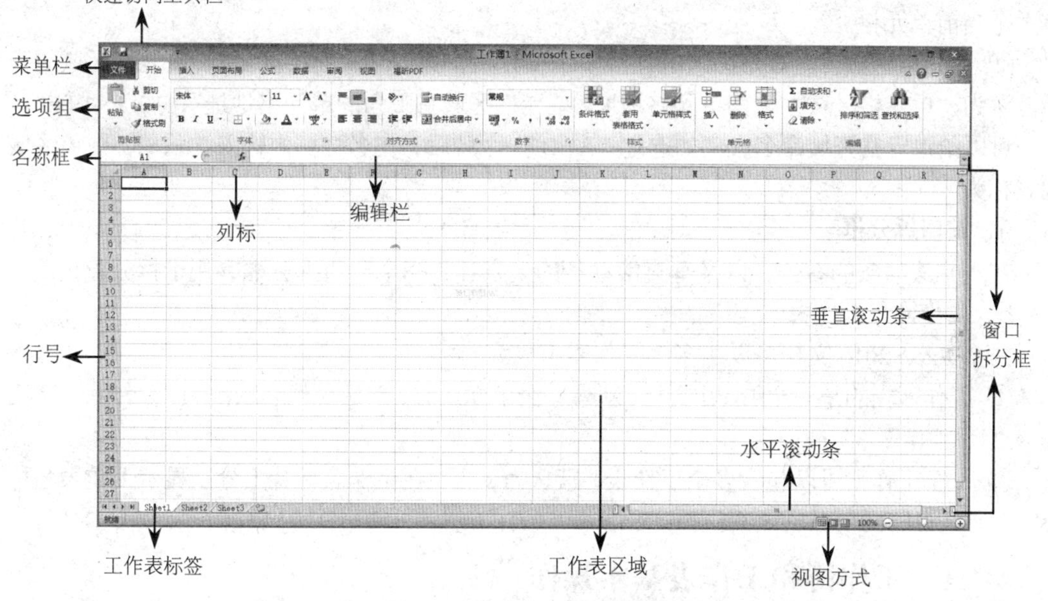

图4-1 Excel 2010程序界面

Excel的工作界面与Word的界面有类似之处，都由标题栏、工具选项卡栏、功能区、工作区和状态区等组成，下面主要介绍与Word不同的部分及相关的概念。

1．名称框

名称框通常显示当前单元格的地址，可以通过名称框给单元格或单元格区域定义一个名称。如果在名称框内输入单元格地址或名称，则可以选中该单元格；如果在名称框输入单元格区域的名称，则选定该单元格区域。

单击名称框右侧的下拉箭头，可以选择该工作表内定义的名称。

2．编辑栏

编辑栏内显示的是当前单元格内的内容，但不一定完全相同，单元格内显示的通常是计算、设置格式后的结果，而编辑栏内显示“实质”的内容。例如，如果单元格内是一个公式，则单元格显示公式的结果，而编辑栏显示的是公式。可以在编辑栏内输入当前单元的内容。

在编辑栏的左侧有“ ✕ ✓ *fx* ”3个命令按钮，分别为“取消”“输入”与“插入函数”命令，单击“插入函数”命令按钮 *fx*，则弹出“插入函数”对话框。

3．行号、列标

工作表内的行，依次使用阿拉伯数字标记为“行号”，从“1”到“1048576”；工作表内的列依次使用大写英文字母标记“列标”，从“A”到“Z”，接着是“AA”……最后是“XFD”，共16348列。

4．工作表区域

工作表区域由单元格组成，用户可以对任意单元格进行操作。

① 单元格。组成工作表的最小单位就是一个单元格（单元格也称为“单元”）。单元格的地址用列标和行号表示，例如当前工作表第 A 列第 1 行的单元格地址为“A1”。如果是其他工作表的单元格，则表示方式为“工作表名称!单元格地址”，例如“Sheet2!D17”。

正在选定的单元格称为“当前单元格”，其边框线显示为加粗（如果是选定了一个区域，则选定的区域高亮显示，而当前单元格为反白），其地址或名称显示在名称框内。工作表中只有一个当前单元格。

② 单元格区域。呈矩形区域的连续多个单元格，称为“单元格区域”，单元格区域的表示方法为“单元格区域左上角单元格地址: 单元格区域右下角的单元格地址”，如“A1:B5”。

可以给单元格区域命名，例如选定“A1:B5”区域后，在名称框内输入“area”，则该区域的名称为“area”。

5．窗口拆分框

在水平滚动条的右侧，以及垂直滚动条的上方各有一个窗口拆分框，用于拆分窗口。

6．工作簿和工作表

一个 Excel 2010 文档可以由多个工作表组成。

① 工作簿指的是一个 Excel 文档，新建一个工作簿时，默认文件名依次为“工作簿 1”“工作簿 2”“工作簿 3”……

② 一个工作簿可以包含多个工作表，默认为 3 个，在工作表标签上分别显示工作表名称“Sheet 1”“Sheet 2”“Sheet 3”。

4.1.4 工作簿和工作表基本操作

1．新建和保存工作簿

通常情况下，启动 Excel 2010 后，系统会默认新建一个名称为“工作簿 1”的空白工作簿。如果要创建新的工作簿，可选择“文件”→“新建”命令，在“可用模版”列表框中双击“空白工作簿“选项，新建一个空白工作簿。

为避免数据丢失，用户可将新建的工作簿保存在计算机中。单击快速访问工具栏中的“保存”按钮，弹出“另存为”对话框，选择保存位置，在“文件名”文本框中输入工作簿名称，单击“保存”按钮即可保存该工作簿。

执行“文件”→“保存”或“另存为”命令，或者按“Ctrl+S”组合键，也可对工作簿进行保存。

2．选定工作表

① 选定单张工作表。单击工作表标签，如果看不到所需的标签，那么单击标签滚动按钮以显示此标签，然后单击。

② 选定两张或多张相邻的工作表。先选中第一张工作表的标签，再按住“Shift”键单击最后一张工作表的标签。

③ 选定两张或多张不相邻的工作表。单击第一张工作表的标签，再按住“Ctrl”键单击其他工作表的标签。

④ 选定工作簿中所有工作表。右击工作表标签，再单击快捷菜单上的“选定全部工作表”命令。

⑤ 取消对多张工作表的选取。若要取消对工作簿中多张工作表的选取，单击工作簿中任意一个未选取的工作表标签。若未选取的工作表标签不可见，可用鼠标右键单击某个被选取的工作表的标签，再单击快捷菜单上的“取消成组工作表”命令。

3．切换当前工作表

单击工作表标签，可以将工作表设为当前工作表。

通过键盘组合键进行切换，“Ctrl+PgUp”组合键可以切换到左边的工作表，“Ctrl+PgDn”组合键则切换到右边的工作表。

4．插入工作表

单击工作表标签名称右侧的“插入工作表”按钮，可在工作簿中插入一张新的工作表，并使其成为活动工作表（见图4-2）。或者右击工作表标签，执行快捷菜单的“插入”命令，在弹出的“插入”对话框“常用”标签卡中选择“工作表”（见图4-3）。

图4-2 “插入工作表”按钮

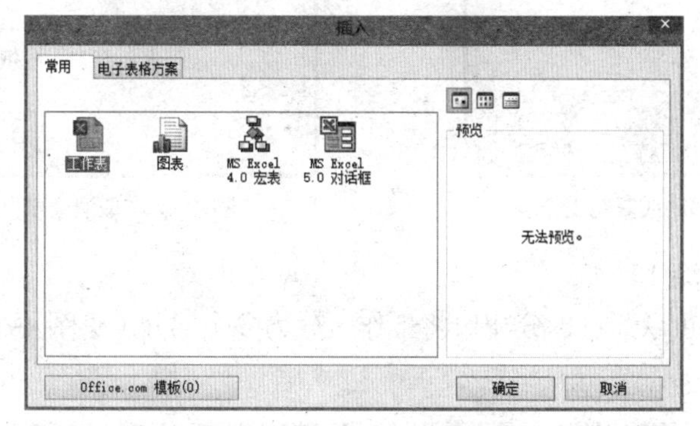

图4-3 “插入”对话框

也可以执行“开始”选项卡→单元格组中的“插入”按钮 插入 →“插入工作表”命令，则在当前工作表之前插入新建的工作表。

插入新工作表的快捷键是：“Shift+F11”组合键。

5．删除工作表

如果不再需要某张工作表，可选中要删除的工作表标签，然后单击鼠标右键，在弹出的快捷菜单中选择“删除”命令。

也可以执行“开始”选项卡→单元格组中的“删除”按钮 删除 →“删除工作表”命令，也可删除选中的工作表。

6．修改工作表名称

双击工作表标签，然后修改工作表名称；或者右击工作表标签，执行快捷菜单的“重命名”命令。

7．设置工作表标签颜色

为了易于区别不同的工作表，可以给工作表标签设置不同的颜色，右击工作表标签，从弹出的快捷菜单中选择“工作表标签颜色”命令，然后在子菜单中选择所需的颜色。

8．移动、复制工作表

选定需要移动的工作表标签，然后拖曳，可以将工作表移动到本工作簿的其他位置，也可移动到已经打开的其他工作簿里。按住“Ctrl”键进行拖曳，则可以复制工作表。或者右击工作表标签，执行快捷菜单的“移动或复制工作表”命令，在弹出的“移动或复制工作表”对话框中选择需要移动的目标工作簿与工作表位置。如果选定“建立副本”复选框，则是复制操作，否则是移动操作（见图 4-4）。

9．隐藏或显示工作表

为了防止别人查看工作表中的数据，用户可以隐藏工作表，使其不可见。选中要隐藏的工作表标签，然后单击鼠标右键，在弹出的快捷菜单中选择“隐藏”命令。

如果要显示隐藏的工作表，可在任意一个工作表标签上单击鼠标右键，在弹出的快捷菜单中选择“取消隐藏”命令（见图 4-5）。

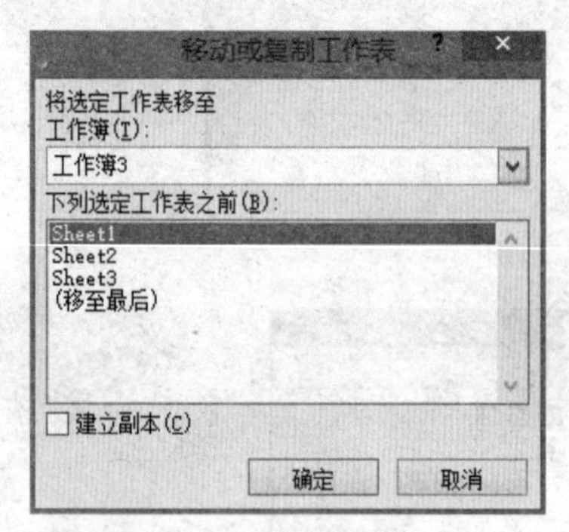

图 4-4　移动或复制工作表

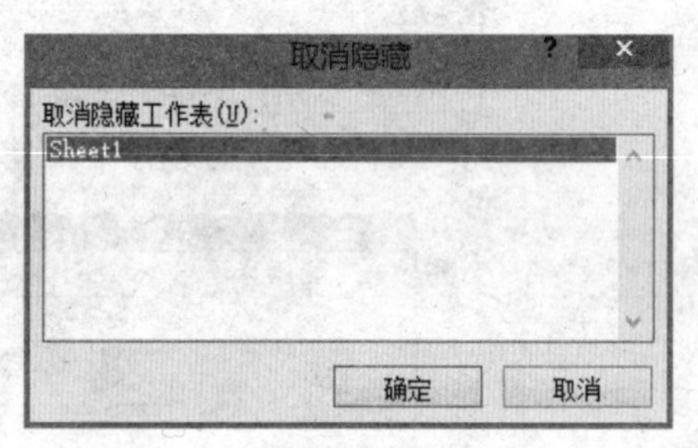

图 4-5　“取消隐藏”对话框

10．拆分工作表窗口

为了方便浏览，可以通过拆分窗口将工作区分为多个部分（见图 4-6），按以下方法的其中一种操作即可。

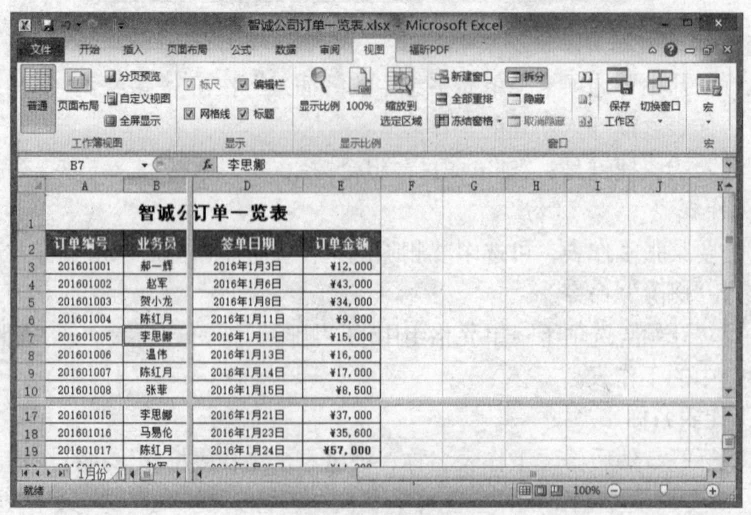

图 4-6　拆分窗口

- 选择“视图”选项卡→窗口组中的“拆分”按钮 拆分，产生两条拆分条，共分为4个窗口，通过拖曳拆分条可以调整窗口拆分的大小。
- 将鼠标指向垂直滚动条上端，或水平滚动条右端的窗口拆分框，将窗口拆分框拖曳至合适的位置。
- 双击窗口拆分框。

要取消窗口拆分，按以下方法的其中一种即可。

- 选择“视图”选项卡→窗口组中的“拆分”命令 拆分。
- 将拆分条拖曳至工作区的边缘。
- 双击拆分条。

11．冻结工作表窗口

为了在滚动浏览时，前面的若干行与若干列始终保持可见，可以冻结窗格。

选定待冻结处右下角相邻的单元格，例如，希望冻结第A、B列与第1、2行，则选定C3单元格，然后执行“视图”选项卡→窗口组中的“冻结窗格”按钮→“冻结拆分窗格”命令（见图4-7）。

其中“冻结首行”命令表示滚动工作表其余部分时保持首行可见，而“冻结首列”命令表示滚动工作表其余部分时保持首列可见。

12．保护工作表

为了防止工作表的某些数据被他人改动，可以将这些单元格保护起来，用户可以通过设置密码来防止他人随意更改表格内容。选择“审阅”选项卡→更改组中的“保护工作表”按钮，如图4-8所示，打开“保护工作表”对话框，在下方的文本框中输入设置的密码，接着在列表框中选择打开该工作后允许当前用户进行的操作，勾选的复选项表示用户可能进行的操作。单击“确定”按钮，弹出“确认密码”输入框，再单击“确定”按钮。

智诚公司1月份订单一览表

订单编号	业务员	部门	签单日期	订单金额
201601001	郝一辉	销售1部	2016年1月3日	¥12,000
201601002	赵军	销售3部	2016年1月6日	¥43,000
201601003	贺小龙	销售2部	2016年1月8日	¥34,000
201601004	陈红月	销售1部	2016年1月11日	¥9,800
201601005	李思娜	销售2部	2016年1月11日	¥15,000
201601006	温伟	销售4部	2016年1月13日	¥16,000
201601007	陈红月	销售1部	2016年1月14日	¥17,000
201601008	张菲	销售2部	2016年1月15日	¥8,500
201601009	刘娟	销售4部	2016年1月16日	¥47,000
201601010	金明	销售3部	2016年1月18日	¥38,000
201601011	温伟	销售4部	2016年1月18日	¥20,000
201601012	张菲	销售2部	2016年1月20日	¥28,700
201601013	王小琪	销售3部	2016年1月20日	¥42,000
201601014	胡英	销售1部	2016年1月20日	¥38,000
201601015	李思娜	销售2部	2016年1月21日	¥37,000
201601016	马易伦	销售4部	2016年1月23日	¥35,600
201601017	陈红月	销售1部	2016年1月24日	¥57,000
201601018	赵军	销售3部	2016年1月25日	¥14,300
201601019	郝一辉	销售1部	2016年1月28日	¥50,000
201601020	温伟	销售4部	2016年1月28日	¥21,000

图4-7 冻结窗口图

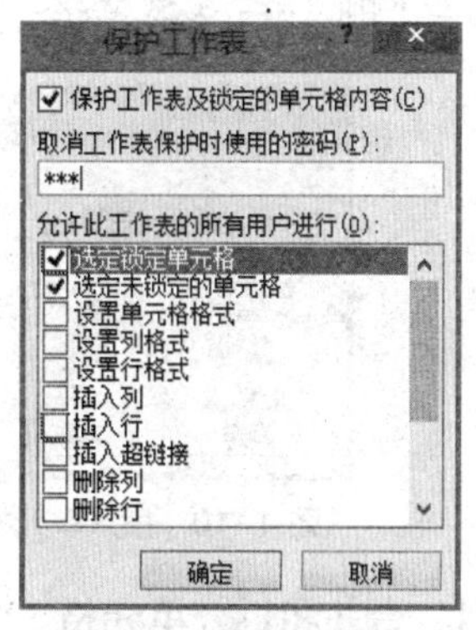

图4-8 保护工作表

此时，在工作表中修改数据时，就会弹出对话框，如图4-9所示，禁止任何修改操作。

如果要编辑处于保护状态下的工作表，需要先取消工作表的保护，执行“审阅”选项卡→更改组中的“取消保护工作表”按钮，在弹出的对话框输入正确的密码，单击“确定”

按钮即可撤销工作表的保护。

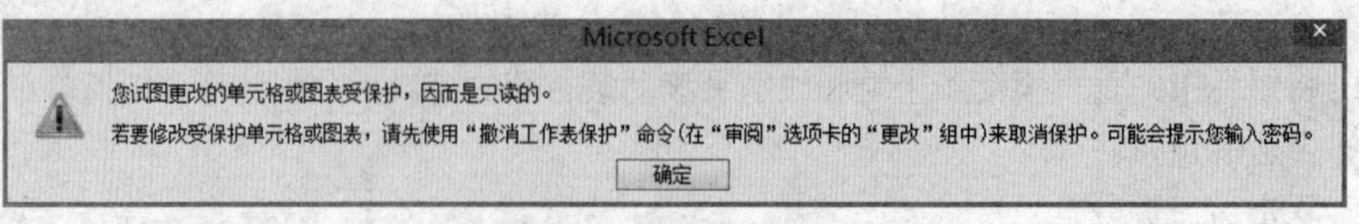

图 4-9　禁止操作提示

4.1.5　单元格的基本操作

1．选定单元格

当鼠标在工作区里游弋，显示为空心十字"✚"，此时单击，可以选定单元格。如果目标单元格不在当前屏幕，可先通过滚动条滚动屏幕寻找。

选定不连续的单元格的方法：按住"Ctrl"键后再逐个选定单元格或单元格区域。

2．选定单元格区域

可以使用以下方法进行。

- 常用的方法是在需要选定的区域上拖曳。
- 如果区域较大，则可以首先选定区域左上角的单元格，然后按住"Shift"键，选定右下角的单元格。
- 在名称框输入区域地址。如果该区域已经命名，则也可以输入名称。
- 选定当前单元格的所在区域（以空白行、列为界）："Ctrl+Shift+*"。
- 如果要选取某一行或某一列的单元格，只需单击对应的行号或列标。
- 若要选择整个工作表的单元格，则只需单击工作表最左上角的"全选"按键（在行号与列标的交汇处），或按"Ctrl+A"组合键。

3．插入和删除单元格

如果要在工作表中指定的位置插入空白单元格，可通过执行"开始"选项卡→单元格组中的"插入"按钮→"插入单元格"命令，打开"插入"对话框（见图 4-10），然后选择适合的插入方式。或者选定单元格后单击鼠标右键，在弹出的下拉菜单中选择"插入"命令。

删除单元格和插入单元格一样，可通过执行"开始"选项卡→单元格组中的"删除"按钮→"删除单元格"命令，打开"删除"对话框（见图 4-11），选择适合的删除方式。

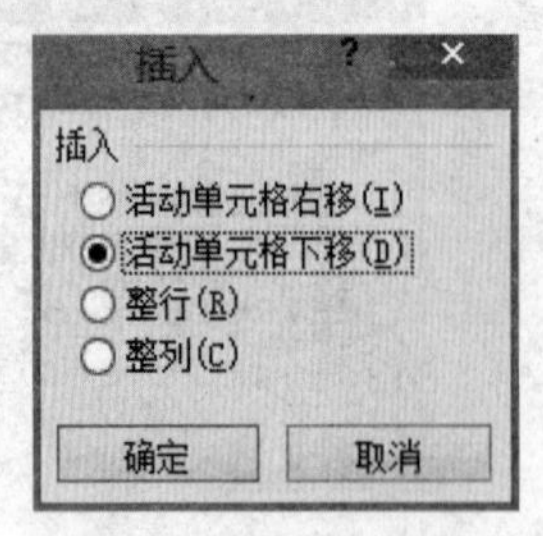

图 4-10　插入单元格

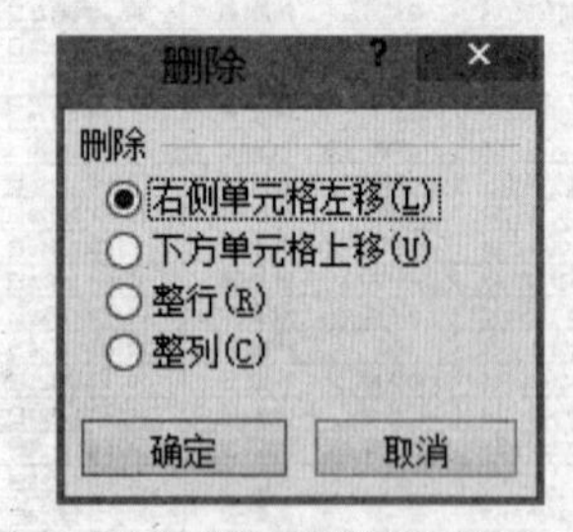

图 4-11　删除单元格

4．合并和拆分单元格

合并单元格是指将位于同行或同列的两个或两个以上的单元格合并为一个单元格。通过选择"开始"选项卡→对齐方式组中的"合并后居中"按钮及对应的下拉列表，即可实现合并单元格的操作。

选中已经合并的单元格，通过执行"开始"选项卡→对齐方式组中的"合并后居中"按钮下列列表→“取消单元格合并”命令，即可将其再次拆分。

4.1.6 页面设置

1．页面设置

Excel 2010的页面设置的很多操作如纸张大小和方向、页边距等，与Word 2010大体相同。设置页面的方法如下。

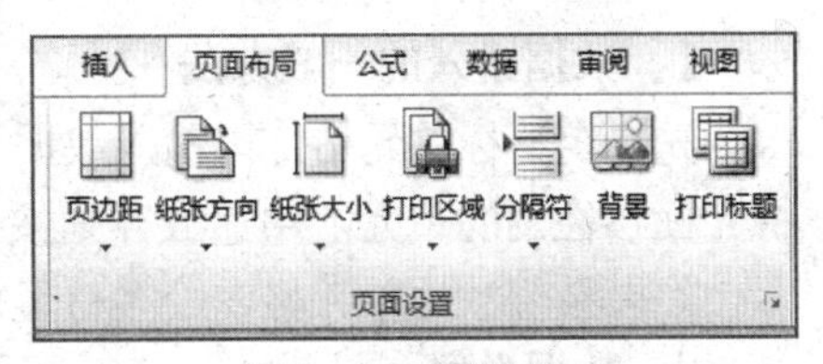

图4-12 页面设置

- 选择“页面布局”选项卡，在页面设置选项组中选择对应的按钮进行设置，如图4-12所示。
- 单击“页面设置”选项组中的“对话框启动器”按钮，弹出“页面设置”对话框，进行设置。

2．添加页眉和页脚

每张工作表上可以设置一种自定义页眉和页脚。如果创建了新的自定义页眉或页脚，它将替换工作表上的其他自定义页眉和页脚。

① 在“页面设置”对话框中选择“页眉/页脚”选项卡（见图4-13）。

② 若要根据已有的页眉或页脚来创建页眉或页脚，在“页眉”或“页脚”下拉列表框中单击所需的页眉或页脚选项。

③ 若要创建自定义页眉或页脚，单击“自定义页眉”或“自定义页脚”，再在对话框中单击“左”“中”或“右”编辑框，然后在所需的位置输入相应的页眉或页脚内容，或直接单击中间一排按钮插入页码、日期、时间等预定义项。

3．设置打印区域

设置打印区域是指在工作表中标记出要打印在纸张上的特定工作表区域，用于不需要完全打印整张工作表内容的情况。设置打印区域有两种方法。

- 在工作表中选择要打印的区域，然后执行“页面布局”选项卡→页面设置组中的“打印区域”按钮→“设置打印区域”命令。
- 在“页面设置”对话框中选择“工作表”选项卡，在“打印区域”右侧的文本框中设置要打印的单元格区域，如图4-14所示。

4．打印标题

在打印时，很多时候需要每页的表格打印相同的标题，那么，可以在“页面设置”对话框中选择“工作表”选项卡，然后在“顶端标题行”与“左端标题列”中设置。

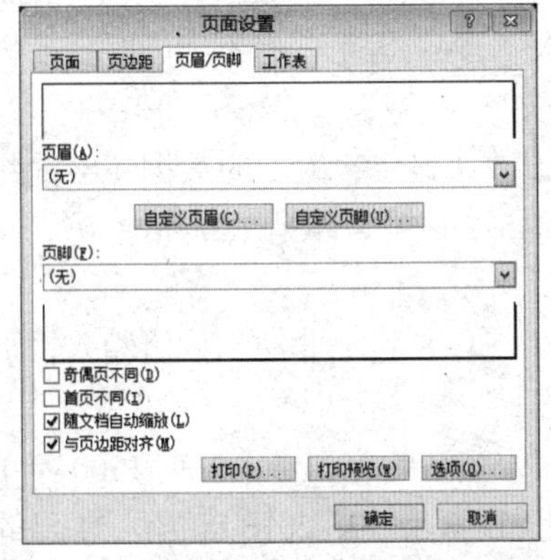

图4-13 设置打印工作表的页眉和页脚

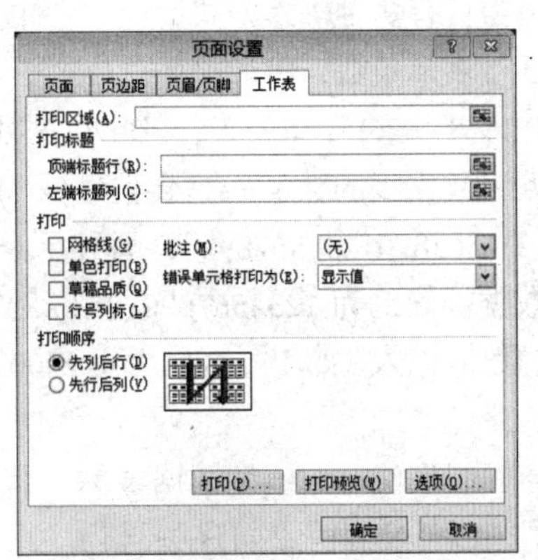

图4-14 设置打印区域

4.2 编辑数据

4.2.1 输入数据

1. 数据输入的一般方法

先选定目标单元格，再输入数据，或者在编辑栏中输入。输入完毕按“Enter”键，或者将光标移往别的单元。中途放弃则按“Esc”键。每个单元格最多可存放 32767 个字符。

如果希望数据单元格内分多行显示，可以使用“Alt+Enter”强制换行。

2. 数据类型

在 Excel 2010 工作表的单元格里输入的是数据，数据的类型分为数值型、字符型、逻辑型三种。

（1）字符型

又称为“文本型”“文字型”。字符型数据默认的对齐方式为左对齐。

字符型数据只是一种标记，无数量概念，包括字符串、结果为字符串的函数或公式。

字符串可由任意字符组成，如 2015 级、计算机、A01。

许多时候需要输入一些数值，这些数值不需要数学运算，例如电话号码、邮政编码，有时数值的位数较多，例如身份证号码，如果直接输入则会显示为科学记数法格式，不能显示所有数字。对于由“0”前导的编号，如果把它当数值型处理，将失去左边的“0”。这些数据就需要作为字符型输入。方法是在输入数字之前加（'）即可，也可以先将该单元格格式设为字符型的数字，再输入数字。注意（'）是半角英文输入状态下的单引号。

（2）数值型

数值型又称为“数字型”。数值型数据默认的对齐方式为右对齐。

数值型数据具有数量概念，包括数值常数、结果为数值的函数和公式。其中数值常数须以 0~9、+（加）、-（减）、$或￥（货币元）开头且后面只能跟数字组合（如数字、小数点、E、e、%等），数字间不能有空格，最多可出现一个小数点。

输入分数：首先输入“0”及一个空格，接着输入带“/”符号的分数，例如输入“0 3/5”，单元格显示分数“3/5”。如果直接输入带“/”符号的分数，Excel 会将其处理为日期或文本。例如输入“3/5”，单元格显示“3 月 5 日”，其值为当年的 3 月 5 日序列号；如果输入“13/14”，则将“13/14”视为文本。

输入负数：有两种输入方式，通常在单元格输入负号“-”的数值，例如“-26”；也可以使用英文括号表示负数，例如输入“(26)”，与输入“-26”等价。但不能同时使用以上两种方式，例如输入“(-26)”，Excel 会将此数据处理为文本。

输入太大或太小的数值后，会自动转为科学记数法显示，太长的数据还会简约处理。例如输入“12345678901234567890”，则显示为“1.23457E+19”，即是 1.23457×10^{19}，在编辑栏可以看到该数据被简约为 12345678901234500000。

合法的数值输入，如 1、2.3、12%、2000、2,000、$4、8e+4；非法的数值输入，如 2.564.45、34 厘米、二十五。

日期与时间也使用数值型数据表示。日期是一个整数的序列号，规定 1900 年 1 月 1 日序列号为“1”，1900 年 1 月 2 日序列号为“2”，以此顺延。例如，2016 年 7 月 21 日的序列号为“42572”。

对于 Excel 软件对日期的处理方式，需要纠正的是大部分日期序列号均加多了 1。

根据“Microsoft Excel 帮助”说明：“Excel 将日期存储为可用于计算的日期序列号，1900 年 1 月 1 日的日期序列号为 1，2016 年 1 月 1 日的序列号为 42370，这是因为它距 1900 年 1 月 1 日有 42370 天。

在单元格输入数值“60”，然后右击，选择“设置单元格格式”命令，将该单元格的数字格式设置为“日期”，我们会发现单元格显示为“1900-2-29”，也就是说，日期序列号“60”对应 1900 年 2 月 29 日。然而，这一天并不存在，因为 1900 年不是闰年，这一年的 2 月没有 29 日。

在公历纪年法中，判定闰年遵循的一般规律为：四年一闰，百年不闰，四百年再闰。也就是说，那些能被 100 整除而不能被 400 整除不是闰年，例如 1900 年。可以翻查各种万年历图书，或者权威网站的万年历来验证。

因此，Excel 软件的日期序列号从 1900 年 3 月开始是错误的，均多计了 1。

时间是一个大于或等于 0 且小于 1 的数值，凌晨零点对应“0”，每增加 1 小时则对应增加 1/24。例如上午 6：00 使用“0.25”表示。

如果输入日期，可按“年/月/日”或“年-月-日”格式。如果省略年份，则默认为系统时钟年。如果输入时间，可按“时:分:秒”格式；如果输入日期与时间，则日期与时间以空格相隔。例如：2016-6-21 20:30；如果输入日期、时间后显示的形式不是日期、时间的表示方式，则需要设置合适的单元格格式。

（3）逻辑型

只有两个值：TRUE、FALSE，分别表示“真”“假”，“成立”“不成立”，“对”“错”，“是”“否”等非此即彼的意思。逻辑型数据默认的对齐方式居中对齐。

3．单元格移动与复制

（1）通过鼠标拖曳操作

当前选定的单元格（或单元格区域）的边框线显示为粗线，将鼠标移动到粗框线上，则鼠标显示为十字箭头“✥”。此时拖曳，可以移动该单元格（或单元格区域）的内容。需要注意的是，在移动单元格（或单元格区域）时，将替换目标区域中的数据。如果按住“Ctrl”键进行上述操作，则是复制。

（2）利用命令操作

① 选定要移动（或复制）的单元格（或单元格区域）。

② 选择“开始”选项卡→剪贴板组中的“剪切”按钮（或“复制”按钮），或者使用“Ctrl+X”（或“Ctrl+C”）组合键。

③选择目标单元格（或单元格区域的左上角单元格）。

④ 选择“开始”选项卡→剪贴板组中的“粘贴”按钮，或者使用“Ctrl+V”组合键。

需要说明的是，如果通过拖动鼠标或执行命令操作来复制单元格，将复制整个单元格，包括其中的公式及其结果、批注和格式。

如果在选定的复制区域中包含隐藏单元格，将同时复制其中的隐藏单元格。如果在粘贴区域中包含隐藏的行或列，则需要显示其中的隐藏内容，才可以见到全部的复制单元格。

（3）选择性粘贴

复制的操作不但可以复制整个单元格（或单元格区域），而且还可以复制单元格（或单元格区域）中的指定内容。

在粘贴操作时，粘贴区域右下角会出现“粘贴选项”命令按钮，单击该按钮，可以选择合适的粘贴选项。

或者在选择“开始”选项卡→剪贴板组中的“剪切”按钮后，再执行“开始”选项卡→剪贴板组中的“粘贴”按钮→“选择性粘贴”命令，此时会弹出“选择性粘贴”对话框，可以选择需要的粘贴选项进行粘贴（见图 4-15）。

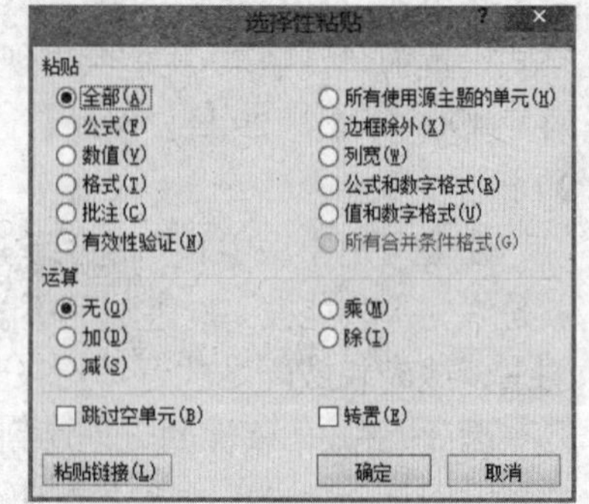

图 4-15　选择性粘贴

其中“转置”的含义是，原本纵向（或横向）排列的数据，转置粘贴后变成横向（或纵向）。

4．填充

通过填充操作，可以方便地复制大量单元格，或者填充序列。数值型的数据序列分为等差序列和等比序列。

（1）通过鼠标拖曳操作

当前选定的单元格（或单元格区域）的边框线显示为粗线条，但仔细观察可以发现粗边框线是不闭合的，在其右下角有一个点，该点称为“填充柄”。将鼠标移动到填充柄，则鼠标显示为实心十字“✚”。此时进行拖曳（不限方向），然后通过填充区域右下角会出现的“粘贴选项”命令按钮进行选择，可以进行复制或填充序列。

等差序列的填充：首先输入前面两个单元格的值，再选定此两个单元格后拖曳填充柄。需要注意的是，等比序列不能通过这种方法填充。

如果需要复制或填充序列的单元格相邻列不是空白的，则可以直接双击填充柄，自动向下复制或填充序列，直至相邻列的空白处。

【例 4-1】如图 4-16 所示，此时选定 A2:A3 区域后双击填充柄，则在 A4:A13 区域会填充步长为 1 的等差序列。

（2）利用命令操作填充序列

① 在序列开始的单元格输入初值。

② 选择“开始”选项卡→编辑组中的“填充”按钮 填充 →“系列”命令，在弹出的“序列”对话框中选择序列产生在行还是列，在“类型”框中选择“等差序列（或等比）”，再输入步长值（即相等的差值或比值）与序列的终止值，最后单击“确定”按钮（见图 4-17）。

也可以在序列开始的单元格输入初值，然后选定需要填充序列的区域，再执行“开始”选项卡→编辑组中的“填充”按钮 填充 →“系列”命令进行以上所述的操作，此时就不必输入序列的终止值。

	A	B
1	序号	姓名
2	1	郝辉
3	2	赵军
4		贺龙
5		李娜
6		温伟
7		陈红
8		刘娟
9		金明
10		宋江
11		张菲
12		王琪
13		胡英
14		

图 4-16　自动填充

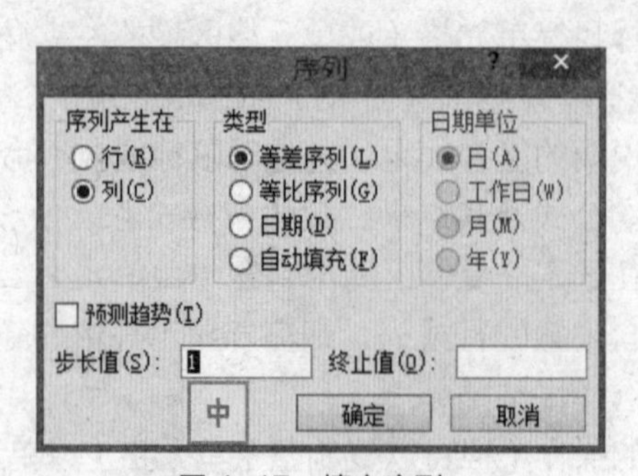

图 4-17　填充序列

（3）自定义序列

Excel 2010 有预置的自定义序列，例如“日、一、二、三、四、五、六”和星期、月份等，如果要输入的序列不在预设的序列中时，则可以自定义序列。

【例 4-2】自定义序列“业务一部、业务二部、业务三部、业务四部”进行填充。

① 选择“文件”→“选项”，打开“Excel 选项”对话框，选择“高级”选项，向下拖动滚动条，单击其中的“编辑自定义列表”按钮，如图 4-18 所示。

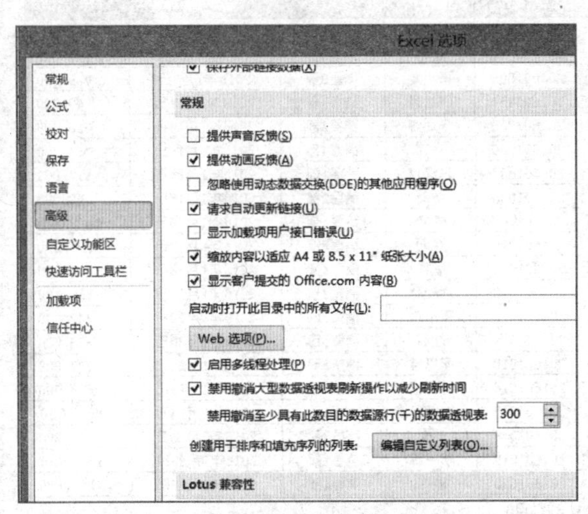

图 4-18 “Excel 选项”对话框

② 打开“自定义序列”对话框，在“输入序列”列表框中依次输入序列所含的数据项，单击“添加”按钮后，可在“自定义序列”列表框的最底部看见添加的自定义序列，单击“确定”按钮，如图 4-19 所示。

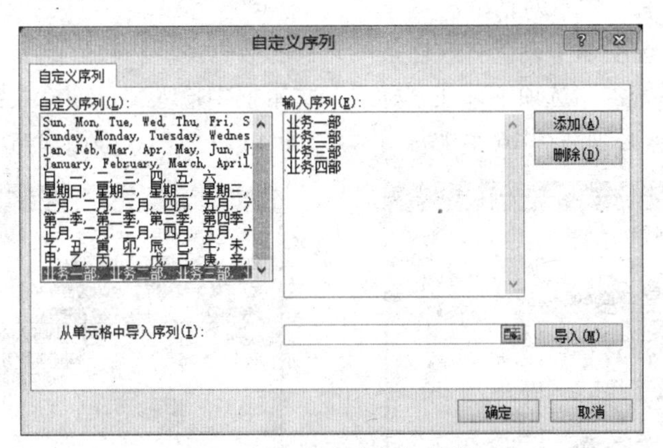

图 4-19 添加自定义序列

③ 返回工作表，当在开始单元格输入“业务一部”后并填充，会在目标单元格区域重复出现“业务一部”“业务二部”“业务三部”和“业务四部”序列。

5．数据有效性

数据有效性可以控制输入到单元格的数据类型和数值的范围，还可以设置对应的提示信息和警告信息，操作如下。

【例 4-3】在图 4-20 所示的工作表中，要设定 D3:D22 区域内的日期必须在 2016 年 1 月内，当输入的日期不在 2016 年 1 月内时，提示“日期输入错误”。

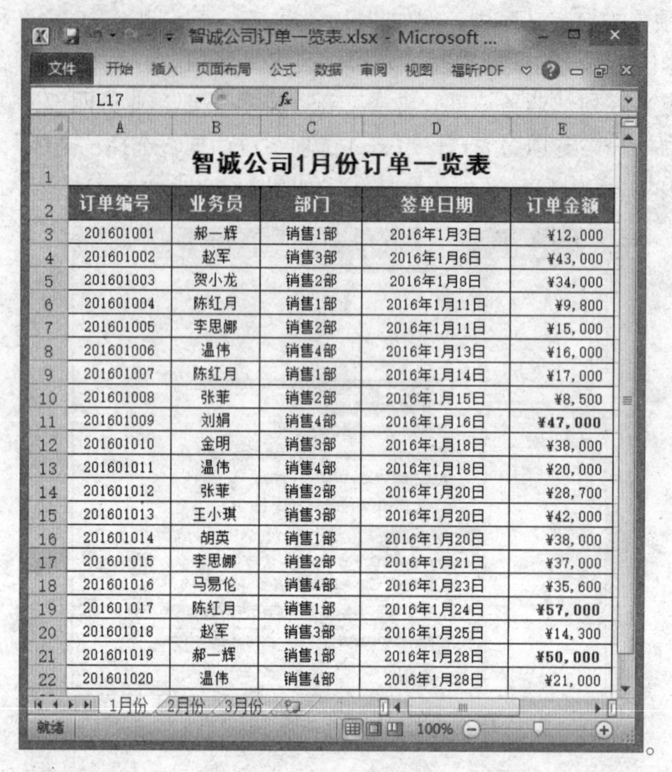

智诚公司1月份订单一览表				
订单编号	业务员	部门	签单日期	订单金额
201601001	郝一辉	销售1部	2016年1月3日	¥12,000
201601002	赵军	销售3部	2016年1月6日	¥43,000
201601003	贺小龙	销售2部	2016年1月8日	¥34,000
201601004	陈红月	销售1部	2016年1月11日	¥9,800
201601005	李思娜	销售2部	2016年1月11日	¥15,000
201601006	温伟	销售4部	2016年1月13日	¥16,000
201601007	陈红月	销售1部	2016年1月14日	¥17,000
201601008	张菲	销售2部	2016年1月15日	¥8,500
201601009	刘娟	销售4部	2016年1月16日	¥47,000
201601010	金明	销售3部	2016年1月18日	¥38,000
201601011	温伟	销售4部	2016年1月18日	¥20,000
201601012	张菲	销售2部	2016年1月20日	¥28,700
201601013	王小琪	销售3部	2016年1月20日	¥42,000
201601014	胡英	销售1部	2016年1月20日	¥38,000
201601015	李思娜	销售2部	2016年1月21日	¥37,000
201601016	马易伦	销售4部	2016年1月23日	¥35,600
201601017	陈红月	销售1部	2016年1月24日	¥57,000
201601018	赵军	销售3部	2016年1月25日	¥14,300
201601019	郝一辉	销售1部	2016年1月28日	¥50,000
201601020	温伟	销售4部	2016年1月28日	¥21,000

图 4-20　工作表

① 选择单元格区域 D3:D22，执行“数据”选项卡→数据工具组中的“数据有效性”按钮，打开“数据有效性”对话框。

② 在“设置”选项卡中设置有效性条件允许的数据类型和数值范围，如图 4-21 所示。

③ 选择“出错警告”选项卡，在“标题”文本框中输入“日期输入错误”，在“错误信息”文本框中输入“必须在 2016 年 1 月内”，如图 4-19 所示，最后单击“确定”按钮。

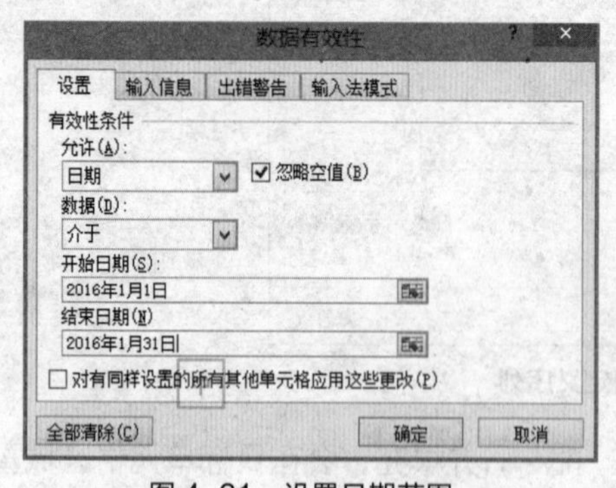

图 4-21　设置日期范围

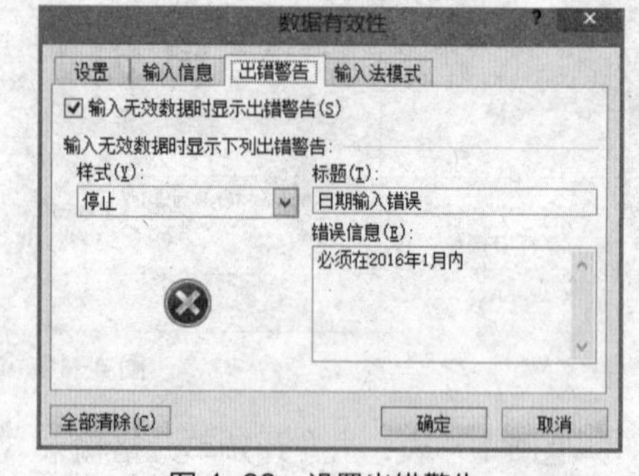

图 4-22　设置出错警告

④ 当在单元格区域 D3:D22 输入的日期不在 2016 年 1 月内，则会弹出警告对话框。

6．清除单元格

清除单元格，指的是仅清除单元格的内容（公式和数据）、格式（包括数字格式、条件格式、底纹和边框线）或批注，但是空白单元格仍然保留在工作表中。

选择“开始”选项卡→编辑组中“清除”按钮 清除，在下拉列表中选择不同命令即可选择清除不同的内容，如图4–23所示。

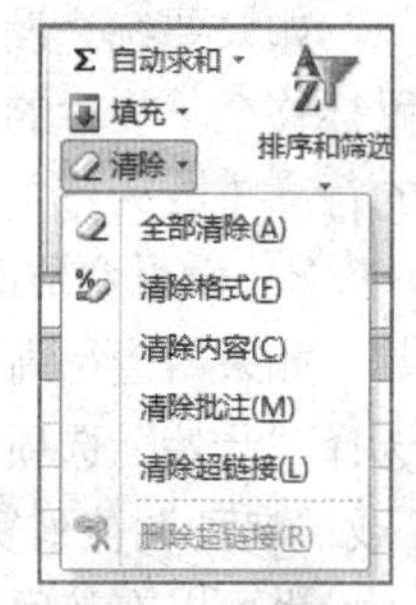

图4–23 清除

如果使用键盘上的“Delete”（或“Del”）、“Backspace”键，则仅是清除单元格中的内容，而保留其中的批注或单元格格式。

4.2.2 错误提示

在处理数据时，如果操作不当会产生错误，相应的单元格会出现以“#”开头的错误信息提示。主要的错误提示及原因如表4–1所示。

单击出现错误提示信息的单元格（但#####除外），将出现一个黄色菱形里的感叹号，单击该感叹号，会出现用于检查、修正错误的操作命令（见图4–24）。

表4-1 主要的错误提示及原因

提示	错误原因
#####	列宽不够，或者使用了负数的日期或时间
#DIV/0!	公式或函数被零或空单元格除
#NAME?	公式中的文本不可识别
#N/A	数值对函数或公式不可用
#NULL!	出现空单元格
#NUM!	公式或函数中使用无效数字值
#REF!	单元格引用无效

如果单元格左上角有一个绿色的小三角符号，则是提示该单元格可能有错误，也可能不是错误。单击该单元格，也会出现一个黄色菱形里的感叹号，单击该感叹号，将出现错误信息的说明与修正的操作。如果没有错误，则选择“忽略错误”，可以消除绿色小三角符号。例如字符型数值单元格，虽然提示可能有错误，但可以根据实际情况忽略错误（见图4–25）。

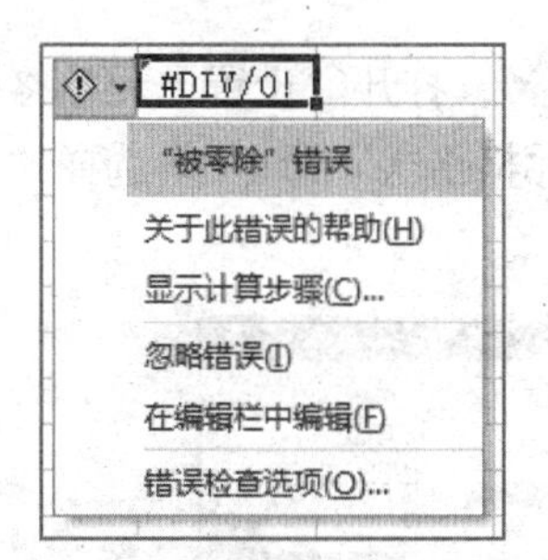

图4–24 “被零除”错误信息

图4–25 字符型数值提示信息

4.2.3 设置单元格格式

1．设置行高、列宽

选定需要设置的行（或列），或者该行（或列）所在的单元格，选择“开始”选项卡→单元格组中的“格式”按钮，在下拉列表中选择“行高”（或“列宽”），在弹出的“行高”（或“列宽”）对话框中设置合适的数值。需要注意的是行高与列宽的单位不相同。

将鼠标移至行标（或列标）的交界处，此时鼠标呈状，进行拖曳，可以调整鼠标其上（或其左）的行（或列）。

如果要统一设置相同的行高（或列宽），可以先选定需要调整的若干行（或列），然后将鼠标移至某一行的行标（或列标）的交界处调整，此时所有选定的行（或列）会调整为相同的行高（或列宽）。

2．设置合适的行高、列宽

如果希望行高（列宽）恰好是能完全显示单元格内容，则可以选定需要设置的行（或列），选择“开始”选项卡→单元格组中的“格式”按钮，在下拉列表中选择“自动调整行高”（或“自动调整列宽”）。

也可以在该行（或列）其上（或其左）交界处双击，实现该功能。

如果要同时设置若干行（或列）为最适合的行高（或最适合的列宽），则选定这几行（或列），双击其中某一行（或列）其上（或其左）交界处双击，这样这几行（或列）都会同时设置为最适合的行高（或最适合的列宽）。

如果单元格的内容显示为“######”，则表明该单元格的列宽不够，需要加大列宽才能显示单元格的内容。

3．隐藏行或列

为了显示的需要，可以将某几行（或列）隐藏起来。选定需要隐藏的行（或列），或者该行（或列）所在的单元格，选择“开始”选项卡→单元格组中的“格式”按钮，在下拉列表中选择“隐藏或取消隐藏”→“隐藏行”（或“隐藏列”）命令。该行（或列）隐藏后，行标（或列标）也将隐藏起来。

也可以通过调整行高（或列宽）达到隐藏的效果。

如果要取消隐藏，则选择已隐藏的行（或列）两侧的行（或列），选择“隐藏或取消隐藏”→“取消隐藏行”（或“取消隐藏列”）命令，也可以将鼠标移至被隐藏的行（或列）右侧，鼠标呈状，此时拖曳，则可以恢复。

4．字体格式

选定需要设置的单元格或单元格内的文本，在“开始”选项卡的字体选项组中设置字体的格式。

也可以单击字体选项组中的“对话框启动器”按钮，打开“设置单元格格式”对话框（或者右击单元格，在弹出的快捷菜单中选择“设置单元格格式”命令），选择“字体”选项卡，然后进行设置（见图 4-26）。

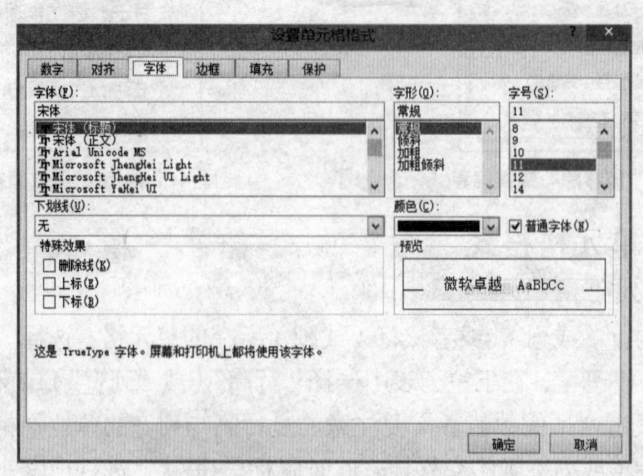

图 4-26 设置单元格字体格式

5．底纹

选定需要设置的单元格或单元格区域，选择“开始”选项卡→字体组中的“填充颜色”按钮，在其列表中选择一种色块即可。

也可以选定需要设置的单元格或单元格区域，单击“字体”选项组中的“对话框启动器”按钮，打开“设置单元格格式”对话框（或者右击单元格，在弹出的快捷菜单中选择“设置单元格格式”命令），切换到“填充”选项卡，选择“背景色”列表中相应的色块，并设置“图案颜色”与“图案样式”选项（见图 4-27）。

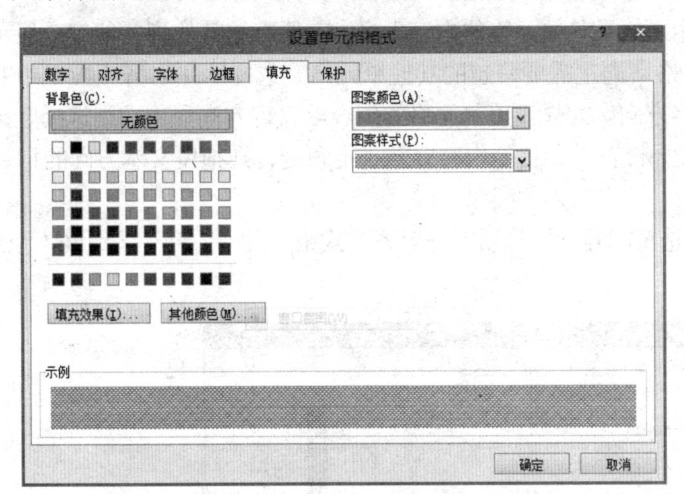

图 4-27　设置单元格底纹格式

6．边框线

选定需要设置边框格式的单元格或单元格区域，选择“开始”选项卡→字体组中“边框”按钮，在其列表中选择相应的选项即可，如图 4-28 所示。

也可以选择单元格或单元格区域，右击执行“设置单元格格式”命令，选择“边框”选项卡，在“样式”列表框中选择合适的线条样式，单击“颜色”下拉按钮选择相应的色块，然后选择“外边框”或者“内部”，依次对内、外边框线进行设置，通过“边框”的选项，可以添加或删减边框线，如图 4-29 所示。

图 4-28　边框列表

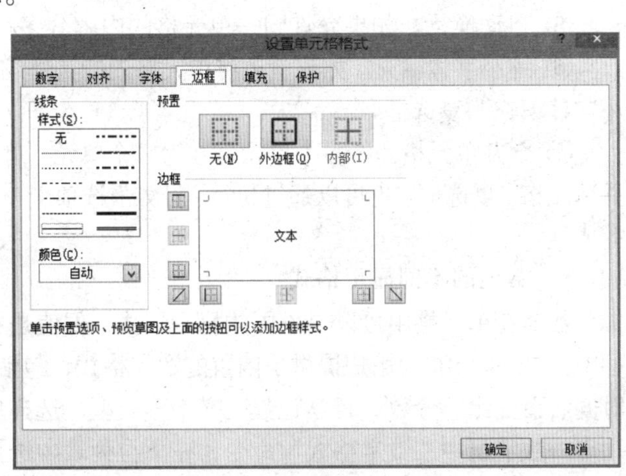

图 4-29　设置单元格边框

7．对齐方式

选定需要设置对齐方式的单元格（或单元格区域、行、列），单击“开始”选项卡对齐方式选项组中的“对话框启动器”按钮，打开“设置单元格格式”对话框（或者右击，在弹出的快捷菜单中选择“设置单元格格式”命令），选择“对齐”选项卡，然后进行设置。

① 单元格中水平方向的靠左、靠右或居中对齐方式，也可以使用“开始”选项卡对齐方式选项组中的文本左对齐、居中对齐、文本右对齐命令按钮来设置。

② 分散对齐。单元格的内容在水平方向均匀分布。

③ 跨列居中。如果某单元格的内容太多，需要跨越其他列才能完全显示，则以该单元格为最左侧的单元格，选定需要跨越的其他单元格，选择水平对齐下拉框中的“跨列对齐”。

④ 设置文字方向。如果设置单元格的内容沿垂直方向显示，则选择竖排的“文本”方向（见图 4-30），如果设置单元格的内容旋转一定角度，则拖曳文本方向的指针，调整为需要的角度。

也可以通过选择“开始”选项卡→对齐方式组中的“方向”按钮，在下拉列表选择文字的角度和方向，如图 4-31 所示。

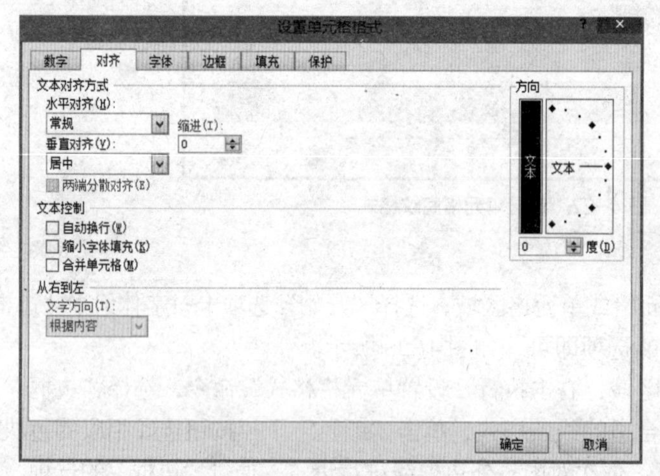

图 4-30　设置单元格对齐方式

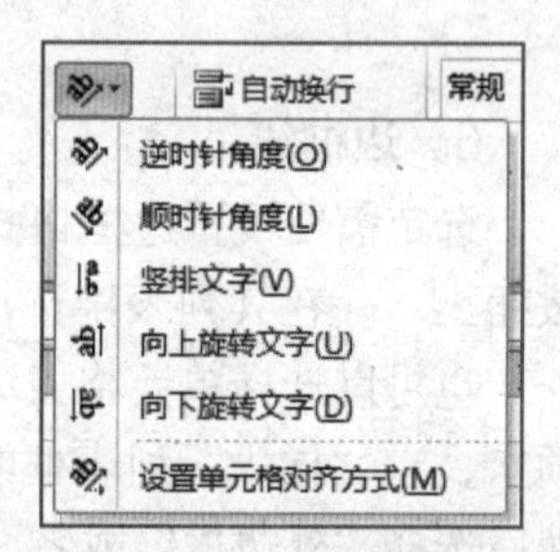

图 4-31　文字方向命令

⑤ 自动换行。如果允许同一单元格的内容分多行显示，则选定“自动换行”复选框。

⑥ 缩小字体填充。如果希望将单元格内的字体缩小至能容纳得下所有内容，则选定“缩小字体填充”复选框。

⑦ 合并单元格。将多个单元合并为一个单元。首先选定需要合并的单元，然后选定“合并单元格”复选框。也可以通过执行“开始”选项卡→对齐方式组中的“合并后居中”按钮完成。

8．数值的不同显示格式

数值在单元格中可以是不同的显示形式，但值是相同的，单元格中真实的值显示于编辑栏中。Excel 2010 为用户提供了内置的数字格式，包括常规、数值、货币、会计专用、日期、时间、百分比、分数、科学记数、文本等类型。选择单元格或单元格区域，执行“开始”选项卡→数字组中“数字格式”命令，在下拉列表中选择适合的数字格式，并设置数字的小数位数、百分百、会计货币格式等样式，如图 4-32 所示。

也可以选中单元格或单元格区域，单击鼠标右键，在弹出的快捷菜单中选择“设置单元格格式”命令，在弹出的“设置单元格格式”对话框中选择“数字”选项卡进行设置。其中，“特殊”分类包括邮政编码和电话号码之类的格式。各分类的选项则显示在“分类”列表的右边。在左边的分类框中将显示所有的格式，其中包括“会计专用”“日期”“时间”“分数”“科学记数”和“文本”等（见图 4–33）。

图 4–32　内置数字格式

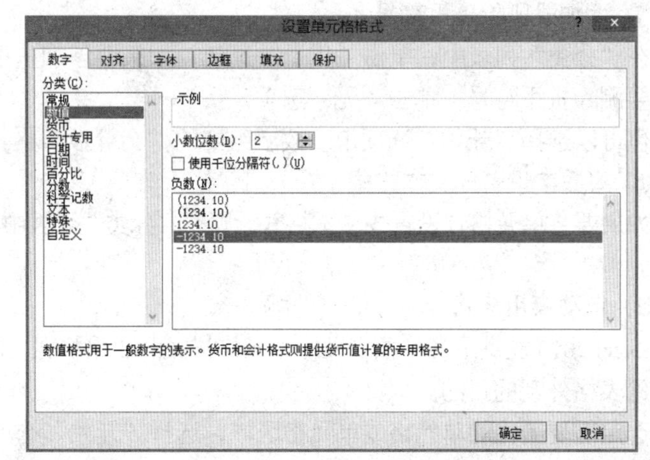

图 4–33　设置单元格数值显示格式

“常规”数字格式是默认的数字格式。大多数情况下，“常规”数字格式以输入的方式显示。但是，如果单元格的宽度不足以显示整个数字，则“常规”格式将对含有小数点的数字进行四舍五入，并对较大数字使用科学记数法。

常用的数字格式设置方法如下。

① 更改显示的小数位数。

在“分类”列表中，单击“数值”“货币”“会计专用”“百分比”或“科学记数”，然后在“小数位数”框中，输入要显示的小数位数。

也可以利用数字选项组上的“增加小数位数”命令按钮或“减少小数位数”命令按钮。

② 改变负数的显示格式。

可将负数的负号显示为括号、红色、红色带括号等。对于简单数字在“分类”列表中单击“数值”，对于货币在“分类”列表中单击“货币”，然后在“负数”框中，选择负数的显示样式。

③ 显示或隐藏千位分隔符。

有时为了方便读数，数值从小数点开始往左每隔 3 位添加一个千位分隔符（,），添加（或去除）的方法是：单击“分类”列表中的“数值”选项，选中或清除“使用千位分隔符（,）”复选框。

也可以选择“开始”选项卡→数字组中的“千位分隔样式”按钮。

④ 以分数或百分比形式显示数字。

若要将数字以分数形式显示，单击“分类”列表中的“分数”，然后单击要使用的分数类型。若要将数字以百分比形式显示，单击“分类”列表中的“百分比”，并在“小数位数”框中，输入要显示的小数位数。

也可以选择“开始”选项卡→数字组中的“百分比样式”按钮%。

⑤ 以科学记数法显示数字。

在“分类”列表中，单击“科学记数”。在“小数位数”框中，输入要显示的小数位数。

⑥ 改变日期或时间格式。

单击“分类”列表中的“日期”或“时间”，然后选择所需的格式。

⑦ 添加或删除货币符号。

在“分类”列表中，单击“货币”选项，如果要添加货币符号，从中选择所需的选项；如果要删除货币符号，单击“无”选项。

也可以选择“开始”选项卡→数字组中的“会计数字格式”按钮。

⑧ 将数字设置成文本格式。

如果要将单元格预设置成文本格式，则在“分类”列表中，单击“文本”，再单击“确定”按钮。

9．自动套用格式

Excel 2010 提供了多种预定义的单元格样式和表格样式，使用自动套用格式，从而实现快速美化表格外观的目的。

选定需要美化的单元格或单元格区域，选择“开始”选项卡→样式组中的“套用表格格式”按钮（见图 4-34）或“单元格样式”按钮（见图 4-35），在下拉列表中选择一种预定义样式，可以快速设置单元格格式。

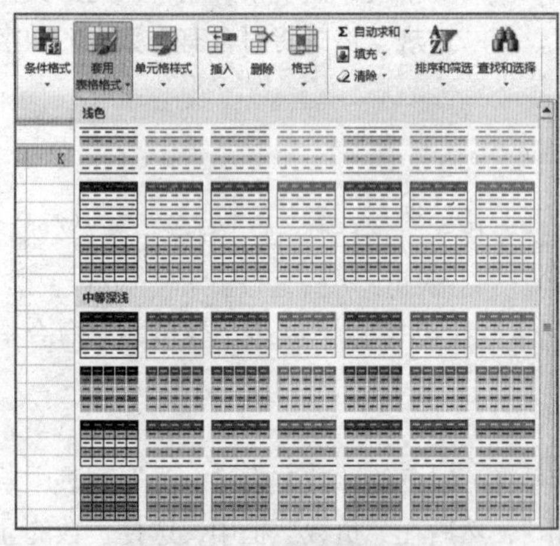

图 4-34　套用表格格式

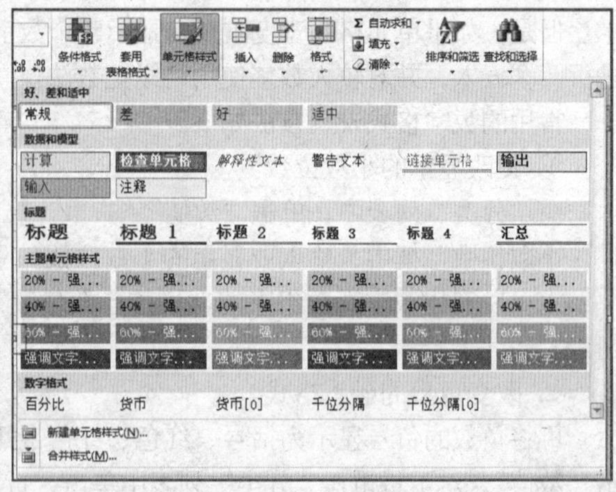

图 4-35　单元格样式

如果要将表格转换为普通的区域，选择“设计”选项卡→工具组中的“转换为区域”按钮，在弹出的对话框中单击“是”按钮。

10．条件格式

使用“条件格式”可以根据条件使用数据条、色阶和图标集，以突出显示相关单元格，强调异常值，以及实现数据的可视化效果。

选择要设置的数据区域，执行“开始”选项卡→样式选项组“条件格式”按钮，在下拉菜单中选择设置的条件，如图 4-36 所示。

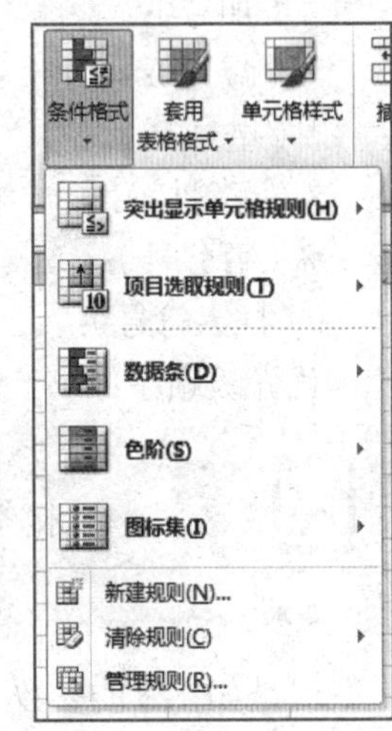

图 4-36 条件格式

① 使用“突出显示单元格规则”可以快速显示特定区间的特定数据，从而提高工作效率。可以突出显示大于、等于、小于某个值的数据的单元格，或突出显示包含某文本、日期的数据所在的单元格，满足指定条件的单元格可以设置填充底色、改变文本颜色或边框颜色。

②“项目选取规则”可以选取最大的 N 项或 N%项，也可选取高于或低于平均值的项目，然后突出显示其所在单元格。

③ 数据条可以帮助用户查看表格中各单元数据值之间的对比关系，数据条的长度代表单元格中数据的值，数据条越长，代表数据越大，而数据条短，则代表的数值越小。

④ 色阶功能可以利用颜色变化来表示单元格中数据的高低。

⑤ 图标集用于注释数据，大体分为方向、形状、标记、等级 4 类，并按照阈值将数据分成 3—5 个类别，每个图标代表一个数据范围。

4.3 数据计算

Excel 2010 的一个重要功能是计算，而计算通常由公式实现。公式是对工作表中的数据进行计算的等式，由参数及运算符组成，公式输入单元格后，单元格显示其结果，编辑栏显示公式。

4.3.1 编辑公式

1．输入公式

公式以“=”开头为引导（注意这个“=”并非都是“等于”的意思），由参与计算的参数及运算符构成。

输入公式前先要选定目标单元，然后以“=”开头进行输入。

在输入公式时要注意以下几点。

① 公式中可使用英文半角圆括号“()”改变运算顺序，但不能使用方括号“[ ]”或大括号“{ }”。

② 平常的算式需要转化成符合 Excel 要求的公式进行输入。

公式中的参数可以是以下几种。

① 常数。包括数值常数及字符常数，如果是字符常数要加上英文半角的双引号，例如（"AAA"）

② 单元格引用。如果常数存放于单元格中，在公式中尽量用单元格而不用常数。

③ 函数。函数是一些预定义的公式，它的结果作为公式的参数。

在单元格中输入单元格引用参数时，可以直接输入单元格或单元格区域的地址，也可以使用鼠标选定单元格或单元格区域，其地址将自动输入。

2．运算符

在 Excel 2010 中，公式通常需要使用运算符，公式中所使用的运算符以下几种。

（1）算术运算符

如果要完成基本的数学运算，如加法、减法和乘法等，则使用这些算术运算符。

+（加号）：　加法运算。　例如，=2+2，　结果为“4”；

-（减号）：　减法运算。　例如，=3-1，　结果为“2”；

*（星号）：　乘法运算。　例如，=2*3，　结果为“6”；

/（正斜杠）：　除法运算。　例如，=6/3，　结果为“2”；

%（百分号）：　百分比。　例如，=30*10%，　结果为“3”；

^（插入符号）：　幂乘运算。　例如，=2^3，　表示 2 的 3 次方，结果为“8”。

优先级顺序：（负号）→ % → ^ → *、/ → +、（减号）。

算术运算符不能应用于字符型数据，否则显示错误信息“#VALUE!”。

但是如’123 的参数（字符型数字），当被用于算术运算时则当作数值型看待。

例如，A1 单元格的数据为’23，在 A2 单元格输入：=A1+1，则 A2 显示结果为“24”。

（2）文本连接运算符

使用和号“&”连接字符或字符串，结果是字符串，公式的参数如果是字符型数据，如字符与字符串，则必须加英文的半角双引号（""）。

例如，="North"&"wind"，结果为“Northwind”。

（3）比较运算符

可以使用下列运算符比较两个值。当用运算符比较两个值时，结果是一个逻辑值，即不是“TRUE”就是“FALSE”。

=（等号）　等于。　例如，=2=2，结果为“TRUE”；

>（大于号）　大于。　例如，=2>2，结果为“FALSE”；

<（小于号）　小于。　例如，=2<2，结果为“FALSE”；

>=（大于等于号）　大于或等于。例如，=2>=2，结果为“TRUE”；

<=（小于等于号）　小于或等于。例如，=2<=2，结果为“TRUE”；

<>（不等号）　不相等。　例如，=2<>2，结果为“FALSE”。

输入比较运算符时要注意，必须是在英文半角的状态下输入。

比较运算符运算优先级均相同，使用比较运算符的参数一般为数值型，“=”或“<>”亦用于字符型与逻辑性。公式成立则结果为“TRUE”，不成立则为“FALSE”。

（4）引用运算符

使用以下引用运算符可以将单元格区域合并计算。

:（冒号）　区域运算符，结果是包括在两个引用单元格区域之间的所有单元格的引用。例如，B5:B15；

,（逗号）　联合运算符，结果是多个引用单元格区域合并为一个引用。例如，(B5:B15, D5:D15)；

（空格）　交叉运算符，结果是两个引用单元格区域共有单元格的引用。例如，(B7:D7 C6:C8)。

3．运算次序

（1）运算符优先级

如果公式中同时用到多个运算符，Excel 2010 将按如下所示的顺序进行运算。

-（负号）、%、^、*和 /、+和　（减号）、&、比较运算符（=、<、>、<=、>=、<>）。如果公式中包含相同优先级的运算符，例如，公式中同时包含乘法和除法运算符，则从左到右进行计算。

（2）使用括号

若要更改运算过程的顺序，可将公式中要先计算的部分用括号括起来。例如，=(B4+25)/SUM(D5:F5)，公式的第一括号表明应首先计算 B4+25，然后再除以单元格 D5、E5 和 F5 中数值的和。

4.3.2 复制公式

1．公式复制与填充

单元格内的公式复制、填充方法，与一般的单元格复制、填充方式一样。最简单的方法是通过拖动公式单元右下角的填充柄，或者双击填充柄。但是如果公式有单元格引用的话，则公式复制与填充涉及引用类型的问题。

如果希望仅是复制公式单元格里的值，而非公式，则通过“选择性粘贴”进行操作。

2．相对引用

组成公式计算部分的参数可以是常数，但用得较多的是单元格引用，即公式的计算部分是单元格地址。

【例 4-4】如图 4-37 示的工作表，在 B2 单元格输入：=A2+B1，则返回“5”，也就是“2+3”的值。

当将 B2 单元格的公式复制到 B3 单元格后，B3 单元格的结果为“8”。当鼠标选定 B3 单元格后，还可以发现编辑栏显示的公式为“=A3+B2”，而不是“=A2+B1”！之所以如此，是因为此时单元格引用是相对引用，也就是所引用的单元格地址，只不过是一种相对位置。

B2　fx =A2+B1

	A	B	C	D
1	1	3		
2	2	5		
3	3			
4	4			
5	5			
6	6			

图 4-37　工作表的相对引用

在 B2 单元格输入：=A2+B1，其含义相当于：该单元格的返回值为其左边的单元格值加其上面的单元格值。当该公式复制到 B3 单元格后，其含义不变，因此该单元格的公式为“A3+B2”。

3．绝对引用

如果公式引用的单元格位置是绝对引用保持不变的，即使公式复制到其他单元格也是绝对不变的，则需要绝对引用。绝对引用的单元格形式是：在行标与列标前加“$”符号，如“$A$1”。

4．混合引用

混合引用就是引用绝对列和相对行，或是引用绝对行和相对列。混合引用类似“$A1”或“A$1”的形式。如果公式所在单元格的位置改变，则相对引用改变，而绝对引用不变。如果复制公式，相对引用自动调整，而绝对引用不作调整。

5．引用类型的判别

选定公式中单元格引用参数，连续按“F4”键可以循环改变引用的类型。单元格的引用类型的判断可以通过以下方法。

① 如果公式仅需要复制到同一行或者同一列，则可以列出前两个公式，看看这两个公式是否有相同的单元格引用参数，如果有，则该单元格引用为绝对引用。

例如，在图 4-38 所示的工作表，要计算各月业绩在上半年所占比例，则 C3 单元格的公式为：=B3/B9，C4 单元格的公式为：=B4/B9，这两个公式引用了相同的 B9 单元格，因此，在 C3 单元格的公式应为：=B3/$B$9，然后将这个公式复制到 C4:C8 单元格区域。

② 如果公式需要复制到不止一行或一列的区域，则首先列出该区域左上角单元格的公式，再列出该单元格右下角相邻的单元格的公式，比较两个公式，如果有不变的行（或列），则在该行（或列）前加上“$”符号；否则不需添加。

COUNTIF　=B3/$B$9

	A	B	C	D
1	上半年业绩统计表			
2	月份	业绩(万元)	所占比例	
3	一月	140	=B3/$B$9	
4	二月	145		
5	三月	150		
6	四月	160		
7	五月	169		
8	六月	181		
9	合计	945		

图 4-38　工作表的绝对引用

【例 4-5】制作九九乘积表。

① 首先列出 B3 单元格的公式为：=B2*A3。

② 再列出 C4 单元格的公式为：=C2*A4。

③ 比较以上两个公式，在不变行（或列）标前加上“$”符号，即在 B3 单元格输入的公式为：=B$2*$A3。

④ 将 B3 的公式通过拖曳复制到 C3:J3 单元格区域。

⑤ 选定 B3:J3 单元格区域的填充柄，拖曳复制到 B4:J11 单元格区域（见图 4-39）。

B3　=B$2*$A3

	A	B	C	D	E	F	G	H	I	J
1	九九乘积表									
2		1	2	3	4	5	6	7	8	9
3	1	1	2	3	4	5	6	7	8	9
4	2	2	4	6	8	10	12	14	16	18
5	3	3	6	9	12	15	18	21	24	27
6	4	4	8	12	16	20	24	28	32	36
7	5	5	10	15	20	25	30	35	40	45
8	6	6	12	18	24	30	36	42	48	54
9	7	7	14	21	28	35	42	49	56	63
10	8	8	16	24	32	40	48	56	64	72
11	9	9	18	27	36	45	54	63	72	81

图 4-39　九九乘积表

6．公式的移动

当公式移动后，所引用的单元格参数不变。

7．单元格引用的移动

公式所引用的单元格（不论是相对引用还是绝对引用、混合引用）移动后，则公式会自动作相应改变，但返回值不会改变。

【例 4-6】如图 4-37 所示的工作表，在 B2 单元格输入：=A2+B1，返回值为“5”。将 B1 单元格移动到 F6 单元格后，B2 单元格的公式变为“A2+ F6”，但返回值仍然为“5”。

4.4　函数应用

4.4.1　函数概述

在使用公式时，只有前面介绍的几种运算符是不够的，函数可以增强公式的计算功能。事实上，函数是 Excel 2010 中最灵活的功能。函数是一些预定义的公式，通过使用一些称为参数的特定数据来按特定的顺序或结构执行计算。函数可用于执行简单或复杂的计算。例如，=MOD(A1,2)，=PI( )*3*3。

函数的格式：函数名（参数 1，参数 2……）。函数的参数可以是一个或多个，也可以没有参数。参数可以是常量（如 1、3.1415927 等）、单元格引用（如 A2、A2:B5 等）、公式（如 A2*5%）。函数可以嵌套使用，也就是说函数的参数也可以是包含函数的公式，例如：=ROUND(PI( )*3*3, 2)。

本章选择一些工作中经常使用的函数进行讲解，其中数据库函数在 4.6 节介绍。在学习函数的过程中，要善于举一反三，善于利用 Excel 2010 软件提供的帮助系统进行学习。

函数的输入方法有以下三种。

方法一：直接输入，就像输入其他普通的数据一样，但如果函数单独使用，要以等号“=”开始。直接输入函数需要对函数比较了解，在输入过程中会有相应的提示。

方法二：选择“公式”选项卡→函数库组中的“插入函数”按钮 *fx*，或者单击编辑栏旁边的“插入函数”按钮 *fx*，打开“插入函数”对话框，再根据对话框的提示输入。在“插入函数”对话框中可以发现，函数分为“财务”“日期与时间”“数学与三角函数”“统计”“查找与引用”“数据库”“文本”“逻辑”“信息”“工程”“多维数据集”和“兼容”这 12 大类、300 多个函数。而“常用函数”指的是本计算机最近使用过的函数，并非是工作中的常用函数（见图 4-40）。

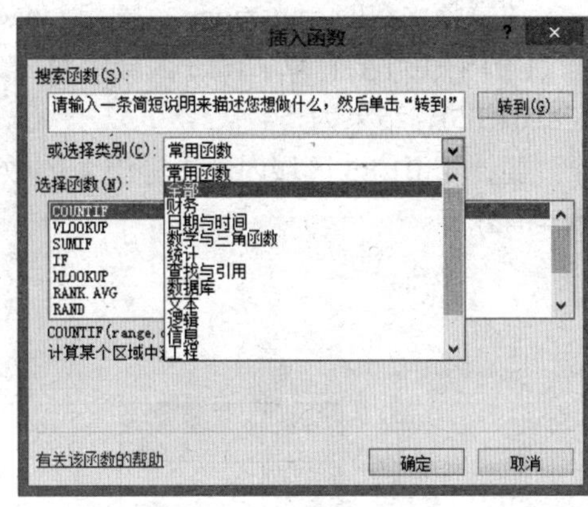

图 4-40　插入函数

方法三：切换到“公式”选项卡，在函数库选项组中单击某个函数分类，从弹出的下拉菜单中选择所需的函数。

4.4.2　使用函数的注意事项

① 要清楚函数的名称及其作用，不要将英文拼错，一些英文拼写相近的函数不要混淆（例如 COUNT 与 COUNTA）。

② 要明白函数的参数及其数据类型。要留意插入函数时弹出的“函数参数”对话框中对参数的说明，参数引用的是单元格还是区域。

③ 要清楚函数的返回值（即结果）是什么数据类型，什么意义，尤其要注意文本函数。

④ 在编辑栏输入包含函数的公式时，注意不要鼠标单击其他无关的单元格，否则容易出错。编辑完成后按“Enter”键退出。

⑤ 在输入公式时，注意将输入法设置为英文输入法，不要设为中文输入法。

⑥ 相似功能的函数，要理解其使用的场合。例如，SUM：求和；SUMIF：条件求和，其条件仅涉及数据库的一个字段；DSUM：数据库求和，条件涉及数据库的两个及以上字段时，使用该函数。

4.4.3　数学和三角函数

1．ABS (number)

返回 number 参数的绝对值。

【例 4-7】=ABS(−3)，结果为“3”。

2．SUM (number1，number2，…)

结果为所有参数 number1, number2, …的和。

当参数为逻辑值，则 FALSE 转化为“0”，TURE 转化为“1”，如果是字符型的数值，也会计算在内。

【例 4-8】=SUM("3", TRUE, 5)，结果为“9”。

但是如果参数为引用坐标，则仅计算数值型的数据，不计算空白单元格、逻辑值、字符型的数值。

【例 4-9】=SUM(A1:A3)，结果为“5”（见图 4-41）。

3．SUMIF (range，criteria，sum_range)

条件求和函数，计算 range 范围内符合 criteria 条件的单元格所顺序对应 sum_range 范围内的单元格的数值总和。如果省略 sum_range 参数，则对 range 参数区域进行计算。

注意该函数的 sum_range 范围与 range 范围所对应的单元格数目是相等的。

【例 4-10】要计算 A1:A5 区域中对应 B1:B5 区域中为“红”的数值总和:=SUMIF(A1:A5, "红", B1:B5)，结果为“4”。

要计算 B1:B5 区域内大于等于 4 的数值总和：=SUMIF(B1:B5, ">=4")，结果为“9”（见图 4-42)。

	A
1	3
2	TRUE
3	5

图 4-41 【例 4-9】数据

	A	B
1	红	1
2	蓝	2
3	红	3
4	蓝	4
5	蓝	5

图 4-42 【例 4-10】数据

4．PRODUCT (number1, number2, ⋯.)

结果是所有参数 number1,number2,⋯相乘的积。

当参数为逻辑值，则 FALSE 转化为“0”，TURE 转化为“1”，如果是字符型的数值，也会计算在内。

但如果参数为数组或引用坐标，只有其中的数值型数据会被计算，而忽略空白单元格、逻辑值、文本或错误值，这个规则类似 SUM 函数。

5．INT (number)、TRUNC (number, num_digits) 与 ROUND (number, num_digits)

INT 函数是将 number 参数向下取整为最接近或相等的整数，注意不是四舍五入。

【例 4-11】=INT(−88.88)，结果为“−89”；=INT(88.88)，结果为“88”。

TRUNC 函数是将 number 参数按 num_digitsg 参数的位数进行截取，注意不进行四舍五入。如果 num_digitsg 参数省略，则取默认值为“0”，即截取整数部分。

如果 num_digits 大于 0，则截取到指定的小数位。

【例 4-12】=TRUNC(88.88, 1)，结果为“88.8”。

如果 num_digits 等于 0，则截取整数部分。

【例 4-13】=TRUNC(88.88)，结果为“88”；=TRUNC(−88.88)，结果为−88。

如果 num_digits 小于 0，则在小数点左侧进行截取。

【例 4-14】=TRUNC(88.88, −1)，结果为“80”。

需要指出的是，Microsoft Excel 2010 帮助系统中关于“TRUNC”函数的说明“函数 TRUNC 直接去除数字的小数部分，而函数 INT 则是依照给定数的小数部分的值，将其四舍五入到最接近的整数。”其实是错误的，因为 TRUNC 函数并非仅仅可以直接除去小数部分，而 INT 函数取整也不四舍五入。

ROUND 函数是对 number 参数按 num_digitsg 参数的位数进行四舍五入，注意此参数不能省略，没有默认值。

如果 num_digits 大于 0，则四舍五入到指定的小数位。

【例 4-15】=ROUND(88.88, 1)，结果为“88.9”。

如果 num_digits 等于 0，则四舍五入到最接近的整数。

=ROUND(88.88, 0)，结果为“89”。

如果 num_digits 小于 0，则在小数点左侧进行四舍五入。

=ROUND(88.88, -1)，结果为“90”。

注意以上函数的 number 参数是单元格，不是区域。

6．MOD (number, divisor)

返回 number 参数除以 divisor 参数的余数，结果的正负号与除数相同。

【例 4-16】=MOD（3, 2），结果为“1”；=MOD（-3, 2），结果为“1”；=MOD（3, -2），结果为“-1”。

要求判断 A1 单元格内的数值是否为偶数，若是，返回“TRUE”；反之则返回“FALSE”，则可以输入公式：=MOD(A1,2)=0

7．SQRT (number)

结果是 number 的平方根，等同于(numbe)^(1/2)。

【例 4-17】=SQRT(4)，即=4^(1/2)，结果为 2。

8．PI ( )

返回数值 3.14159265358979，即圆周率π，但显示为 3.141592654。注意不要漏了函数名后面的括号。

【例 4-18】求半径为 1 的圆的面积，则公式为=PI()*(1^2)。

9．RAND ( )

随机产生一个大于等于 0 及小于 1 的数，注意产生的随机数可以等于 0，但不会等于 1。每次打开工作簿时都会更新结果。

【例 4-19】要随机生成一个 a 与 b 之间的整数，则公式为=INT(RAND()*(b-a+1))+a。

10．SIN (number)

返回给定弧度 Number 的正弦值。如果参数的单位是度，则可以乘以 PI( )/180 或使用 RADIANS 函数将其转换为弧度。

例如，求 30 度（即弧度为π/6）的正弦值，则可以输入以下公式之一。

=SIN(PI()/6)

=SIN(30*PI()/180)

=SIN(RADIANS(30))

4.4.4 统计函数

1．AVERAGE (number1，number2，…)

求算术平均值。注意不要与 AVERAGEA 函数混淆。

如果参数引用的单元格内有文本、逻辑值，或者是空白的单元格，则这些单元格忽略不计。

【例 4-20】=AVERAGE(A1:A4)，结果为“4”，即（3+4+5）/3=4，A3 是空白单元格，忽

略不算（见图 4-43）。

2．COUNT(value1，value2，…)与 COUNTA(value1，value2，…)

都是用于计数。COUNT 函数是计算引用参数内，单元格数据类型为数值型的单元格个数，而 COUNTA 函数是计算引用参数内非空单元格的个数（注意：如果单元格内有空格，则不是非空单元格），不考虑单元格是什么数据类型。通常使用的是 COUNTA 函数。

【例 4-21】=COUNT(A1:A4)，结果为“2”；COUNTA(A1:A4)，结果为“3”。其中 A3 为空白单元格，A4 为文字型（见图 4-44）。

	A
1	3
2	4
3	
4	5

图 4-43 【例 4-20】数据

	A
1	3
2	4
3	
4	’5

图 4-44 【例 4-21】数据

要注意区分 SUM 函数与 COUNTA 函数的功能区别，SUM 函数是把单元格内的数据求总和，而 COUNTA 函数是计算非空的单元格有多少个。

3．COUNTIF(range，criteria)

条件计数函数，计算在 range 范围内符合 criteria 条件的单元格数目。criteria 参数必须能在 range 范围内匹配，否则返回值为“0”。

实际上，criteria 参数是输入比较条件式，即带有“=”“<”“>”关系运算符，而“=”通常省略。

【例 4-22】要计算 A1:A5 内大于等于 4 的单元格个数，则输入公式=COUNTIF(A1:A5, ">=4")，结果为 2（见图 4-45）。

	A
1	1
2	2
3	3
4	4
5	5

图 4 - 45 【例 4-22】数据

4．MAX(number1，number2，…)与 MIN(number1，number2，…)

MAX 函数是返回参数中的最大值，而 MIN 函数则是返回参数中的最小值。

如果参数是数组或引用，则 MIN 函数忽略空白单元格、逻辑值、文本或错误值，仅使用其中的数字。如果参数中不含数字，则 MIN 函数返回 0。

5．LARGE(array，k)与 SMALL(array，k)

LARGE 函数返回参数 array 数据区域或数组中的第 k 个最大值；SMALL 函数返回参数 array 数据区域或数组中的第 k 个最小值。

【例 4-23】假设 array 区域中有 n 个数值，则函数 LARGE(array,1)或 SMALL(array,n)返回最大值，函数 LARGE(array,n)或 SMALL(array,1)返回最小值。

6．RANK(number，ref，order)

求 number 参数在 ref 范围内的排位，order 参数指排位的方式，当取“0”、FALSE 或省略时，则按降序排列；当取非“0”值或 TRUE 时，则按升序排列。

函数 RANK 对重复数值的排位结果也相同，但重复数会影响后续数值的排位。

【例 4-24】在一系列按升序排列的数值，如果数值 10 出现两次，其排位均为 5，则下一个比 10 大的数值排位为 7（没有排位为 6 的数值）。

7. FREQUENCY(data_array, bins_array)

按照 bins_array 参数设置的间隔，计算 data_array 参数所在数据的频率分布，属于统计函数，该函数相对于其他函数比较特殊。

① bins_array 参数是间隔点，在同一列中输入，要从小到大设置，所表示的范围是小于或等于。

② 在输入公式之前要选定一个区域，比 bins_array 参数多一个单元格。

③ 公式输入完成后要按“Ctrl+Shift+Enter”组合键，而不是按“Enter”键。

【例 4-25】统计下表中 60 分以下（即不及格）、60-69 分、70-79 分、80-89 分、90-99 分、99 分以上的学生人数，步骤如下。

① 在 C2:C6 依次输入间隔点 59、69、79、89、99，注意不是 60、70、80、90、100，因为每个间隔点的含义是小于或等于，如果设置为 60 而不是 59 的话，会将 60 分统计为不及格。

② 选择 D2:D7 区域。

③ 在编辑栏输入=FREQUENCY(B2:B9, C2:C6)。

④ 按“Ctrl+Shift+Enter”键。结果显示在 D2:D7 区域，其中 D7 单元格指的是 99 分以上的学生人数（见图 4-46）。

	A	B	C	D
1	姓名	分数		
2	佟霄	59	59	2
3	李军	60	69	2
4	黄天	45	79	1
5	陈东	88	89	1
6	张莉	100	99	1
7	王胜	75		1
8	吴根	96		
9	黎湖	65		

图 4-46 【例 4-25】数据

4.4.5 财务函数

1. PMT(rate, nper, pv, fv, type)、PV(rate, nper, pmt, fv, type)、FV(rate, nper, pmt, pv, type)、NPER(rate, pmt, pv, fv, type)、与 RATE(nper, pmt, pv, fv, type, guess)

这五个函数各参数的含义如下。

① rate 参数为利率，注意该利率要与支付间隔期对应，例如，每月付款则按月利率计算（将年利率除以 12）。

② nper 参数是支付间隔期的总数，注意其单位要与支付间隔期对应，例如，如果是按月付款，则是多少个月。

③ pmt 参数是各期应支付的金额。

④ pv 参数是现值，也称为本金。

⑤ fv 参数是未来值，或在最后一次支付后希望得到的现金余额，如果省略 fv，则默认为“0”，也就是一笔贷款的未来值即为 0。

⑥ type 参数是取 1 或 0，分别用以指定各期的付款时间是在期初还是期末，默认值为“0”。

⑦ guess 参数是预期利率。如果省略预期利率，则假设该值为 10%。如果函数 RATE 不收敛，则需要修改 guess 的值。通常当 guess 在 0 到 1 之间时，函数 RATE 才收敛。

这五个函数用于计算货币的时间价值的相关运算，用法如下。

① PMT 函数是基于固定利率及等额分期付款方式，求每期付款额。

【例 4-26】假设购房贷款年利率为 6.12%，如果要贷款 30 万元，分 20 年还清，采用等额本息还款法（即每月以相等的金额偿还贷款本金和利息），月末还款，每月需要还多少？

公式：=PMT(6.12%/12, 20*12, 300000)，结果为“−2170.11”，即每月要支付 2170.11 元。（负数时表示支付，下同）。

② PV 函数可以计算为了日后定期有相同的收益，现在需要一次付出的投资总额，相当于整存零取。

【例 4-27】假设整存零取 5 年期的年利率为 2.25%，如果希望 5 年内每月月末能取回 500 元，需要现在存入多少本金？

公式为：=PV(2.25%/12, 5*12, 500)，结果为“−28348.94”，也就是需要存入本金−28348.94 元。

假设购房贷款年利率为 6.12%，如果每月能还贷 2170.11 元，分 20 年还清，月末还款，能贷多少钱？

公式为：=PV(6.12%/12,20*12,−2170.11)，结果为“299999.53”。

③ FV 函数是基于固定利率及等额分期付款方式，求未来收益，相当于零存整取。

【例 4-28】假设零存整取 5 年期的年利率为 2.25%，如果希望从现在开始 5 年内每月月末存款 500 元，5 年后能取回多少钱？

公式为：=FV(2.25%/12, 5*12,−500)，结果为“31721.17”。

④ NPER 函数是基于固定利率及等额分期付款方式，求分期付款的总期数。

【例 4-29】假设购房贷款年利率为 6.12%，如果要贷款 30 万元，采用等额本息还款法（即每月以相等的金额偿还贷款本金和利息），每月月末还款 2170.11 元，需要还贷多少个月？共多少年？

公式为：=NPER(6.12%/12,−2170.11,300000)，结果为“240.0007329”，单位是“月”，即 20 年。

⑤ RATE 计算结果返回年金的各期利率。函数 RATE 通过迭代法计算，可能无解或有多个解。如果在进行了 20 次迭代计算后，相邻的两次结果没有收敛于 0.0000001，那么将返回错误值#NUM。

【例 4-30】假设购房贷款总额为 30 万元，采用等额本息还款法（即每月以相等的金额偿还贷款本金和利息），每月月末还款 2170.11 元，共还贷 20，则利率为多少？

公式为：=RATE(20*12,−2170.11,300000)，结果为 0.5100%，这是月利率。年利率需要乘以 12，即 0.5100%*12=6.12%。

4.4.6 日期与时间函数

1. DATE(year, month, day)

结果是 year 年 month 月 day 日对应的日期。Microsoft Excel 将 1900 年 1 月 1 日设为“1”，

次日设为“2”，依此类推，以后的每个日期对应一个序列数。可以将序列数看做是该日期是从 1900 年 1 月 1 日数过来的第几天。

输入日期时用连字符（-）或正斜杠（/）分隔日期的年、月、日部分，可以发现输入日期后单元格右对齐，可见日期实际上也是数值型数据，但在单元格里可以显示为不同的形式，例如键入“2016-6-1”或“2016/6/1”，如果希望显示为序列数“42522”，则选择“开始”选项卡→数字组中的“数字格式”按钮，选择“常规”。如果输入的 month 值超出了 12，day 值超出了该月的最大天数时，函数会自动顺延。

【例 4-31】=DATE(2015, 15, 33)，结果为“2016/4/2”。

2．TIME (hour，minute，second)

结果是 hour 时 minute 分 second 秒时刻对应的时刻。如果所在的单元格数字格式设为“常规”，则结果显示为该时刻对应的数值。

Microsoft Excel 使用 0 到 0.99999999 之间的数值，代表从 0:00:00（12:00:00 AM）到 23:59:59（11:59:59 PM）之间的时刻。

【例 4-32】=TIME(6, 0, 0)，结果为“06:00 AM”。

3．YEAR (serial_number)、MONTH (serial_number) 与 DAY (serial_number)

分别返回序列数的年、月、日的数值。

4．HOUR (erial_number)、MINUTE (erial_number) 与 SECOND (erial_number)

分别返回序列数的时、分、秒的数值。

5．NOW( )

返回当前日期和时间。如果预先将所在的单元格数字格式设为“常规”，则显示为所对应的序列号，小数点左边的数表示日期，右边的数表示时间。

【例 4-33】如果没有对单元格作任何设置，输入公式为：=NOW()，结果为“2006-3-25 13:35”。

这个值在不同的时间输入会有不同的值，但一旦输入，不会随时更新，除非重新计算。

注意输入函数时不要漏了一对括号。

6．TODAY( )

返回当前日期。如果预先将所在的单元格的格式为“常规”，则结果显示为序列号。如果没有对单元格作任何设置，则显示形式为日期。

4.4.7 文本函数

1．LEFT (text，num_chars) 与 RIGHT (text，num_chars)

这两个函数都是对 text 参数截取子字符串，LEFT 函数是从左起截取 num_chars 个字符，而 RIGHT 函数是从右起截取 num_chars 个字符，省略 num_chars 参数则默认为“1”。注意 text 参数如果是字符型的话，需要用双引号括起来，如果是引用坐标则不需要。

【例 4-34】=LEFT("abcd")，结果为“a”。

2．MID (text, start_num, num_chars)

返回字符串参数 text 中从 start_num 位置开始的 num_chars 个字符。

【例 4-35】如果 A1 单元中的数据为“Microsoft Office”，

公式为：=MID(A1,6,4)，结果为“soft”；

公式为：=MID(A1,10,6)，结果为“Office”，注意不要忘了空格也是字符。

3. FIND (find_text, within_text, start_num) 与 SEARCH (find_text, within_text, start_num)

这两个函数都是从字符串中查找子字符串，find_text 是要查找的子字符串，是在 within_text 中查找，从第 start_num 个字符开始寻找，如果可以找到，则结果是第一个找到的子字符串 find_text 第一个字符所在位置；如果找不到，则返回“#VALUE”错误值。注意该函数的结果是数值，而不是字符。

注意 FIND 函数与 SEARCH 函数的异同，两者的参数与返回值类型相同，区别在于：

① FIND 函数区分字符的大小写，而 SEARCH 则不区分。

② FIND 函数的 find_text 参数不能使用通配符（即？表示任意一个字符，*表示任意字符串），而 SEARCH 则可以。

【例 4-36】如果 A1 单元中的数据为“Microsoft Office”，

公式为：=FIND("O",A1,1)，结果为“11”；

公式为：=SEARCH("O",A1,1)，结果为“5”。

4. FIXED (number，decimals，no_commas) 与 VALUE (text)

FIXED 函数是将数值 number 转化为文本型数据，并且四舍五入保留 decimals 位小数。如果 no_commas 取为“FLASE”，则整数部分自右向左，每隔 3 位添加一个逗号相隔；如果 no_commas 取为“TRUE”，则不加逗号。

decimals 参数默认值为 2，no_commas 参数默认值为“FLASE”。

【例 4-37】=FIXED(1234567.3456789, 6)，结果为 1, 234, 567.345679。

与 FIXED 作用相反的函数是 VALUE 函数，VALUE 函数是将一个代表数值的字符串转换为数值型数据，text 参数如果是文本的话需要加双引号。

【例 4-38】=VALUE("$100")，结果为 100。

5. TEXT (value, format_text)

TEXT 函数是将数值型参数 value 转换为按指定数字格式显示的文本。Format_text 参数为“单元格格式”对话框中“数字”选项卡上“分类”框中的文本形式的数字格式，其形式可以在“分类”框中选择“自定义”，根据“类型”文本框显示的格式设置（见图 4-47）。

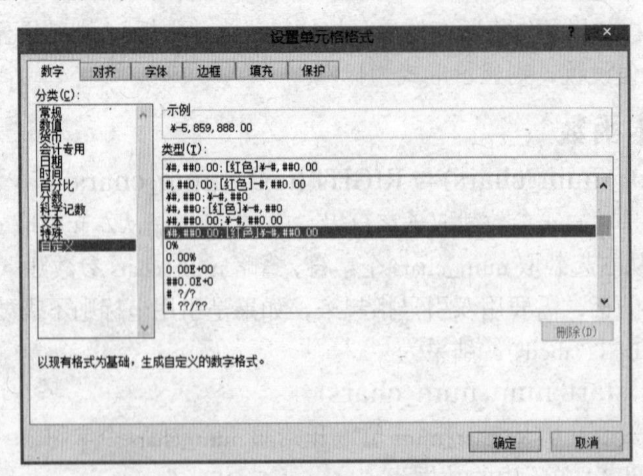

图 4-47　数值单元格格式

【例 4-39】在 A1 单元格输入“-5859888”，在 A2 单元格输入公式：=TEXT(A1,"￥#,##0.00")，结果在 A2 单元格显示文本“-￥5,859,888.00”。

通过“格式”菜单调用“单元格”命令，然后在“数字”选项卡上设置单元格的格式，只会更改单元格的格式而不会影响其中的数值。而使用 TEXT 函数可以将数值转换为带格式的文本，而其结果将不再作为数字参与计算。

6．TRIM(text)

可以清除 text 文本中所有的空格。但是会保留英文字符串之间的单个空格。通常从其他应用程序中获取的数据会带有不规则的空格，有可能导致数据不匹配，则常常使用此函数进行消除空格。

UPPER(text)　将文本字符串 text 中的所有小写字母转换为大写字母。

LOWER(text)　将文本字符串 text 中的所有大写字母转换为小写字母。

PROPER(text)　将文本字符串 text 的首字母（或者是任何非字母字符之后的首字母）转换成大写。将其余的字母转换成小写。

4.4.8　逻辑函数

1．NOT(logical)

对参数求相反的逻辑值，即如果参数值为 FALSE，则 NOT 函数返回“TRUE”；如果参数值为 TRUE，则 NOT 函数返回“FALSE”。

【例 4-40】=NOT(1)，结果为“FALSE”；

=NOT(1+1=1)，结果为“TRUE”。

2．AND(logical1，logical2，...)与 OR(logical1，logical2，...)

（1）AND 函数，在所有参数中，只要有一个参数的逻辑值为 FALSE，则结果为“FALSE”；如果所有参数的逻辑值都为 TRUE，结果才为“TRUE”。

（2）OR 函数，在所有参数中，只要有一个参数的逻辑值为 TRUE，则结果为“TRUE”；如果所有参数的逻辑值都为 FALSE，结果才为“FALSE”。

这两个函数的参数必须能计算为逻辑值（TRUE 或 FALSE），如果引用参数中包含文本或空白单元格，则这些单元格会被忽略不计。

需要特别注意的是，对于数值的逻辑值，如果数值为“0”，则逻辑值为“TRUE”，否则为“FALSE”。

【例 4-41】要表示“70>A1>80”，则需要输入“AND(A1<70, A1>80)”。

3．IF(logical_test，value_if_true，value_if_false)

logical_test 参数是一个结果为 TRUE 或 FLASE 的表达式，如果其结果为 TRUE，则该函数返回 value_if_true 参数的值，或者执行 value_if_true 参数的表达式；如果其结果为 FLASE，则返回 value_if_false 参数的值，或者执行 value_if_false 参数的表达式。可以用图 4-48 的二叉树来表示。按照这个二叉树，可以对应写出 IF 函数的公式。

【例 4-42】判断 A2 单元格里的成绩是否达到 60 分，达到则在 A3 单元格显示“及格”，否则显示“不及格”。

首先写出判断的条件，也就是 logical_test 参数：A2>=60。

然后判断这个条件成立与不成立时应该分别返回什么值，绘出二叉树，如图 4-49 所示，最后对应写出公式：=IF(A2>=60, "及格", "不及格")。

如果将 logical_test 参数设置为“A2<60”，这个公式应该怎样写？

value_if_true 与 value_if_false 参数可以是含 IF 函数的表达式，即 IF 函数可以嵌套。可以用图 4-50 的二叉树表示。

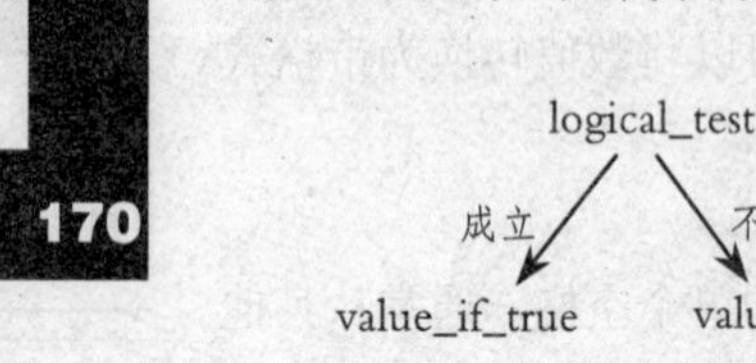

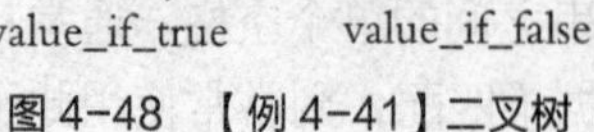

图 4-48 【例 4-41】二叉树

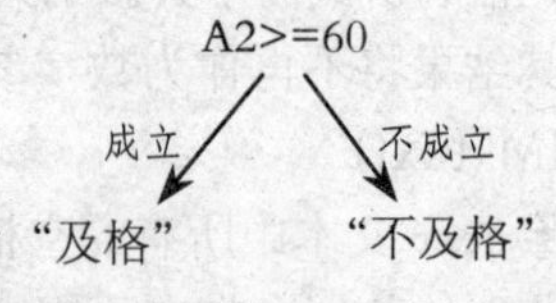

图 4-49 【例 4-42】二叉树

写公式时，首先从最底的分叉（也就是含一个 IF 函数的公式）开始写，然后将这个分叉作为上一层 IF 函数的一个参数，继续完成公式。

【例 4-43】判断 A2 单元格里的成绩，达不到 60 分则在 A3 单元格显示“不及格”，达到 60 分不到 90 分则显示“及格”，达到 90 分则显示“优秀”，二叉树如图 4-51 所示。

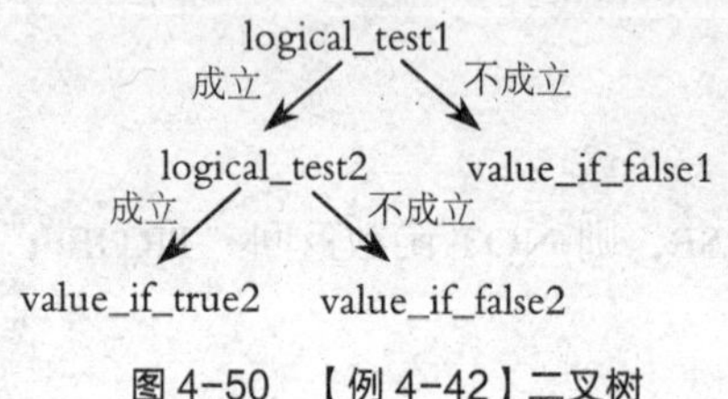

图 4-50 【例 4-42】二叉树

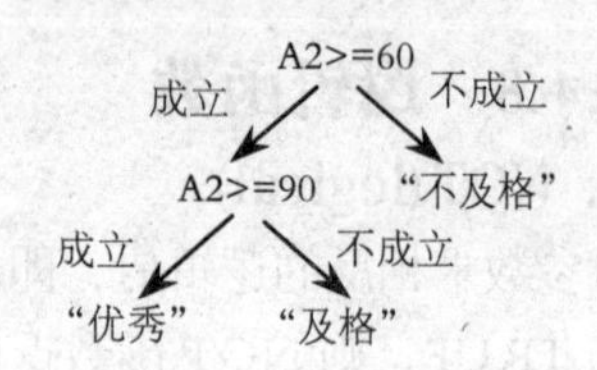

图 4-51 【例 4-43】二叉树

公式为：=IF(A2>=60, IF(A2>=90 "优秀", "及格"), "不及格")。

4.4.9 查找与引用函数

1．VLOOKUP (lookup_value, table_array, col_index_num, range_lookup) 与 HLOOKUP (lookup_value, table_array, row_index_num, range_lookup)

函数名“VLOOKUP”中的“V”代表垂直（vertical），函数名“HLOOKUP”中的“H”代表水平（horizontal）。VLOOKUP 函数使用较广泛。

① VLOOKUP 函数，在 table_array 区域中的第一列中查找符合参数 lookup_value 的记录，并返回该记录位于 table_array 区域第 col_index_num 列的数据。

参数 range_lookup 取逻辑值，当 range_lookup 为 TRUE 时，则返回近似匹配值，也就是说，如果找不到精确匹配值，则返回小于 lookup_value 的最大数值。要求 table_array 的第一列中的数值必须事先按升序排列，依次为：…、-2、-1、0、1、2、…、-Z、FALSE、TRUE，否则，函数 VLOOKUP 不能返回正确的数值。默认值为“TRUE”。

当 range_lookup 为 FALSE，返回精确匹配值，则 table_array 不必进行排序，该参数通常取“FALSE”。常常使用“0”代替“FALSE”，使用“1”代替“TRUE”。

② 当比较值位于数据表首行时，可以使用 HLOOKUP 函数代替 VLOOKUP 函数。HLOOKUP 函数是在 table_array 区域中的第一行中查找符合参数 lookup_value 的记录，并返回该记录位于 table_array 区域第 row_index_num 行的数据。参数 range_lookup 的含义与 VLOOKUP 函数相同。

使用 VLOOKUP 函数，必须特别注意的是：该函数第二个参数（table_array，查找的区域）的左边第一列，是需要查找第一个参数（lookup_value，也就是要查找的条件）的所在列。

需要说明的是在 VLOOKUP 函数的“函数参数”对话框内，关于参数 range_lookup 的提示“如果为 FALSE，大致匹配。如果为 TRUE 或忽略，精确匹配”，这是错的（见图 4-52）。而 HLOOKUP 函数的“函数参数”对话框内，关于参数 range_lookup 的提示，以及 Excel 帮助中关于这两个函数的说明则是正确的（见图 4-53）。

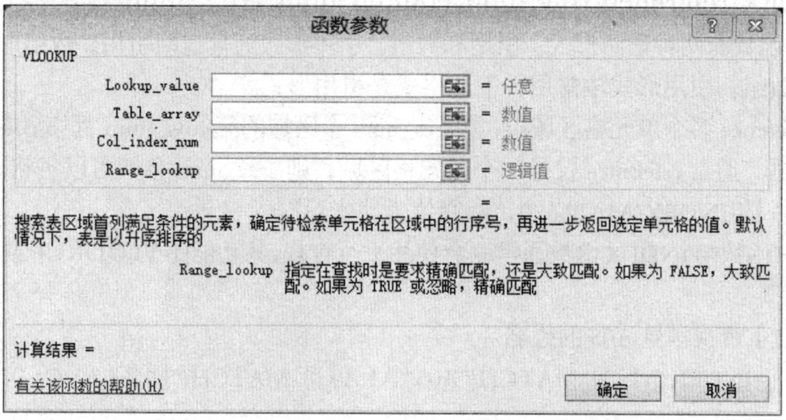

函数参数
VLOOKUP
Lookup_value = 任意
Table_array = 数值
Col_index_num = 数值
Range_lookup = 逻辑值
=
搜索表区域首列满足条件的元素，确定待检索单元格在区域中的行序号，再进一步返回选定单元格的值。默认情况下，表是以升序排序的
Range_lookup 指定在查找时是要求精确匹配，还是大致匹配。如果为 FALSE，大致匹配。如果为 TRUE 或忽略，精确匹配
计算结果 =
有关该函数的帮助(H) 确定 取消

图 4-52　VLOOKUP 函数参数

函数参数
HLOOKUP
Lookup_value = 任意
Table_array = 数值
Row_index_num = 数值
Range_lookup = 逻辑值
=
搜索数组区域首行满足条件的元素，确定待检索单元格在区域中的列序号，再进一步返回选定单元格的值
Range_lookup 逻辑值：如果为 TRUE 或忽略，在第一行中查找最近似的匹配；如果为 FALSE，查找时精确匹配
计算结果 =
有关该函数的帮助(H) 确定 取消

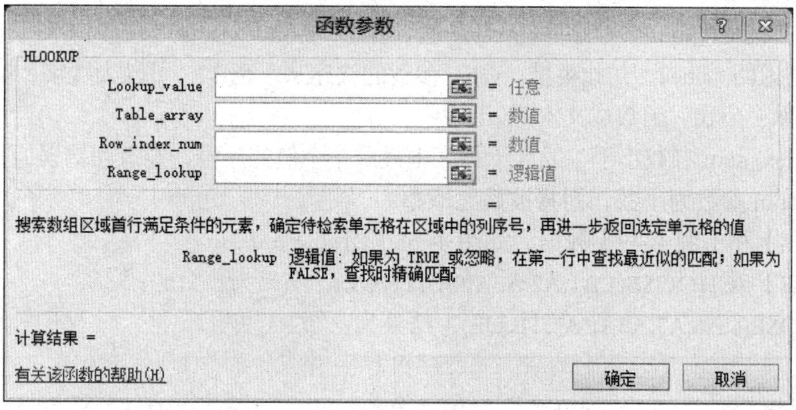

图 4-53　HLOOKUP 函数参数

【例 4-44】~【例 4-47】数据，如图 4-54 所示。

【例 4-44】要查找张莉的成绩，则输入：=VLOOKUP("张莉",B2:C9,2,FALSE)，结果为："100"。

由于条件"张莉"需要在 B 列查找，因此参数 table_array 区域的第一列必须为 B 列，设置为"B2:C9"。

2．MATCH(lookup_value, lookup_array, match_type)

在 lookup_array 中按 match_type 指定的方式查找 lookup_value，返回其在 lookup_array 中的位置。lookup_array 通常是需要查找的单元格区域，只允许是单行或单列。

match_type 是查找方式：取"1"时，函数查找小于或等于 lookup_value 的最大数值，lookup_array 必须按升序排列；取"0"时，函数查找等于 lookup_value 的第一个数值，lookup_array 不需要排序；取"-1"时，函数查找大于或等于 lookup_value 的最小数值，Lookup_array 必须按降序排列。如果省略，则假设为取"1"。

查找文本值时，函数不区分大小写字母，如果查找不成功，则返回错误值"#N/A"。如果 match_type 取"0"且 lookup_value 为文本，lookup_value 可以包含通配符。在实际应用中，match_type 参数通常取"0"。

【例 4-45】=MATCH("A05",A1:A9,0)，返回值为"6"；

=MATCH("姓名", A1:C1, 0)，返回值为“2”。

3．INDEX(reference, row_num, column_num, area_num)

INDEX 函数有两种语法形式：引用和数组。引用形式通常返回引用，数组形式通常返回数值或数值数组。引用形式较常用，上述格式是引用形式。

返回 reference 多个单元格区域中，第 area_num 个区域的第 row_num 行第 column_num 列单元格的数据。通常 reference 仅是一个单元格区域，则 area_num 参数可以省略。

【例 4-46】=INDEX(A1:C9,6,2)，返回值为“张莉”。

MATCH 函数与 INDEX 函数通常联合使用进行查找，其功能比 VLOOKUP 或 HLOOKUP 函数更方便。

【例 4-47】查找学号 A05 的姓名。

公式为：=INDEX(A1:C9, MATCH("A05",A1:A9,0), MATCH("姓名",A1:C1,0))，返回值为“张莉”。

4．CHOOSE（index_num，value1, value2，…）

返回对应 index_num 参数顺序的 value 值，例如，当 index_num 参数为 1 时，返回 value1；如果为 2，则返回 value2，如此类推。value 参数的次序从 1 至 29，可以为数字、单元格引用、已定义的名称、公式、函数或文本等。

如果 index_num 参数小于 1 或大于列表中最后一个值的序号，则返回错误值 #VALUE!；如果 index_num 参数为小数，则将被截尾取整。

【例 4-48】和【例 4-49】数据，如图 4-55 所示。

【例 4-48】=CHOOSE(1,A1,A2,A3,1,"A",TRUE)，结果为：“10”；

=CHOOSE(6,A6,A7,A8,1,"A",TRUE)，结果为：“TRUE”。

	A	B	C
1	学号	姓名	分数
2	A01	佟霄	59
3	A02	李军	60
4	A03	黄天	45
5	A04	陈东	88
6	A05	张莉	100
7	A06	王胜	75
8	A07	吴根	96
9	A08	黎湖	65

图 4-54　学生分数表

	A
1	10
2	TRUE
3	计算机

图 4-55 【例 4-48】和【例 4-49】数据

【例 4-49】=SUM(CHOOSE(3,A1:A9,B1:B10,C1:C11))，相当于：=SUM(C1:C11)。

4.5　制作图表

4.5.1　图表概述

使用图表可以直观地显示表格的数值，方便查看数据的差异和预测趋势。例如，如果直接查看图 4-56 所示的工作表，不易比较各个业务部各月业绩的差异，但是通过图 4-57 所示的图表就一目了然了。

	A	B	C	D	E	F
1	上半年业绩统计表					
2		业务一部	业务二部	业务三部	业务四部	合计
3	一月	34	35	42	29	140
4	二月	36	37	41	31	145
5	三月	38	40	39	33	150
6	四月	40	45	47	28	160
7	五月	47	43	45	34	169
8	六月	49	44	48	40	181
9					单位:	万元

图 4-56　表格

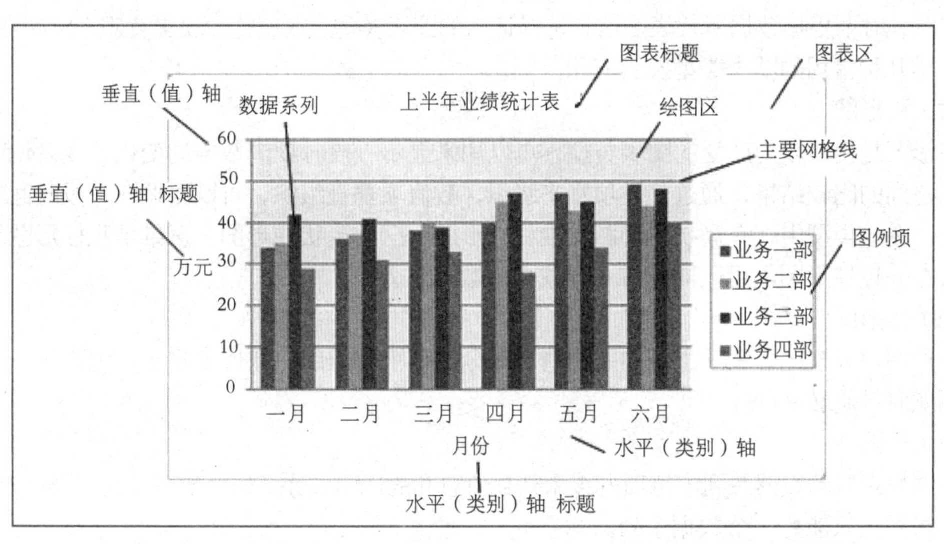

图 4-57　图表

1．图表布局概述

将鼠标移至图表的各个部分，会出现提示图表的组成部分名称。

（1）图表区

整个图表及其全部元素，当鼠标移至图表的空白处，可以选定图表区。

（2）坐标轴

图表绘图区用作度量参照的边界。二维图表的 y 轴（垂直轴）或三维图表的 z 轴通常为数值轴，包含数据，二维图表的 x 轴（水平轴）或三维图表的 x 轴、y 轴通常为分类轴。

（3）绘图区

在二维图表中，以坐标轴为界并包含所有数据系列的区域。在三维图表中，此区域以坐标轴为界并包含数据系列、分类名称、刻度线标签和坐标轴标题。

（4）数据系列

在图表中绘制的相关数据点，这些数据源自数据表的行或列。图表中的每个数据系列具有唯一的颜色或图案并且在图表的图例中表示。可以在图表中绘制一个或多个数据系列。注意饼图只有一个数据系列。

（5）网格线

可添加到图表中以便于查看和计算数据的线条。网格线是坐标轴上刻度线的延伸，并穿越绘图区。

（6）图例

图例是一个方框，用于显示图表中的数据系列或分类指定的图案或颜色。

（7）图表标题

一般置于图表正上方，用于表示图表的名称。

（8）三维背景墙和基底

包围在许多三维图表周围的区域，用于显示图表的维度和边界。绘图区中有两个背景墙和一个基底。

2．图表类型

Excel 2010 提供了多种图表类型及自定义类型，每种图表类型又包含若干个子图表类型。在创建图表时要根据数据所代表的信息选择适当的图表类型，以便让图表更直观地反映数据，下面介绍几种常用的图表类型及其应用范围。

（1）柱形图

柱形图是使用较为广泛的图表类型，可以用来显示一段时期内数据的变化，或者说明各项数据之间的比较结果，通过分类项水平组织，数值项垂直组织，可以强调在一段时间的变化情况。在该类型中，有簇状柱形图、堆积柱形图、三维簇状柱形图、三维堆积柱形图等子类型。在一幅柱形图上可以同时有一个或多个数据系列。

（2）条形图

条形图用来描述各个项之间的差别情况。分类项垂直组织，数值项水平组织，相当于将柱形图顺时针旋转 90 度。

（3）饼图

饼图用来显示数据系列中每项占该系列数值总和的比例关系，如反映商品的市场占有率。在一幅饼图上只能有一个数据系列。

（4）圆环图

作用类似于饼图，也用来表示个体与总体的关系。区别在于圆环图允许有多个数据系列，不同半径的圆环代表不同的数据系列。

（5）折线图

折线图以等间隔显示数据的变化趋势，可以使用折线图来表示在某一段时期内或某一段距离内的变化趋势。

（6）面积图

面积图用于强调幅度随时间变化的情况，通过显示绘制值的总和，面积图还可以显示部分与整体的关系。

（7）XY 散点图

XY 散点图可以用来比较几个数据系列中的数值以及将两组数值显示为 XY 坐标系中的一个系列。与柱形图、条形图、折线图等不同的是，XY 图在 X 轴（分类轴）中各数据项的分布不是等距离的，即图中各点是由分类轴及数值轴共同决定的。XY 散点图常用作各种曲线图。

（8）股价图

股份图通常用来显示股份的波动，即显示一段时间内一种股票的成交量、开盘价、最高价、最低价和收盘价情况。常用于金融、商贸等行业。

（9）曲面图

曲面图在寻找两组数据之间的最佳组合时很有用。类似于拓扑图形，曲面图中的颜色和图案用来指示出同一取值范围内的区域。

（10）雷达图

雷达图是专门用来进行多指标体系比较分析的专业图表。从雷达图中可以看出指标的实际值与参照值的偏离程度，从而为分析者提供有益的信息。

4.5.2 创建图表

图表是依据工作表中的数据创建的，会链接到工作表上的源数据。当工作表数据更新后，图表同时也会自动作相应的更新。一般情况下，可通过下列两种方法创建图表。

1．直接创建法

① 在工作表中选定需要创建图表所对应的数据。

选定数据时，必须选定数值数据的行标题与列标题，也就是说除了选择数值型的数据区域以外，还要选定其区域的上面一行与左面一列。

② 如果所需的数据是不连续的，可以利用“Ctrl”键进行选定。

③ 选定数据后，在“插入”选项卡的“图表”选项组中选择图表的类型，单击对应的功能按钮，从展开的下拉列表中选择图表子类。此时可在工作表中看见创建的图表。

【例 4-50】根据图 4-56 所示的工作表，制作上半年业绩统计图表。

首先选定制作图表的单元格区域 A2:E8，然后选择“插入”选项卡→图表组中“柱形图”按钮，在下拉列表中选择“簇状柱形图”命令，如图 4-58 所示，即可在工作表中插入一个簇状柱形图。

2．利用对话框创建

利用对话框创建是指利用“插入图表”对话框来创建图表。单击“插入”选项卡图表选项组的“对话框启动器”，打开“插入图表”对话框，如图 4-59 所示，在左侧选择图表类型，右侧选择对应的子类别，单击“确定”按钮。

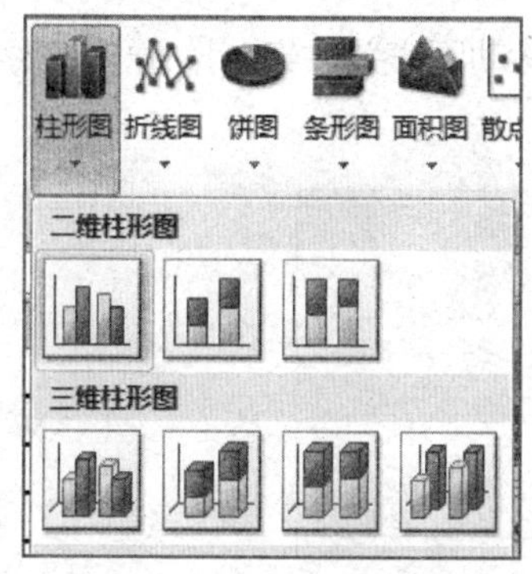

图 4-58 “簇状柱形图”命令

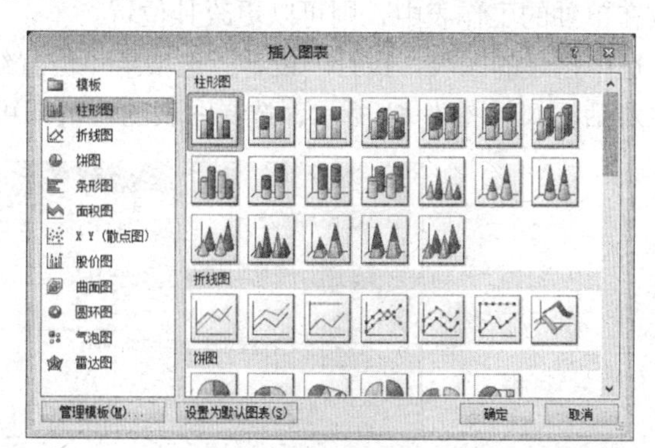

图 4-59 “插入图表”对话框

4.5.3 编辑图表

在 Excel 中创建的图表都会保持默认的图表位置和图表布局。为了达到详细分析图表数据的目的，还需要对图表进行一系列的编辑操作，包括更改图表类型、设置图表数据源、移动图表位置及快速更改图表布局。

1．更改图表类型

更改图表类型是指将已经创建的图表类型更换为另外一种类型。对于大多数二维图表，可以更改整个图表的图表类型以赋予其完全不同的外观。选中创建的图表，选择“设计”选项卡→类型组中的“更改图表类型”按钮，在弹出的“更改图表类型”对话框中选择一种图表类型。

也可以选择图表，单击右键选择“更改图表类型”命令，在弹出的“更改图表类型”对话框中选择一种图表类型即可。

2．更改图表数据源

更改图表的数据区域是指更改创建图表时选择的原始数据区域，随着数据区域的更改，图表中显示的内容也会发生相应的变化。选中创建的图表，执行“设计”选项卡→数据组中的“选择数据”按钮，弹出“选择数据源”对话框，如图 4-60 所示。单击“图表数据区域”右侧的折叠按钮，可以在工作表中重新选择数据区域。

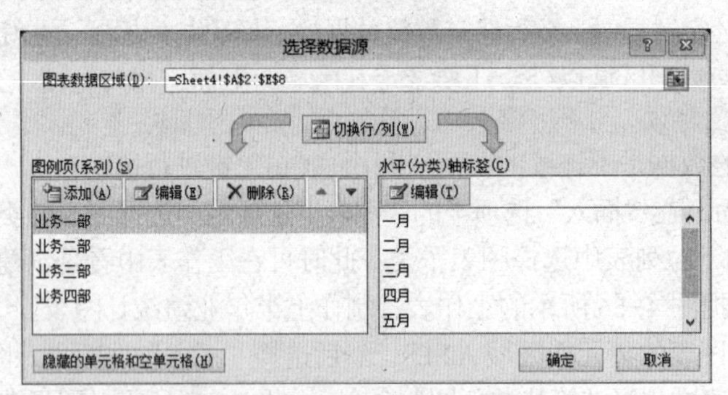

图 4-60 “选择数据源”对话框

单击“切换行/列”按钮，可以让“图例项”和“水平（类别）轴”列表框中显示的内容发生互换。

3．移动图表位置

默认情况下，在 Excel 中创建的图表均以嵌入图表方式置于工作表中。如果用户希望将图表放在单独的工作表中，则可以更改其位置。

选中创建的图表，执行“设计”选项卡→位置组中“移动图表”按钮，弹出“移动图表”对话框，如图 4-61 所示，选择图表的位置即可。

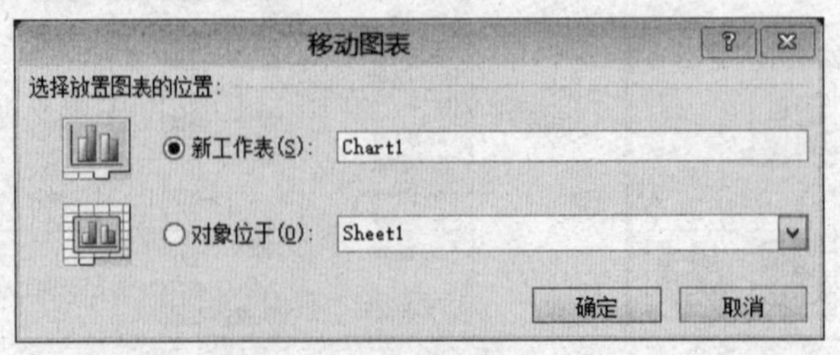

图 4-61 “移动图表”对话框

4.5.4 美化图表

为了使创建的图表看起来更加美观，用户可以对图表标题、图例、图表区域、数据系列、绘图区、坐标轴、网络线等项目进行格式设置。

1．使用预定义图表布局

选中创建的图表，执行“设计”选项卡→图表布局组中“快速布局”命令，在其级联菜单中选择相应的布局，如图 4-62 所示。接着在标题处输入相应的文本。

2．应用快速样式

图表样式主要包括图表中对象区域的颜色属性，用户可以从中选择合适的样式，以便美化图表。

选中创建的图表，执行“设计”选项卡→图表样式组中的“快速样式”命令，在其级联菜单中选择相应的选项即可，如图 4-63 所示。

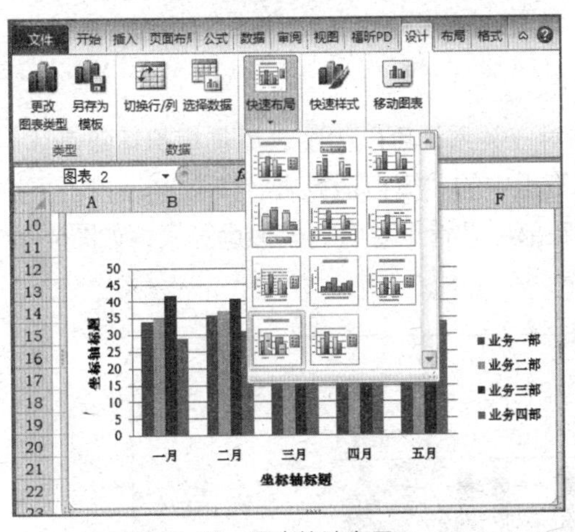

图 4-62 图表快速布局

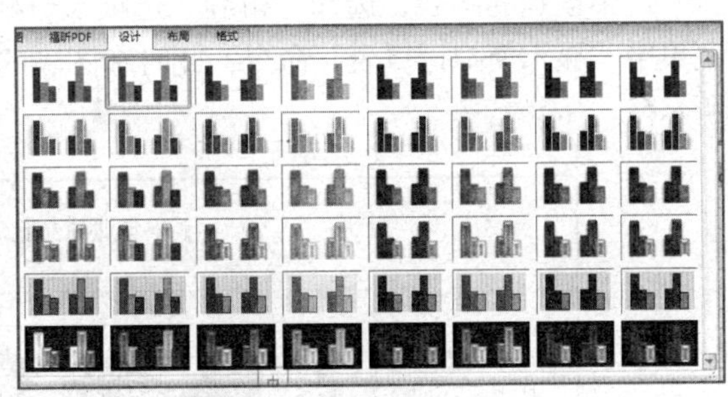

图 4-63 图表快速样式

3．自定义图表布局

用户不仅可以使用内置的图表布局，而且还可以使用自定义布局功能，重新设置图表标题、坐标轴标题、图例、数据标签等的位置，以及是否显示或隐藏标题等。

选中创建的图表，切换到“布局”选项卡的标签选项组，如图 4-64 所示，选择相应的选项进行设置即可。

4．自定义图表格式

用户可以通过设置图表区的填充颜色、边框颜色、边框样式、三维格式与旋转等操作，来美化图表。主要有以下两种方法。

- 选中创建的图表，切换到“格式”选项卡，通过形状样式选项组可以对图表中选定的元素的形状填充、轮廓、效果等进行设置。而艺术字样式选项组可以对图表中的文字进行美化设置。
- 选中创建的图表，选择“布局”选项卡→当前所选内容组中的“图表元素”，单击下拉列表框，选择其中的一个图表元素，如图表区，单击“设置所选内容格式”按钮，打开“设置图表区格式”对话框进行设置，如图 4-65 所示。

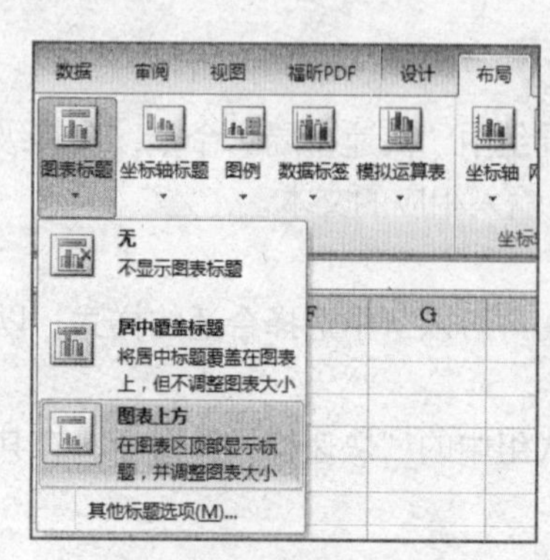

图 4-64 “标签”选项组

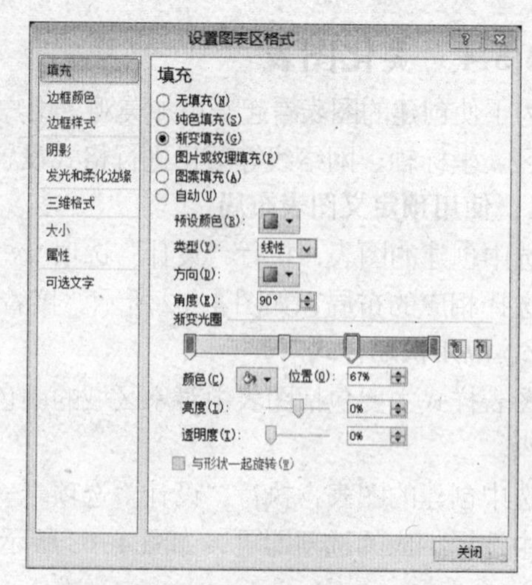

图 4-65 “设置图表区格式”对话框

5．显示模拟运算表

为了更直观地表现数据与图表中数据系列的对应关系，可以为图表添加模拟运算表。

选中创建的图表，选择“布局”选项卡→标签组中的“模拟运算表”按钮，单击下拉菜单中“显示模拟运算表”命令，此时在图表的底部可以看见对应的模拟运算表，如图 4-66 所示。

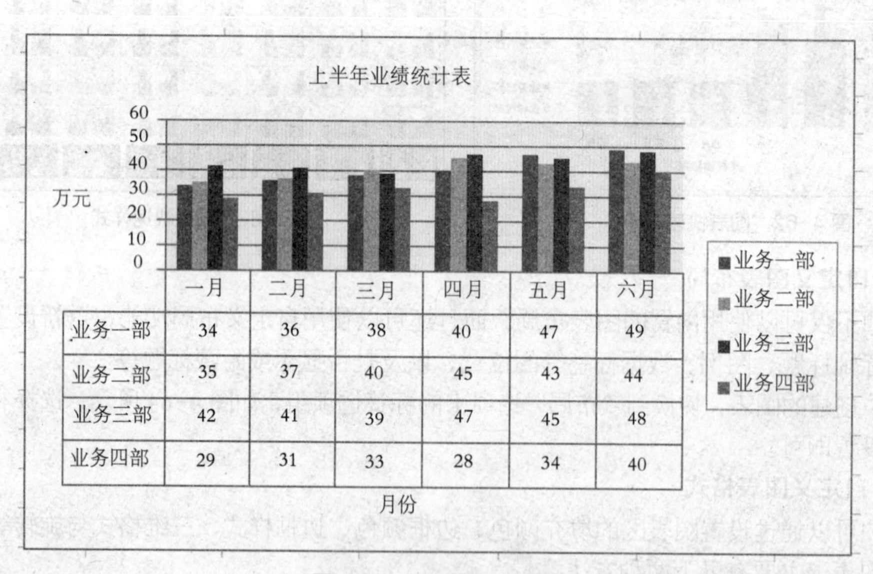

	一月	二月	三月	四月	五月	六月
业务一部	34	36	38	40	47	49
业务二部	35	37	40	45	43	44
业务三部	42	41	39	47	45	48
业务四部	29	31	33	28	34	40

图 4-66 显示模拟运算表

6．添加趋势线

趋势线用于预测分析，用户可以在条形图、柱形图、拆线图、股份图等图表中为数据系列添加趋势线。操作步骤如下。

① 选中创建的图表，选择“布局”选项卡→分析组中的“趋势线”按钮，单击下拉菜单中“线性趋势线”命令，弹出“添加趋势线”对话框，如图 4-67 所示。

② 在“添加趋势线”对话框中选择需要添加趋势线的数据系列，单击“确定”按钮。添加了趋势线后的效果如图 4-68 所示。

图 4-67 “添加趋势线”对话框

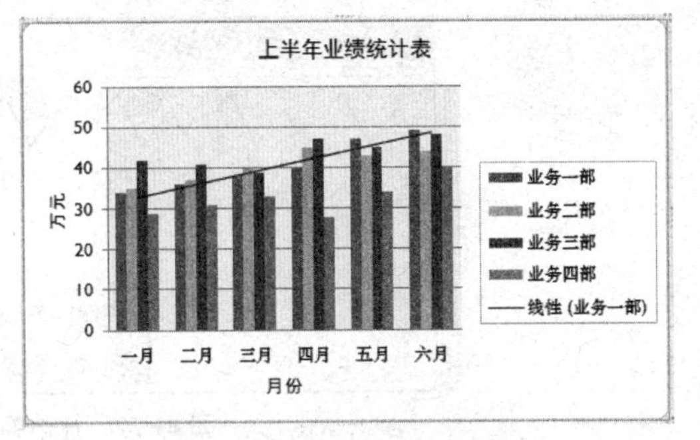

图 4-68 添加趋势线的图表

③ 双击图表中的趋势线，弹出“设置趋势线格式”对话框，可以修改趋势线的类型，还可以利用左侧的“线条颜色”“线形”“阴影”选项来设置趋势线的格式，如图 4-69 所示。

图 4-69 设置趋势线格式

4.5.5 创建迷你图

迷你图是 Excel 2010 中加入的一种全新的图表制作工具，它以单元格为绘图区域，简单便捷地绘制出简单的数据小图表。

1. 创建迷你图

用户只需要先选择要创建迷你图的类型，然后选择好数据范围和迷你图的位置即可创建迷你图。

【例 4-51】根据图 4-56 所示的工作表，创建各个业务部门从 1 月到 6 月业绩的迷你折线图。

① 选择“插入”选项卡→迷你图组中的“拆线图”按钮，弹出“创建迷你图”对话框。

② 选择数据范围和迷你图的位置，如图 4-70 所示。

③ 单击“确定”按钮，回到工作表，效果如图 4-71 所示。

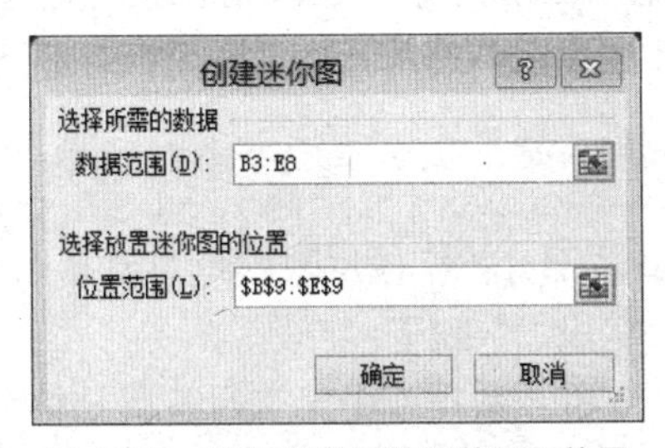

图 4-70 设置迷你图数据范围和位置

	A	B	C	D	E	F
1	上半年业绩统计表					
2		业务一部	业务二部	业务三部	业务四部	合计
3	一月	34	35	42	29	140
4	二月	36	37	41	31	145
5	三月	38	40	39	33	150
6	四月	40	45	47	28	160
7	五月	47	43	45	34	169
8	六月	49	44	48	40	181
9						

图 4-71 创建迷你图

2. 更改迷你图类型

选择迷你图所在的单元格，执行“设计”选项卡→类型组中的“柱形图”按钮，即可将当前的拆线图改为柱形图。

3. 设置迷你图的样式

选择迷你图所在的单元格，选择“设计”选项卡→样式组中的“其他”按钮，在展开的级联菜单中选择一种样式即可，如图 4-72 所示。

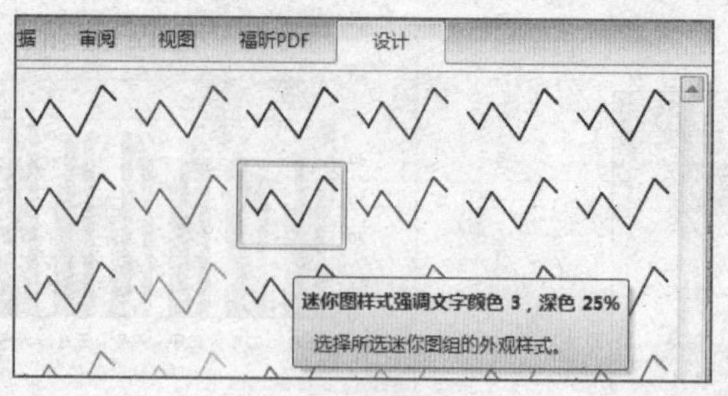

图 4-72　迷你图样式

也可以选择迷你图所在的单元格，选择“设计”选项卡→样式组中的“迷你图颜色”按钮 迷你图颜色 ▾，在下拉列表中选择一种颜色，即可更改迷你图的线条颜色。

4.6　数据库与数据分析

数据分析是 Excel 2010 的一个重要功能，是针对数据库进行整理与统计。常用的数据分析操作有排序、筛选、分类汇总与数据透视表。

对数据库的操作不需要选定整个数据库，只需将光标移至该数据库的任意一个单元格即可。

4.6.1　数据库与数据库函数

1．数据库基本概念

（1）数据库

在 Excel 2010 里，数据库表现为一个二维表。图 4-73 所示的工作表的 A2:E32 区域，就是一个数据库。

为了便于进行数据库操作，作为数据库的工作表数据必须满足以下条件。

① 第一行为列标题，其余行为具体数据，列标题不能缺失，也不能重复。

② 数据库与库外的数据间起码要间隔一行或一列，而数据库中不能出现空行或空列。

③ 如果数据库中的数据是由公式计算出来的，则要注意公式中所引用单元的地址类型。若引用数据库以外的单元格，则要用绝对地址；若引用数据库以内的单元格，则用相对地址。这主要是避免排序所带来的影响。

（2）字段

数据库中的一列称为一个字段，包括字段名和字段值两部分。字段反映的是对象某一方面属性的信息，如图 4-73 所示数据库中的“订单编号”字段、“部门”字段等。

字段名：字段中的第一行列标题称为字段名，图 4-73 所示数据库中第二行各单元格。

字段值：即字段的取值，字段中除字段名外的其他数据都是字段值。

（3）记录

数据库中除第一行字段名外，其他的每一行称为一条记录。它反映的是同一个对象的相关信息，在进行数据库有关操作时一般以记录为单位进行。

2．DCOUNT (database, field, criteria) 与 DCOUNTA (database, field, criteria)

都是数据库函数中的计数函数。数据库函数的特点是可以在复杂的条件下进行统计。其关键在于设置条件区域，这也是 Excel 函数学习的一个难点。

数据库函数的参数形式均相同，database 参数是数据库区域，field 参数是需要统计的字段，可以是该字段名所在的单元格地址引用，也可以是该字段在数据库中的列序，criteria 参数是条件区域。

	A	B	C	D	E
1	智诚公司上半年订单一览表				
2	订单编号	业务员	部门	签单日期	订单金额
3	A001	郝一辉	业务一部	2016年1月3日	¥12,000
4	A002	赵军	业务三部	2016年1月6日	¥43,000
5	A003	陈红月	业务一部	2016年1月14日	¥17,000
6	A004	贺小龙	业务二部	2016年1月18日	¥34,000
7	A005	温伟	业务四部	2016年1月23日	¥16,000
8	A006	龙易伦	业务四部	2016年1月30日	¥16,000
9	A007	陈红月	业务一部	2016年2月5日	¥69,800
10	A008	李思娜	业务二部	2016年2月11日	¥15,000
11	A009	张菲	业务二部	2016年2月15日	¥18,500
12	A010	刘娟	业务四部	2016年2月26日	¥47,000
13	A011	金明	业务三部	2016年2月28日	¥38,000
14	A012	温伟	业务四部	2016年3月8日	¥54,000
15	A013	刘娟	业务四部	2016年3月10日	¥40,000
16	A014	胡英	业务一部	2016年3月14日	¥38,000
17	A015	张菲	业务二部	2016年3月20日	¥68,700
18	A016	王小琪	业务三部	2016年3月27日	¥42,000
19	A017	李思娜	业务二部	2016年4月2日	¥37,000
20	A018	龙易伦	业务四部	2016年4月17日	¥35,600
21	A019	陈红月	业务一部	2016年4月24日	¥57,000
22	A020	赵军	业务三部	2016年4月26日	¥74,300
23	A021	李思娜	业务二部	2016年5月4日	¥15,000
24	A022	金明	业务三部	2016年5月13日	¥78,000
25	A023	贺小龙	业务二部	2016年5月20日	¥28,700
26	A024	郝一辉	业务一部	2016年5月28日	¥50,000
27	A025	温伟	业务四部	2016年5月29日	¥61,000
28	A026	陈红月	业务一部	2016年6月6日	¥17,000
29	A027	张菲	业务二部	2016年6月15日	¥65,000
30	A028	刘娟	业务四部	2016年6月16日	¥87,000
31	A029	胡英	业务一部	2016年6月20日	¥68,000
32	A030	王小琪	业务三部	2016年6月27日	¥72,000

图 4-73 数据库

条件区域实际上是在 Excel 工作表中的一个区域，其作用是表示较为复杂的条件，分为比较条件式与计算条件式两种。条件区域一般列在数据库的下面，与数据库之间有空行相隔。

比较条件式的第一行是条件标记行，其内容必须是字段名；其余各行是条件表达式（等于号可以省略），在同一行的条件是“与”的关系，也就是要同时满足；不同行之间的条件是“或”的关系。

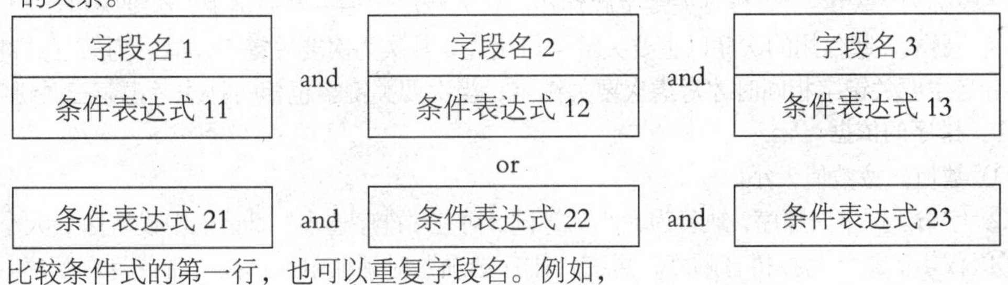

比较条件式的第一行，也可以重复字段名。例如，

字段名 1
条件表达式 11

and

字段名 1
条件表达式 12

表示字段 1 必须同时满足条件表达式 11 与条件表达式 12。

计算条件式可以表示比比较条件式更加复杂的条件，其第一行可以为空，但不能省略。第二行是以“=”开头，结果为 TURE 或 FALSE 的公式，用以表达条件。在公式中必须引用字段名来设置条件，字段名通过引用该字段的第一条记录对应的单元格地址引用来代替。

DCOUNT 函数与 DCOUNTA 函数的区别类似于 COUNT 函数与 COUNTA 函数。使用 DCOUNT 函数的话，其 field 字段的数据类型必须是数值型，否则结果可能是零，因此常用 DCOUNTA 函数。实际上，DCOUNT 函数与 DCOUNTA 函数对 field 参数不敏感，也就是说，只要 field 参数是数据库内的任一字段名，结果都是一样的。

【例 4–52】对于图 4–73 所示的数据库，要查找签单日期在 2016 年 3 至 5 月间的订单，则可以在 A34:B35 区域输入条件表达式：

签单日期	签单日期
>=2016/3/1	<=2016/5/31

注意不要写成“>=DATE(2016, 5, 31)”。

或者用在 A37:A38 区域输入计算条件式：

=AND(MONTH(D3)>=3, MONTH(D3)<=5)

【例 4–53】以上例的计算条件式为例，如果要统计签单日期在 2016 年 3 至 5 月间的订单数，则输入：=DCOUNTA(A2:E32,B2, A34:B35)或输入：=DCOUNTA(A2:E32,B2, A37:A38)，结果都为“14”。

但如果输入：=DCOUNT((A2:E32,B2, A34:B35)，则结果为“0”。

3．DSUM (database，field，criteria)

数据库函数中的求和函数。

4．DAVERAGE (database，field，criteria)

数据库函数中的求平均值函数。

5．DMAX (database，field，criteria) 与 DMIN (database，field，criteria)

均是数据库函数，求数据库中满足条件的最大值、最小值。

4.6.2 数据排序

排序指根据某个或某几个字段的升序或降序重新排列数据库记录的顺序。在排序时所依据的字段称为“关键字”，根据关键字起作用的优先顺序分为主要关键字、次要关键字和第三关键字。显然，起作用的次序以主要关键字最优先，其次为次要关键字，最后为第三关键字。即只有当主要关键字相同时才考虑次要关键字，当次要关键字也相同时才考虑第三关键字。

1．排序的依据

① 数值。按数值大小。

② 字母。按字典顺序，缺省为大小写等同，可在“排序选项”对话框中设置区分大小写。

③ 汉字。默认为按拼音顺序，可在“排序选项”对话框中选择按拼音或笔画顺序。

④ 混合。升序为“数字”“字母”“汉字”。

⑤ 撇号（'）和连字符（-）会被忽略。但例外情况是如果两个文本字符串除了连字符不同外其余都相同，则带连字符的文本较大。

⑥ 逻辑值。“FALSE”小于“TRUE”。

⑦ 错误值。所有错误值的优先级相同。

⑧ 自定义序列。可先建立“自定义序列”，然后在“排序选项”对话框中指定该序列。序列值的大小顺序取决于它在自定义序列中的位置。

⑨ 空白单元格。空白单元格始终排在最后。

2．操作步骤

（1）简单排序

① 选定待排序字段中的任意单元格。

② 选择“数据”选项卡→排序和筛选组中的“升序”或“降序”按钮。

（2）多条件排序

多条件排序是指对选定的数据区域，按照两个以上的排序关键字进行排序的方法。

① 选定数据区域中任意单元格。

② 选择“数据”选项卡→排序和筛选组中的“排序”按钮，打开“排序”对话框。

③ 根据实际情况在弹出的“排序”对话框中选择排序关键字及顺序，单击“选项”按钮可进行排序特殊选项设置，如区分大小写、按行排序等。

【例 4-54】对如图 4-73 所示的数据库进行排序，首先按“业务一部、业务二部、业务三部、业务四部”顺序，然后按业务员的笔画顺序。

① 按 4.2.1 小节所介绍的方法输入自定义序列“业务一部、业务二部、业务三部、业务四部”。

② 选定数据区域中任意单元格，执行“数据”选项卡→排序和筛选组中的“排序”按钮命令。

③ 在弹出的“排序”对话框中“主要关键字”下拉列表中选择“部门”，“次序”下拉列表中选择“自定义序列”。

④ 在弹出的“自定义序列”对话框中选择“业务一部，业务二部，业务三部，业务四部”，单击“确定”按钮。

⑤ 在“排序”对话框中“次要关键字”下拉列表中选择“业务员”（见图 4-74），然后单击“选项”命令按钮。

⑥ 在弹出的“排序选项”对话框的选择“笔画排序”方法，然后单击“确定”按钮（见图 4-75）。

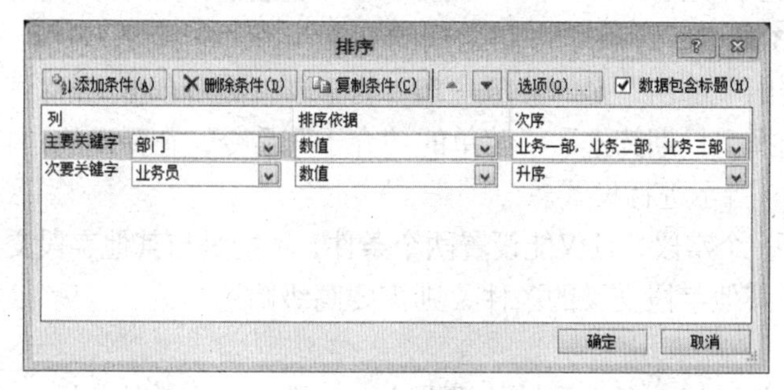

图 4-74　排序

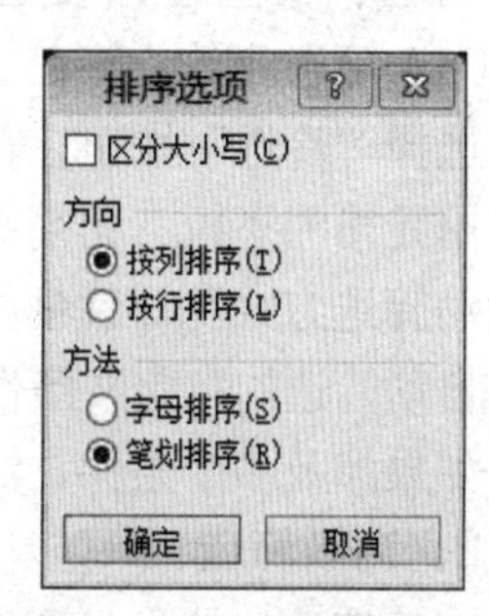

图 4-75　设置排序选项

4.6.3 数据筛选

很多时候需要在数据库中寻找符合某种条件的记录，但如果数据库过大，则不便于寻找与浏览。筛选操作是将数据库中符合条件的记录显示出来，而不符合条件的记录则隐藏，这样可以方便用户查看。筛选结果的记录所对应的行号会变成蓝色。

筛选操作分自动筛选与高级筛选，前者适用于简单的条件，后者适用于比较复杂的条件。

1. 自动筛选

自动筛选的操作步骤如下。

① 选定需要进行筛选的数据库中的任意单元格。

② 选择“数据”选项卡→排序和筛选组中的“筛选”按钮。

③ 单击与筛选条件相关的字段名旁边的下拉三角箭头，并设置条件。

【例 4-55】在图 4-73 所示的数据库中进行以下操作。

（1）筛选出订单金额在前 5 位的记录

选择“数据”选项卡→排序和筛选组中的“筛选”按钮，单击“订单金额”字段名单元格的下拉三角箭头，选择“数字筛选”子菜单中的“10 个最大的值”命令，然后在弹出的“自动筛选前 10 个”对话框中设置为“显示最大 5 项”（见图 4-76）。

（2）筛选出“龙”姓业务员的记录

选择“筛选”按钮，单击“业务员”字段名单元格的下拉三角箭头，选择“文本筛选”子菜单的“开头是”命令，在弹出的“自定义自动筛选方式”对话框中设置为“业务员”“开头是”“龙”（见图 4-77）。或者设置为“业务员”“等于”“龙*”，但不能设置为“业务员”“包含”“龙”，否则会将姓名中含有“龙”的业务员的记录也显示出来。

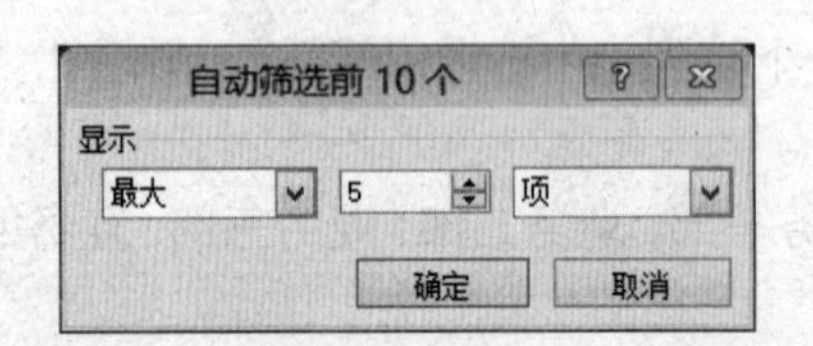

图 4-76 设置自动筛选最大 5 项的记录

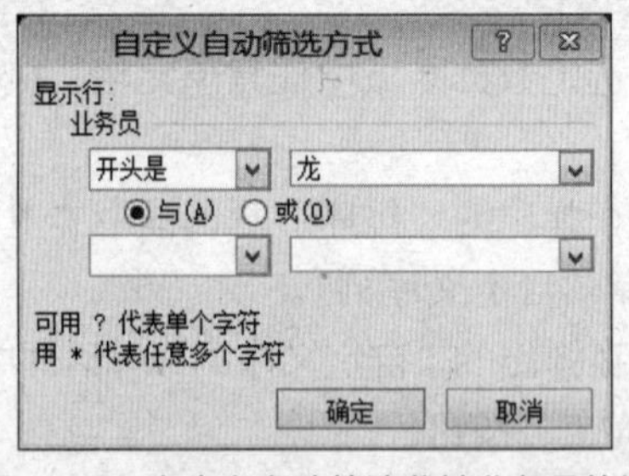

图 4-77 自定义自动筛选龙姓业务员的记录

（3）筛选业务一部与业务二部的记录

选择“筛选”按钮，单击“部门”字段名单元格的下拉三角箭头，从弹出的下拉菜单中取消选中“（全选）”复选框，并选中“业务一部”和“业务二部”复选框，如图 4-78 所示。

（4）筛选业务一部在 2016 年 3 月 1 日到 4 月 15 日之间的订单

选择“筛选”按钮，首先筛选出“部门”是“业务一部”的记录，然后单击“部门”字段名单元格的下拉三角箭头，选择“日期筛选”子菜单的“介于”命令，在弹出的“自定义自动筛选方式”对话框按图 4-79 所示进行设置。

自动筛选的自定义条件仅限于一个字段，且仅能设置两个条件，不能是与其他字段交叉。如果涉及多个条件，或者是与其他字段交叉的条件，则需要高级筛选。

2. 高级筛选

高级筛选的特点是需要设置条件区域，条件区域的设置方法与数据库函数的相同。

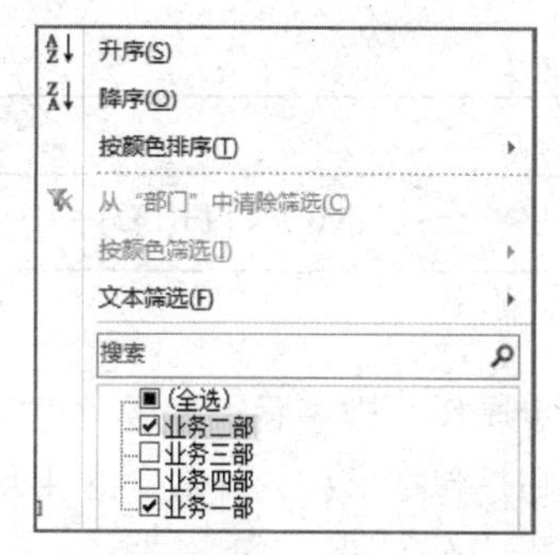

图 4-78　筛选业务一部与业务二部的记录

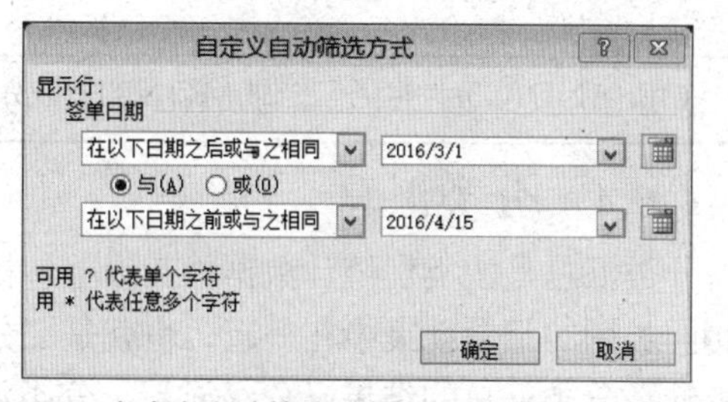

图 4-79　自定义自动筛选业务一部 2010 年 3 月的记录

（1）操作步骤

① 根据条件设置条件区域。

② 选定需要进行筛选的数据库中的任意单元格。

③ 选择“数据”选项卡→排序和筛选组中的“高级”按钮 高级。

④在弹出的“高级筛选”对话框中进行设置。

如果要通过隐藏不符合条件的数据行来筛选数据库，可单击“在原有区域显示筛选结果”。

如果要将符合条件的数据行复制到工作表的其他位置，则单击“将筛选结果复制到其他位置”，再在“复制到”编辑框中单击鼠标，然后单击粘贴区域的左上角。

在“条件区域”编辑框中，输入条件区域的地址（可以通过鼠标选定）。“列表区域”指整个数据库区域，一般能自动填充。

如果有多条相同记录时只需筛选出一条，则可以选中“选择不重复的记录”复选框（见图 4-80）。

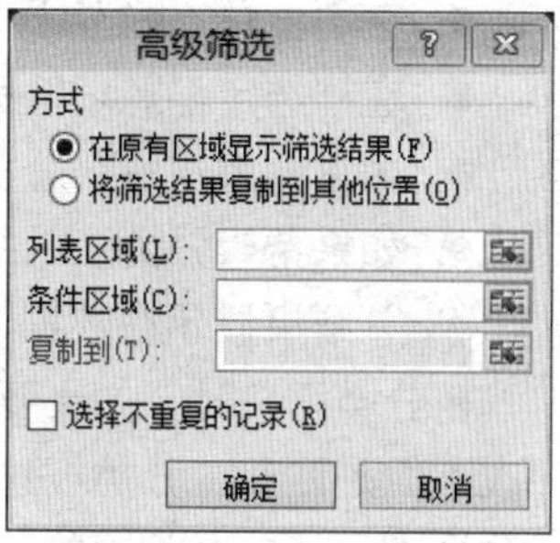

图 4-80　高级筛选

（2）恢复数据库显示

当高级筛选以“在原有区域显示筛选结果”方式操作后，要恢复显示数据库，则选择“数据”选项卡→排序和筛选组中的“清除”按钮 清除。

【例 4-56】筛选出业务一部 2016 年 3 月的订单与业务二部 2016 年 4 月的订单，并将筛选结果复制到以 A38 为左上角的单元格区域。

由于筛选的条件涉及“部门”与“签单日期”两个字段，而且是条件交叉组合，无法使用自动筛选完成，则需要使用高级筛选。

在 A34:C36 输入条件区域：

部门	签单日期	签单日期
业务二部	>=2016-3-1	<=2016-3-31
业务三部	>=2016-4-1	<=2016-4-30

然后执行高级筛选操作，在“高级筛选”对话框中根据图 4-81 所示进行设置。

图 4-81　设置高级筛选

条件区域也可以设置为计算条件式：

=OR(AND(C3="业务二部",MONTH(D3)=3),AND(C3="业务三部",MONTH(D3)=4))

4.6.4 分类汇总

分类汇总是按类别统计数据，实际上包括排序与汇总两步操作。排序后，主要关键字字段相同类别的记录就集中在一起，也就是“分类”。“汇总”则是包括求和、计数、求平均值等统计。分类汇总的结果以分级显示，分类汇总的条件仅限于一个字段。

1．分类汇总

分类汇总的操作如下。

① 对分类汇总的分类字段进行排序，升降序均可。

② 选定需要进行分类汇总的数据库中的任意单元格。

③ 选择“数据”选项卡→分组显示组的“分类汇总”按钮。

④ 在弹出的“分类汇总”对话框中进行设置。

- 在“分类字段”下拉列表框中，选择分类字段，也就是排序的关键字字段。
- 在“汇总方式”下拉列表框中，选择统计方式。
- 在“选定汇总项”列表框框中，选定要进行分类汇总的字段的复选框。
- 如果希望在每个分类汇总后有一个自动分页符，选中“每组数据分页”复选框。
- 如果希望分类汇总的结果出现在分类汇总的行的上方，而不是在行的下方，则清除“汇总结果显示在数据下方”复选框。

在分类汇总时，如果要以不同方式汇总同一数据库，则完成第一次分类汇总后，再进行一次，但是要在“分类汇总”对话框去除“替换当前分类汇总”复选框。多种方式汇总同一个数据库只能针对相同的分类字段汇总同一数据库。

完成分类汇总的操作后，如果希望仅显示分类汇总或总计的汇总，则单击行数值旁的分级显示符号1 2 3。使用+和-符号来显示或隐藏单个分类汇总的明细数据行。

2．删除分类汇总的结果

① 选定需要已经进行分类汇总的数据库中的任意单元格。

② 选择“数据”选项卡→分组显示组的“分类汇总”按钮。

③ 在弹出的“分类汇总”对话框中，单击“全部删除”命令按钮。

这样操作只是删除分级显示和随分类汇总一起插入数据清单中的所有分页符，但不会删除原始数据库的数据。

【例 4-57】在图 4-73 所示的数据库中，统计各部门的订单金额的总和。

如果只要计算其中某一个部门的订单金额的总和，可以使用 SUMIF 函数来计算。而要计算所有部门的订单金额的总和，则可以使用分类统计操作。

① 选定需要进行分类汇总的数据库中的任意单元格。

② 按“部门”字段进行排序。

③ 选择“数据”选项卡→分组显示组的“分类汇总”按钮。

④ 在弹出的“分类汇总”对话框中进行设置（见图 4-82）。

⑤ 分类字段为“部门”，汇总方式为“求和”，选定汇总项为“订单金额”，其余设置为默认，然后单击“确定”按钮。

分类汇总的结果如图 4-83 所示。

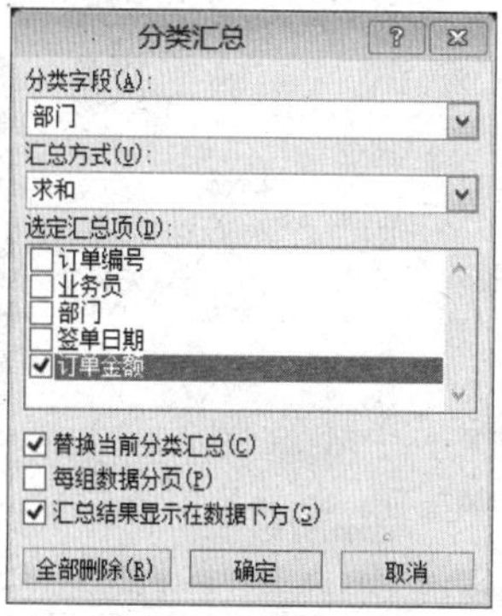

分类汇总
分类字段(A):
部门
汇总方式(U):
求和
选定汇总项(D):
☐订单编号
☐业务员
☐部门
☐签单日期
☑订单金额
☑替换当前分类汇总(C)
☐每组数据分页(P)
☑汇总结果显示在数据下方(S)
全部删除(R)　确定　取消

图 4-82　分类汇总

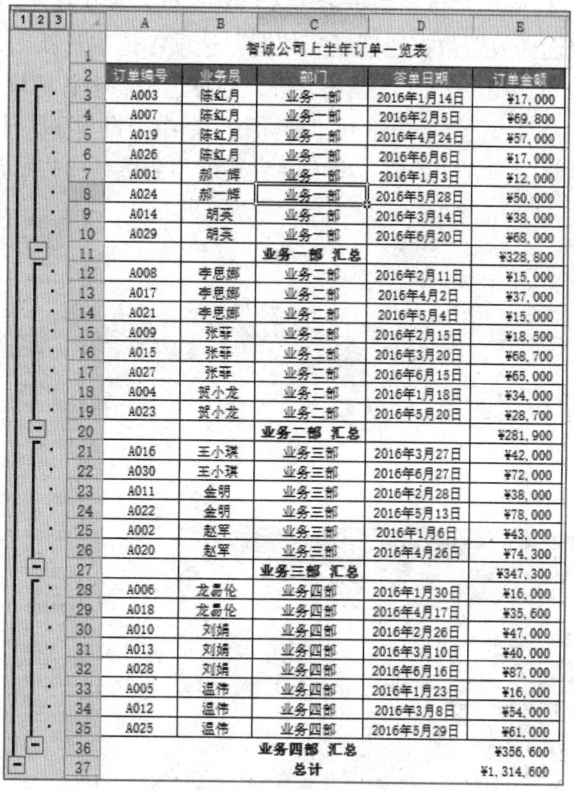

	A	B	C	D	E
1	智诚公司上半年订单一览表				
2	订单编号	业务员	部门	签单日期	订单金额
3	A003	陈红月	业务一部	2016年1月14日	¥17,000
4	A007	陈红月	业务一部	2016年2月5日	¥69,800
5	A019	陈红月	业务一部	2016年4月24日	¥57,000
6	A026	陈红月	业务一部	2016年6月6日	¥17,000
7	A001	郝一辉	业务一部	2016年1月3日	¥12,000
8	A024	郝一辉	业务一部	2016年5月28日	¥50,000
9	A014	胡英	业务一部	2016年3月14日	¥38,000
10	A029	胡英	业务一部	2016年6月20日	¥68,000
11			业务一部 汇总		¥328,800
12	A008	李思娜	业务二部	2016年2月11日	¥15,000
13	A017	李思娜	业务二部	2016年4月2日	¥37,000
14	A021	李思娜	业务二部	2016年5月4日	¥15,000
15	A009	张菲	业务二部	2016年2月15日	¥18,500
16	A015	张菲	业务二部	2016年3月20日	¥68,700
17	A027	张菲	业务二部	2016年6月15日	¥65,000
18	A004	贺小龙	业务二部	2016年1月18日	¥34,000
19	A023	贺小龙	业务二部	2016年5月20日	¥28,700
20			业务二部 汇总		¥281,900
21	A016	王小琪	业务三部	2016年3月27日	¥42,000
22	A030	王小琪	业务三部	2016年6月27日	¥72,000
23	A011	金明	业务三部	2016年2月28日	¥38,000
24	A022	金明	业务三部	2016年5月13日	¥78,000
25	A002	赵军	业务三部	2016年1月6日	¥43,000
26	A020	赵军	业务三部	2016年4月26日	¥74,300
27			业务三部 汇总		¥347,300
28	A006	龙嘉伦	业务四部	2016年1月30日	¥16,000
29	A018	龙嘉伦	业务四部	2016年4月17日	¥35,600
30	A010	刘娟	业务四部	2016年2月26日	¥47,000
31	A013	刘娟	业务四部	2016年3月10日	¥40,000
32	A028	刘娟	业务四部	2016年6月16日	¥87,000
33	A005	温伟	业务四部	2016年1月23日	¥16,000
34	A012	温伟	业务四部	2016年3月8日	¥54,000
35	A025	温伟	业务四部	2016年5月29日	¥61,000
36			业务四部 汇总		¥356,600
37			总计		¥1,314,600

图 4-83　分类汇总结果

4.6.5　数据透视表

分类汇总是有条件的统计，其条件仅限于一个字段。如果统计的条件涉及多个字段，则可以使用数据透视表操作。数据透视表是交互式报表，可以方便统计大量数据。

1．创建数据透视表

创建数据透视表可依照下面的例子进行操作。

【例 4-58】在图 4-73 所示的数据库中，统计不同部门各个月份的订单金额。

分析题目要求，其条件“不同部门各个月份”所涉及的字段有“部门”与“签单日期”两个字段，统计的字段为“订单金额”。如果以下表的形式列出结果则十分清楚。

部门 月份	业务一部	业务二部	业务三部	业务四部	总计
1 月					
2 月					
3 月					
4 月					
5 月					
6 月					
总计					

① 选定数据库的任意单元格，单击“插入”选项卡→表格组的“数据透视表”按钮。

② 弹出“创建数据透视表”对话框，默认在“表/区域”文本框中自动填入数据区域。在“选择放置数据透视表的位置”选项中选中“新工作表”按钮，如图 4-84 所示。

③ 单击“确定”按钮，进入数据透视表设计环境。从“选择要添加到报表的字段”列表框中将“部门”字段拖到“列标签”框中，将“签单日期”字段拖到“行标签”框中，将“订单金额”拖到“数值”框中，完成后得到图 4-85 所示的结果。

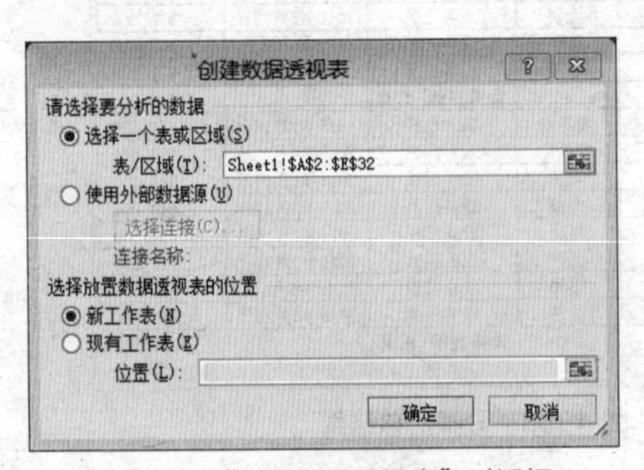

图 4-84 “创建数据透视表”对话框

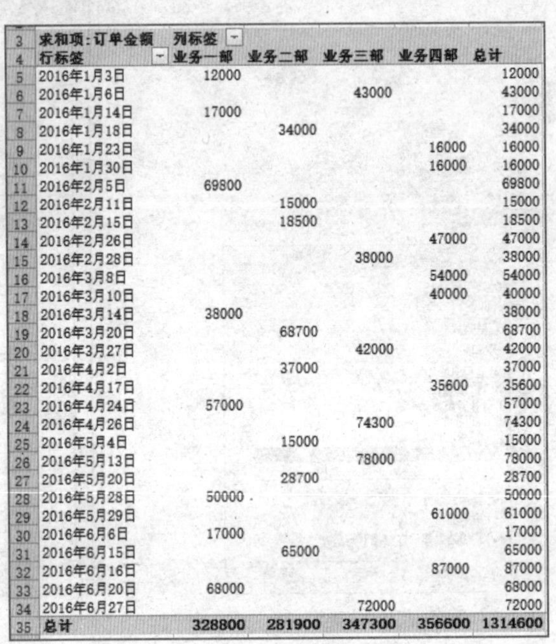

3	求和项:订单金额	列标签				
4	行标签	业务一部	业务二部	业务三部	业务四部	总计
5	2016年1月3日	12000				12000
6	2016年1月6日			43000		43000
7	2016年1月14日	17000				17000
8	2016年1月18日		34000			34000
9	2016年1月23日				16000	16000
10	2016年1月30日				16000	16000
11	2016年2月5日	69800				69800
12	2016年2月11日		15000			15000
13	2016年2月15日		18500			18500
14	2016年2月26日				47000	47000
15	2016年2月28日			38000		38000
16	2016年3月8日				54000	54000
17	2016年3月10日				40000	40000
18	2016年3月14日	38000				38000
19	2016年3月20日		68700			68700
20	2016年3月27日			42000		42000
21	2016年4月2日		37000			37000
22	2016年4月17日				35600	35600
23	2016年4月24日	57000				57000
24	2016年4月26日			74300		74300
25	2016年5月4日		15000			15000
26	2016年5月13日			78000		78000
27	2016年5月20日		28700			28700
28	2016年5月28日	50000				50000
29	2016年5月29日				61000	61000
30	2016年6月6日	17000				17000
31	2016年6月15日		65000			65000
32	2016年6月16日				87000	87000
33	2016年6月20日	68000				68000
34	2016年6月27日			72000		72000
35	总计	328800	281900	347300	356600	1314600

图 4-85 数据透视表

④由于要求是按月份列出结果，但原数据库中没有“月份”的字段，只有“签单日期”的字段，因此需要将“签单日期”组合成“月份”。选定数据透视表的“签单日期”，选择“选项”选项卡→分组组中的“将所选内容分组”按钮 **将所选内容分组**，在弹出的“分组”对话框中选择步长为“月”（见图 4-86），则数据透视表转化结果如图 4-87 所示。

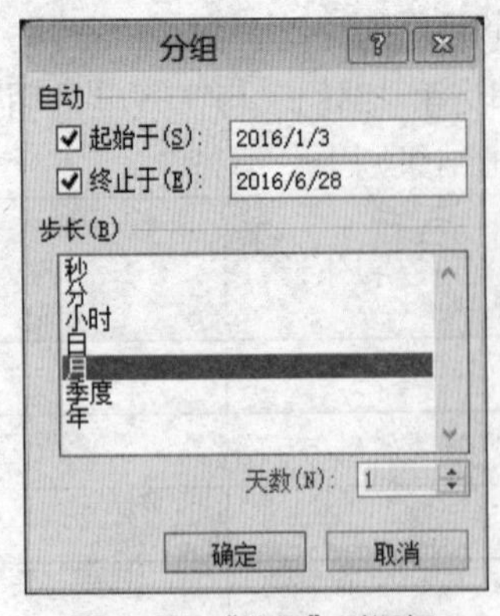

图 4-86 “分组”对话框

3	求和项:订单金额	列标签				
4	行标签	业务一部	业务二部	业务三部	业务四部	总计
5	1月	29000	34000	43000	32000	138000
6	2月	69800	33500	38000	47000	188300
7	3月	38000	68700	42000	94000	242700
8	4月	57000	37000	74300	35600	203900
9	5月	50000	43700	78000	61000	232700
10	6月	85000	65000	72000	87000	309000
11	总计	328800	281900	347300	356600	1314600

图 4-87 分组后的数据透视表

2. 更新数据透视表

如果数据透视表的数据源改变了，数据透视表不会自动刷新，需要按以下方法更新。

① 单击数据透视表。

② 选择“选项”选项卡→数据组中的“刷新”按钮。

3．删除数据透视表

① 单击数据透视表，用鼠标从数据透视表的右下角开始拖曳选定整张数据透视表。

② 选择“选项”选项卡→操作组中的“清除”按钮。

4．利用数据透视表创建数据透视图

数据透视图是以图形形式表示的数据透视表，与图表和数据区域之间的关系相同，各数据透视表之间的字段相互对应。

① 单击数据透视表，选择“选项”选项卡→工具组中的“数据透视图”按钮，打开“插入图表”对话框，选择“簇状圆柱图”类型。

② 单击“确定”按钮，即可在工作表中插入数据透视图，如图 4-88 所示。

③ 选择数据透视图，选择“设计”选项卡，可以利用相关命令更改图表类型、图表布局和图表样式。选择“布局”选项卡，可以更改数据透视图的标题、图例和坐标轴等。选择“格式”选项卡，对数据透视图进行外观上的设计。

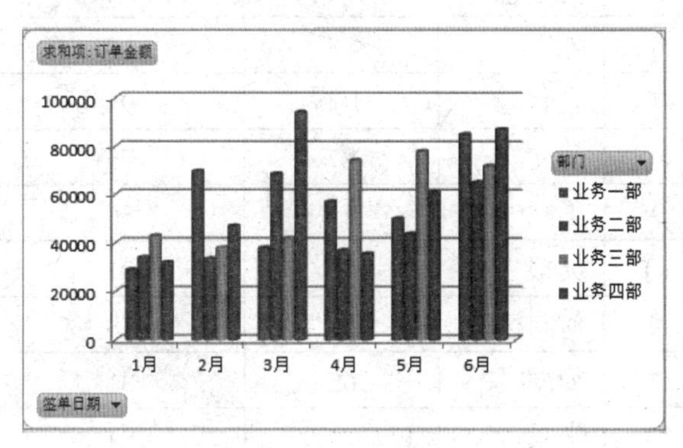

图 4-88 创建数据透视图

4.7 Excel 实训

本实训所有的素材均在“Excle 应用实训”文件夹内。

实训 1 制作成绩单

1．职业情景

企业需要对员工的绩效进行考核，以促进企业活力。绩效考核的表格类似成绩单，本项目以同学们熟悉成绩单为例，学习相关技能，既可以在平日辅助老师的工作，以可以在日后举一反三，制作绩效考核的表格。

2．能力运用

① 设置单元格格式，美化表格的输出格式。

② 综合运用数学、统计函数进行数据运算，得出统计结果。

3．任务要求

制作成绩单，满足以下要求，数据如图 4-89 所示。

① 课程成绩包括平时成绩与期末考试成绩，当输入成绩时，如果范围不在 0 至 100 内，禁止输入，并提醒。

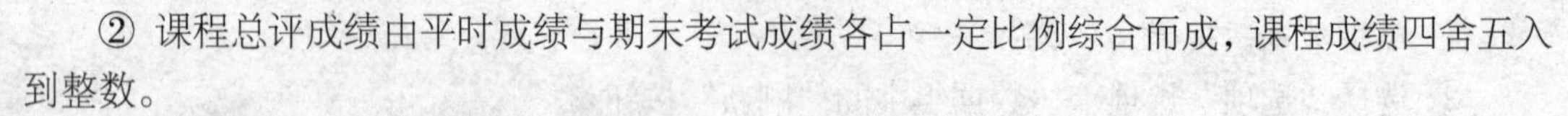

② 课程总评成绩由平时成绩与期末考试成绩各占一定比例综合而成，课程成绩四舍五入到整数。

③ 不及格的课程总评成绩以红色显示。

	A	B	C	D	E
1	课程成绩表				
2	学号	姓名	平时成绩	期末考试成绩	总评
3			30%	70%	
4	1	佟霄	59	61	
5	2	龚自如	84	81	
6	3	李军	60	51	
7	4	黄天	98	95	
8	5	冯小惠	74	84	
9	6	陈东	88	60	
10	7	张莉	100	95	
11	8	利文心	87	75	
12	9	王胜	75	86	
13	10	吴根	96	91	
14	11	何向远	69	78	
15	12	黎湖	65	81	
16	13	张素兰	74	84	
17	14	谭继洵	68	54	
18	15	刘杉	47	62	
19	16	刘浏	98	75	
20	17	关丽	87	76	
21	18	黄河生	76	84	
22	19	姬筱菲	62	67	
23	20	金鑫	48	80	
24	21	姚红	91	74	
25	22	吴铭	78	63	
26	23	苏德勤	75	79	
27	24	郝皎月	48	45	
28	25	陈阮	65	60	

图 4-89 课程成绩表

④ 对成绩进行分析，显示平均分、最高分、最低分。

⑤ 对成绩进行频度分析，显示优秀（>=90 分）、良好（80–89 分）、中（70–79 分）、及格（60–69 分）、不及格（<60 分）的人数、百分比，并能直观展现。

4．实训过程

（1）制作课程成绩表表格

如果希望在同一个工作簿里放置多个工作表，分别用不同的工作表处理不同课程的成绩，那么将工作表标签设为不同颜色，易于区别。方法是在工作表标签上右击，在弹出的快捷菜单上选择“工作表标签颜色”。

当表格完成后，可以通过“开始”选项卡上的“边框”按钮，为表格添加边框线。选定需要添加边框线的区域，首先使用“所有框线”命令，然后使用“粗匣框线”命令，注意顺序不要颠倒。

（2）设置数据有效性

选定输入平时成绩与期末考试成绩的区域 C4:28，执行“数据”选择卡→数据工具组的“数据有效性”按钮，在弹出的“数据有效性”对话框中，选择“设置”选项卡，将有效性条件设置为允许“小数”，数据介于最小值“0”与最大值“100”之间（见图 4–90）；选择“出错警告”选项卡，选定“输入无效数据时显示出错警告”，输入标题与错误信息（见图 4–91）。这样，当在 C4:28 区域输入的数值超出 0 至 100 的范围内后，屏幕会弹出一个提示的对话框（见图 4–92）。

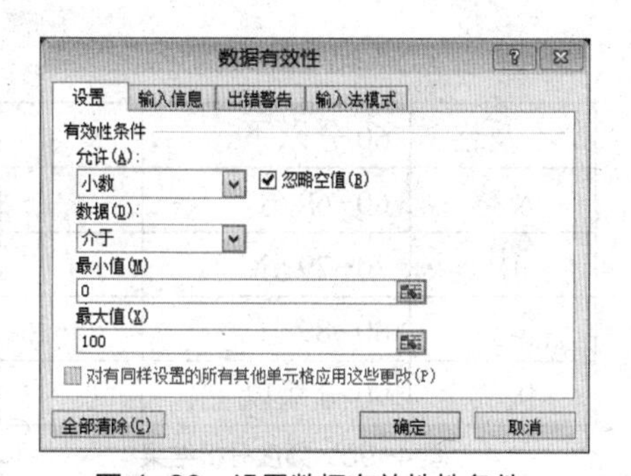

图 4–90 设置数据有效性性条件

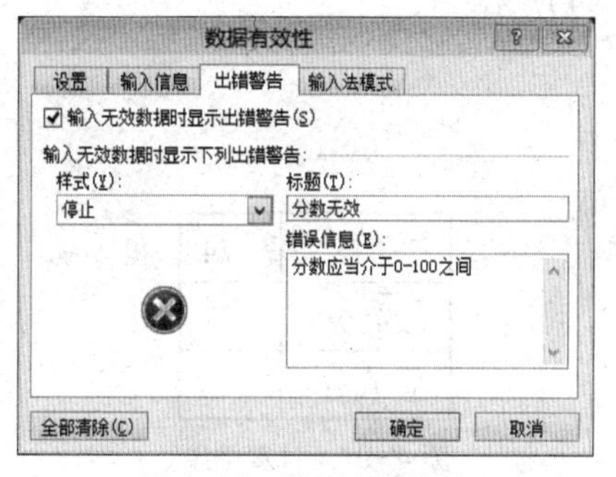

图 4–91 设置出错信息

（3）计算课程成绩

在 C3、D3 分别输入平时成绩与期末考试成绩的比例，在 E4 单元格输入：=ROUND(C4*$C$3+D4*$D$3,0)，然后将此公式复制到 E5:E28 区域。

将课程成绩四舍五入到整数。

需要注意的是设置单元格格式保留小数位，与使用 ROUNT 函数保留小数位有区别。前者单元格里的数值不会改变，只是显示的方式改变而已，而使用 ROUNT 函数则改变了数值。

设置该公式时要注意 C3、D3 要绝对引用，因为当复制公式时，E5:E28 区域所引用的这两个单元格是固定不变的，因此公式中的 C3、D3 单元格需要绝对引用。设置绝对引用的快捷方式是选中单元格坐标后按“F4”键切换。

（4）设置条件格式

为了易于分辨不及格的课程成绩，将这些单元格字体以红色显示。选择“开始”选项卡→样式组的“条件格式”按钮，在下拉菜单中选择“突出显示单元格规则”的“小于”命令，设置条件为单元格数值小于 60，将格式设置为红色文本（见图 4–93）。

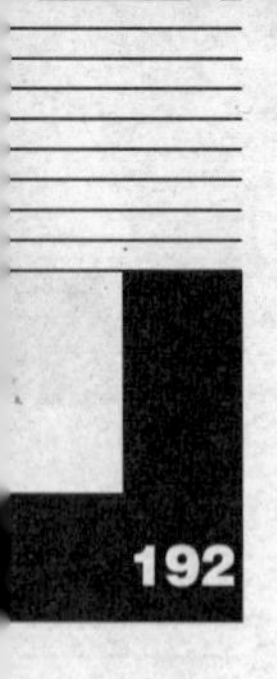

图 4-92　出错信息对话框

图 4-93　条件格式

（5）计算平均分、最高分、最低分

平均分：=AVERAGE(E4:E28)；

最高分：=MAX(E4:E28)；

最低分：=MIN(E4:E28)。

结果如图 4-94 所示。

（6）频度分析

可以使用 FREQUENCY 函数计算频度。

① 在 K22:K25 区域依次输入“59”“69”“79”“89”四个间隔点，注意不是 60、70、80、90，因为每个间隔点的含义是小于或等于，如果设置为 60 而不是 59 的话，会将 60 分统计为不及格。

② 选定五个连续一列的单元格区域，然后在编辑栏输入：=FREQUENCY(E4:E28,K22:K25)。

③ 按“Ctrl+Shift+Enter”组合键。结果显示在所选的五个连续一列的单元格区域，如图 4-94 所示。

平均分	74
最高分	97
最低分	46

图 4-94　计算结果

不及格	60 分以下	4
及格	60-69 分	5
中	70-79 分	7
良好	80-89 分	6
优秀	90 分级以上	3

图 4-95　频度分析结果

（7）图表

为了直观显示，可以对各等级的人数制作图表。选择等级与等级人数，生成图表。再调整图表，使其美观（见图 4-96）。

如果要在数据系列上显示值，则可以选择“开始”选项卡→标签组的“数据标签”按钮，在弹出的下拉菜单中选择“数据标签外”命令。

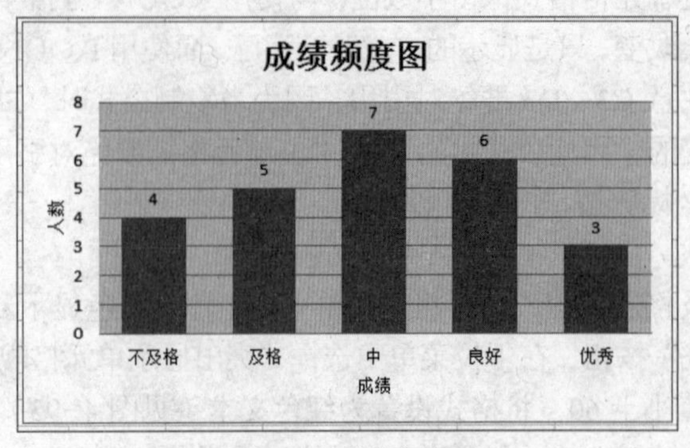

图 4-96　成绩频度图

实训2　设计评分表

1．职业情景

企业经常举办各种比赛活动，例如职业技能竞赛，文艺汇演、歌手歌唱比赛等活动，利用Excel软件设计相关的评分表，可以准确、快速地统计结果。

2．能力运用

① 综合应用统计函数快速统计数据。

② 对数据进行保护设置，从而保护表格的相关内容不被篡改。

3．任务要求

公司工会举办歌手大奖赛，吸引了一众歌王大展歌喉，有关负责人请你解决比赛的中的计分问题，希望使用计算机来计算，要求做到结果准确、操作快捷。负责人还提出以下几点要求。

① 进入决赛的选手共有8位，而邀请的评委也有8位，为了公平起见，选手得分的计算方法是：去掉一个最高分，去掉一个最低分，然后计算平均分。得分保留2位小数。当评委陆续亮分后，希望能立即报出得分。

② 当所有的选手赛完后，希望能立即知道冠军、亚军、季军的名字以及得分。

③ 还能给这些选手排名次。

请你使用Excel软件设计一份歌手大奖赛评分表，顺利完成上述任务。

4．实训过程

（1）计算得分

为了解决这个问题，初步设计歌手大奖赛评分表的表格。

	A	B	C	D	E	F	G	H	I	J
1										
2		评委1	评委2	评委3	评委4	评委5	评委6	评委7	评委8	得分
3	选手1									
4	选手2									
5	选手3									
6	选手4									
7	选手5									
8	选手6									
9	选手7									
10	选手8									
11										
12		冠军			亚军			季军		
13		得分			得分			得分		

图4-97　歌手大奖赛评分表

首先考虑解决计算得分的问题。按照习惯的思维，计算的流程是：当一位歌手演唱完后，评委都亮分了，首先找出最高分和最低分，剔除后，计算剩下 6 位评委的总分，再求平均分。然而 Excel 不能通过这个流程次序计算，因为 Excel 无法将最高分和最低分剔除后再计算其余分数的平均分或总分。

利用 Excel 里的 MAX 与 MIN 函数可以求出最高分和最低分，为了去除这两个分数，可以先计算所有评委评分的总和，再减去最高分和最低分，然后除以减去 2 位评委后的评委人数。最后，通过 ROUND 函数使得分保留 2 位小数。

因此，在 J3 单元格输入：

=ROUND((SUM(B3:I3)−MAX(B3:I3)−MIN(B3:I3))/ (COUNT(B3:I3)−2),2)，然后将这个公式复制到 J3:J10 单元格。

很多同学容易走进思维误区，就是认为要算平均分，就一定得使用 AVERAGE 函数。但一旦考虑到如何在这个函数的参数里剔出最高分和最低分，而且各个歌手最高分和最低分对应的单元格还不在同一列里，此时就会一筹莫展。

（2）求出前三甲的得分与选手

可以使用 LARGE 函数求第一名、第二名或第三名的得分。

而为了查询到前三名（冠军、亚军、季军）分数到对应的选手，要使用 VLOOKUP 函数。需要注意的是，VLOOKUP 函数要查找的数据必须位于查找区域的最左一列，因此，为了能返回选手的名字，需要在 L 列输入选手的姓名。

在 L3 单元格输入：=A3，然后将该公式复制到单元格区域 L3:L10。

在 C13 单元格输入：=LARGE($J$3:$J$10,1)，

在 C12 单元格输入：=VLOOKUP(C13,$J$3:$L$10,3,FALSE)，或者：=VLOOKUP(1,$K$3:$L$10,2,FALSE)可以得到冠军的得分以及姓名。

需要注意的是，VLOOKUP 函数的第一个参数（也就是要查找的条件），必须位于第二个参数（查找的区域）的左边第一列。

依次在 F12、F13、I12、I13 输入相应的公式。

（3）求各选手的排名

为了获得各选手的排位，可以使用 RANK 函数。

在 K3 单元格输入：=RANK(J3,$J$3:$J$10,0)，然后复制到 K4:K10 区域。需要注意的是参数$J$3:$J$10 必须绝对引用，这样才不至于复制公式后出错。

RANK 函数的返回值是数值，如果希望 J3:J10 区域显示为中文大写的数值，以免误认，则可以选定该区域，右击选择“设置单元格格式”打开对话框，选择“分类”为“特殊”，然后在右侧选择“中文大写数字”类型（见图 4–98）。

（4）数据保护

为了防止不慎或故意改动计算的结果，这个评分表只容许编辑每位评委对每位选手的评分，也就是只能编辑 A2:I10 区域的单元格，其余的单元格必须保护起来，不容许编辑，可以通过数据保护来实现。

① 选择 A2:I10 区域，设置单元格格式，去除“锁定”复选框（见图 4–99）。

② 选择“审阅”选项卡→更改组中的“保护工作表”按钮，打开“保护工作表”对话框，在“允许此工作表的所有用户进行”选项中，仅选定“选定未锁定的单元格”，然后输入密码，最后单击“确定”按钮（见图 4–100）。

当回到工作表，发现除了 A2:I10 区域可以选定后进行输入、改动数据外，其余单元格都

不能选定也不能编辑。

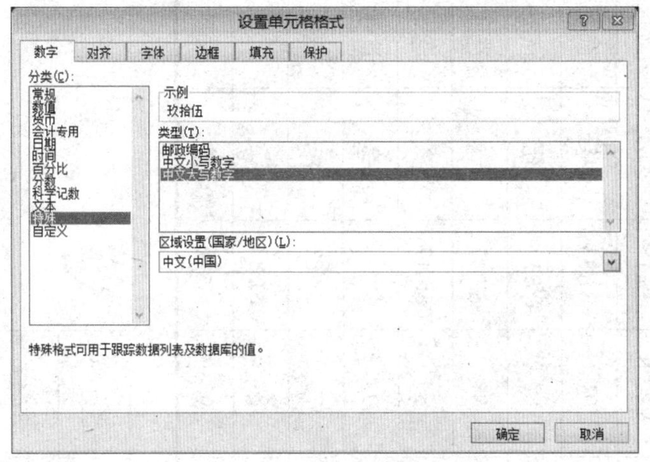

图 4-98 设置“中文大写数字”类型

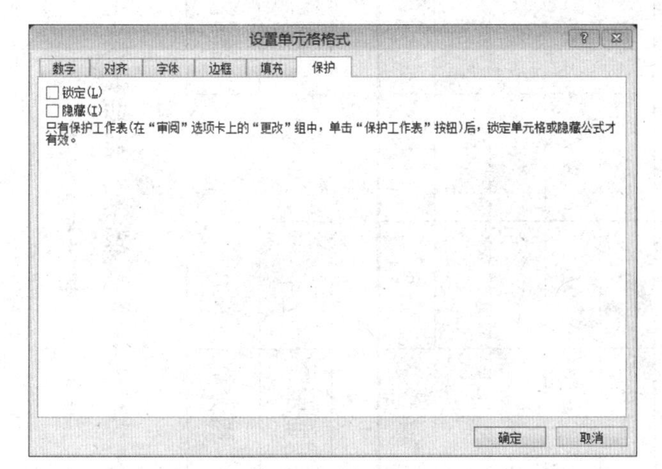

图 4-99 设置单元格保护格式

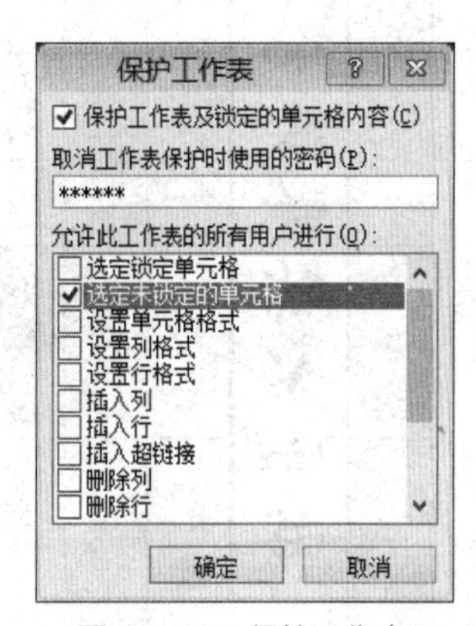

图 4-100 保护工作表

（5）测试

完成整个评分表后，插入或删除评委、选手的数目，或者改变选手的姓名，看看会不会出错。如果不会，则这个设计可以重复使用。因此，在输入公式时，就要考虑这一点。例如，在计算选手得分的时候，使用“(COUNT(B3:I3)−2)”来计算有效评委的数目，而不是直接使用“6”，为的也就是当评委人数变化后，不影响计算结果。

完成后的歌手大奖赛评分表如图 4-101 所示。

实训 3 销售数据分析

1. 职业情景

对企业的各种业务、销售、费用等数据进行分析、统计，可以挖掘信息、发现问题，有助于企业总结经验，开拓未来。利用 Excel 软件可以方便快速进行数据分析。

2. 能力运用

① 综合应用函数、图表、排序、筛选、汇总统计等功能处理数据，分析数据，从而解决问题。

② 根据问题，寻找解决问题的思路，锻炼思维能力。

	A	B	C	D	E	F	G	H	I	J	K	L
1	歌手大奖赛评分表											
2		评委 1	评委 2	评委 3	评委 4	评委 5	评委 6	评委 7	评委 8	得分	名次	
3	选手 1	85	78	77	85	87	74	79	91	81.83	柒	选手 1
4	选手 2	78	86	87	81	86	79	84	82	83	伍	选手 2
5	选手 3	84	95	86	78	85	85	96	88	87.17	叁	选手 3
6	选手 4	74	84	95	89	89	91	87	89	88.17	贰	选手 4
7	选手 5	91	93	87	86	91	75	89	95	89.5	壹	选手 5
8	选手 6	86	89	79	95	78	86	79	76	82.83	陆	选手 6
9	选手 7	84	88	81	76	80	92	77	81	81.83	柒	选手 7
10	选手 8	79	91	86	81	83	94	75	93	85.5	肆	选手 8
11												
12		冠军	选手 5		亚军	选手 4		季军	选手 3			
13		得分	89.5		得分	88.17		得分	87.17			
14												
15		得分规则：去掉一个最高分，去掉一个最低分，然后计算平均分。得分保留 2 位小数。										

图 4-101　歌手大奖赛评分表

3．任务要求

请你与艾恫瑙进行角色置换，完成艾恫瑙的工作，帮助艾恫瑙过关。将Excel工作簿《2015年计算机配件销售一览表》的销售表工作表复制九个，依次命名为“任务1”“任务2”“任务3”……“任务9”，以便分别存放处理结果。

即将毕业的艾恫瑙同学通过上网应聘找到一份工作，是在一家计算机配件经销商做商务助理。今天是第一天上班，还是试用期。她虽然学习过办公软件的应用，但是不知道在公司里会碰到什么样的问题，能否顺利过关，心里有点忐忑不安。

由于2015年的日历刚刚翻过去，公司正在进行各种统计、总结的工作。这时，销售部的小叶拿来一份《2015年计算机配件销售一览表》(见图4-102)，对艾恫瑙说：“小艾，能不能帮我将天河营业部显示器的销售记录挑选出来？”(这是**任务**1)

小叶看了看结果，然后说：“我还想看看2015年第二和第三季度所有显示器的销售清单。”(这是**任务**2)

小叶很高兴，说：“那能不能显示天河营业部显示器销售总金额超过10000元，以及天河营业部硬盘销售总金额超过20000元的销售清单？”(这是**任务**3)

结果又出来了。小叶道了声谢谢，高兴地走了。

学过知识技能派上了用场，艾恫瑙感到很开心，突然听到一声赞叹“好!”，抬头一看，原来是市场部的李经理。不知李经理什么时候走了过来，一直留意着艾恫瑙的操作。李经理对艾恫瑙说：“小艾，麻烦你帮我统计一下2015年全年显示器总共销售了多少台？”(这是**任务**4)

看到结果，李经理点点头，又说：“那我还想归类看看各商品的销售记录，以及各商品的总销售数量和总销售金额，能很快告诉我么？”(这是**任务**5)

李经理记下结果，又说了声“好”，走进了萧总的办公室。

不一会，萧总走出来到了艾恫瑙的办公桌前，对艾恫瑙说：“李经理告诉我，你对办公软件很熟练，你能不能统计一下2015年第四季度鼠标的销售总额？”(这是**任务**6)

答案出来后，萧总马上说：“我现在想知道各营业部中各种商品的销售金额总和。”(这是**任务**7)

萧总赞许地笑了，又说：“我想看看各种商品分别在2015年四个季度的销售数量总和。”(这是**任务**8)

完成后，艾恫瑙认真一想，如果用图表的形式显示出来更加直观。(这是**任务**9)

萧总看了后，表扬艾恫瑙工作时能开动脑筋的，很主动。艾恫瑙感到学以致用，也很开心。

面对一个任务又一个任务接踵而至，你又如何应对？

4．实训过程

任务1

艾恫瑙看了看销售表，想起老师曾经说过“在Excel里，要根据给出的条件，将一个大的数据清单整理成较小的数据清单，可以使用筛选功能。”于是，她笑着对小叶说：“我试试吧。”

她打开计算机，找到这份文件的电子文档，选择“数据”选项卡→排序和筛选组的“筛选”按钮，然后单击“营业部”字段名右侧的筛选箭头，选择“天河”，接着在“商品”字段名下选择“显示器”，这时，屏幕仅出现了天河营业部显示器的销售内容(见图4-103)。

	A	B	C	D	E	F
1	2015年计算机配件销售一览表					
2	营业部	商品	销售日期	数量	单价	总金额
3	天河	显示器	2015年1月1日	2	￥2,154	￥4,308
4	越秀	鼠标	2015年1月5日	25	￥36	￥900
5	天河	硬盘	2015年1月25日	25	￥568	￥14,200
6	荔湾	硬盘	2015年2月1日	32	￥568	￥18,176
7	天河	硬盘	2015年2月9日	19	￥568	￥10,792
8	荔湾	鼠标	2015年2月15日	58	￥36	￥2,088
9	天河	硬盘	2015年3月4日	40	￥568	￥22,720
10	越秀	显示器	2015年3月14日	8	￥2,154	￥17,232
11	天河	显示器	2015年3月18日	5	￥2,154	￥10,770
12	黄埔	鼠标	2015年4月2日	54	￥36	￥1,944
13	荔湾	显示器	2015年4月18日	14	￥2,154	￥30,156
14	荔湾	硬盘	2015年5月1日	7	￥568	￥3,976
15	荔湾	显示器	2015年5月20日	11	￥2,154	￥23,694
16	越秀	硬盘	2015年6月5日	9	￥568	￥5,112
17	越秀	显示器	2015年6月8日	7	￥2,154	￥15,078
18	天河	硬盘	2015年6月30日	21	￥568	￥11,928
19	黄埔	显示器	2015年7月5日	5	￥2,154	￥10,770
20	天河	鼠标	2015年7月9日	32	￥36	￥1,152
21	黄埔	鼠标	2015年7月26日	36	￥36	￥1,296
22	天河	显示器	2015年8月1日	12	￥2,154	￥25,848
23	越秀	显示器	2015年8月14日	9	￥2,154	￥19,386
24	越秀	鼠标	2015年9月12日	62	￥36	￥2,232
25	黄埔	鼠标	2015年9月16日	5	￥36	￥180
26	越秀	鼠标	2015年9月30日	21	￥36	￥756
27	荔湾	显示器	2015年10月5日	6	￥2,154	￥12,924
28	黄埔	显示器	2015年10月25日	3	￥2,154	￥6,462
29	越秀	鼠标	2015年11月7日	87	￥36	￥3,132
30	黄埔	显示器	2015年11月26日	5	￥2,154	￥10,770
31	黄埔	硬盘	2015年12月8日	30	￥568	￥17,040
32	天河	硬盘	2015年12月15日	24	￥568	￥13,632

图4-102 2015年计算机配件销售一览表

	A	B	C	D	E	F
1	2015年计算机配件销售一览表					
2	营业部	商品	销售日期	数量	单价	总金额
3	天河	显示器	2015年1月1日	2	¥2,154	¥4,308
11	天河	显示器	2015年3月18日	5	¥2,154	¥10,770
22	天河	显示器	2015年8月1日	12	¥2,154	¥25,848

图 4-103　自动筛选

任务 2

艾恫瑙想了想：自动筛选的下拉表上没有“季度”的选项，条件稍微复杂些，要使用“自定义自动筛选方式”了。于是她通过设置销售日期的范围为介于“2015-4-1”与“2015-9-30”之间（见图 4-104），结果也出来了。

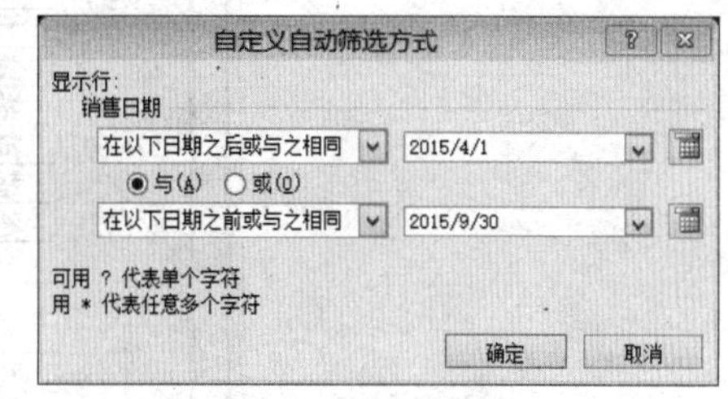

图 4-104　自定义自动筛选

任务 3

艾恫瑙低头考虑一会儿：这个条件更加复杂，如果使用自动筛选，则无法同时设置“显示器销售总金额超过 10000 元”与“硬盘销售总金额超过 20000 元的”这两个条件，因此需要使用高级筛选。”于是，她在 I2:K4 区域输入条件：

营业部	商品	总金额
天河	显示器	>10000
天河	硬盘	>20000

然后执行高级筛选，结果显示出来了（见图 4-105）。

营业部	商品	销售日期	数量	单价	总金额
天河	硬盘	2015 年 3 月 4 日	40	￥568	￥22,720
天河	显示器	2015 年 3 月 18 日	5	￥2,154	￥10,770
天河	显示器	2015 年 8 月 1 日	12	￥2,154	￥25,848

图 4-105　高级筛选

任务 4

艾恫瑙略为思索：筛选只是对数据清单进行整理，不进行统计。如果需要统计结果，则可以运用函数来设置公式。如果是有条件的统计，当条件不复杂，可以使用 SUMIF 或 COUNTIF 函数。李经理的问题是带有条件的求和，应当使用 SUMIF 函数。

于是，她在一个空白单元格里输入了一个公式：=SUMIF(B3:B32,B3,D3:D32)，很快得出了结果。

任务 5

艾恫瑙仔细想了想：这是一个按商品分类进行求和的问题，使用分类汇总功能就可以了。老师特别提醒过，在执行“分类汇总”必须先排序，因为排序后相同的项目会归类在一起，也就是“分类”，而“汇总”指的是统计。她笑着对李经理说：“当然可以。”

艾恫瑙首先将光标移到“商品”下的任意一个单元格上，然后按工具栏上的“排序”命令按钮。这时，整个工作表按“商品”为主要关键字进行排序。

接着艾恫瑙执行“数据”选项卡→分组显示组的“分类汇总”，在弹出的“分类汇总”对话框中进行设置，如图 4-106 所示。

确定后，果然显示器、鼠标、硬盘的数量、总金额汇总数都出来了（见图 4-107）。

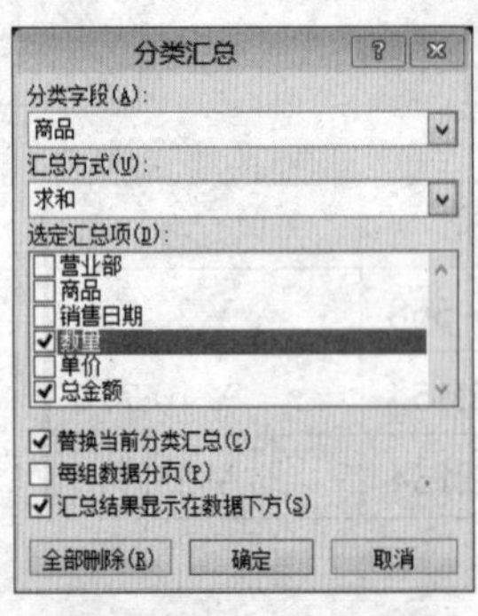

图 4-106　分类汇总

	A	B	C	D	E	F
1	2015年计算机配件销售一览表					
2	营业部	商品	销售日期	数量	单价	总金额
3	越秀	鼠标	2015年1月5日	25	¥36	¥900
4	荔湾	鼠标	2015年2月15日	58	¥36	¥2, 088
5	黄埔	鼠标	2015年4月2日	54	¥36	¥1, 944
6	天河	鼠标	2015年7月9日	32	¥36	¥1, 152
7	黄埔	鼠标	2015年7月26日	36	¥36	¥1, 296
8	越秀	鼠标	2015年9月12日	62	¥36	¥2, 232
9	黄埔	鼠标	2015年9月16日	5	¥36	¥180
10	越秀	鼠标	2015年9月30日	21	¥36	¥756
11	越秀	鼠标	2015年11月7日	87	¥36	¥3, 132
12		鼠标 汇总		380		¥13, 680
13	天河	显示器	2015年1月1日	2	¥2, 154	¥4, 308
14	越秀	显示器	2015年3月14日	8	¥2, 154	¥17, 232
15	天河	显示器	2015年3月18日	5	¥2, 154	¥10, 770
16	荔湾	显示器	2015年4月18日	14	¥2, 154	¥30, 156
17	荔湾	显示器	2015年5月20日	11	¥2, 154	¥23, 694
18	越秀	显示器	2015年6月8日	7	¥2, 154	¥15, 078
19	黄埔	显示器	2015年7月5日	5	¥2, 154	¥10, 770
20	天河	显示器	2015年8月1日	12	¥2, 154	¥25, 848
21	越秀	显示器	2015年8月14日	9	¥2, 154	¥19, 386
22	荔湾	显示器	2015年10月5日	6	¥2, 154	¥12, 924
23	黄埔	显示器	2015年10月25日	3	¥2, 154	¥6, 462
24	黄埔	显示器	2015年11月26日	5	¥2, 154	¥10, 770
25		显示器 汇总		87		¥187, 398
26	天河	硬盘	2015年1月25日	25	¥568	¥14, 200
27	荔湾	硬盘	2015年2月1日	32	¥568	¥18, 176
28	天河	硬盘	2015年2月9日	19	¥568	¥10, 792
29	天河	硬盘	2015年3月4日	40	¥568	¥22, 720
30	荔湾	硬盘	2015年5月1日	7	¥568	¥3, 976
31	越秀	硬盘	2015年6月5日	9	¥568	¥5, 112
32	天河	硬盘	2015年6月30日	21	¥568	¥11, 928
33	黄埔	硬盘	2015年12月8日	30	¥568	¥17, 040
34	天河	硬盘	2015年12月15日	24	¥568	¥13, 632
35		硬盘 汇总		207		¥117, 576
36		总计		674		¥318, 654

图 4-107　分类汇总结果

任务 6

艾恫瑙记起老师曾经提醒过“对于带复杂条件的统计，则可以使用数据库函数。”

于是，她在 I3:I4 区域设置了条件：

=AND(MONTH(C3)>=10, B3="鼠标")

然后在一个空白单元格输入：=DSUM(A2:F32,F2,I3:I4)，于是结果出来了。

后来，艾恫瑙回顾这个问题时，想到还可以这样设置条件区域：

=AND(C3>=DATE (2010,10,1), B3="鼠标")

或者：

商品	销售日期
鼠标	>=2015-10-1

任务 7

艾恫瑙沉思：分类汇总只能按某一个字段进行分类统计，现在的要求是按两个字段分类，需要进行交叉分析，因此要使用数据透视表。制作数据透视表的关键是将透视表的式样设计出来。萧总的要求涉及“营业部”与“商品”两个字段，可以做这样一个表格来统计。

艾恫瑙一边想，一边画了个表格草图。

营业部 商品	黄埔	荔湾	天河	越秀	总计
鼠标					
显示器					
硬盘					
总计					

这样，数据透视表的“列”是“营业部”，“行”是“商品”，统计的“数据”是“总金额”。接着，艾恫瑙执行“插入”选项卡→表格选项组的“数据透视表”按钮，创建数据透视表区域。

在“数据透视表字段列表”对话框中，将“商品”拖到“行标签”框中，将“营业部”拖曳到“列标签”框中，将“总金额”拖到“数值”框中（见图 4-108）。

最后数据透视表就出来了（见图 4-109）。

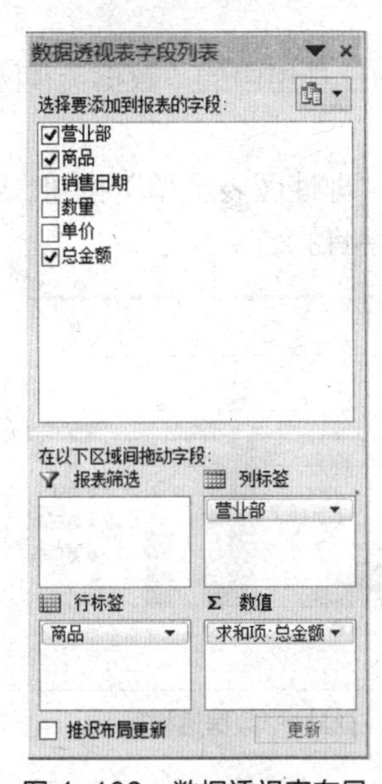

图 4-108　数据透视表布局

求和项:总金额	列标签				
行标签	黄埔	荔湾	天河	越秀	总计
鼠标	3420	2088	1152	7020	13680
显示器	28002	66774	40926	51696	187398
硬盘	17040	22152	73272	5112	117576
总计	48462	91014	115350	63828	318654

图 4-109　数据透视表

任务 8

艾恫瑙又画了一个表格草图，仔细分析：这涉及“商品”与“季度”，而数据清单没有“季度”字段，只有“销售日期”字段，需要通过组合来按“季度”统计。于是艾恫瑙制作数据透视表时，对应表格草图，在“数据透视表和数据透视图”对话框中，将“商品”拖曳到“行”，将“销售日期”拖曳到“列”，将“数量”拖曳到“数据”，确定后生成数据透视表。

季度 商品	第一季	第二季	第三季	第四季	总计
鼠标					
显示器					
硬盘					
总计					

之后，在数据透视表上选中“销售日期”，选择“选项”选项卡→“分组”组中的“将所选内容分组”按钮 **将所选内容分组**，在弹出的“分组”对话框中选择步长为“季度”（见图 4-110），得出了以季度分组的数据透视表（见图 4-111）。

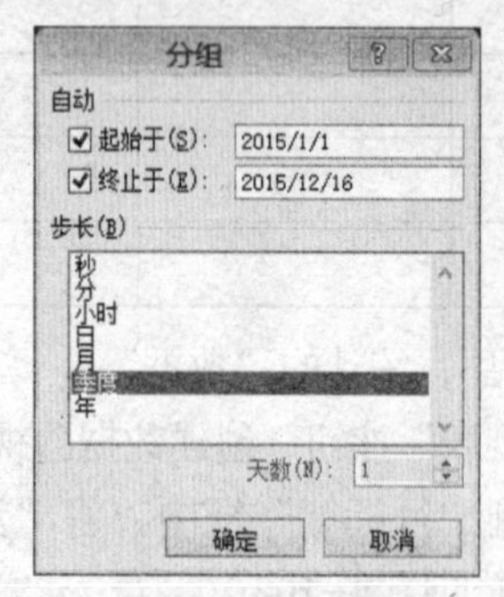

图 4-110　分组

求和项:数量	列标签				
行标签	第一季	第二季	第三季	第四季	总计
鼠标	83	54	156	87	380
显示器	15	32	26	14	87
硬盘	116	37		54	207
总计	214	123	182	155	674

图 4-111　以季度分组的数据透视表

任务 9

于是，艾惆瑙将光标移入数据透视表，选择“选项”选项卡→工具组中的“数据透视图”按钮，此时数据透视图就出来了（见图 4-112）。

艾惆瑙将光标移至该图，选择“设计”选项卡→类型组中的“理性图表类型”按钮，她选择了“簇状柱形图”，此时出现的数据透视图更加直观（见图 4-113）。

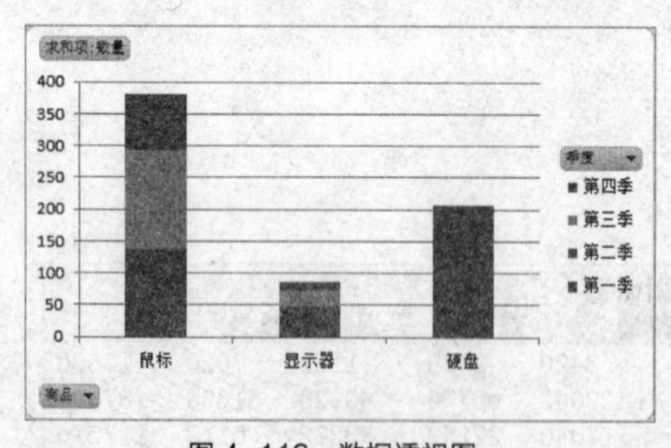

图 4-112　数据透视图

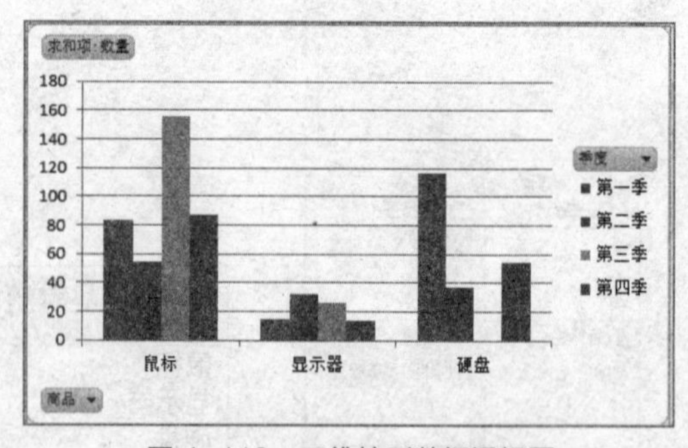

图 4-113　三维柱形数据透视图

本章小结

Excel 是处理数据的软件，利用公式、函数实现数据的计算。图表可以使得数据的表示更直观，通过排序、筛选、分类汇总、数据透视表可以分析、整理、统计数据。

1．工作表的编辑

一个 Excel 文档是一个工作簿，一个工作簿可以有多个工作表，右击工作表标签在弹出的快捷菜单里选择命令，可以修改工作表的名称、位置、标签颜色。

选择“页面布局”选项卡的页面设置组，可以设置页面的大小、方向、页边距。

2．内容输入

工作表的单元格里存放的是数据，数据类型共有三种：数值型、文本型、逻辑型。数值型的数据有不同的显示形式，选择“开始”选项卡→数字组中“数字格式”按钮，可以将单元格里的数值类型数据设置为不同的显示方式。要判断单元格内数据的实质内容，可以观察编辑栏里的内容。

注意输入数学符号时不要在中文输入状态，例如输入大于运算符“>”，经常容易输入为中文书名号“〉”，而这个错误往往难以发现。

3．复制填充

复制单元格区域后，执行“开始”选项卡→剪贴板组中“粘贴”按钮→“选择性粘贴”命令，可以选择只拷贝源单元格的数值而不拷贝公式，也可以转置源单元格区域的行、列。

快速输入等差序列：可以先输入前面两个单元格的数据，选定后，再向下填充（下拉或双击填充手柄）。等比序列则不能通过下拉填充，需要执行“开始”选项卡→编辑组中“填充”按钮，在下拉菜单中选择“系列”命令。

如果希望限制单元格输入内容的范围，可以选择“数据”选项卡→数据工具组中“数据有效性”按钮，在“允许”下拉列表选择数值类型的选项，可以设置数值范围；在“允许”下拉列表选择“序列”，可以在“来源”中输入选项，则在单元格里输入时，使用选择下拉列表的方式输入。

4．单元格格式设置

右击单元格（区域），可以选择“设置单元格格式”命令进行设置。

在“对齐”选项卡，设置单元格跨列居中、分散对齐、合并单元格、自动换行、竖排文本等。

在“数值”选项卡，设置数值类型的单元格为含小数位的数值、使用千位分隔符的数值、百分比、日期、时间，或将数据转化为文本类型。

在“字体”选项卡，可以设置文本的字体、字号、颜色等。

在“边框”选项卡，可以设置单元格（区域）的边框线，也可以设置为斜线。

在“图案”选项卡，可以设置单元格（区域）的底纹，或者灰色、条纹等图案样式。

在“保护”选项卡，可以将单元格（区域）设置为锁定（主要用于设置密码保护），或设置隐藏。

如果希望单元格的数据根据不同的条件显示不同的格式，可以执行“开始”选项卡→样式组中“条件格式”。

5．计算

计算是 Excel 软件重要功能，通过在单元格内编辑公式实现。输入公式时不要输入中文的标点符号（如逗号、括号）。在公式里的文本必须使用英文双引号括起来。

不同数据类型的数据，要应用不同的运算符。四则运算等运算符是针对数值的，“&”运算符是针对文本的，比较运算符则可以针对所有的数据类型。使用不同运算符的公式，其结果的数据类型也不一样。使用四则运算等运算符，结果是数值；使用“&”运算符，结果是文本；使用比较运算符，结果是逻辑型数据 TRUE 或 FALSE。

在公式里经常使用单元格引用，较多使用相对引用。复制含相对引用的公式时，不会将公式原封不动地复制，而是相对位置状况的复制。如果使用绝对引用，则是固定引用该单元格。另外，还有混合引用。

函数具有一定的难度，起码要学会使用求和（SUM）、计数（COUNT 与 COUNTA）、平均值（AVERAGE）、最大值（MAX）、最小值（MIN）这五个函数的应用，在常用工具栏上有相应的命令按钮。

考试中经常出现的函数还有 ROUND、RANK、VLOOKUP、IF 函数，需要重点复习。

IF 函数常见的错误有：用“60<A2<80”表示函数参数，正确的应该表达为“AND(60<A2, A2<80)”。

6．图表

选定需要制作图表的数据，通常包括数据所在的单元格区域，再加其上一行、其左一列的行列标题。如果是不连续行、列，则可以按“Ctrl”键选择。

选择“插入”选项卡图表组中的其中一个图表类型，可以建立图表。如果要美化图表，则可以选定图表后，在“设计”“布局”“格式”选项卡中进行设置。

双击图表不同的位置，可以在弹出的对话框内设置图表不同部分的格式。

7．数据库分析

在 Excel 里，数据库指的是工作表中呈矩形的单元格区域，而且必须包含字段标题（即字段名）。数据库的操作主要有排序、筛选、分类汇总、数据透视表。

对数据库的操作，不需要选定整个数据库区域，仅选定其中的一个单元格即可。

排序：排序操作注意不要选定某一列，通常可以选定主要关键字所在的字段名。使用工具栏的“升序排序”“降序排序”命令按钮操作，则首先排最次要的关键字，最后排最主要的关键字。这样操作可以方便地按多个关键字排序。

筛选：包括自动筛选和高级筛选。自动筛选可以选择该字段其中某一选项，或者按序筛选其中的若干项，或者通过自定义对该字段设置条件进行筛选，其条件可以使用通配符。

如果筛选的条件较为复杂，或者涉及多个字段，则使用高级筛选，高级筛选利用条件区域来表达条件。

分类汇总，按一个字段进行排序（即分类），进行不同的统计（即汇总）。分类汇总之前需要对分类字段进行排序。注意分类汇总是对某一个字段进行统计。

如果是对两个或两个以上字段的交叉统计，则使用数据透视表。

PART 5 第5章 PowerPoint 2010 演示文稿

职业能力目标

本章学习演示文稿软件 PowerPoint 2010 的应用，要求掌握以下技能。

① 配合演讲编辑演示文稿，提升表达效果。

② 美化演示文稿，突出演讲观点。

③ 增添多媒体效果，吸引观众注意力。

④ 设置演示文稿放映方式，增强趣味性。

5.1 PowerPoint 2010 概述

5.1.1 功能简介

PowerPoint 程序的主要功能是制作演示文稿。我们经常说一个人的讲话要有 Power（力量），还要有 Point（要点），利用 PowerPoint 程序可以制作图文并茂、生动美观的演示文稿，有助于演讲者达到这两个要求。一个好的演示文稿，可以使演讲起到事半功倍的效果。

实际上大家对 PowerPoint 并不陌生，因为在学校里，教师常常利用演示文稿进行授课。在企业里，运用 PowerPoint 制作演示文稿也已经非常普遍，如进行产品推介、企业宣传、总结报告等。因此，掌握演示文稿的制作方法是一名大学生必备的技能。

应用 PowerPoint 程序创建的文件称为“演示文稿”，而“幻灯片”是组成演示文稿的每一单张。演示文稿不仅包括放映的幻灯片，还包括演讲者自己使用的备注页。备注页的内容不放映在屏幕上，但可以打印在纸上。

5.1.2 启动与关闭程序

1．启动程序

可以通过以下任意一种方法启动 Microsoft Office PowerPoint 2010 应用程序。

- 通常桌面上会有“Microsoft Office PowerPoint 2010 程序”的快捷图标，双击即可打开。这是最常用的方法。
- 选择“开始”→“所有程序”→“Microsoft Office”→“Microsoft Office PowerPoint 2010”命令。

- 选择“开始”，在“搜索程序和文件”框内输入“PowerPoint”后按“Enter”键确认。

2．关闭程序

退出 PowerPoint 的方法有很多，最常用的就是单击窗口右上角的“关闭”按钮或选择“文件”菜单中的“退出”命令来关闭程序。

5.1.3　界面简介

启动 Microsoft Office PowerPoint 2010 程序，其操作窗口如图 5-1 所示。

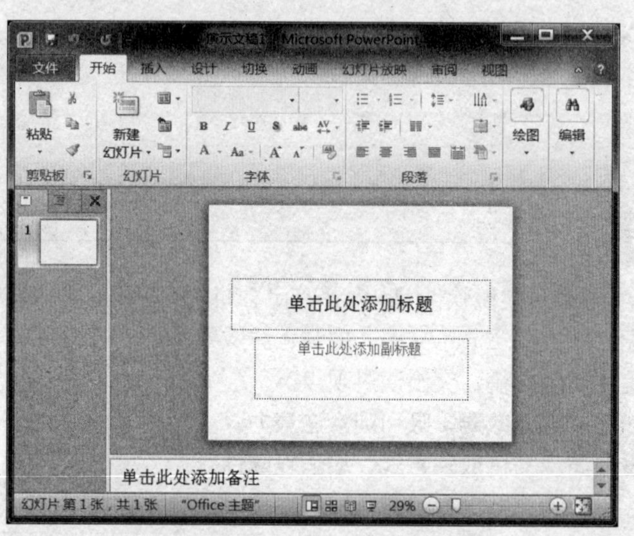

图 5-1　PowerPoint 2010 程序界面

1．标题栏

标题栏显示该文档的文件名，在其右侧是“最小化”“向下还原”(或者“最大化”)、“关闭”按钮。

2．快速访问工具栏

快速访问工具栏位于标题栏的左上角，主要包括了一些常用的文件操作命令，通过单击快速访问工具栏的下拉三角按钮，弹出对应的下拉菜单，如图 5-2 所示。

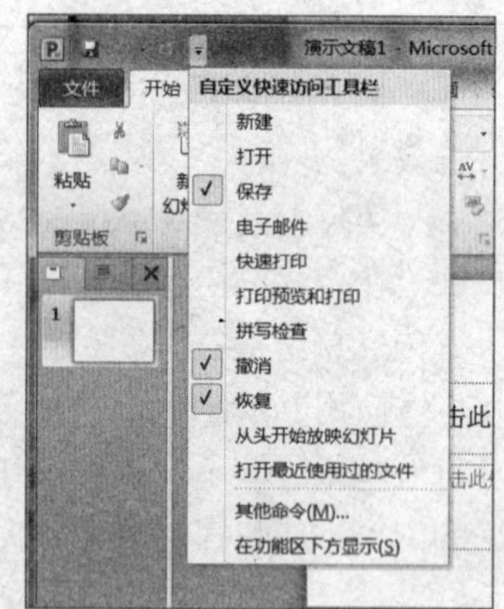

图 5-2　快速访问工具栏

3．功能区

功能区主要包括“文件”“开始”“插入”“设计”“切换”“动画”“幻灯片放映”“审阅”与“视图”9 个选项卡组成，而每个选项卡均包含了若干个命令操作按钮的工具栏。对 PowerPoint 2010 文档的编辑与设置操作主要就是通过功能区来完成的。

4．大纲/幻灯片浏览窗格

在窗口的左边，是“大纲/幻灯片浏览窗格”，在此处可以切换大纲、幻灯片浏览窗格，便于编辑与浏览演示文稿。

5．幻灯片窗格

在此处可以编辑幻灯片的文字、图片等内容，还可以设置幻灯片的外观。

6. 备注窗格

用于编辑幻灯片的备注文字，可以打印出来以便演讲时查阅。

7. 状态栏

状态栏位于窗口的最下方，显示当前文档编辑的状态及相关信息。

8. 视图切换按钮

在状态栏右下角的4个按钮，自左至右分别为“普通视图”“幻灯片浏览视图”“阅读视图”“从当前幻灯片开始幻灯片放映”按钮。

5.1.4 视图

PowerPoint 2010最常见的两种视图方式是普通视图与幻灯片浏览视图。

1. 普通视图

普通视图是PowerPoint 2010程序默认打开的视图。可以选择功能区“视图”选项卡→演示文稿视图组中“普通视图”按钮切换到普通视图，也可以通过状态栏中的“普通视图”按钮进行切换。

普通视图模式下，窗口左边有“幻灯片”与“大纲”两个浏览窗格选项卡，其中幻灯片浏览窗格显示演示文稿的幻灯片缩略图，选中幻灯片后拖动，可以调整其位置。而大纲浏览窗格仅显示演示文稿的文字内容。如果不希望显示这两项浏览窗格，可以单击该窗格的关闭按钮。

在普通视图的幻灯片窗格可以设计、编辑幻灯片的内容、外观与格式。

2. 幻灯片浏览视图

可以选择功能区“视图”选项卡→演示文稿视图组“幻灯片浏览”按钮切换到幻灯片浏览视图，也可以通过状态栏中的“幻灯片浏览”按钮进行切换。

在幻灯片浏览视图中可以查看演示文稿的缩略图，方便用户调整各张幻灯片的位置。

3. 阅读视图

可以选择功能区“视图”选项卡→演示文稿视图组“阅读视图”按钮切换到阅读视图，也可以通过状态栏中的“阅读视图”按钮进行切换。

在阅读视图中可以让幻灯片适合窗口的大小，方便用户阅读每一张幻灯片。

5.2 图文编辑

5.2.1 幻灯片版式

版式指的是幻灯片里文本、图片等各对象占位符的排版形式。单击“开始”选项卡→幻灯片组中“幻灯片版式”按钮，在打开的“幻灯片版式”任务窗格显示了各版式的示意图（见图5-3）。PowerPoint 2010预置了几种版式，分为文字版式、内容版式、文字和内容版式以及其他版式。其中内容版式指的是图片、表格等元素的版式。将鼠标移至版式示意图之上，将显示该版式的名称。选择需要应用版式的幻灯片，单击选定的版式就可以进行修改了，或者单击幻灯片组中“新建幻灯片”按钮，并选择需要的版式来新建幻灯版。

每张新幻灯片会出现一个或数个虚线边框的占位符。单击占位符后，通过拖动占位符的虚线边框可以调整其大小与位置。右击占位符，在弹出的“设置形状格式”对话框内可以设置占位符的边框及填充颜色等（见图5-4）。

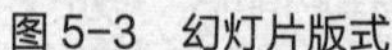

图 5-3　幻灯片版式

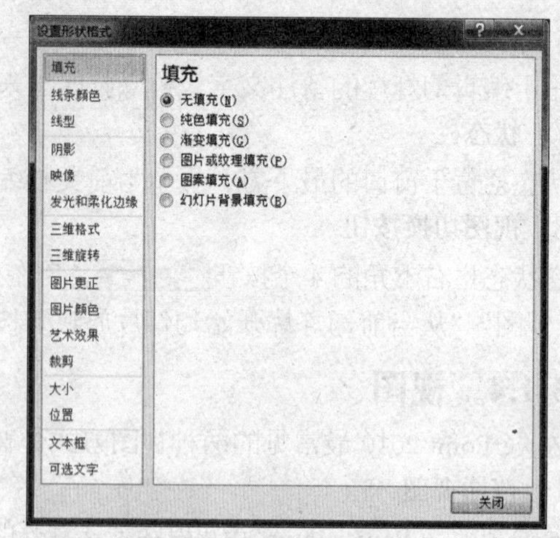

图 5-4　设置占位符格式

5.2.2　添加文字

演示文稿的文字要精练，切忌密密麻麻，以免观众感觉眼花缭乱。

1. 输入文字

输入文字的常规方法是根据占位符上的提示单击占位符，然后输入文字。如果已经有相应文字的 Word 文档，则可以快速制作演示文稿。

方法一：打开相应的 Word 2010 文档，将需要输入在幻灯片“标题”占位符中的文字设为“标题 1”样式，将需要输入在幻灯片“文本”占位符中的文字设为其他级别的标题样式。然后通过选择“文件”菜单→“选项”→“快速访问工具栏”命令，并选择“不在功能区中”命令，在下拉菜单中找到“发送到 Microsoft PowerPoint”，将其添加到快速访问工具栏里，然后通过执行该命令，则 PowerPoint 程序会自动启动并生成演示文稿。此时 Word 文档中“标题 1”样式的文字排在一个幻灯片的标题占位符中，其他级别标题样式的文字则添加到幻灯片中的文本占位符中，而正文、图片则没有添加进来。

方法二：复制 Word 文档的文字，然后在 PowerPoint 的大纲浏览窗格进行粘贴，此时所有文字都置放在一张幻灯片上。之后将鼠标移至需要分隔到下一张幻灯片的合适位置，按“Enter”键，这样后面的文字就会移动到新建的幻灯片上。

【例 5-1】新建演示文稿，应用“标题幻灯片”版式并输入文字，设置标题的文本字体为“黑体”，副标题的文本字体为“仿宋”(见图 5-5)。

当单击占位符后，占位符左下角会出现“自动调整选项”按钮，单击此按钮，可以选择是否“根据占位符自动调整文本”，通常选中该单选框(见图 5-6)。

2. 文字格式

选中需要设置格式的文字，然后选择“开始”选项卡→字体组中右下角下拉三角形命令，或右击所选文字后在弹出的快捷菜单中选择“字体”命令，打开“字体”对话框进行相关设置。字号可以从下拉列表框中选择或者在文本框中直接输入(见图 5-7)。

也可以利用“字体”组工具栏对字体进行快速设置，方法与 Word 2010 相似，但 PowerPoint 2010 的工具栏多了一个“阴影”按钮 S 。

调整字体大小的快捷键为“Ctrl+[”组合键(缩小)或“Ctrl+]”组合键(放大)。

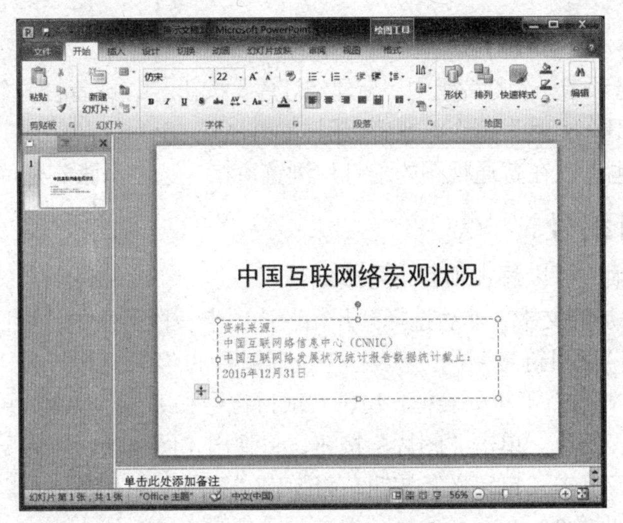

图 5-5　在幻灯片输入文字

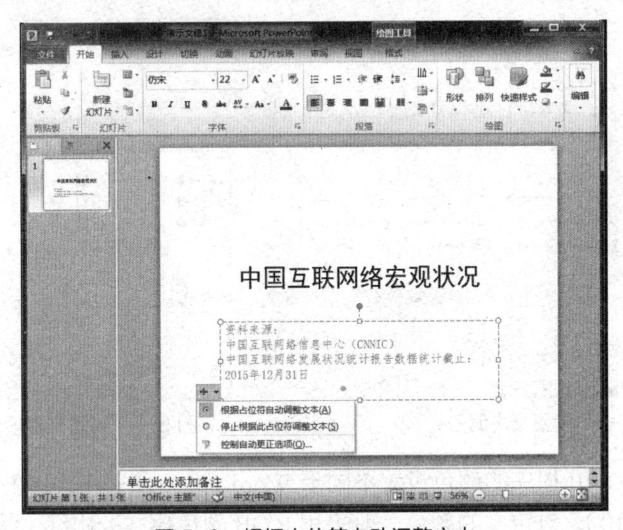

图 5-6　根据占位符自动调整文本

3．段落缩进

要调整占位符内文本的段落缩进，则选择“视图”选项卡→显示组中“标尺”按钮，显示标尺，通过调整标尺上的首行缩进滑块（位于标尺上方）、左缩进滑块（位于标尺下方）来设置文本的段落格式。

4．改变行距

选中相应的文本，选择“开始”选项卡→“段落”右下角下拉三角形命令，则可以改变文本的行距以及段前、段后的间隔。

5．插入文本框

可以在幻灯片中通过插入文本框添加文字。选择“插入”选项卡→文本组中“文本框”按钮，在幻灯片合适位置通过拖动生成文本框，即可在文本框内输入文字。

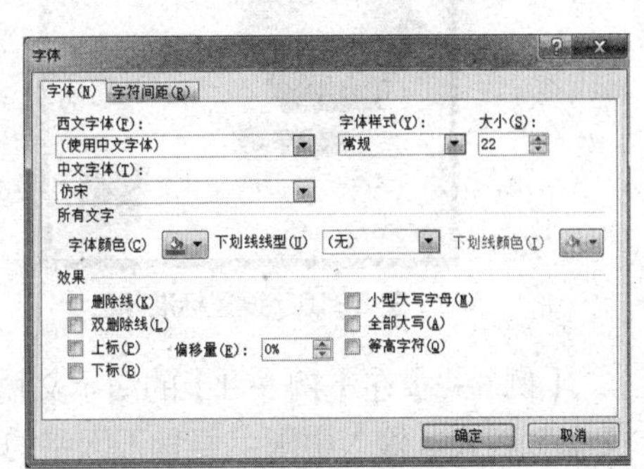

图 5-7　设置字体格式

5.2.3　插入新幻灯片

选择“开始”选项卡→幻灯片组中“新建幻灯片”按钮，或者右击左边“大纲/幻灯片浏览窗格”，选择“新建幻灯片”命令，或者使用“Ctrl+M”组合键，都可在当前幻灯片的后面插入一张新幻灯片；也可以在普通视图的幻灯片浏览窗格，选中一张幻灯片后按“Enter”键。

5.2.4　项目编号

对于一些同类项，可以添加项目符号或编号。

① 选中需要添加的文本，然后选择“开始”选项卡→段落组中“项目符号”按钮或“编号”按钮，在弹出的“项目符号”下拉列表框中选择适合的“项目符号”或“编号”(见图 5-8)。

② 通过“项目符号”下拉列表框，单击“项目符号和编号”命令，可以设置项目符号或编号的类型、大小、颜色。单击“图片”按钮，将弹出“图片项目符号”对话框中可以选用图片作为项目符号；单击“自定义”按钮，将弹出“符号”对话框，可以从中选用其他字符作为项目符号(见图 5-9)。

图 5-8　设置文本编号

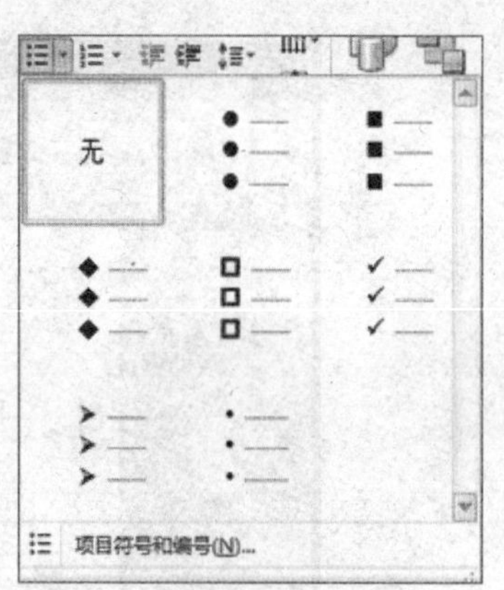

图 5-9　设置文本项目符号

③ PowerPoint 2010 程序的颜色设置不同于 Word 2010、Excel 2010 程序，其标准颜色不显示名称(见图 5-10)，自定义的颜色一般采用 RGB 颜色模式，由红、绿、蓝三原色组合而成，各原色的值取范围为 0～255(见图 5-11)。

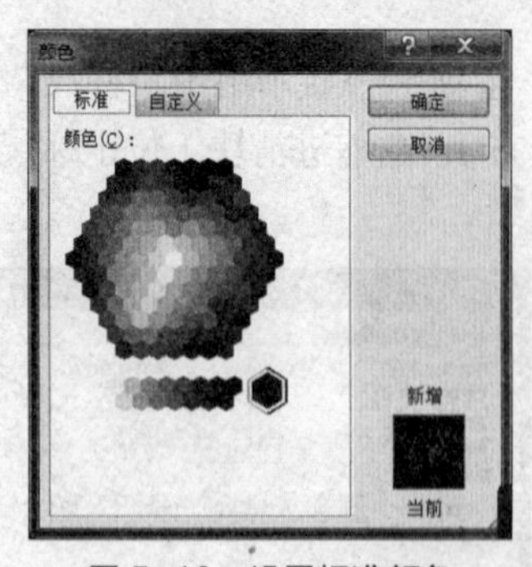

图 5-10　设置标准颜色

图 5-11　设置自定义颜色

【例 5-2】在【例 5-1】的演示文稿中插入一张新幻灯片，次序为第 2 张，应用“标题和文本”版式。输入中国主要骨干网络的内容并添加项目符号(见图 5-12)。通过自定义，将项目符号设置为 Wingdings 2 字体的符号(字符代码 245)(见图 5-13)。

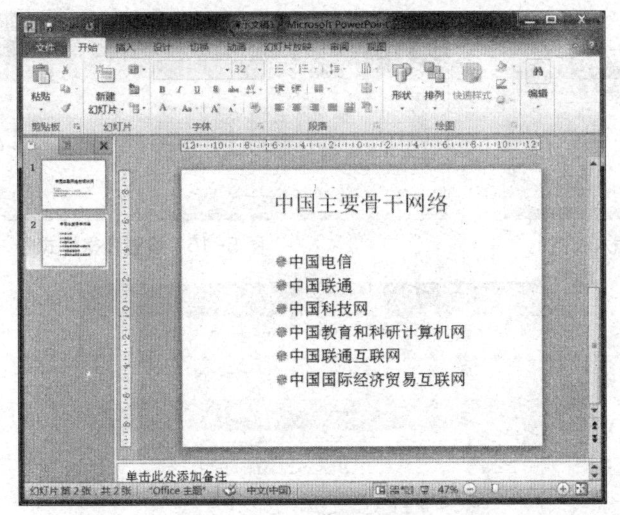

图 5-12 应用项目符号

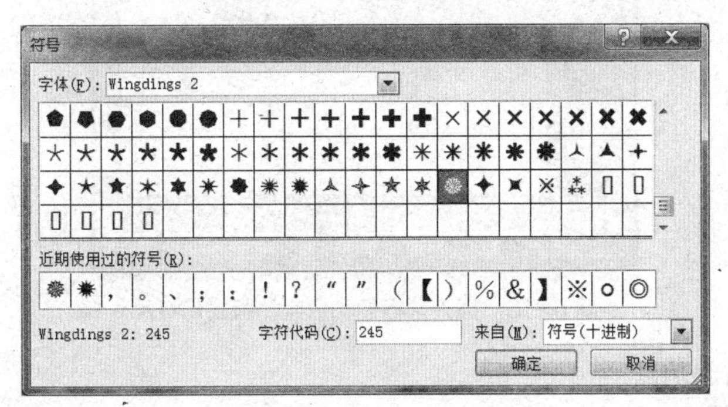

图 5-13 自定义选择符号

5.2.5 插入表格与图表

1. 插入表格与表格格式

（1）插入表格

利用表格来展示数据会显得更加简洁、清晰。选择“插入”选项卡→“表格”按钮→“插入表格”命令，在弹出的“插入表格”对话框中输入合适的列数和行数，然后在生成的表格中添加相关内容（见图 5-14）。

（2）设置表格格式

选中表格，选择“表格工具”中的“设计”选项卡→表格样式组，该组提供了“预设表格样式”按钮、设置表格“底纹”按钮、表格“边框”按钮、表格“效果”按钮。通过“预设表格样式”按钮，可以快速地给表格添加样式；而“底纹”按钮可以自定义表格的背景；表格“边框”按钮则用于自定义表格的边框样式；表格“效果”按钮用于自定义表格的外观效果，如阴影效果等（见图 5-15）。

【例 5-3】在【例 5-2】的演示文稿中插入一张“标题和内容”版式的新幻灯片（见图 5-16），次序为第 3 张，添加一个 2 行 7 列的表格（除了可以使用上述方法外，也可以单击占位符内的“插入表格”按钮进行添加），并在表格内输入近年网民的人数。设置单元格格式对齐方式为“中部居中”，然后在幻灯片的右下方插入文本框，输入文字“数据截止至每年的 12 月”（见图 5-17）。

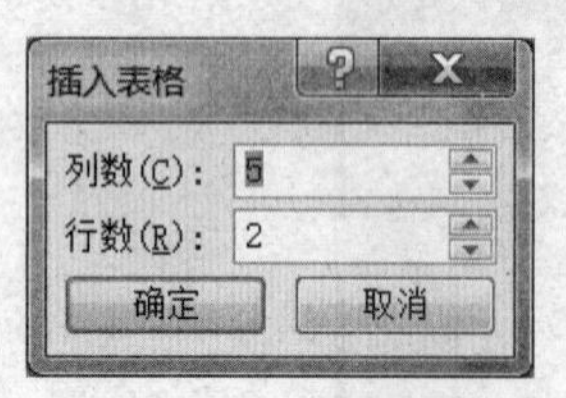

图 5-14　插入表格

图 5-15　设置表格样式

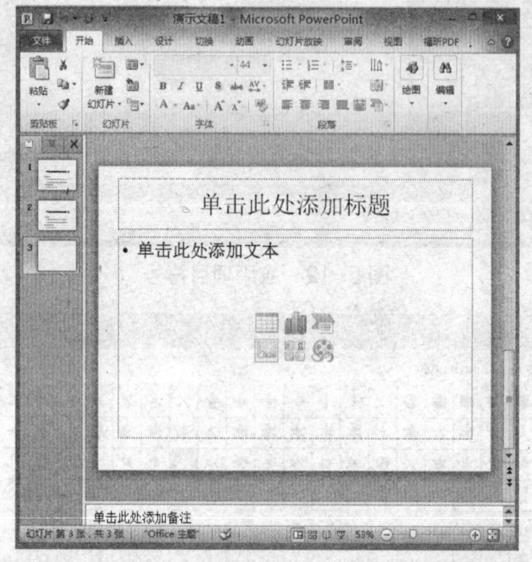

图 5-16　插入“标题和内容”版式幻灯片

2．插入图表与趋势线

利用图表除了可以直观地表示数据，还可以添加趋势线进行预测。

插入图表的操作步骤如下。

选择“插入”选项卡→“图表”按钮，将弹出的数据表中添加需要的数据内容。默认添加的是簇状柱形图，此时右击图表，在弹出的快捷菜单中对其进行设置。与 Excel 2010 程序相似，双击图表的各组成部分，可以进行相应设置。

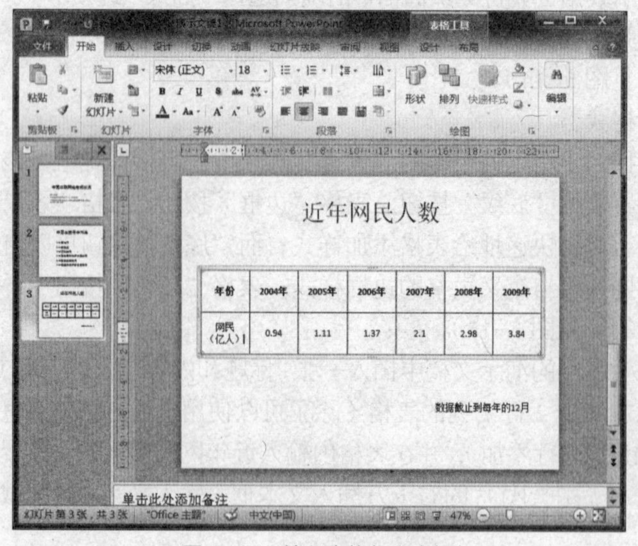

图 5-17　输入表格与文本框

【例 5-4】在【例 5-3】的演示文稿插入一张“标题和内容”版式的新幻灯片，次序为第 4 张，然后插入图表（见图 5-18）。

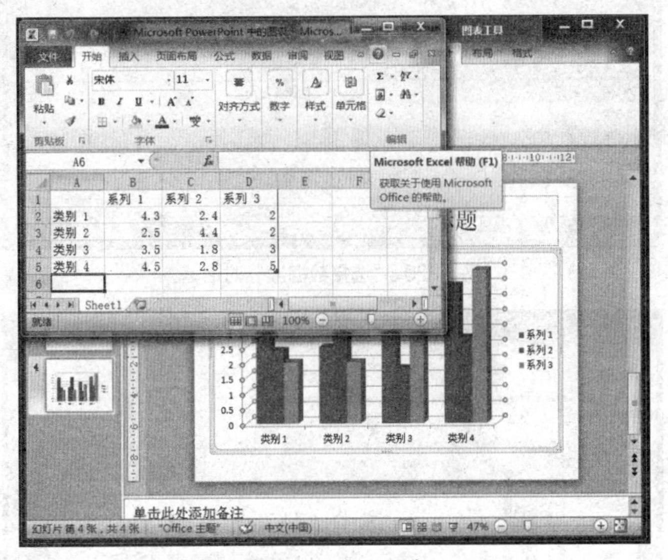

图 5-18　插入图表

① 输入数据表。在打开的数据表中，单击数据表，然后把数据修改成上一张幻灯片表格的数据（见图 5-19），并调整图表数据区域的大小。

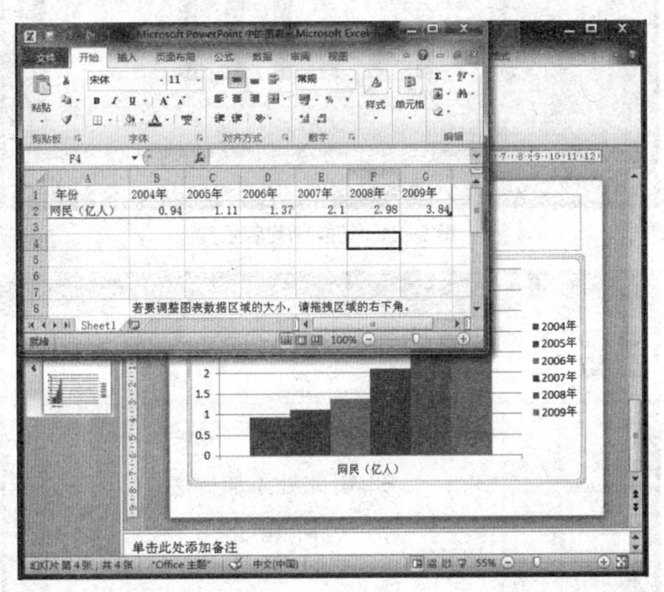

图 5-19　输入数据表

② 切换数据表行/列。选择图表，然后选择“图表工具”中的“设计”选项卡→数据组中“选择数据”按钮，并单击“切换行/列”按钮，使图表的系列与分类进行切换，如图 5-20 所示，然后单击“确定”按钮后关闭 Excel 文件，效果如图 5-21 所示。

③ 设置图表类型。插入图表操作默认出现的是簇状柱形图。在图表区右击，在弹出的快捷菜单中选择“更改图表类型”命令，然后在弹出的“图表类型”对话框中选择“折线图”中“带数据标记的折线图”类型，如图 5-22 所示。

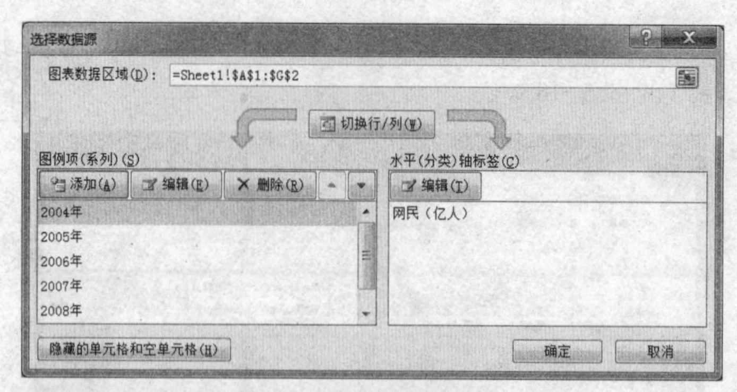

图 5-20 “选择数据源”对话框

图 5-21 切换行/列后图表

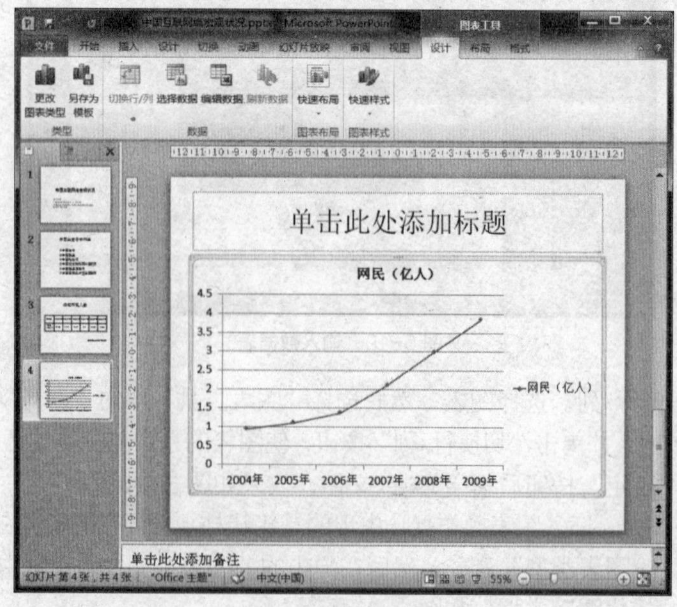

图 5-22 折线图图表

5.2.6 添加图片

1．插入图片文件

选择“插入”选项卡→图像组中“图片”按钮（或者在内容占位符中单击“插入图片”图标），在弹出的“插入图片”对话框中，选择需要插入的图片文件。图片的位置调整、格式设置与Word 2010基本相同。

【例5-5】在【例5-4】的演示文稿中插入一张新幻灯片，次序为新的第2张，并为其添加“中国互联网络发展状况统计报告发布”照片（见图5-23）。

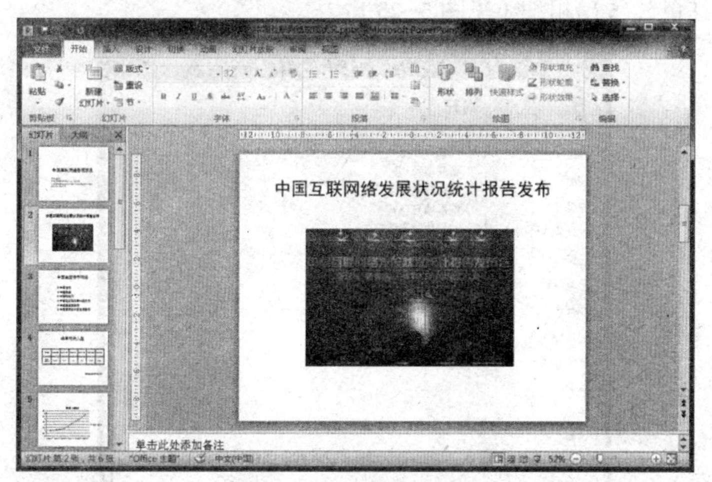

图5-23 插入图片文件

2．插入剪贴画

插入剪贴画可以选择“插入”选项卡→图像组中的“剪贴画”按钮（或者在内容占位符中单击“插入图片”图标），在弹出的“剪贴画”窗口（见图5-24），输入需要搜索的图片名称进行搜索，在“结果类型”下拉列表框中，可以选择搜索的类型。

图5-24 “剪辑管理器”窗口

3．绘制自选图形

选择“插入”选项卡→插图组中的“形状”按钮，可以插入自选图形，其操作与Word 2010

程序基本相同。

4．设计艺术字

选择“插入”选项卡→文本组中的“艺术字”按钮，可以插入艺术字，其操作与 Word 2010 程序基本相同。

【例 5-6】在【例 5-5】的演示文稿中插入一张新幻灯片，次序为第 6 张。

① 插入自选图形，在“自选图形”工具栏上选择“基本形状”的“笑脸”选项，为了使笑脸呈正圆形，应该按住“Shift”键再拖动鼠标进行绘制。设置“笑脸”的填充颜色为“橙色”，线条为“红色”，5 磅粗细（见图 5-25）。

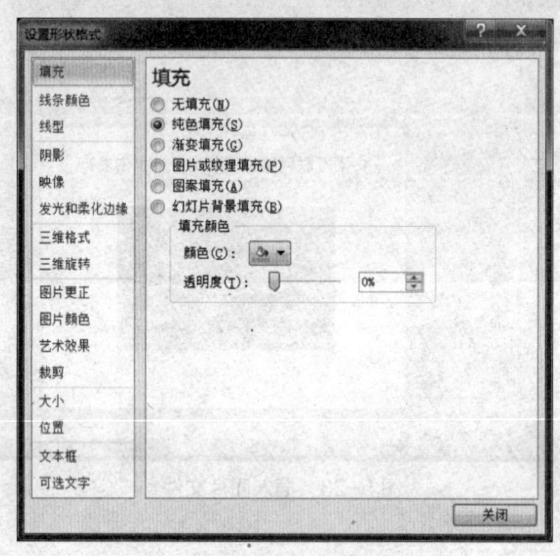

图 5-25　设置自选图形格式

② 插入一张剪贴画，其搜索文字为“网络”。

③ 插入艺术字“谢谢”，最终效果如图 5-26 所示。

图 5-26　插入自选图形、艺术字

5.2.7 插入 SmartArt 图形

SmartArt 图形包括列表、流程、循环、层次结构、关系、矩阵、棱锥图以及图片等。选择“插入”选项卡→插图组中的“SmartArt”按钮（或者在内容占位符中单击“插入 SmartArt 图形”图标），在弹出“选择 SmartArt 图形”对话框中选择合适的类型即可插入 SmartArt 图形（见图 5-27）。

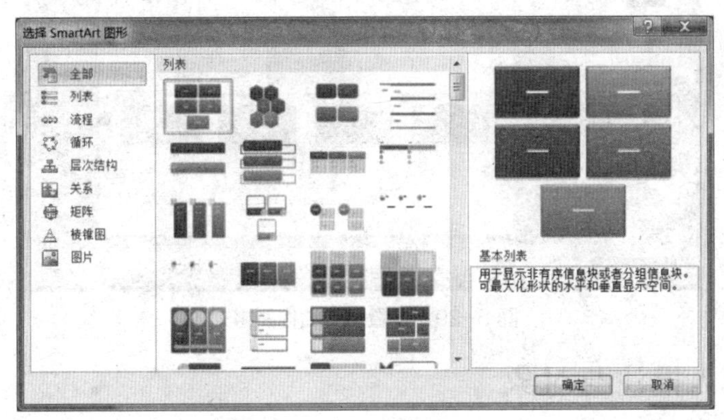

图 5-27 SmartArt 图形对话框

【例 5-7】在【例 5-6】的演示文稿中插入一张新幻灯片，次序为新的第 3 张，再插入层次结构图中的组织结构图。组织结构图由多个图框组成，用于显示组织中的分层信息或上下级关系，有下属、同事、助理 3 种。选中最上层的图框右击，在弹出的快捷菜单中可以选择“添加形状”命令。设置图形的样式，需要先选择图形区域，然后通过“SmartArt 工具”中的“设计”选项卡中的按钮更改样式。

① 在默认插入的组织结构图增加一个下属图框（见图 5-28），然后删除助理图框。

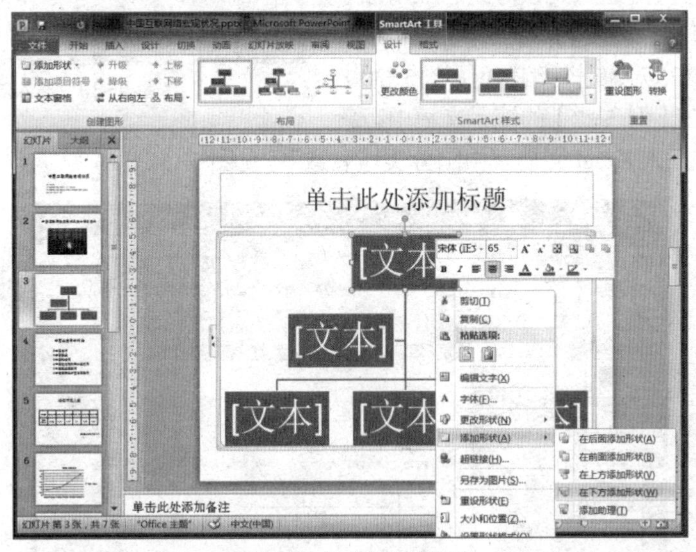

图 5-28 插入组织结构图

② 选择图形区域，然后通过“SmartArt 工具”中的“设计”选项卡中的命令更改样式，更改颜色为“彩色—强调文字颜色”，并通过“开始”选项卡格式化字体为“黑体”（见图 5-29）。

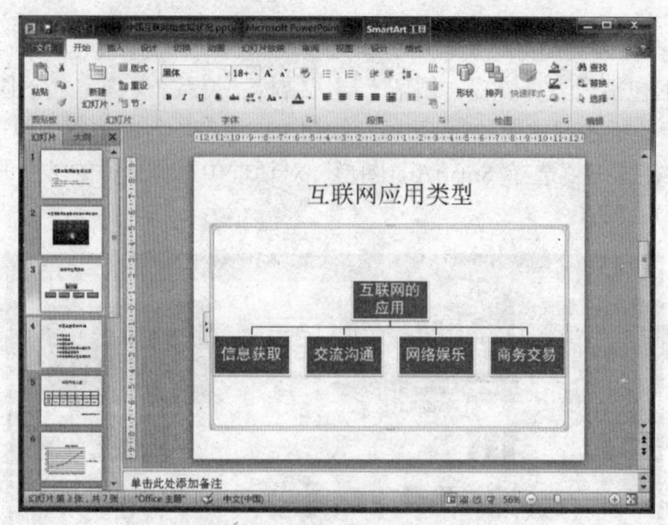

图 5-29　设置组织结构图格式

5.2.8　插入批注与对象

选中幻灯片，选择“审阅”选项卡→批注组中“新建批注”按钮，可以为幻灯片插入批注。批注在放映时不显示。在编辑时双击幻灯片上的批注，可以修改批注的内容。

选中幻灯片，选择“插入”选项卡→文本组中“对象”按钮 对象，可以插入不同的外部对象。在打开的“插入对象”对话框中选中“由文件创建”单选按钮，然后单击“浏览”按钮，在弹出的“浏览”对话框中选择需要插入的文件。插入该对象后双击，则进入到该对象的应用程序编辑状态，菜单栏也转变为该应用程序的菜单栏，此时即可对插入对象进行编辑（见图 5-30）。

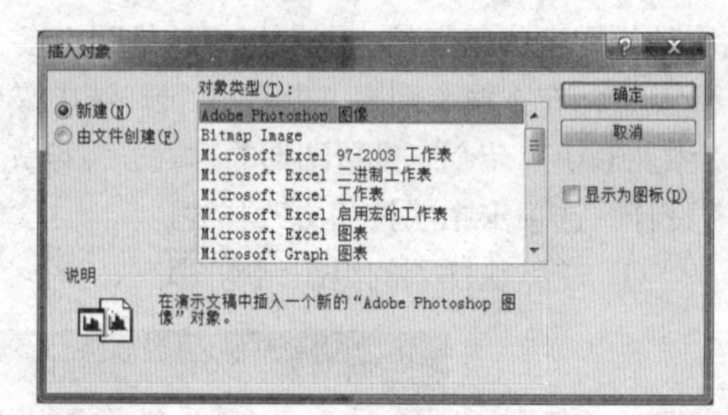

图 5-30　插入对象

【例 5-8】在【例 5-7】的演示文稿中，新建一张幻灯片，插入 Excel 文档“中国分类域名数”（见图 5-31）。

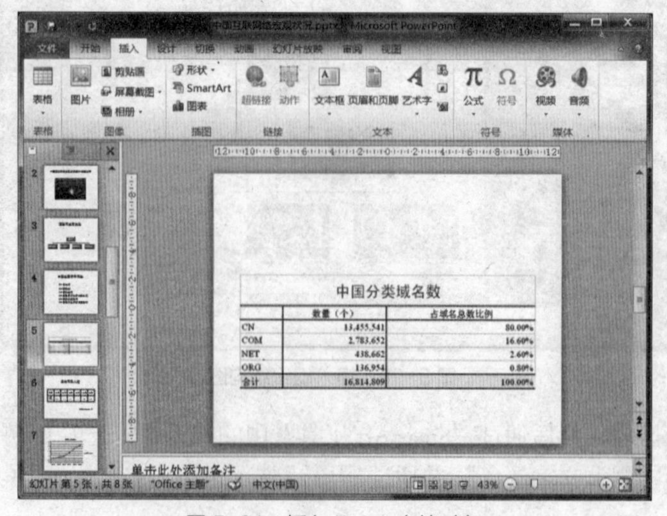

	数量（个）	占域名总数比例
CN	13,455,541	80.00%
COM	2,783,652	16.60%
NET	438,662	2.60%
ORG	136,954	0.80%
合计	16,814,809	100.00%

图 5-31　插入 Excel 文档对象

5.2.9 制作相册

通过制作相册的操作，可以一次将多张图片添加到演示文稿。方法为选择“插入”选项卡→图像组中的“相册”按钮，在弹出的“相册”对话框中设置插入图片来自“文件/磁盘”（见图 5-32），然后在弹出的“插入新图片”对话框中选择需要添加到演示文稿的图片（若图片文件不连续，则可以按住“Ctrl”键再逐一选择），然后回到“相册”对话框中单击“创建”按钮。这样就创建了包含多幅图片的演示文稿（见图 5-33）。

图 5-32 插入相册

图 5-33 “相册”演示文稿

5.3 外观设计

赏心悦目的幻灯片外观可以衬托演示文稿的内容，有助于吸引观众的注意与兴趣。但是其颜色、样式不能太花哨，否则喧宾夺主，容易让人眼花缭乱，抓不住重点。

5.3.1 设计主题

PowerPoint 2010 程序预设了许多设计主题。设计主题包含文本格式、占位符位置以及背景等样式，使用设计主题可以方便、快捷、统一地设置演示文稿。可以选择“设计”选项卡→主题组中的列出的主题，当鼠标指针移至每个设计主题的缩略图上时，会显示设计主题的名称。

除了 PowerPoint 2010 程序提供的设计主题外，还可以将自己设计的演示文稿保存为设计主题，以便日后使用。现在互联网上也有很多设计主题可供下载。

设计主题可以应用于整个演示文稿，也可以应用于当前的幻灯片。右击设计主题列表中主题图例，在弹出的对话框中，可以选择“应用于所有幻灯片”或“应用于选中幻灯片”等命令。

【例 5-9】为【例 5-8】的演示文稿应用“波形”设计主题，选择“应用于所有幻灯片”命令（见图 5-34）。

图 5-34　应用设计主题

5.3.2　配色方案

如果对设计主题的颜色配置不满意，还可以自行设置配色方案。一般来说，如果制作的演示文稿使用投影仪放映，则采用浅色背景与深色文字，而在计算机屏幕上放映则反之。

1．标准配色方案

选择“设计”选项卡→主题组中的“颜色”按钮颜色，右击配色方案示意图，可以选择“应用于所有幻灯片”或“应用于选中幻灯片”等命令。

【例 5-10】对【例 5-9】的演示文稿设置色彩较为明快的配色方案，并将之应用于所有幻灯片（见图 5-35）。

2．自定义主题颜色方案

如果希望进一步调整背景、文字等各部分的颜色设置，步骤如下。

① 选择“设计”选项卡→主题组中的“颜色”按钮颜色，对话框下方的“新建主题颜色”命令。

② 在打开的“新建主题颜色”对话框（见图 5-36），设置不同类型的颜色。

③ 在名称中输入该主题颜色名称，并保存。

【例 5-11】修改【例 5-10】演示文稿的设计主题的配色。在“新建主题颜色”对话框中将“文字/背景—浅色 1”颜色设置为：深蓝（见图 5-37）。

图 5-35　选择配色方案

图 5-36　新建主题颜色

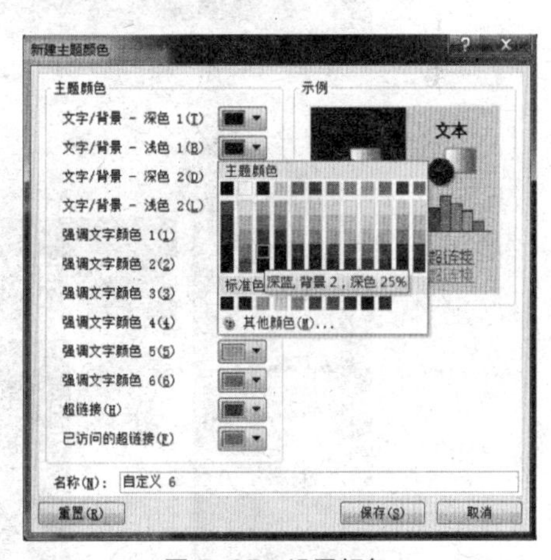

图 5-37　设置颜色

5.3.3　背景

可以给演示文稿或幻灯片插入图片、图案、纹理等作为背景。

【例 5-12】为【例 5-11】的演示文稿添加“羊皮纸”纹理背景，应用于全部演示文稿。

① 选择“设计”选项卡→背景组中“背景样式”按钮 背景样式，并单击对话框中的“设置背景格式”命令。

② 在弹出的“设置背景格式”对话框的“填充”项中表框中选择“图片或纹理填充”单选框选择纹理中的“羊皮纸”效果（见图 5-38）。

另外，也可以通过插入自“文件…”按钮选择本地图片作为背景。

图 5-38　设置背景纹理填充效果

③ 单击“全部应用”按钮将该背景效果应用于演示文稿。

如果不单击“全部应用”按钮，该背景效果只用于当前选择的幻灯片上。

5.3.4 页眉与页脚

通过“页眉和页脚”操作可以为演示文稿统一添加编号、日期、页脚。

选择“插入”选项卡→文本组中的“页眉和页脚”按钮，在弹出的“页眉和页脚”对话框的“幻灯片”选项卡中进行设置（见图5-39）。

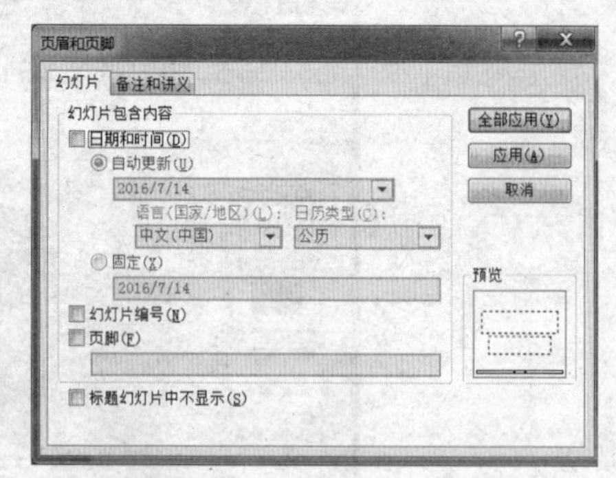

图5-39 设置幻灯片页眉页脚

【例5-13】对【例5-12】的演示文稿设置页眉和页脚，设置标题幻灯片中不显示页眉和页脚。这样，除了演示文稿中版式为“标题幻灯片”的幻灯片外（注意：不一定是第一张幻灯片），其他幻灯片均显示编号、日期和时间以及“中国互联网络宏观状况”（即页脚），而且日期会自动更新为当天的日期（见图5-40）。

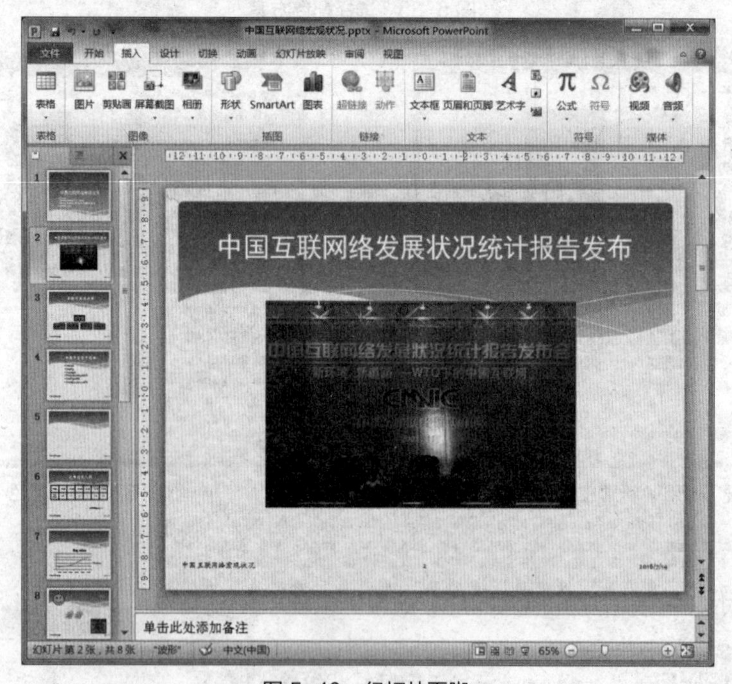

图5-40 幻灯片页脚

本操作虽然添加的是“页眉和页脚”，但是所添加的项目不一定位于幻灯片的顶部或底部，其位置可以通过母版进行调整。

5.3.5 母版

母版是指演示文稿的总体外观、统一风格。可以选择“视图”选项卡→母版视图组进行母版设置，包括对幻灯片母版、讲义母版、备注母版的修改。较为常用的是对幻灯片母版的修改，包括调整演示文稿中标题、文本、页眉和页脚等对象的位置与样式以及修改设计主题的部分格式。

一个演示文稿可以有多个母版，而每个母版可以应用于多张幻灯片。当修改母版后，应用了该母版的所有幻灯片都会做相应的更改。

【例 5-14】对于【例 5-13】的演示文稿，选择“视图”选项卡→母版视图组中的“幻灯片母版”按钮 幻灯片母版，打开母版视图（见图 5-41）。

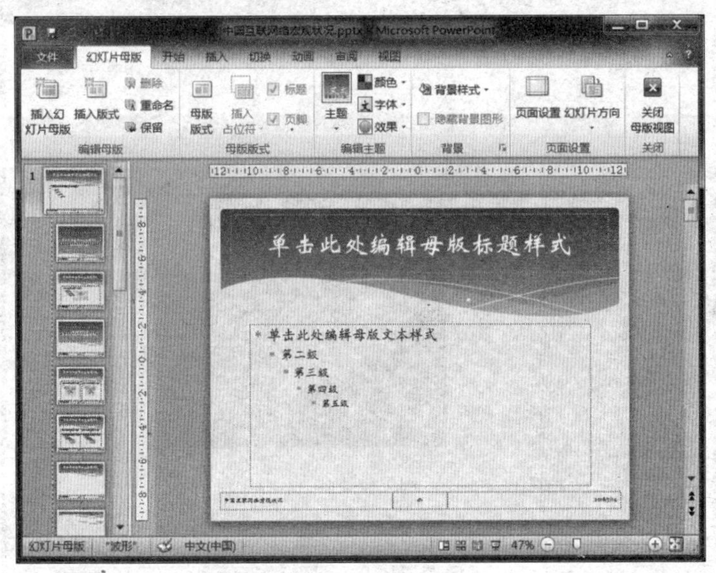

图 5-41 母版视图

① 将鼠标移至屏幕左侧的母版示意图，则显示出该母版由哪几张幻灯片使用。

② 选中由幻灯片 2~8 使用的母版，选中“单击此处编辑母版标题样式”文字，然后将其字体设置为华文彩云，字号为 40，添加阴影效果。操作方法与幻灯片的文本格式设置相同（见图 5-42）。

③ 选中文本占位符的左边框线，通过拖动将其向右移动。

④ 通过拖动调整日期区占位符、页脚占位符、编号占位符。

⑤ 选中编号占位符中的“#”，将其字体设置为 Arial，字号设置为 24。

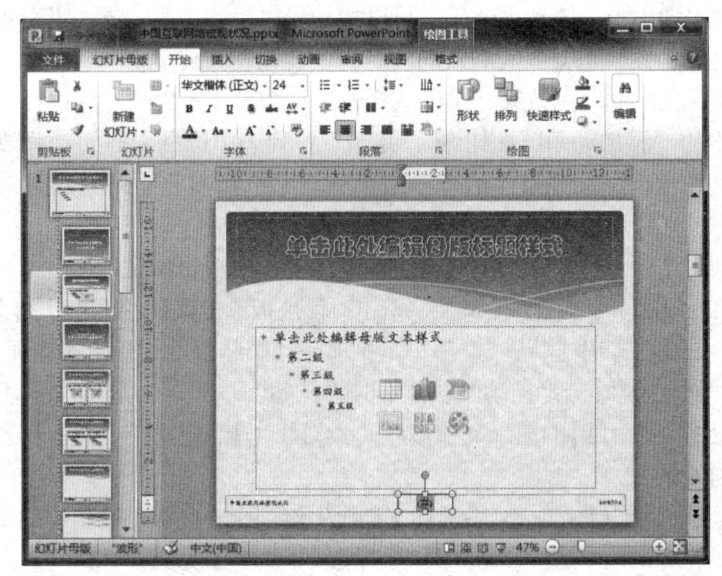

图 5-42 编辑母版

⑥ 幻灯片母版设置完成后，单击“幻灯片母版视图”工具栏上的“关闭母版视图”按钮，回到普通视图，可以发现第 2～8 张幻灯片的格式有所改变（见图 5-43）。

图 5-43　应用母版

利用母版可以统一调整演示文稿中相同类型的幻灯片格式，还可以进行个性化设置，例如在大部分幻灯片中插入一些图片、自选图形等。

5.4　多媒体效果

5.4.1 设置动画

为演示文稿对象添加一些动画效果，可以使其显得生动活泼，更加吸引观众的注意力。但是过于复杂的动画效果也会分散观众的注意力，容易使人疲倦。

为了设置演示文稿的动画效果，可以选择幻灯片中某个对象。然后选择“动画”选项卡→高级动画组中的“添加动画”按钮 ，并在下拉列表中选择需要的动画效果。另外，也可以在“动画”选项卡→动画组中的动画效果列表下选择需要的动画效果来设置动画（见图 5-44）。

选择“动画”选项卡→计时组中的按钮，可以设置动画的属性。其中“开始”选项是指动画开始的时机，包括三个列表项，其中“单击时”是指单击鼠标左键才开始本动画，“之前”是指本动画与前一动画同时进行，“之后”是指前一动画结束后才开始本动画。“持续时间”是指对象运动时间，“延时”是指动画从什么时候开始。

【例 5-15】为【例 5-14】的演示文稿最后一张幻灯片上的艺术字“谢谢!”及自选图形“笑脸”自定义动画效果。

① 选中“笑脸”自选图形，然后选择“动画”选项卡→高级动画组中的“添加动画”按钮，然后在出现的对话框中选择“进入”→“飞入”命令（见图 5-45）。

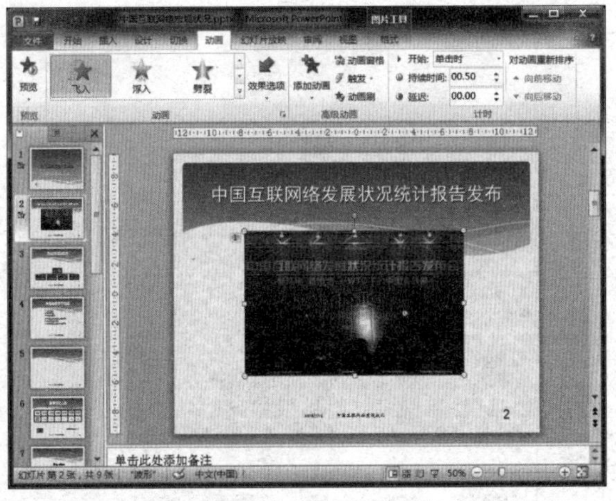

图 5-44　设置动画效果

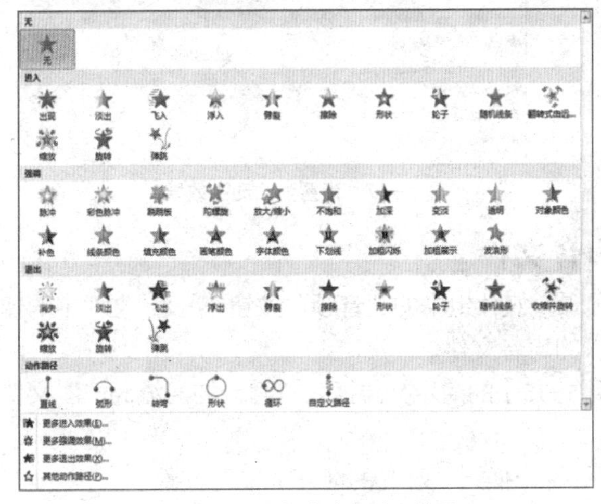

图 5-45　添加自定义动画效果

② 在动画组中的“效果选项”及高级动画组中设置该动画为“开始：单击时；方向：自右上部；持续时间：00.50”（见图 5-46）。

③ 选中艺术字“谢谢!”，为其设置动画效果为“强调”→“波浪形”命令（见图 5-47），并设置该动画为“开始：上一动画之后，持续时间：00.30”。

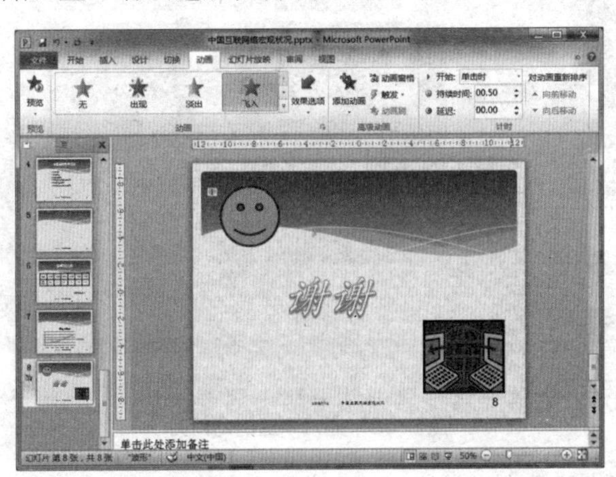

图 5-46　设置动画效果

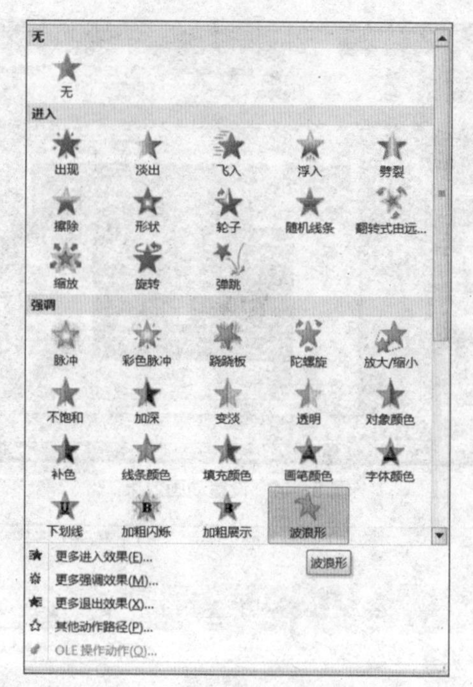

图 5-47　设置强调动画效果

5.4.2　插入声音文件

选择“插入”选项卡→媒体组中的“音频”按钮→“文件中的音频”命令，在弹出的对话框中选择需要插入的声音文件。

【例 5-16】为【例 5-15】的演示文稿插入“时光的河流.mp3”文件（注：本例也可另选其他 mp3 文件）。

① 选中第 1 张幻灯片，插入“时光的河流.mp3”文件。

② 插入声音后，会在当前幻灯片中出现一个声音图标，图标大小可以调整（见图 5-48）。

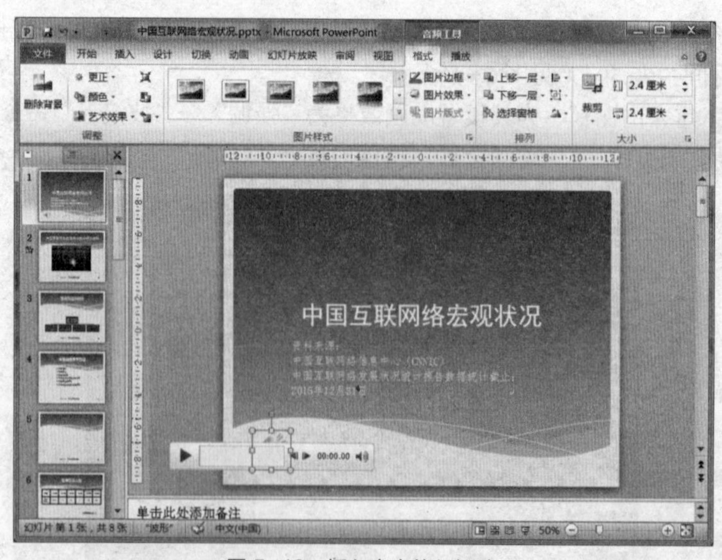

图 5-48　插入声音的幻灯片

③ 以上操作实际上只是在当前的幻灯片中插入了声音。放映时，当切换幻灯片后，该声

音文件则会停止播放。如果希望在整个演示文稿放映过程中播放该声音，可双击该幻灯片中声音图标，然后选择“音频工具”中的“播放”选项卡→音频选项组中“开始”下拉框，并选择“跨幻灯片播放”以及选中“循环播放，直到停止”复选框（见图 5-49）。如果再选中“放映时隐藏”复选框，这样，播放时便不会出现声音图标。

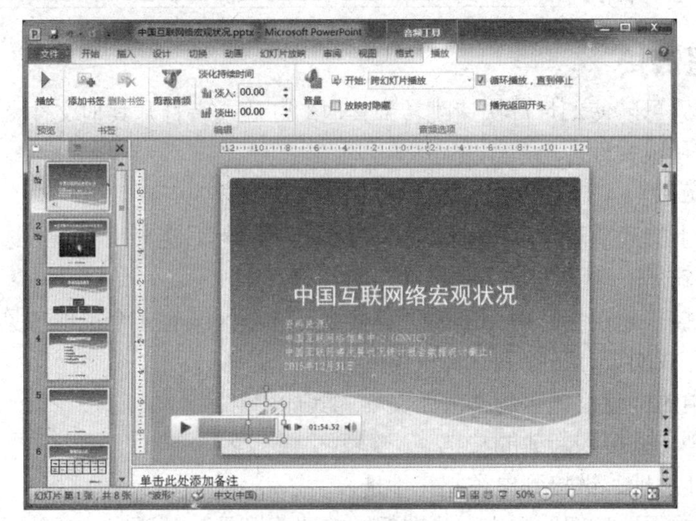

图 5-49　设置声音播放效果

5.4.3　插入影片

插入影片剪辑的操作步骤如下。

选择“插入”选项卡→媒体组中的“视频”按钮→“文件中的视频”命令，在弹出的对话框中选择需要插入的视频文件。

【例 5-17】为【例 5-16】的演示文稿插入“Internet.wmv”文件（注：本例也可另选其他 wmv 文件）。

① 在演示文稿中插入新幻灯片，次序为新的倒数第 2 张，并插入“Internet.wmv”文件。

② 此时“Internet.wmv”文件显示在新的幻灯片上，调整其大小和位置（见图 5-50）。

图 5-50　插入影片的幻灯片

③ 双击该幻灯片中视频，然后选择“视频工具”中的“播放”选项卡→视频选项组中“开始”下拉列表框，并选择“自动”。

5.5 放映与保存

5.5.1 超链接

利用超链接，可以使幻灯片快速跳转到其他幻灯片或者打开其他文件，以便演讲者快速放映所需的幻灯片或文件。

1．添加超链接

选中幻灯片上的某个对象（可以是文本、图片等），然后选择“插入”选项卡→链接组中的“超链接”按钮，弹出“插入超链接”对话框。

在弹出的“插入超链接”对话框的“链接到”选项区域有 4 个选项（见图 5-51）。

① 原有文件或网页，链接到计算机中的文件。

② 本文档中的位置，链接到本演示文稿的其他幻灯片。

③ 新建文档，链接到新建的文档。

④ 电子邮件地址，链接到电子邮箱地址。

单击“屏幕提示”按钮，弹出“设置超链接屏幕提示”对话框，输入屏幕提示文字。在放映该幻灯片时，当鼠标指针指向设置了超链接的文本，指针变成一个“手指指向”的图标，且出现屏幕提示文字。

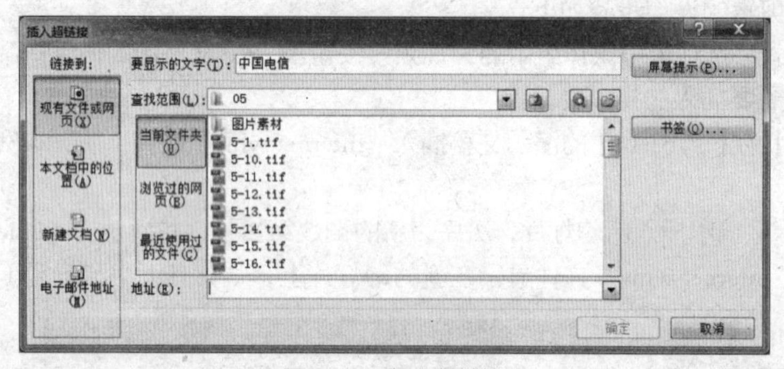

图 5-51　插入超链接

设置了超链接的文本颜色，以及访问后的颜色都会有变化，其颜色可以通过编辑设计主题的配色方案进行设置。

【例 5-18】在【例 5-17】演示文稿的标题幻灯片中插入超链接，链接到“中国互联网络发展状况统计报告（201607）.docx”文件。

① 在第一张幻灯片中选中文本“中国互联网络发展状况统计报告”，选择“插入”选项卡→单击链接组中的“超链接”按钮。

② 在弹出的“插入超链接”对话框中选择链接到“原有文件或网页”选项（见图 5-52）。

③ 单击“屏幕提示”按钮，在弹出的“设置超链接屏幕提示”对话框中输入屏幕提示文字“2016 年 7 月发布”，之后单击“确定”按钮（见图 5-53）。

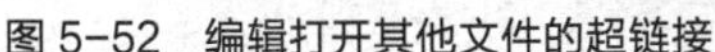
图 5-52　编辑打开其他文件的超链接

图 5-53　设置超链接屏幕提示

④ 通过单击“查找范围”下三角按钮找到“中国互联网络发展状况统计报告(201607).docx”文件，之后单击“确定”按钮。

这样，在放映过程中，当鼠标指针指向该幻灯片相应的内容时，指针会变成一个“手指指向”的图标。此时单击，则会打开超链接文件。

2．删除超链接

选中幻灯片上的超链接并右击，在弹出的快捷菜单中选择“取消超链接”命令即可删除超链接。

5.5.2　动作按钮

上一小节介绍了为幻灯片上的对象添加超链接，本小节介绍在幻灯片上添加动作按钮，通过单击动作按钮快速跳转到其他幻灯片。这些动作按钮实际上是预设了超链接的图形。

通过“插入”选项卡→插图组中“形状”按钮，找到下面的动作按钮，可以选择多种动作的按钮。

【例 5-19】在【例 5-18】演示文稿的第 6 张幻灯片上插入一个返回上一页的动作按钮。

① 选中第 6 张幻灯片，选择“插入”选项卡→插图组中“形状”按钮，单击“动作按钮：后退或前一项”图标。

② 将鼠标指针移至第 6 张幻灯片，当其变成十字形状时，拖动鼠标可以画出一个图形(见图 5-54)。

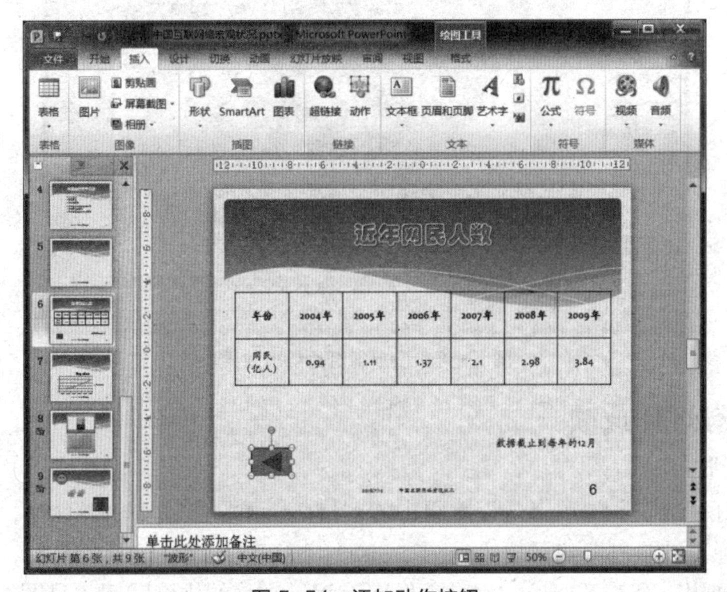

图 5-54　添加动作按钮

③ 此时自动弹出“动作设置”对话框（该对话框也可以通过右击动作按钮，在弹出的快捷菜单中选择“动作设置”命令来弹出），默认动作设置是单击鼠标超链接到上一张幻灯片，因此确定即可。如果希望鼠标移过时就打开超链接，则选择“鼠标移过”选项卡进行设置（见图 5-55）。

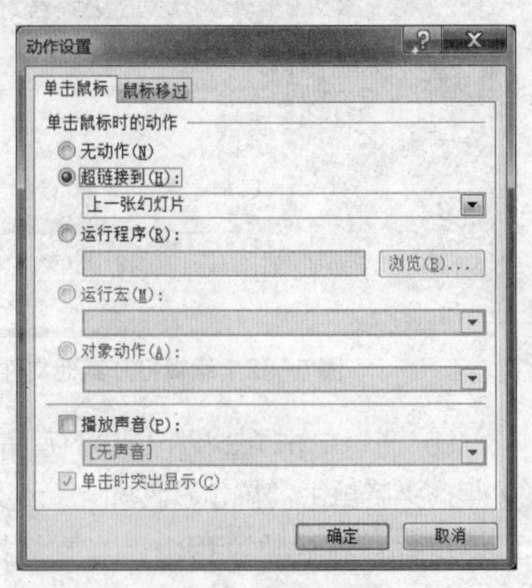

图 5-55 动作设置

这样，放映演示文稿时，单击该按钮图形则返回到第 4 张幻灯片。

5.5.3 幻灯片切换

为演示文稿的各张幻灯片添加切换效果，可以吸引观众的注意力，提醒观众更换了演示内容。

选择“切换”选项卡，可以选择合适的切换动画选项，应用于当前幻灯片，如果单击“全部应用”按钮，则该动画将应用于整个演示文稿中所有幻灯片。

【例 5-20】为【例 5-19】的演示文稿添加切换效果，间隔时间为 2s，允许单击鼠标进行切换。

在“切换”选项卡中选择“切出”切换效果，并设置“持续时间”为 00.20，声音为风铃。

选中“单击鼠标时”复选框，则可以在上一步设置的时间内单击鼠标切换幻灯片，最后单击“全部应用”按钮。

单击“预览”按钮，可以预览切换的效果（见图 5-56）。

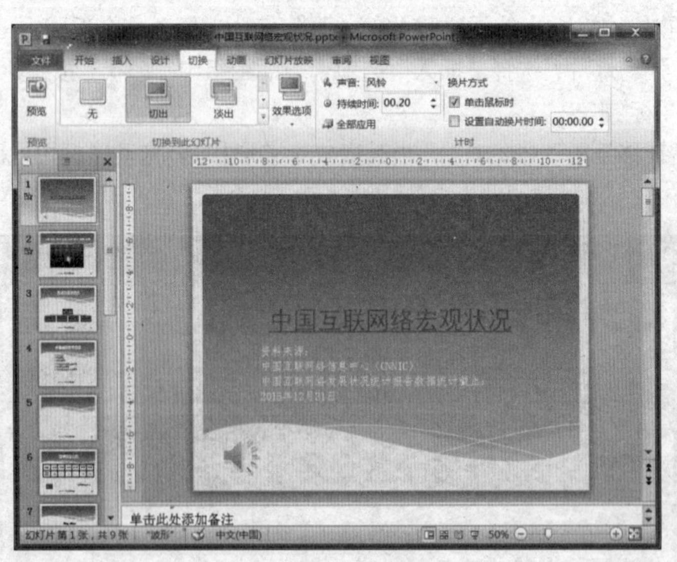

图 5-56 设置幻灯片切换效果

5.5.4 幻灯片放映

1. 排练计时

选择“幻灯片放映”选项卡→设置组中的“排练计时”按钮 **排练计时**，可进行演示文稿预演，同时弹出“录制”对话框（见图 5-57）。按演讲的节奏切换幻灯片，当所有幻灯片切换完毕，会弹出一个对话框，询问是否保存该演示文稿的排练时间（见图 5-58）。

图 5-57 排练计时预演

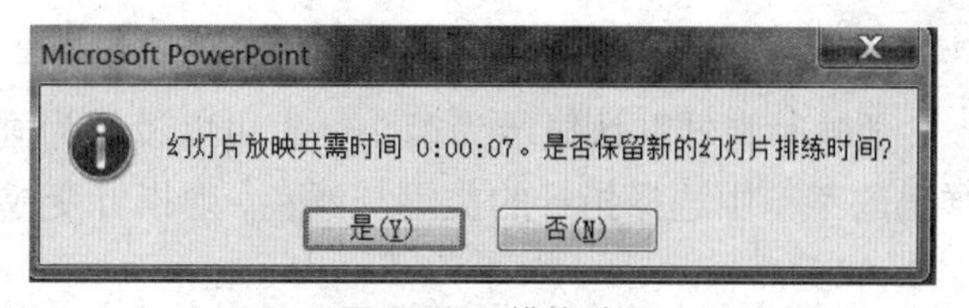

图 5-58 排练时间

选择保存，回到幻灯片浏览视图，则在每张幻灯片的左下方均显示出幻灯片切换的时间间隔。

2．放映方式的设置

演示文稿可以随着演讲的进度放映，也可以自动播放。选择“幻灯片放映”选项卡→设置组中的“设置放映方式”按钮，可以在弹出的“设置放映方式”对话框中进行设置。

在“放映幻灯片”选项区域，可以指定放映一段连续的幻灯片。

如果演示文稿保存了排练计时的时间，则选中“如果存在排练时间，则使用它”单选框（见图 5-59）。

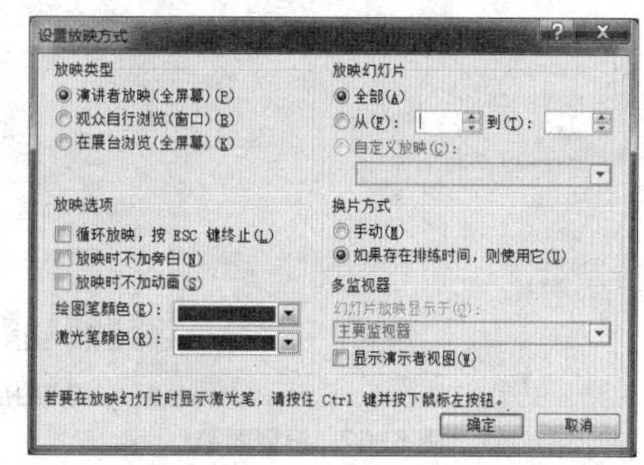

图 5-59 设置放映方式

3．自定义放映

可以选择放映演示文稿的某部分幻灯片。

① 选择“幻灯片放映”选项卡→开始放映幻灯片组中的“自定义放映”按钮，并选择“自定义放映”命令。

② 在打开的“自定义放映”对话框中单击“新建”按钮。

③ 在打开的“定义自定义放映”对话框中设置幻灯片放映名称（见图 5-60）。

④ 在打开的“定义自定义放映”对话框中，选择“在演示文稿中的幻灯片”列表框中的选项，单击“添加”按钮添加到“在自定义放映中的幻灯片”，之后单击“确定”按钮。

⑤ 回到“自定义放映”对话框，选择自定义放映名称，然后单击“放映”按钮，即可播放相应幻灯片（见图 5-61）。

4．放映操作

（1）观看放映

打开演示文稿，按“F5”键（或者选择“幻灯片放映”选项卡→开始放映幻灯片组中的“从头放映”按钮，则可以从头开始放映演示文稿；如果按“Shift+F5”组合键（或者单击状态栏右下角的“从当前幻灯片开始幻灯片放映”按钮，则从当前的幻灯片开始放映。

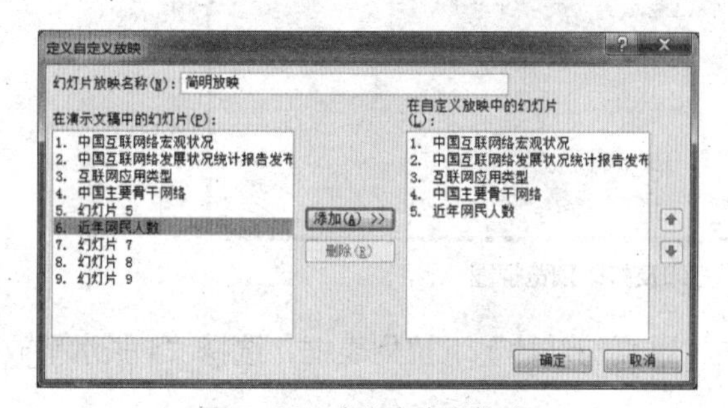

图 5-60 定义自定义放映

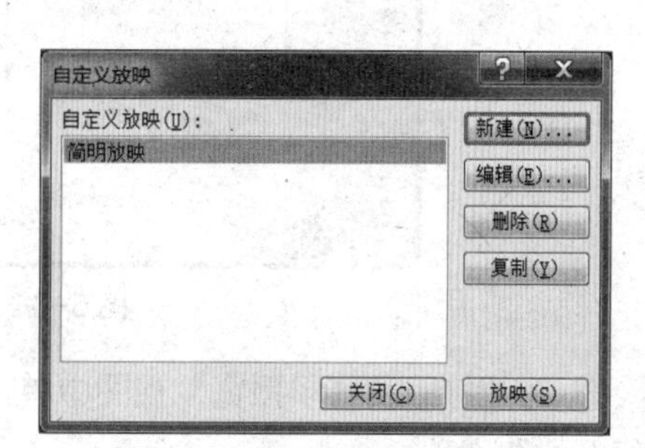

图 5-61 自定义放映

（2）播放时的图标操作

放映时指针默认显示为箭头，也可以设置为画笔，以便在屏幕上绘画，右击屏幕，在弹出的菜单中选择指针的类型与颜色，则指针变成相应笔触，可以在屏幕上绘画或书写（见图 5-62）。

右击屏幕，在弹出的菜单上选择“定位至幻灯片”命令，可以选择需要放映的幻灯片（见图 5-63）；选择“屏幕”命令，则可以设置屏幕暂时白屏或黑屏；选择“结束放映”命令，则可以停止放映。

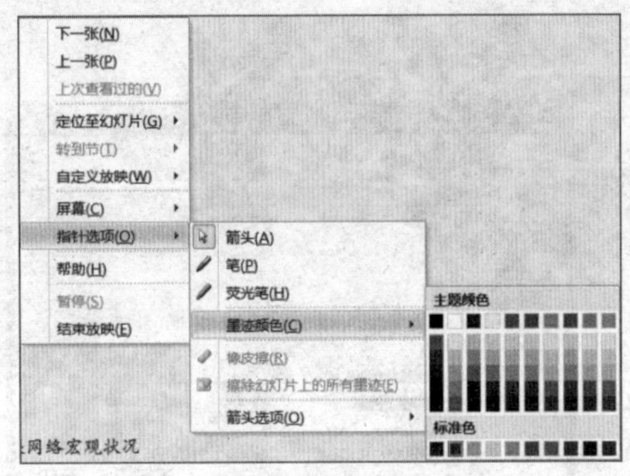

图 5-62　设置画笔

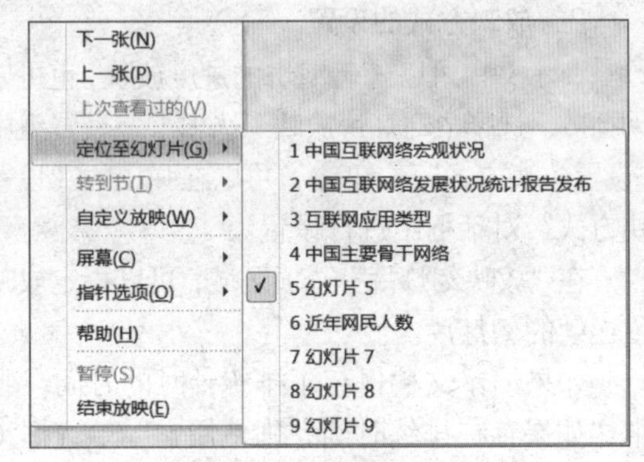

图 5-63　放映定位幻灯片

通常可以按“Esc”键结束演示文稿的放映。

在播放演示文稿时，按“F1”键将弹出“幻灯片放映帮助”对话框，其中列出了各操作的快捷键。熟练运用快捷键，可以使演示文稿的放映更加流畅。

5.5.5　打印

通常需要将演示文稿的内容打印出来，一般可以在一张纸上打印多张幻灯片的内容。

【例 5-21】打印【例 5-20】的演示文稿，每张纸上打印 4 张幻灯片的内容。

① 选中需要打印的演示文稿，选择“文件”菜单→“打印”命令，打开“打印预览”视图（见图 5-64）。

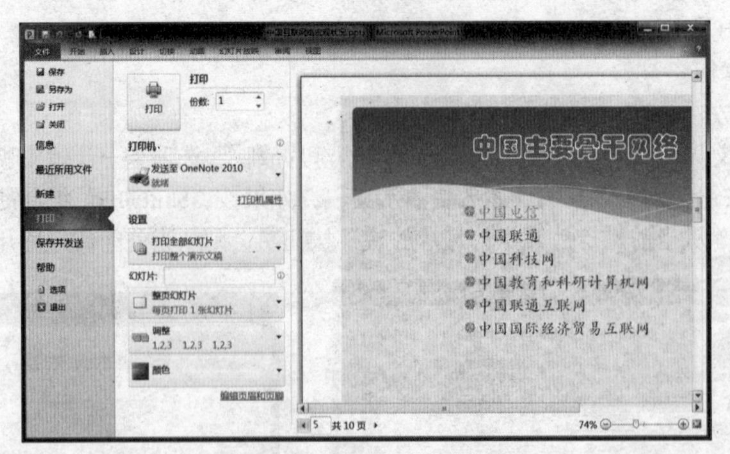

图 5-64　打印及打印预览视图

② 在“打印及打印预览”视图中单击“整页幻灯片”下拉列表框，选择“4 张水平放置的幻灯片”选项。

③ 默认的 A4 纸张是纵向的，单击“纵向”下拉列表框，将纸张转换为“横向”方向。

④ 选择“编辑页眉和页脚”命令，在打开的“页眉和页脚”对话框的“备注和讲义”选项卡中进行日期、页眉、页码、页脚的设置，这些设置也将被应用在纸上（见图 5-65）。

⑤ 单击“颜色”下拉列表框→“灰度”选项，设置为黑白打印。

⑥ 单击“打印”按钮则可以打印讲义。

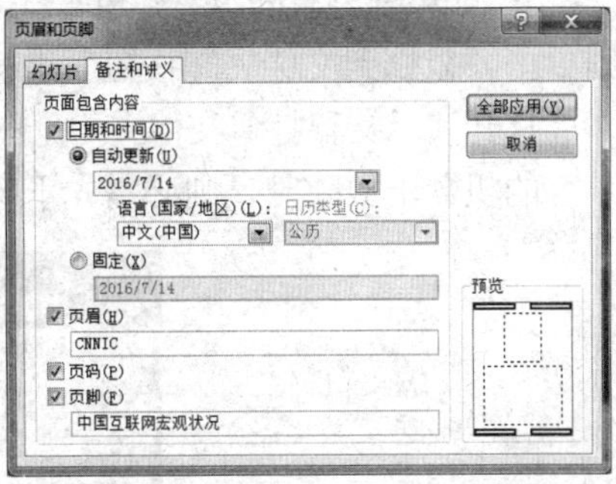

图 5-65　设置备注和讲义的页眉和页脚

5.5.6　保存

1．保存类型

演示文稿的常见保存类型有 3 种，第 1 种是“演示文稿”，扩展名为“.pptx”，打开该类型的文件则进入到演示文稿的编辑视图，这是最常用的；第 2 种是“PowerPoint 放映”，扩展名为“.ppsx”，打开该类型的文件则自动进入到演示文稿的放映状态，不能进行编辑；第 3 种是“PowerPoint 模板”，扩展名为“.potx”，可以使用该模板来制作其他演示文稿。

为了避免意外而造成的文件丢失，建议在演示文稿制作之初就保存为“.pptx”文件，在制作过程中也要经常进行保存，保存命令的快捷键是“Ctrl+S”组合键。

2．打包

可以将一个或多个演示文稿打包到 CD 或其他文件夹，此时默认将链接的文件打包，这样在没有安装 PowerPoint 程序或播放器的计算机上也能播放演示文稿，方便演讲者将演示文稿携带到他处播放。

【例 5-22】将【例 5-21】的演示文稿打包到 U 盘的“网络演讲”文件夹。

① 选择“文件”菜单→“保存并发送”→“将演示文稿打包成 CD”命令，然后单击右边的“打包成 CD”按钮。

② 在打开的“打包 CD”对话框中，为该 CD 命名（如果复制到文件夹，这个也就是文件夹名）为“网络演讲”（见图 5-66）。

③ 如果要添加其他演示文稿，则单击“添加文件”按钮进行操作。

④ 单击“选项”按钮，在打开的“选项”对话框中进行设置（见图 5-67）。

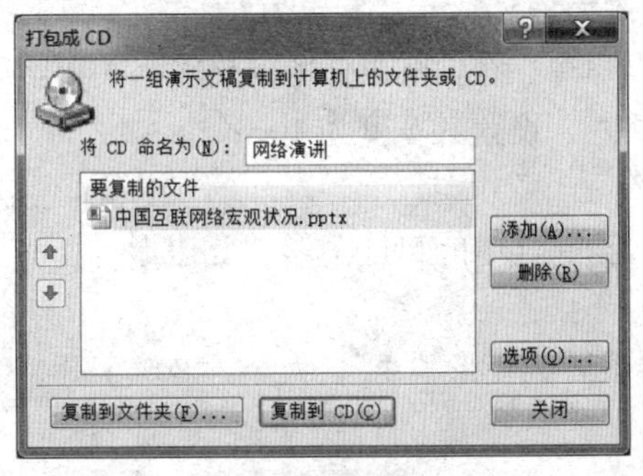

图 5-66　打包

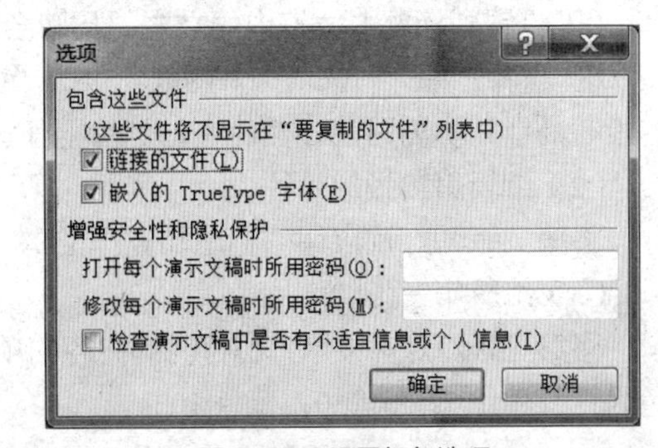

图 5-67　设置打包选项

⑤ 默认选中“链接的文件”“嵌入的 TrueType 字体”复选框，同时可以设置打开、修改文件的密码。

⑥ 如果要刻录光盘，则单击“复制的 CD”按钮后进行操作；如果要复制到其他文件夹，则单击“复制到文件夹”按钮后进行操作。

打开演示文稿打包文件夹（见图 5-68），注意，在没有安装 PowerPoint 播放器或版本不兼容的机器上放映时，则必需先下载 PowerPoint Viewer 才能进行播放。

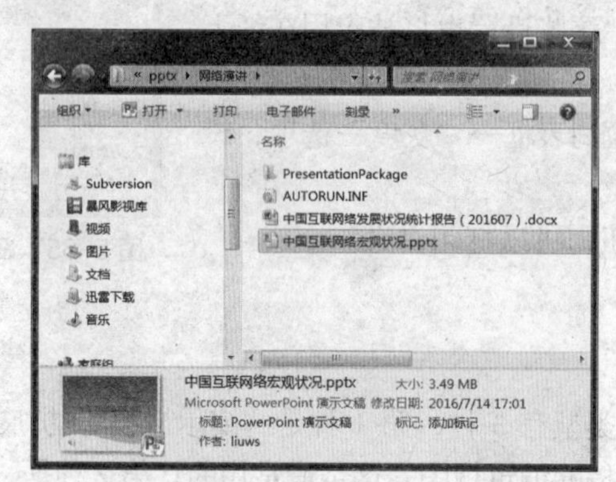

图 5-68 打包后的文件夹

5.6 PowerPoint 2010 实训

本实训所有的素材均在“PowerPoint 应用实训”文件夹内。

实训 1 幻灯片内容编辑

1．技能掌握要求

① 演示文稿的创建。

② 文字、图片、表格的编辑。

③ 项目符号、编号、页脚的编辑。

④ 设置超链接、批注。

2．实训过程

（1）编辑第一张幻灯片

① 将第一张幻灯片设置为“标题幻灯片”版式，在主标题占位符中输入文字“智诚电子商务有限公司”。

② 设置副标题占位符内的文本“招聘会”的字体为华文彩云，字号为 64。

③ 选择“插入”选项卡→图像组中的“剪贴画”命令，在剪贴画任务窗格输入关键字后搜索“商业”类剪贴画，然后在幻灯片上任选一张插入，设置其宽度为 10cm。

（2）编辑第二张幻灯片

将第二张幻灯片应用“标题和竖排文本”版式，删除其中的自选图形“五边形”。

（3）编辑第三张幻灯片

将第三张幻灯片文本占位符内的内容的项目符号设置为菱形“◆”，大小为 80%字高，颜色为：红色 102，绿色 0，蓝色 102。

① 选中需要设置项目符号的内容后右击，在弹出的快捷菜单中选择“项目符号和编号”，然后单击下面的“项目符号和编号”命令（见图 5-69），打开“项目符号和编号”对话框，选择对应的项目图标。

② 在“颜色”下拉列表框中选择“其他颜色”。

③ 在打开的“颜色”对话框中选择“自定义”选项卡，颜色模式设置为RGB，然后输入合适的颜色数值（见图 5-70）。

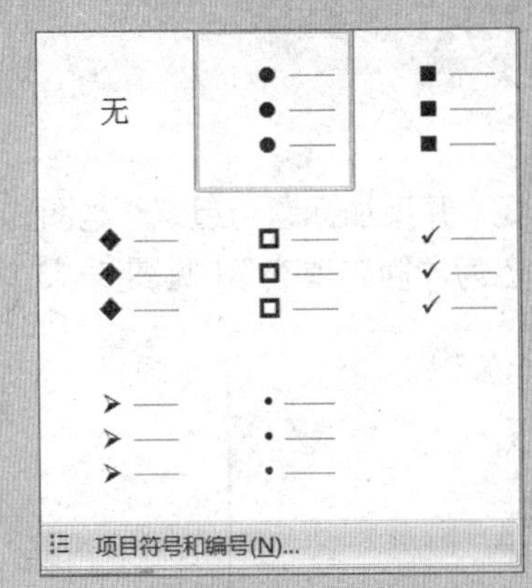

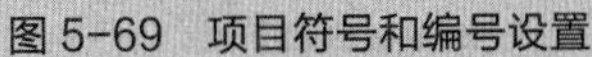
图 5-69 项目符号和编号设置

图 5-70 自定义颜色

④ PowerPoint 演示文稿中其他操作的颜色设置方法与上述方法相同。

（4）编辑第四张幻灯片

① 为第四张幻灯片应用“标题和内容”版式。

在标题占位符内输入“公司近年营业额”，并插入以下表格和内容，字号均为 18，并设置其底纹和边框，效果如下。

年份	2012 年	2013 年	2014 年	2015 年	2016 年
营业额（万元）	7898	9345	11034	10980	12450

② 在幻灯片的右下方插入文本框，并在文本框内输入文本“详见本公司网站”，设置其字体为楷体，字号为 20。

③ 将表格的外边框设为 2.25 磅的实线，内边框设为 1.5 磅的双点画线。

选中表格并双击，然后选择“表格工具”→“设计”选项卡→表格样式组中的“底纹”和“边框”进行设置（见图 5-71、图 5-72）。

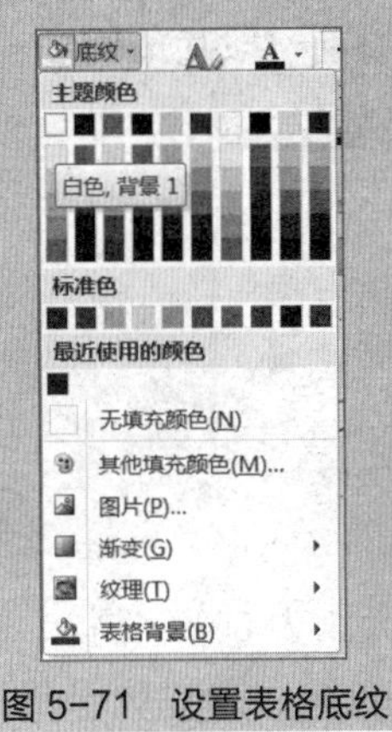

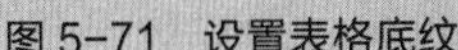
图 5-71 设置表格底纹

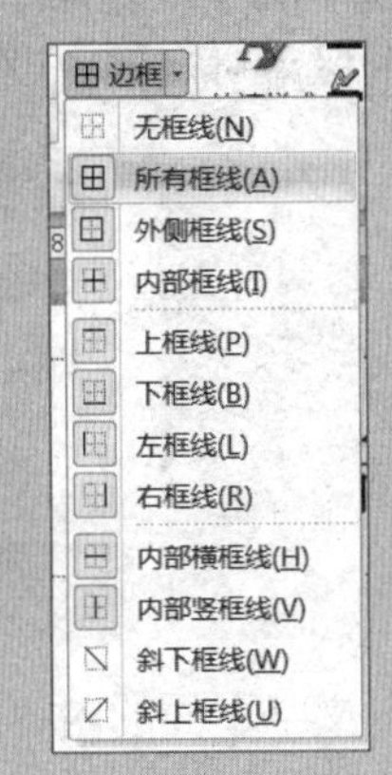

图 5-72 设置表格边框

④ 将表格的文本对齐方式设为中部居中。

选中表格，然后选择“开始”选项卡→段落组中的“对齐文本”按钮 对齐文本，并选择“中部对齐”选项。

（5）编辑第五张幻灯片

① 为第五张幻灯片应用“标题和内容”版式，并添加标题与组织结构图，设置组织结构图内的文本字体为宋体，字号为18，结构图颜色为“简单填充”（见图5–73）。

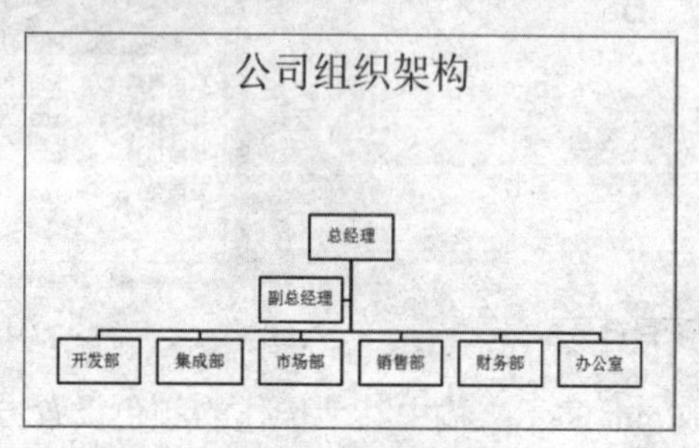

图5–73 组织结构图

选择“插入”选项卡→插图组中的“SmartArt”按钮→“层次结构”命令→“组织结构图”命令（或者在内容占位符中单击“插入SmartArt图形”图标）（见图5–74）。

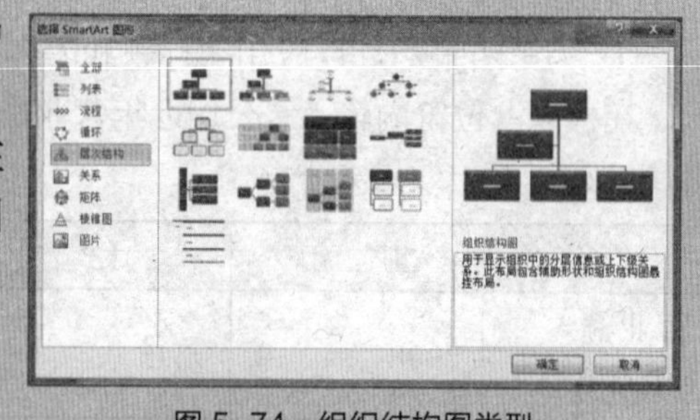

图5–74 组织结构图类型

② 分别给图形添加适当的文字。

（6）编辑第六张幻灯片。

① 为第六张幻灯片应用“标题和内容”版式。

②将幻灯片文本占位符里面的内容设置为“行距：1.2行；段前：8磅；段后：12磅”。

选中相应的文本后右击，在弹出的快捷菜单中选择“段落”命令，然后在弹出的段落对话框中设置文本的行距以及段前、段后的间隔（见图5–75）。

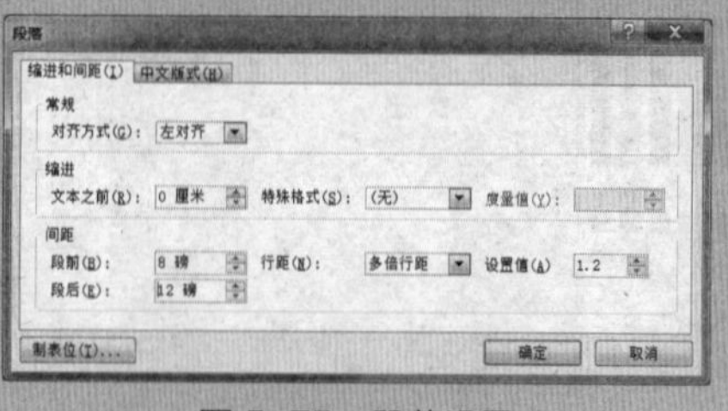

图5–75 段落设置

③ 将“要求”文字下面的内容设为带圈编号，其大小为80%字高。

④ 在幻灯片中插入一个正32角星，设置其线条为红色，填充为金色，宽度为4.5cm。

插入 32 角星时，按住“Shift”键则绘制出正 32 角星图形。

⑤ 在幻灯片中插入艺术字，选择“填充-白色，投影”样式，文字为“聘”，字体为华文行楷，字号为 36。将艺术字置于 32 角星的上层。

（7）插入超链接

为最后一张幻灯片上的“诚聘英才”文字插入超链接，链接到电子邮箱：zxc@188.com，鼠标指向时屏幕提示“联系我们”字样。

选中“诚聘英才”文字并右击，在弹出的快捷菜单中选择“超链接”命令。在打开的“插入超链接”对话框中选择链接到“电子邮件地址”，然后在电子邮件地址文本框内输入：zxc@188.com（见图 5-76）。单击“屏幕提示”按钮，在弹出的“设置超链接屏幕提示”对话框中输入屏幕提示文字“联系我们”（见图 5-77）。

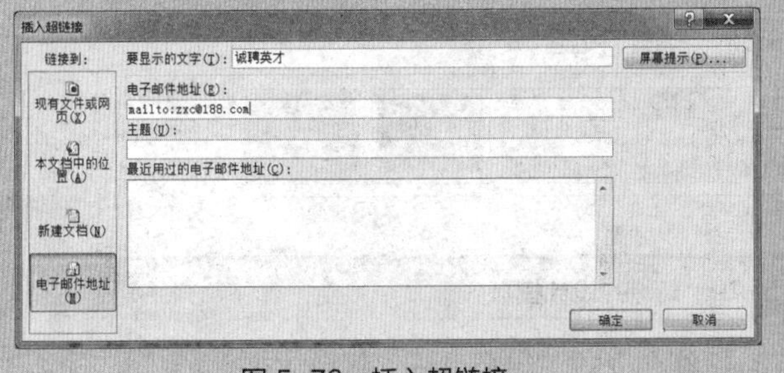

图 5-76　插入超链接

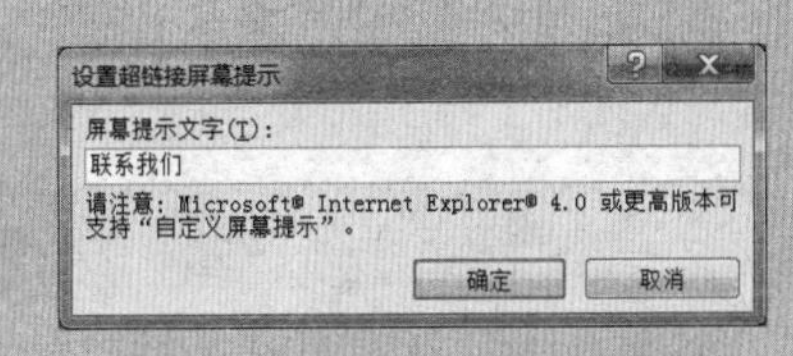

图 5-77　编辑超链接屏幕提示文字

（8）插入批注

选中最后一张幻灯片选择“审阅”选项卡→批注组中的“新建批注”按钮，则可以为幻灯片插入批注内容“人力资源部”。

（9）插入编号与页脚

为演示文稿插入幻灯片编号、自动更新的日期，并插入页脚文字“智诚电子商务有限公司”，但标题幻灯片不显示以上内容。

选择“插入”选项卡→文本组中的“页眉和页脚”按钮，在弹出的“页眉和页脚”对话框中选择“幻灯片”选项卡进行设置（见图 5-78）。

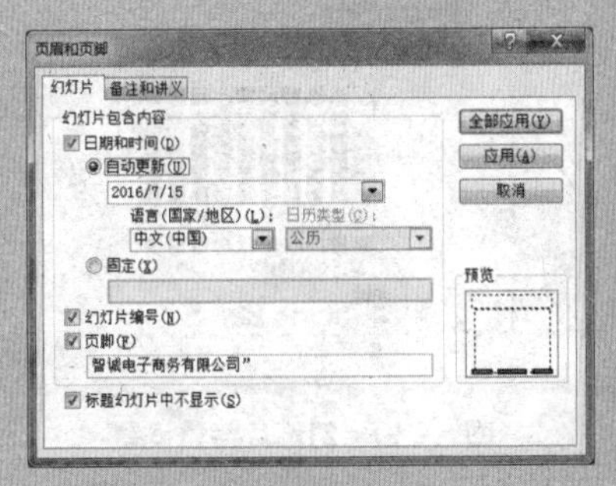

图 5-78　设置演示文稿页眉和页脚

完成以上所有操作后，以原文件名保存。

实训 2　幻灯片格式设置

1．技能掌握要求

① 设计模板的应用。

② 母版的应用。

③ 演示文稿的动画设置。

④ 演示文稿的放映方式设置。

2．实训过程

（1）应用设计模板

① 打开完成实训 1 后制作保存的“招聘会.pptx”演示文稿，应用设计模板中的“跋涉”主题于所有幻灯片。

提　示

选择“设计”选项卡→主题组中“主题”列表框，并找到对应名称的主题，右击该主题，选择“应用于所有幻灯片”（见图 5-79）。

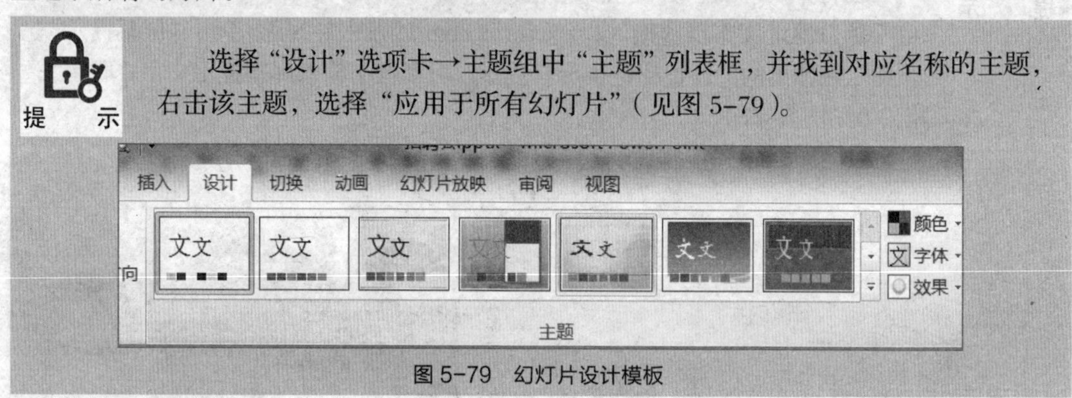

图 5-79　幻灯片设计模板

② 改变第一张幻灯片的背景颜色为：红色 255，绿色 215，蓝色 175。

选择“设计”选项卡→背景组中“背景样式”按钮，并单击“设置背景格式”命令，在“设置背景格式”对话框的填充颜色下拉列表框中（见图 5-80），单击“其他颜色”进行颜色设置，最后单击“全部应用”按钮，则应用于整个演示文稿。

图 5-80　幻灯片背景设置

③ 将演示文稿的主题颜色更改为“凤舞九天”颜色方案。

选择“设计”选项卡→主题“颜色”按钮，然后选择“内置”类型中对应的颜色方案（见图 5-81）。

图 5-81　更改主题配色方案

④ 为最后一张幻灯片应用“气流”设计模板。

（2）设置动画

① 将第一张幻灯片的副标题“招聘会”的动画效果设置为从底部飞入，且在幻灯片打开时自动进行，时长为 4s。

选中艺术字副标题“招聘会”的占位符，选择“动画”选项卡→高级动画组中“添加动画”按钮，然后将“开始”下拉列表框设置为“与上一动画同时”，在“持续时间”数字框中输入“00.04”，再单击“动画”组中的“效果选项”按钮，并选择“自底部”。

② 将最后一张幻灯片的艺术字“聘”设置为自右下角快速飞入。

选中艺术字“聘”，选择“动画”选项卡→高级动画组中“添加动画”按钮，然后进行设置。

③ 艺术字“聘”飞入之后，将 32 角星设置为放大 180%强调、慢速。

（3）设置幻灯片切换方式

将演示文稿的切换方式设置为垂直百叶窗、快速，伴随风铃声，每隔 4 秒或单击鼠标时切换，并将设置应用于所有幻灯片。

选择“切换”选项卡→切换到此幻灯片组中的“切换方式”列表框，选择对应的切换方式，然后设置“计时”组中的声音、持续时间，最后单击该组中的“全部应用”按钮（见图 5-82）。

图 5-82 幻灯片切换

（4）设置幻灯片放映方式

设置幻灯片放映类型为“在展台浏览（全屏幕）”，放映范围为从第 2～6 张幻灯片。

提 示

选择“幻灯片放映”选项卡→设置组中的“设置放映方式”按钮，然后在弹出的“设置放映方式”对话框中进行设置（见图 5-83）

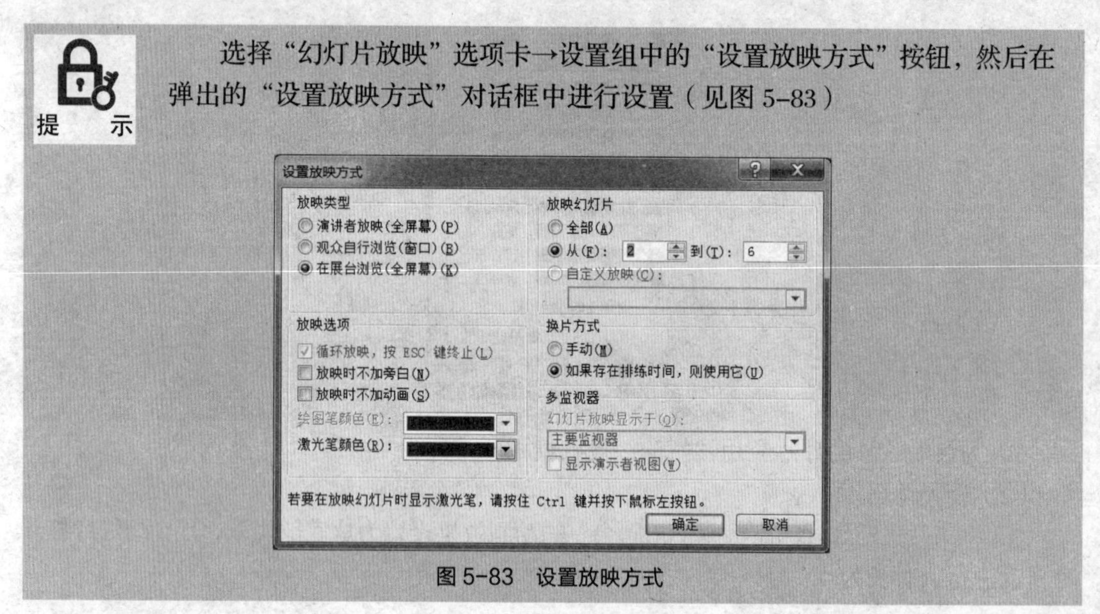

图 5-83 设置放映方式

（5）保存

将演示文稿以“招聘”为文件名保存，保存类型为“PowerPoint 放映（*.ppsx）”。

本章小结

在学习完 Word 2010 程序后再学习 PowerPoint 2010 程序会感觉较为容易，这是因为 Microsoft Office 各程序具有功能相似的命令、操作，可以举一反三。本章介绍了演示文稿的内容编辑、外观设计、多媒体效果的添加和放映的操作。要制作吸引观众的演示文稿，不仅需要掌握利用 PowerPoint 2010 程序编辑的技巧，平日还需了解其他知识，如色彩、表达技巧等。

1．幻灯片内容输入

在占位符内可以输入文本，也可以插入文本框输入文本，选中文本后选择“开始”选项卡→字体组中可以设置字体格式，在段落组中可以选择“对齐方式”“行距”等格式的命令。

选择“插入”选项卡→图像组和插图组，可以插入图片文件、剪贴画、自选图形、艺术字等。

选中文本或图片后，选择“插入”选项卡→链接组中的“超链接”按钮，可以插入超链接。

选择“审阅”选项卡→批注组中的“新建批注”按钮，可以插入批注。

2．幻灯片的编辑

通过选择“开始”选项卡→“新建幻灯片”，“编辑”→“复制”/“粘贴”等按钮进行操作。

3．幻灯片的美化

幻灯片的版式指的是幻灯片中标题、文本、图片等内容的布局方式。右击左边窗格幻灯片，选择“版式”命令，可以设置当前幻灯片的版式。

幻灯片的模板包括幻灯片的文本格式以及配色方案，选择“设计”选项卡→主题组，可以选择将模板应用于当前幻灯片或所有幻灯片。

要设置背景的颜色、图案、纹理，或插入图片作为背景，则选择：设计”选项卡→背景组进行操作，可以针对单张或所有幻灯片进行设置。

4．幻灯片的动画

选中幻灯片的元素（如占位符、文本框、图片等），选择“动画”选项卡→高级动画组，可以设置进入、强调、退出的动画效果。

PART 6

第 6 章 计算机网络应用

职业能力目标

本章学习计算机网络应用的知识，要求掌握以下技能。

① 应用搜索技术获取所需的知识，培养自学能力。

② 掌握网络通信技术，具备即时信息交流能力。

③ 应用局域网技术进行信息共享。

6.1 计算机网络与 Internet 概述

6.1.1 计算机网络基础

1．计算机网络的基本概念

当今世界已经进入了信息时代，信息技术得到前所未有的发展，网络的发展使得信息的产生和交换更加迅速和便捷。通过网络，用户可以传送电子邮件、发布新闻、进行实时聊天，还可以进行电子购物、电子贸易以及远程电子教育等。

计算机网络是现代通信技术与计算机技术相结合的产物，通过将分布在不同区域的计算机与专业的外部设备用通信线路互连成一个规模大、功能强的网络系统，从而使众多的计算机可以方便地共享硬件、软件、数据信息等资源。

2．计算机网络的分类

根据计算机互连的区域大小，可以把网络分为局域网（Local Area Network，LAN）、城域网（Metropolis Area Network，MAN）和广域网（Wide Area Network，WAN）。局域网是指较小地理范围内的各种计算机网络设备互连在一起而形成的通信网络，一般指同一办公室，同一座楼房或者同一所校园等几千米范围之内的网络。城域网覆盖范围一般是一座城市，将该城市内的各个局域网连接起来。广域网一般指包含一个省份或者国家的网络，其目的是让分布较远的各城域网互联。

3．互联网

世界上的网络有很多，然而连接到网络上的计算机往往使用不同的硬件与软件，因此可能造成网络上的计算机存在不兼容的问题，导致信息交换失败。为了解决这一问题，规定连接到网络上的计算机通过同样的规则进行信息编码与交换，该规则就叫做协议。

通过按某种协议统一起来的跨地区和国家的若干网络称为互联网。目前世界上发展最快、最热门的一个互联网的实例就是因特网（Internet）。为了区别互联网与因特网，将互联网英文单词的第一个字母小写，即 internet；而作为因特网的英文单词的第一个字母采用大写，即 Internet。

（1）Internet 简介

Internet 的汉语即因特网，是一种国际性的计算机互联网络，又称国际计算机互联网。它以 TCP/IP 网络协议将各种不同类型、不同规模、不同地域的物理网络连成一个整体。

（2）Internet 的应用

Internet 已经发展成为一个信息资源系统，为各行各业提供所需信息，进行信息交流等。通过 Internet，可以搜索学习资料、科研成果、产品信息等。通过 Internet，可以保存或者下载所需的文件，也可以把自己的文件上传到 Internet 中，与别人一起分享。通过 Internet，用户彼此之间可以进行交流，在 BBS 或论坛上共同讨论某个话题；在网上聊天室中，实时聊天；通过 QQ 或者 MSN 互相通信，甚至可以进行视频聊天。通过 Internet，可以进行网上教学、网上购物、网上办公，甚至可以管理自己的银行账户等。总之，Internet 的应用改变了当前人们生活的方式，已经深入到社会的方方面面。

（3）IP 地址

众所周知，每台电话都有一个号码，人们通过这个号码来识别不同的电话机。同样，在网络上，为了区别每台计算机，需要为其指定一个号码，这个号码就是 IP 地址。Internet 上的每一台计算机都被赋予一个世界上唯一的 IP 地址，该地址采用 32 位的二进制形式来表示，分成 4 段，每段长度为 8 位，为方便记忆，所以用十进制的数字表示，每段数字范围为 1～254，各段之间采用句点隔开，如 202.206.65.110。就像一个完整的电话号码由区位号与本机号码组成一样，IP 地址也有两部分，一部分为网络地址，另一部分为主机地址。

根据网络地址所占位数的不同，IP 地址可以分为 A、B、C、D、E 五类，其中常用的有 B 和 C 两类。从 IP 地址第一段的数字可以判断其所属类别（A 类：1～127，B 类：128～191，C 类：192～223，D 类：224～239，E 类：240～254），如 202.206.65.110 属于 C 类地址。采用 A 类地址的网络可以表示最多 16777214 个主机，而 B 类地址可以表示最多 65534 个主机，C 类地址可以表示最多 254 个主机。D 类地址用于多点广播之用，而 E 类地址留着将来使用。

（4）域名系统

尽管 IP 地址可以唯一地标识网络上的计算机，但其毕竟是采用数字来进行表示的，对使用网络的用户来说，记住那些毫无意义的地址是件困难的事，因此人们引入了便于记忆的字符串，如 nhic.edu.cn。然而网络上的计算机只认识 IP 地址，因此必须有一些机制把字符串转换成 IP 地址，这种机制就是域名系统 DNS（Domain Name System）。

域名具有一定的层次关系，最右边为最顶层，而最左边为最底层，就像英文书写地址的层次一样，如 nhic.edu.cn 的最顶层为 cn，表示中国，而 nhic 为该域名的最底层，表示南华工商学院。Internet 中域名的顶层分为两大类：通用的和国家的。通用的域包括 com（商业）、edu（教育机构）、gov（政府）、int（国际组织）、mil（军事机构）、net（网络机构）和 org（非营利组织）等。国家或地区域是指为每个国家或地区所分配的顶层域名，如英国为 uk，澳大利亚为 au。

在 Internet 中，域名具有唯一性，是独一无二的。在使用域名之前，用户首先需要向域名管理组织进行申请，域名管理组织必须保证域名的唯一性。

6.1.2 接入 Internet

要使用 Internet，首先必须接入到 Internet。接入方式有几种，各自具有不同的特点，可以根据需要选择适当的方式。接入到 Internet 的方式一般有普通拨号上网、ISDN 接入、ADSL 接入、DDN 接入以及无线接入等。下面介绍采用 ADSL 方式接入 Internet 的方法。

在 Windows 7 系统上，要利用 ADSL 上网，需要安装 ADSL 硬件和建立 ADSL 拨号连接。

（1）安装 ADSL 硬件

所需设备：计算机（带网卡）、网线、ADSL Modem、电话线滤波器以及电话线（见图 6-1），把各设备连接起来。

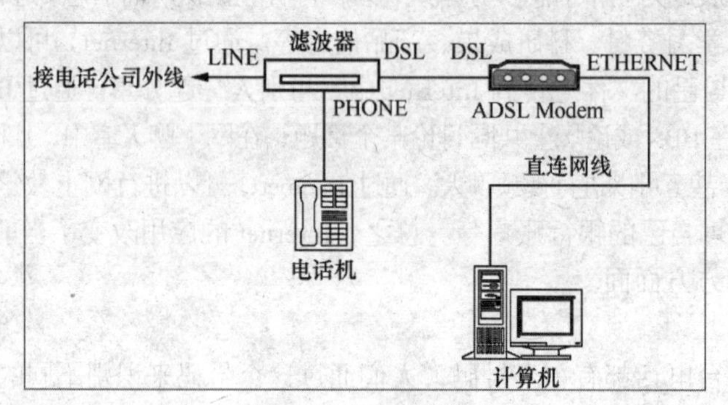

图 6-1　ADSL 连接图

（2）建立 ADSL 的拨号连接

① 选择“控制面板”→“网络和 Internet”→“网络和共享中心”→“设置新的连接或网络”（见图 6-2）。

② 在弹出“设置连接或网络”对话框中选择“连接到 Internet”图标，然后单击“下一步”按钮（见图 6-3）。

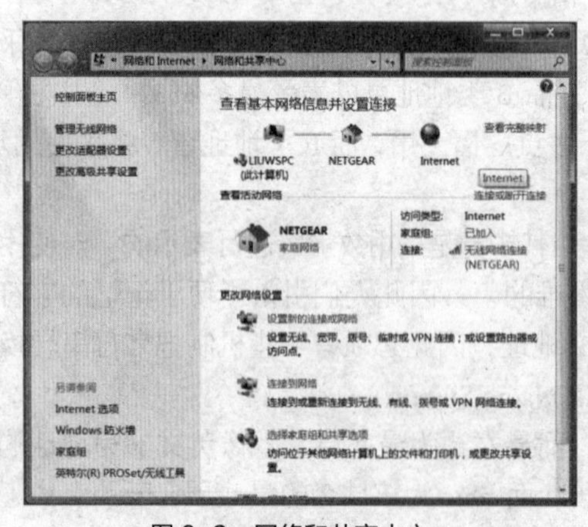

图 6-2　网络和共享中心

图 6-3　设置连接或网络

③ 单击“宽带（PPPoE）”图标（见图 6-4），在弹出来的“连接到 Internet”对话框中输入 ISP 服务商所提供的用户名、密码，并在连接名称中输入自己命名的连接名称，如 ADSL，然后单击“连接”按钮（见图 6-5）。

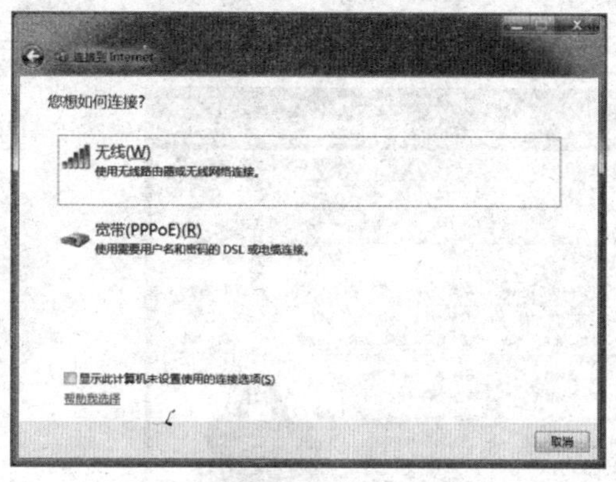

图 6-4　连接到 Internet 的方式

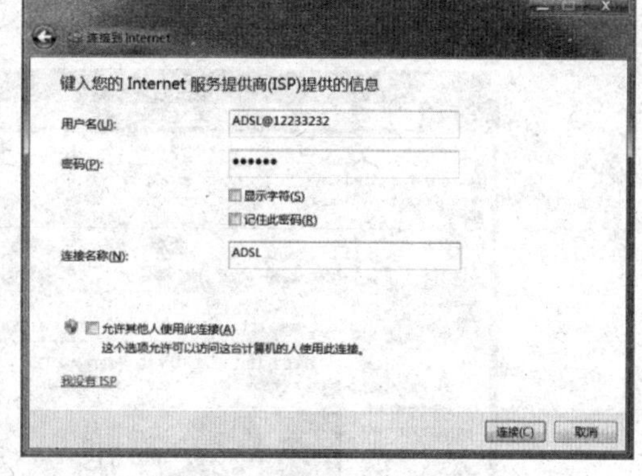

图 6-5　选择用户和密码方式

④ 至此 ADSL 完成连接，可以进行上网冲浪了。

6.1.3　IE 浏览器的使用

WWW（World Wide Web）即“环球信息网”，或称“万维网”，其采用 HTML（超文本标记语言）的文件格式，并遵循 HTTP（HyperText Transfer Protocol，超文本传输协议）。其最主要的特征就是具有许多超文本链接（Hypertext Links），可以打开新的网页或者新的网站，到世界任何网站上调用所需的文本、图像和声音等资源。

1．URL

URL（Uniform Resource Locator）即“统一资源定位器”，是用来标识 Web 上文档的标准方法，也就是 Web 上可用的各种资源（HTML 文档、图像、视频、声音等）的地址。URL 一般由三部分组成。

（1）访问资源的传输协议

由于不同的网络资源使用不同的传输协议，其 URL 也不同。除了前面所说的 HTTP 传输协议之外，常用的还有 FTP 文件传输协议。例如，对于域名为 nhic.edu.cn 的服务器，如果要浏览其上面的网站首页，那么 URL 为 http://www.nhic.edu.cn；如果要浏览其上面的 FTP 文件时，URL 为 ftp://ftp.nhic.edu.cn。

（2）服务器名称

http://www.nhic.edu.cn 中的 www.nhic.edu.cn 就是所要访问网站的服务器名称，其中 www 为所提供的服务名称，而 nhic.edu.cn 为该网站的域名。

（3）目录或文件名

同一个服务器上，可能有很多个目录或文件供用户访问，为了准确定位，需要明确目标。例如，要访问 www.nhic.edu.cn 服务器 info 目录下的 news.htm 文件，就要写成 http://www.nhic.edu.cn/info/news.htm。

2．浏览网站

在确保计算机已经连接到 Internet 之后，就可以利用 Windows 7 自带的 Internet Explorer 浏览器来浏览网站了。使用鼠标双击桌面的 Internet Explorer 图标就可以启动该浏览器，或者选择“开始”→“所有程序”→“Internet Explorer”命令来启动。

（1）地址栏

要访问一个网页，首先要知道网址，即上面所说的 URL。Internet Explorer 的地址栏就是输入 URL 的地方，图 6-6 所示为搜狐网站首页。在地址栏中输入要访问的地址，然后按

"Enter"键。

图 6-6　使用 IE 上网

一般而言，采用域名访问网站时，前面的传输协议可以省略。例如要访问搜狐的首页，只要在地址栏中输入 www.sohu.com 后按"Enter"键即可，Internet Explorer 会根据该地址在前面自动添加 http://。但是，当使用 IP 来进行访问时，就要手动输入传输协议。例如要访问 192.168.0.1/info/news.htm 上的网页，就必须输入完整的 URL，即 http://192.168.0.1/info/news.htm。如果要访问 192.168.0.1 上的 FTP 服务中的 show.doc 文件，就应该输入 ftp://192.168.0.1/show.doc。

（2）保存网页

通过保存浏览过的网页，可以在脱机状态下对其继续浏览。保存网页的方法同保存一般文档的方法相似，选择 Internet Explorer 浏览器中的"文件"→"另存为"命令，调出"保存网页"对话框，就可以保存该网页了。如有需要，可以对该网页重命名，在"文件名"文本框中输入名称。另外，还可以选择网页保存的类型，有 4 种可供选择，下面分别进行说明。

① 网页，全部（*.htm;*html）类型。选择这一类型进行网页保存时，将保存该网页的 html 文件以及网页上的图片，并且图片文件和 html 分开保存。

② Web 档案，单一文件（*.mht）。选择这一类型对网页进行保存时，该网页将整体保存成一个文件，不再分离图片。

③ 网页，仅 html（*.htm;*.html）。选择这一类型对网页进行保存时，只保存该网页的 html 文件，其他的不进行保存。

④ 文本文件（*.txt）。选择这一类型进行保存时，该网页首先被转换成文本格式，然后保存成记事本格式的文件。如果只需要保存网页上的文本，可以选择这一类型。

（3）保存网页中的图片

网页上的图片，可以单独进行保存。保存时，只要右击该图片，然后选择"图片另存为"命令，并选择要保存的位置，即可进行保存。

6.2 信息搜索

可以把 Internet 比喻成一个信息量庞大的“百科全书”，它不仅提供了文字、图片、声音、视频，还提供了法律法规、教育知识、科技发展、商业信息、娱乐信息等。另一方面，由于 Internet 的信息量庞大，要获取有用的信息难于大海捞针，所以需要一种搜索服务，将网上繁杂无章的信息条理化，对其按一定的规则进行分类。在这个信息的海洋里，如何寻找所需的信息呢？本节将详细介绍如何通过 Internet 进行信息搜索。

6.2.1 搜索引擎

Internet 提供了很多资源，如何在海量的信息里快速查找到自己需要的内容，就需要用到搜索引擎，利用搜索引擎可以有效地搜索各种信息和解决各种问题。搜索引擎是指在万维网（WWW）中主动搜索信息并能自动索引、提供查询服务的一类网站，包括信息搜集、信息整理和用户查询三部分。搜索引擎从 Internet 上某个网页开始，然后搜索所有与该页面有链接的网页，把网页中的相关信息加工处理后存放到数据库中，以便用户以后搜索使用。下面介绍几个常用的搜索引擎网站。

（1）Google（www.google.com）

Google 成立于 1998 年，几年之间便迅速发展成为目前规模最大的搜索引擎，Google 目录中收录了十亿多个网址，在同类搜索引擎中首屈一指。

（2）百度（www.baidu.com）

百度成立于 2000 年 1 月，是目前为止全球最大的中文搜索引擎。百度每天响应来自一百多个国家超过数亿次的搜索请求，用户可以通过百度主页，在瞬间找到相关的搜索结果，这些结果来自于超过十亿的中文网页的数据库。

（3）天网搜索（e.pku.edu.cn）

天网搜索是国家“九五”重点科技攻关项目“中文编码和分布式中英文信息发现”的研究成果，由网络实验室研制开发，于 1997 年 10 月 29 日正式在 CERNET 上提供服务。2000 年初成立天网搜索引擎新课题组，由国家 973 重点基础研究发展规划项目基金资助开发，收录网页约 6000 万，有效利用教育网的优势，拥有强大的 FTP 搜索功能。

6.2.2 应用搜索

1．简单搜索

搜索是通过关键词来完成的。关键词就是能表达主要内容的词语，其准确与否决定了搜索结果的有效性和准确度。进行搜索时，打开搜索网站，然后在搜索框内输入需要查询的关键词，单击“搜索”按钮即可。图 6-7 所示为使用百度搜索计算机信息管理专业的信息。

进行搜索时，输入的关键词可以是中文、英文、数字或者中英文数字的混合体等。

2．高级搜索

在上面的搜索中，搜索出来的结果往往很多，难以从中寻找需要的信息。为了提高搜索的准确度，可以采用高级搜索功能。在百度搜索网站上，单击页面右上角的“设置”→“高级搜索”的超链接，就可以进入高级搜索页面。

（1）指定关键词在搜索结果的操作

为了提高搜索的有效性，在搜索时，要提供尽可能准确的关键词，也可以提供多个关键词。例如，想搜索“飞人”乔丹时，可以在输入“乔丹”字样的同时，输入“飞人”，即输入“乔丹 飞人”，或者“飞人 乔丹”，这样就可以排除其他人名中含有“乔丹”的人的资料了。对于多个关键字，搜索引擎提供一些运算规则，以便于用户搜索准确的信息。在“高级搜索”页面中的“搜索结果”选项中，提供了多种关键字运算规则，表 6-1 列出了一般的运算符。

图 6-7　利用百度进行搜索

表 6-1　多关键字运算规则

名　　称	含　　义	例　　子
全部	表示多个关键字同时出现在结果中	广州摩托（表示结果同时包括“广州”和“摩托”字样）
完整关键词	表示多个关键字以一个完整的词组出现在结果中	广州摩托（表示结果中包括“广州摩托”字样）
任意一个	表示结果中至少包括一个关键字	广州摩托（表示结果包括“广州”或者“摩托”字样）
不包括	表示关键字不出现在结果中	摩托（表示结果中不包括“摩托”字样）

（2）限定要搜索的网页的时间、地区以及语言

通过该选项，可以指定所要搜索的内容添加到百度中的时间范围，例如，要搜索最近才发生的一些新闻，可以指定最近的时间范围。需要注意的是，内容添加到百度中的时间比该新闻发生的时间要迟一些，因而通过搜索引擎经常搜索不到刚刚发生的事情。

另外通过地区与语言，还可以指定搜索网页所在的地区以及所用的语言，如“简体中文”。

（3）限定文档的格式

在搜索时，可以通过该选项来指定针对哪些文档格式的内容进行搜索，以提高搜索的准确度。例如，要搜索内容包括“软件设计”的 Word 文档，就可以在关键词中输入“软件设计”，在文档格式中选择“微软 Word（.doc）”选项进行搜索，那么搜索的结果只包括 Word 格式文件。

（4）限定关键词所在位置

通常，搜索引擎根据输入的关键词对网页中的所有内容进行搜索，如果只需对网页中特定的位置进行搜索，例如，只对网页的标题中进行搜索，或者只对网页的 URL 进行搜索，可以指定位置，以提高搜索的准确度。

（5）限定搜索范围为特定的网站

采用此选项，可以限定搜索引擎只对指定的网站进行搜索，以提高搜索的准确度。例如，要在太平洋电脑网上查找关于笔记本电脑的信息，可以输入关键词“笔记本”，然后指定站内搜索为 pconline.com.cn。这样搜索内容只来源于太平洋电脑网。

3．搜索图片

在百度搜索引擎中，不仅可以搜索文字信息，还可以搜索图片、音乐等多媒体资源，下面介绍如何应用百度图片搜索功能。

① 在浏览器中输入 http://image.baidu.com/，进入到百度图片搜索界面（见图 6-8）。

② 在搜索框中输入需要搜索的图片的描述，例如，在搜索框中输入“狗”，将显示与之相关的图片（见图 6-9）。

图 6-8 百度图片搜索页面

图 6-9 百度图片搜索结果

③ 在搜索的结果中，可以通过搜索框右边的“图片筛选”的链接，显示筛选条件，包括图片大小、图片颜色、图片类型，通过这些筛选条件，可以更准确地搜索需要的图片。

4．使用百度地图

当我们需要去一个陌生的地方，需要知道去该地方的路线，如果可以看到该地方的实景，那将为我们的出行提供较大的方便性。下面介绍如何应用百度地图来达到这个目的。

① 打开浏览器，输入地址 http://map.baidu.com/，将显示用户目前所处城市的地图（见图 6-10）。

② 在搜索框中输入需要了解的地方，假设需要去“广州火车东站”，输入该地点后单击搜索图标，可以显示该地点的所在位置（见图 6-11），如果搜索的地点有几个相近的结果，用户可以选择下方列出的名称。

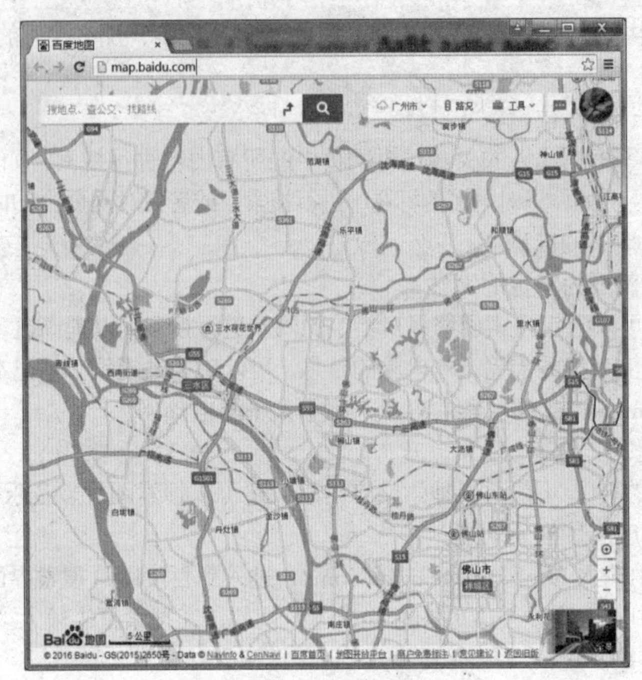

图 6-10　百度地图主页面

图 6-11　显示搜索地点

③ 如果需要去往所搜索出来的地点，通过单击左侧栏的“到这去”；如果从该地点出发，则单击“从这出发”，然后根据需要输入出发地或目的地，百度地图将为用户提供出行方案（见图 6-12）。

④ 单击右下角的全景图标，然后移动鼠标到要显示实景的地点名称上面，单击进入实景界面，如图 6-13 所示。该功能方便用户提前熟悉该地点周边的环境。

图 6-12　提供出行线路规划

图 6-13　百度全景地图

6.3　下载与上传

网络提供了资源共享功能，人们可以很方便地进行资源交换，最常见的就是文件的下载和上传。

6.3.1 下载文件

下载文件的方法有很多种，可以直接从网站下载，也可以通过下载软件进行下载。当在网站上获取下载地址后，通过右击该地址的超链接并选择“目标另存为”命令，设置要保存的目录，即可直接下载。如果已安装下载软件，在右击超链接时，可以选择使用下载软件进行下载。

如果要下载的文件采用 FTP 进行传输，可以在 Internet Explorer 地址栏中输入用于下载的 FTP 地址，然后按“Enter”键，打开登录对话框，按要求输入用户名和密码，如图 6-14 所示。输入正确的用户名和密码后，就可以在浏览器中查找所要下载的文件，采用复制操作即可把该文件下载到本地计算机上。也可以利用一些 FTP 软件来进行 FTP 文件的下载。

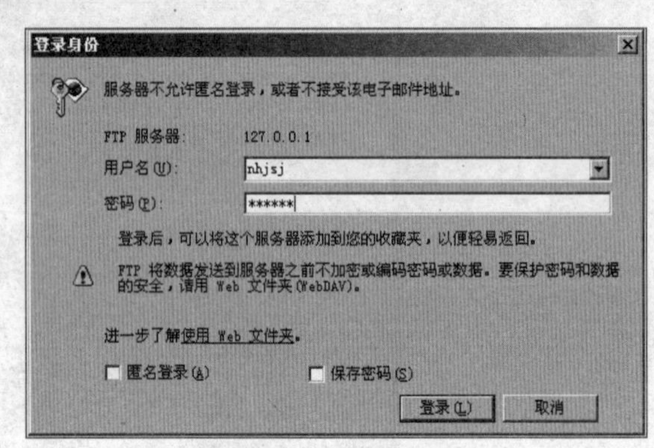

图 6-14　FTP 登录界面

6.3.2 上传文件

人们常采用 FTP 协议在两台计算机之间互相传送文件。对于文件的上传，一般通过 FTP 软件来完成，当然也可以采用 Internet Explorer 浏览器进行文件上传。下面便介绍采用 IE 进行文件上传的操作。

采用 IE 进行文件上传的操作比较简单，首先打开 IE 浏览器，在地址栏中输入所要上传到的空间的 FTP 地址（主机地址），如 ftp:\\ftp.online.abced.com，按“Enter”键后，弹出一个验证对话框。在该对话框中输入正确的用户和密码，就可以看到该 FTP 空间了，这时即可把所要上传的文件复制到该空间，其复制过程需要一定的时间。放入到该空间的文件也可以进行修改操作，如删除、重命名等。

6.4 信息交流

6.4.1 即时通信

大家都知道手机有一个互发信息的功能，一个用户通过一部手机，可以与另一方的人进行信息交流，这为人们的生活提供了极大的方便。在网络上，通过即时通信软件，同样可以实现这种功能，而且费用远远低于手机信息的费用。

即时通信（Instant Messaging，IM）是一种能在网上识别在线用户并与其即时交换消息的技术。目前，比较有代表性的即时通信软件有腾讯 QQ、MSN Messenger 和微信。

1．腾讯 QQ

腾讯 QQ 是腾讯公司所开发的一款基于 Internet 的即时通信软件。通过该软件，用户可以和好友进行信息交流、语音视频聊天。另外，该软件还提供手机聊天、QQ 对讲机、聊天室、QQ 群组、文件传输和共享等功能。下面介绍如何使用 QQ。

（1）安装并申请 QQ 号

在 http://im.qq.com/qq 页面上可以下载最新版本的 QQ，双击下载的安装软件即可以进行安装。用户在使用 QQ 之前，还必须拥有一个 QQ 号码。在腾讯 QQ 网站上填写一些基本信息，可以申请 QQ 号码。

（2）登录 QQ

有了 QQ 号码，在登录界面输入号码及密码就可以登录了。登录成功后，QQ 界面如图 6-15 所示。

（3）添加好友

要向某 QQ 账号发送信息之前，必须先将其添加为 QQ 好友。在主面板上单击“查找”来打开查找好友窗口，可以通过要查找的人的 QQ 昵称或号码来查找，然后将其添加为 QQ 好友。

（4）发送与接收信息

在 QQ 的好友栏中，双击好友的头像，就可以向其发送信息了。要接收好友发送的信息，可以通过“Ctrl+Alt+Z”组合键来调出对话窗口。

图 6-15 腾讯 QQ 界面

2．应用微信进行信息分享

微信（WeChat）是腾讯公司推出的一款智能终端即时通讯软件，应用网络可以发送语音、图文，把图文分享到朋友圈中，通过关注公众平台来获取一些公司或服务机构的最新信息。微信除了智能终端的 APP 之外，还针对 PC 端开发了网页版，本次任务主要介绍网页版的使用。

（1）安装微信 APP

在使用网页版微信之前，首先需要在手机上安装 APP，并且注册一个账号。PC 版的微信其实是使用 APP 上的账号来登录的。

（2）登录网页片微信

① 在浏览器中输入 https://wx.qq.com/，出现图 6-16 所示的二维码界面。

② 登录手机的微信 APP，找到微信右上角的“扫一扫”功能，扫描上面的二维码，接着在手机中确定网页登录信息，即可进入网页版的微信主界面，如图 6-17 所示。

图 6-16 网页版微信登录二维码

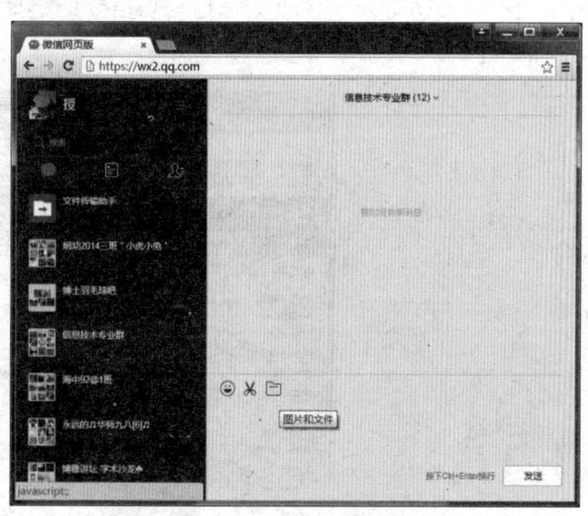

图 6-17 网页版微信主界面

选择一个微信群或联系人，就可以进行信息交流了。但是网页版微信不提供朋友圈功能。

6.4.2 电子邮件

1．电子邮件概述

电子邮件（Electronic mail，E-mail）是指通过 Internet 进行书写、发送和接收的信件，其已经成为人们日常生活中进行联系的一种通信手段，具有快速、简便、价廉等特点。传统的邮件方式正在逐渐被电子邮件代替。电子邮件是互联网最受欢迎的功能之一。目前，电子邮件主要采用 SMTP 协议来进行传递。

（1）电子邮件地址

要把信件送到收信人的手里，信件的地址将起到重要作用。同样，电子信件的发送也要依靠地址来进行正确的传递。电子邮件地址的结构为：用户名@服务器域名。该地址由符号“@”分开成两部分，左边用户名，右边为邮箱所在的邮件服务器的域名。例如，在 www.126.com 网站上申请了一个用户名为 nhjsjabc 的邮箱，那么该电子邮件的地址就为 nhjsjabc@126.com。

（2）申请电子邮件

要利用网络来收发电子邮件，首先要申请电子邮箱，申请成功后，就拥有了该邮箱所分配的地址，人们可以通过该地址来向你发送电子邮件。申请邮箱一般过程如下。

① 登录要申请邮箱的网站，找到注册邮箱的超链接，进入申请页面。

② 阅读服务条款，填写用户名，并检测用户名是否可用。如果可用，进入下一步。

③ 设置密码。一般来讲，需要输入两次密码，当两次输入一致时，才能通过申请。

④ 设置其他信息，除了用户名、密码这两个基本信息之外，有些网站还要求设置其他信息。

⑤ 提交信息，完成申请过程。

2．写信与收信

电子邮件就好比我们在“邮局”申请的一个邮箱。传统的信件是由邮递员送到家门口，而电子邮件则需要自己去“邮局”查看，只不过用户可以在家里通过计算机连接到该“邮局”。必须先登录到个人邮箱，下面的操作假设邮箱地址为 nhjsjabc@126.com，那么先打开 www.126.com 网站，一般即可看到登录的文本框，在对应的位置输入用户名：nhjsjabc（注意不要输入整个地址 nhjsjabc@126.com），在密码框中输入密码，然后即可登录到该邮箱界面（见图 6-18）。左边显示了“收信”与“写信”的链接，通过这两个链接，用户就可以进行收信与写信了。

图 6-18 电子邮箱

（1）写信

成功登录到邮箱之后，单击“写信”的链接，就可以发信了。在写信件时，需要填写几个主要的内容：收信人地址、信件的主题、信的内容以及附件。图 6-19 所示为写信时的界面，其中的“收件人”文本框即为收信人的电子邮件地址，当同时要向多个人发送同一封信件时，用“,”把多个地址隔开。填写好主题和内容后，如果需要加入附件，可以单击“附件”按钮，弹出“选择文件”对话框，在计算机中找到所要的文件，粘贴到该邮件上。完成这些之后，就可以单击“发送”按钮来进行发送。

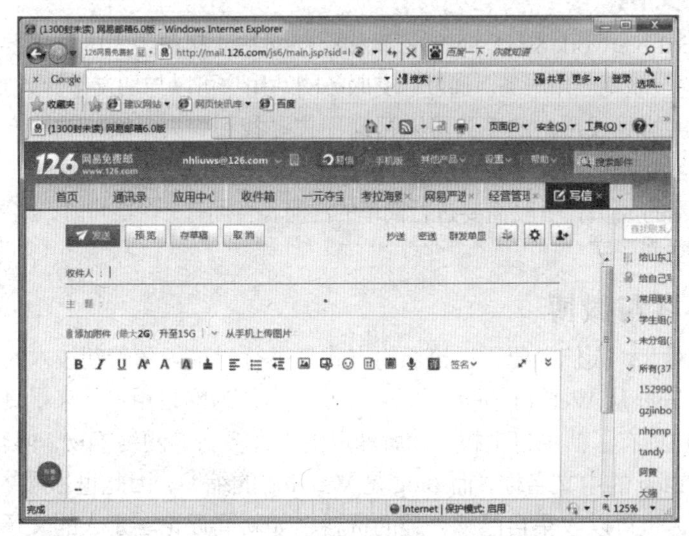

图 6-19　写信

（2）收信

当有人发送电子邮件过来时，可以查看该邮件。要查看电子邮件，先单击“收信”按钮，在右边就会显示出所有电子邮件的列表，如图 6-20 所示。选择要查看的邮件，然后单击，就可以显示该邮件的内容。如果有附件，可以右击该附件的链接地址，在弹出的快捷菜单中选择“目标另存为”命令，将其下载到计算机上。

图 6-20　收信

6.5 网络应用

随着 Internet 的进一步发展，网络不仅在各方面为人们提供了便利，同时也改变了人们的生活方式，使人们不但可以通过不同的方式来跟朋友和家人进行交流，还可以利用电子商务平台进行商品交易。

6.5.1 社交网

社交网（Social Network Site，SNS），又称社交网站，起源于美国，主要是为了帮助人们建立社会性网络的互联网应用服务。通过社交服务网站用户可以与朋友保持更加直接的联系，扩大交际圈，其提供的寻找用户的工具可以帮助用户寻找到失去了联络的朋友们。目前，国内比较有代表性的社交网包括开心网、人人网等。

要成为社交网的成员，一般需要进行简单的注册，当拥有一个账户时，就可以搜索好友，建立属于自己的社交圈子了。

6.5.2 博客与微博

早期的互联网上，人们主要通过论坛的方式来进行讨论。随着新技术的推动以及网络新观念的出现，Internet 从 Web 1.0 进入了 Web 2.0 时代，为网络用户带来了真正的个性化、去中心化服务，用户拥有了信息自主权。此后涌现出了许多新的网络事物，博客就是其中一种。

博客是英文 Blog 的中文名称，而 Blog 是 Web log 的缩写，因此也称网络日志，可以表达个人思想、心声，也可以收集自己感兴趣的资料，如新闻评论、别人的文章以及网站的链接地址等。虽然博客主要是用来组织个人的想法，但也可以获得别人的反馈以及进行交流，这点就像论坛中的回复功能一样。

要获得个人博客，可以到一些博客网站进行申请，申请成功后，即可拥有一个展现个性的空间。博客最大的特点是可以进行个性化设置，包括网页的图片、标题以及样式等，也可以设置所要显示的内容栏目等。总之，博客是一个突出个性化的空间。

微博，即微博客（MicroBlog）的简称，是一个基于用户关系的信息分享、传播及获取平台，用户可以通过 Web、WAP 以及各种客户端组建个人社区，并以 140 字以内的文字更新信息，实现即时分享。与博客不一样的是，微博广泛分布在桌面、浏览器、移动终端等多个平台上，这也使得人们可以随时随地进行信息分享。跟博客一样，要拥有自己的微博，需要进行申请，当申请成功之后，就可以用自己的账户发表个人看法以及接收所关注的人的动态了。

6.5.3 电子商务

随着计算机的普及以及 Internet 技术的发展，商店也开始出现在网络上。通过网络来进行商品交易，开创了电子商务时代。通过电子商务平台，人们可以在网上开设网上商店，也可以在线进行商品购买。与传统的商店相比，网上商店大大降低了人力、物力及成本，其不受空间、时间的限制，使得网上商品能提供较低的价格。但是，由于消费者对网上商品不能进行实物鉴别，所以也经常出现货不对版的情况。

1．电子商务平台分类

电子商务平台是一个为个人或企业提供在线交易的平台，按照交易对象，电子商务平台可以分为下面几种类型。

① B2C（Business to Customer）。企业与消费者之间的电子商务，该模式在我国产生较早，目前大量的电子商务都是该类型，如天猫商城、京东、一号店等。

② C2C（Customer to Customer）。消费者与消费者之间的电子商务，通过为买卖双方提供一个在线交易平台，使卖方可以主动提供商品上网拍卖，而买方可以自行选择商品进行竞价，如淘宝网、易趣网、拍拍网等。

③ B2B（Business to Business）。企业与企业之间的电子商务，该模式主要为企业之间提供产品展示和采购的平台，如阿里巴巴、环球资源、中国制造网等。

④ O2O（Online to Offline）。提供线上和线下结合的电子商务，线上交易线下体验方式提供了全新的用户体验模式，达到实体店与网络结合，如百度外卖、拉手网等。

2．在线支付方式

在线支付是一种电子支付的形式，通过第三方提供的与银行之间的接口进行支付，极大地提高在线购物的方便性。目前，网络支付的方式有很多种，下面介绍人们常用的几种支付方式。

① 支付宝。支付宝是目前国内使用人数较多的第三方支付平台，从 2004 诞生至今极大地推动中国电子商务的发展。支付宝主要提供支付及理财服务，包括网购担保交易、网络支付、转账、信用卡还款、手机充值、水电煤缴费、个人理财等。在进入移动支付领域后，为零售百货、电影院线、连锁商超和出租车等多个行业提供服务。

② 微信支付。微信支付是微信软件集成的支付功能，用户通过手机上的微信来快速地完成支付流程。另外，通过网页支付的二维码进行扫描，也可以完成支付。

③ 快钱。快钱是独立的第三方支付企业，它为企业与个人提供安全、便捷的综合化互联网金融服务，包括支付、理财、融资等。

④ 网上银行支付。网上银行是指利用用户的银行账号开办网络支付业务，之后就可以通过网络进行交易支付。网上银行不仅仅把银行业务拓展到线上，同时也增加了许多针对网络的新业务。

3．在线购物

电子商务的推广，改变了人们购物的习惯，只要存在有网络的地方，人们随时随地就可以上网购物。一般地，在线购物的流程主要包括注册用户→搜索商品→添加购物车→填写订单信息→确认收货→发表评价。下面以京东商城为例，介绍在线购物的流程。

① 注册用户。首先打开京东商城首页 http://www.jd.com，单击顶部的“免费注册”链接，进入注册页面，填写用户名、密码、手机等信息，并输入接收到的手机验证码以及图片验证码，最后单击“完成注册”按钮，完成注册。注册成功之后，先进行登录。

② 搜索商品。打开京东商城首页，通过上面的搜索框输入需要购买的商品的名称，例如，输入“手机”，然后单击“搜索”按钮，显示相关的商品列表。另外，也可以通过左侧的商品分类列表来查找所需的商品。

③ 添加购物车。如果浏览到想购买的商品，单击该商品，进入到商品的详细页面，然后单击“加入购物车”按钮，把该商品加入到购物车中，采用同样的方法，可以把多个需要购买的商品添加到购物车中。

④ 填写订单信息。在挑选好商品之后，单击页面右上角的“我的购物车”图标，进入到购物车的页面，接着单击“去结算”，进入到填写订单页面，填写收货人的姓名、地址、手机以及支付方式。接着进行在线支付，完成下单功能。

⑤ 确认收货并评论。经过平台的订单确认之后，经过一段时间，快递人员把用户所购买的商品送达收货地址，用户签收后，登录京东商城，单击“确定收货”，并进行商品评价，完成整个购物流程。

6.6 小型局域网的组建

在一个单位或者一个宿舍中，可能同时存在多台计算机，如果想在这些计算机之间进行文件或者打印机共享，可以通过组建局域网来实现。

6.6.1 局域网的工作模式

1．客户机/服务器（Client/Server）

在局域网中，将可能用到公共的数据存放到一台或者几台配置较高的计算机上，这些计算机就称为服务器。服务器除了一般的资源共享之外，还具备有管理的功能，可以对整个局域网的用户进行集中管理，并发控制以及事务管理等。另一方面，连接到服务器的计算机称为客户机或者工作站。

Windows 7 提供了域的方式来共享同一个安全策略和用户账户数据库，域的方式集中了用户账户、数据库和安全策略，这样使得系统管理员可以用一个简单而有效的方法来维护整个网络的安全。

很明显，这种工作模式需要一台或者几台计算机作为服务器，虽然成本较高，却为数据和局域网的共享提供了方便。这种模式在一个单位中较常应用。

2．对等式

跟客户机/服务器模式相比，对等式网络没有专用的服务器，每台计算机既可以是客户机，也可以是服务器，其地位是平等的。由于不用另外设置服务器，因此对等式模式是一种投资少、高性价比的小型网络系统，较适合家庭或者较小型的办公网络。

Windows 7 提供了工作组的方式来对局域网中的计算机进行分组，将不同的计算机列入对应的组中，以便对其进行划分。

6.6.2 组建局域网

1．连接硬件

进行局域网的组建需要用到下面的设备，如图 6-21 所示。

- 计算机。
- 集线器（或者交换机、路由器）。
- 网卡。
- 双绞线（带水晶头）。

通过双绞线，把计算机连接到集线器上，如图 6-22 所示。

观察集线器上的指示灯，如对应的端口的指示灯亮，则表明计算机到集线器的物理连接没有问题。

2．设置协议

① 选择“开始”→“控制面板”命令，接着选择“网络和 Internet”，在弹出的界面中选择“网络和共享中心”，出现图 6-23 所示的窗口，在该窗口中单击“本地连接”图标，从弹出的快捷菜单中选择“属性”命令。

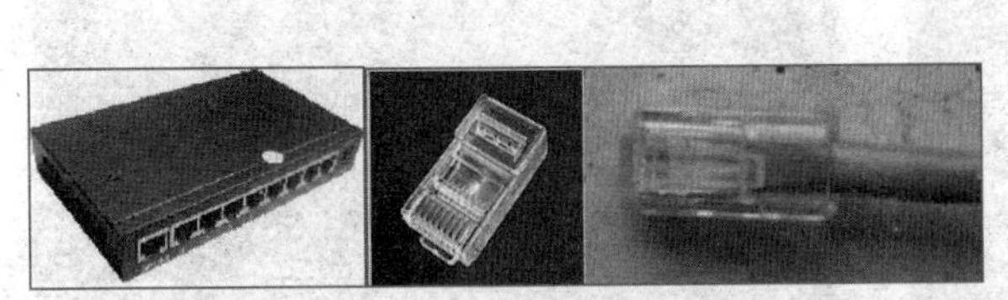

图 6-21　集线器、水晶头及带水晶头的双绞线

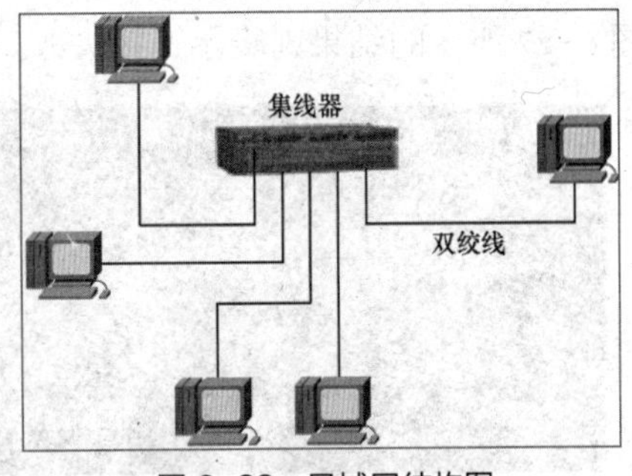

图 6-22　局域网结构图

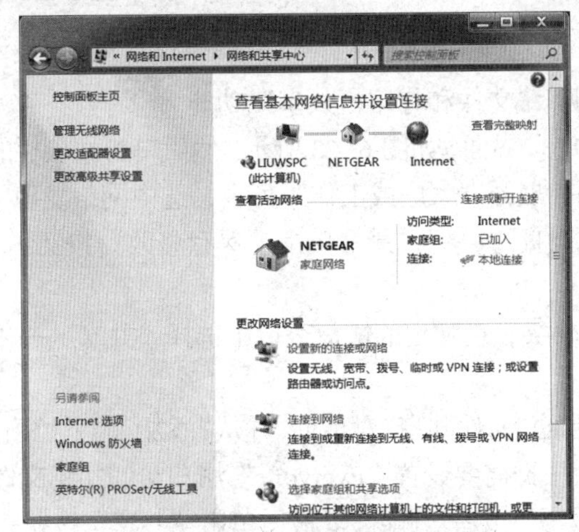

图 6-23　“网络和共享中心”窗口

② 选中“Internet 协议版本 4（TCP/IP）”复选框，单击“属性”按钮，如图 6-24 所示。

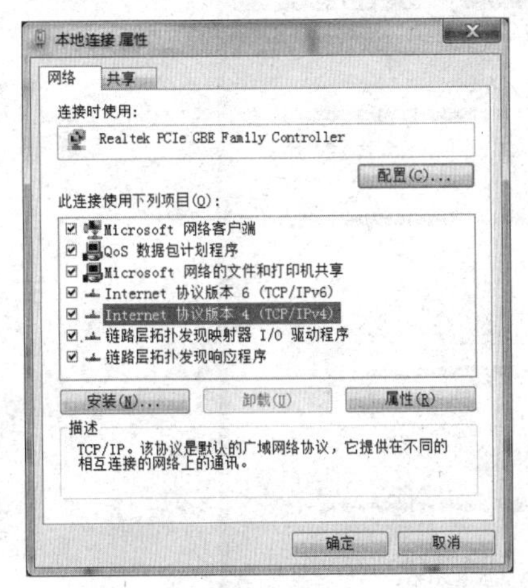

图 6-24　“本地连接属性”对话框

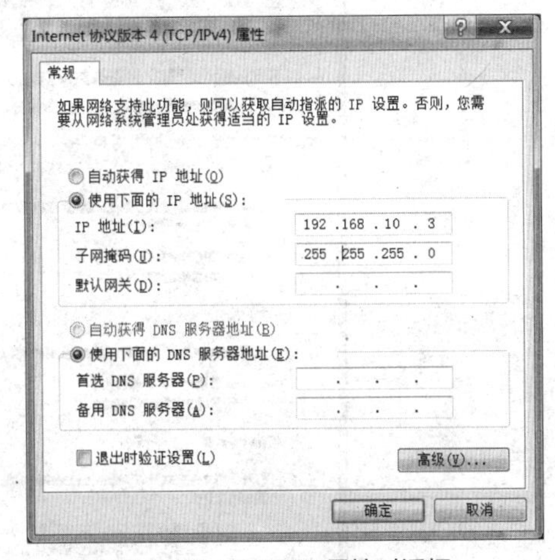

图 6-25　TCP/IP 属性对话框

③ 在弹出的对话框中，选中“使用下面的 IP 地址”单选按钮，输入 IP 地址和子网掩码（IP 地址可以为 192.168.0.1～192.168.0.254 间的任意一个，子网掩码为 255.255.255.0），注意在同一个网络中要保证 IP 地址的唯一性，如图 6-25 所示。

要测试网络是否配置成功，可以选择“开始”→“运行”命令，在弹出的对话框中输入局域网中其他计算机的 IP 地址，如 192.168.10.3。图 6-26 所示表示到该计算机的连接成功，

图 6-27 所示的结果则表示连接失败。

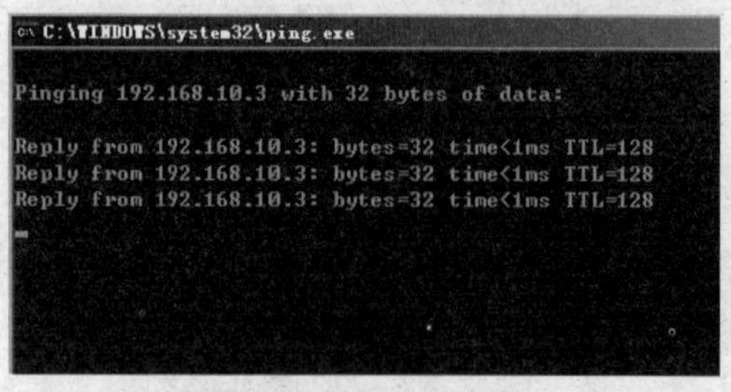

图 6-26　网络配置成功

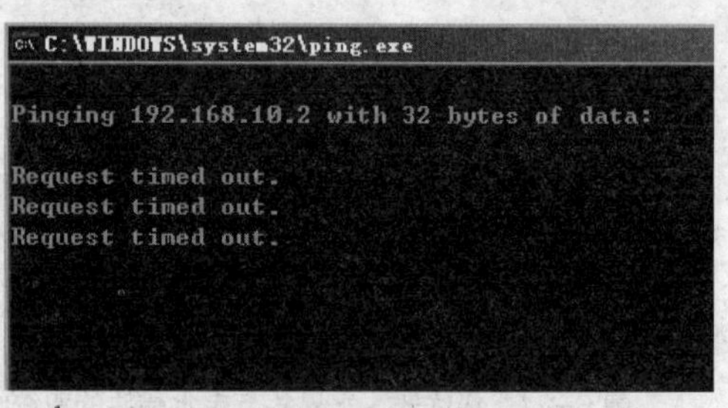

图 6-27　网络配置失败

3．设置共享

（1）启用“网络发现”“文件和打印机共享”功能

打开“网络和共享中心”界面，如图 6-23 所示。然后单击左侧栏的“更改高级共享设置”，进入图 6-28 所示的界面，展开“家庭或工作”列表，选中网络发现下面的“启用网络发现”以及下面的“启用文件和打印共享”，最后单击“保存修改”按钮。

（2）共享文件

① 右击要共享的文件夹，在弹出的快捷菜单中选择“共享”→“特定用户”命令，打开文件共享向导。

② 打开图 6-29 所示的“文件共享”对话框，并从“添加”的下拉列表框中选择“Everyone”，单击“添加”按钮。然后根据需要设置“Everyone”用户访问共享文件夹的权限。默认为“读取”，也可以修改为“读/写”或者“删除”。最后单击“共享”按钮完成文件共享，此时在同一个局域网上的计算机就可以访问到该共享的文件。

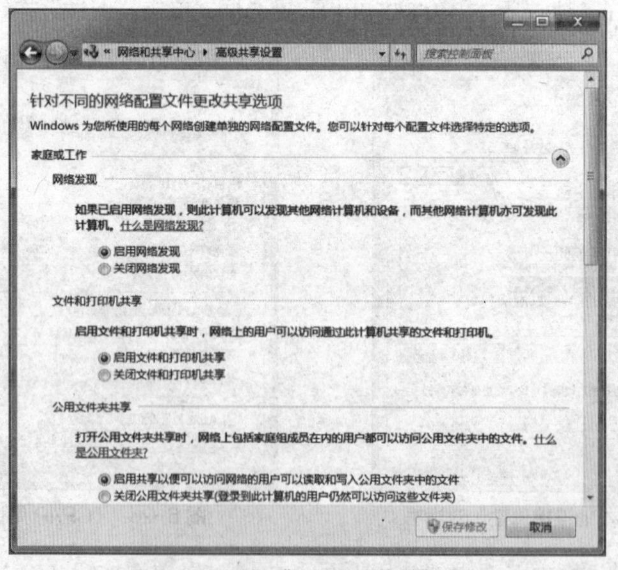

图 6-28　设置“高级共享设置”功能

③ 为了提高文件共享的安全性，可以给共享访问设置访问账号和密码，即启用密码保护共享功能。在“更改高级共享设置”界面中，展开“家庭或工作”列表，选择“密码保护的共享”中的“启用密码保护共享”，并单击“保存修改”按钮保存。这样则只有具备该计算机的用户名和密码才可以访问。

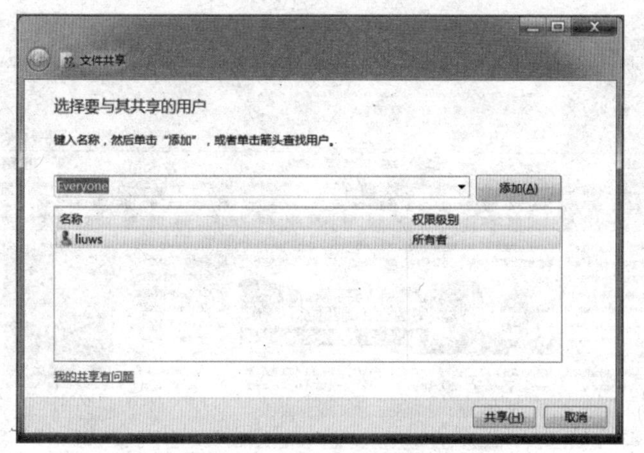

图 6-29 “文件共享”对话框

6.7 计算机网络应用实训

本实训所有的素材均在“计算机网络应用实训”文件夹内。

实训 1 Internet 起步

1．技能掌握要求

① 采用 IE 进行网页浏览以及信息保存。

② 采用搜索引擎进行信息搜索。

③ 采用 FTP 上传与下载文件。

2．实训过程

要顺利地完成下面的实训，需要将实训环境接入到 Internet，并且需要在服务器的 IIS 上安装 petshop 网站以及 FTP 网站，并向学生公布服务器的 IP 地址以及账号和密码。

（1）采用 IE（Internet Explorer）上网

① 双击桌面的 Internet Explorer 图标，或者选择“开始”→“所有程序”→“Internet Explorer”命令启动 IE 浏览器。

② 在地址栏中输入要浏览的网站的 URL，如 http://www.sohu.com，并按“Enter”键，即可打开网站的首页（见图 6-30）。

③ 选择 IE 浏览器菜单栏中的“文件”→“另存为”命令，保存打开的网页到“Internet 实训一\web1”文件夹中，保存类型为“网页，全部（*.htm；*.html）”，然后查看保存结果中有哪些文件及文件夹。

④ 再将打开的网页保存到“Internet 实训一\web2”文件夹中，保存类型为“Web 档案，单一文件（*.mht）”，然后查看保存结果中有哪些文件。

⑤ 采用 IE 访问实验室服务器中的 petshop 网站，地址为 http://服务器 IP 地址/petshop，其中的“服务器 IP 地址”为实验室服务器的实际 IP 地址。

⑥ 将打开的网页中的“奇妙米老鼠（米奇米妙）一对”的图片保存到“Internet 实训一\pic”文件夹中，并将该图片命名为 mini.jpg。

图 6-30 采用 IE 上网

（2）利用搜索引擎搜索信息

① 启动 IE，并访问网站 www.baidu.com（见图 6-31）。

图 6-31 百度搜索引擎

② 搜索关键字为“博客”的网页，查看搜索结果有多少篇。

③ 搜索关键字为“和谐社会”的新闻，并查看搜索结果有多少篇。

④ 搜索 MP3 歌曲“再回首”。

⑤ 通过“图片”选项，搜索“狗”的图片，并保存前三张图片到“Internet 实训一\Searchpic”文件夹中。

拓 展

利用搜索引擎，如何让搜索结果中只包括 docx 文档或者 pptx 文档？

（3）利用 FTP 下载或者上传文件

① 选择“开始”→“所有程序”→“Internet Explorer”命令启动 IE 浏览器。

② 在地址栏中输入所要访问的 FTP 地址，如 ftp://192.168.10.3/，然后按“Enter”键。

③ 在弹出的“登录身份”对话框中输入用户名和密码进行登录（见图 6-32）。

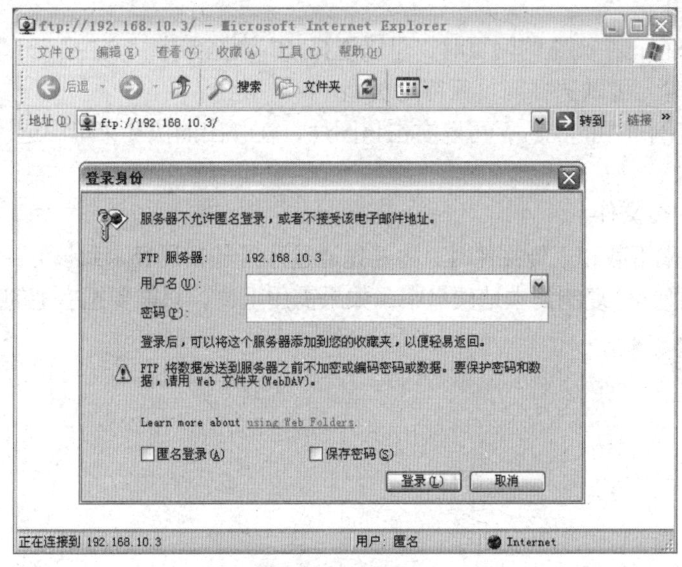

图 6-32 登录身份

④ 下载文件。登录成功后，将看到 FTP 站点中的文件，复制其中的一个到“Internet 实训二\ftpdoc”文件夹中。

⑤ 上传文件。上传“Internet 实训二\ftpdoc\0208.docx”到 FTP 网站中。登录成功后，可以通过复制本地计算机中的一个文件或文件夹，然后在 FTP 网站中进行粘贴。

实训 2 收发邮件

1. 技能掌握要求

① 收取邮件。

② 发送邮件。

2. 实训过程

① 在新浪网站 www.sina.com 上注册一个 E-mail 账号，并记住该账号和密码。

② 利用刚申请的账号和密码，登录邮箱，查收网站发来的第一封邮件。

③ 向同学发送一封邮件，邮件的主题为“第一封”；内容为“你好!，这是我发送的第一封邮件，请查收附件中的文件”；设置附件添加路径为 Internet 实训二\email\dog.jpg。然后单击“发送”按钮。

④ 查看同学发来的邮件，并下载其中的附件到“Internet 实训二”文件夹中。

⑤ 添加一位同学的 E-mail 地址到个人邮箱“通讯录”的“联系人”中。

本章小结

计算机网络为我们的生活提供了各种应用服务，在一定程度上改变了人们的生活习惯。

1. 建立 ADSL 的拨号连接

选择“控制面板”→“网络和 Internet”→“网络和共享中心”→“设置新的连接和网络”→“连接到 Internet”图标，然后单击“连接宽带（PPPoE）”图标，在弹出的“连接到 Internet”对话框中设置好 ADSL 的各个参数。

2. IE 的使用

① 当需要保存正在浏览的网页时，可以选择 IE 浏览器中“文件”→“另存为”命令来保存网页，保存时，可以选择网页保存的类型。

② 为了保存网页中的图片，可以右击该图片，在弹出的快捷菜单中选择“图片另存为”命令。

3. 下载和上传文件

当采用 FTP 来下载和上传文件时，需要先通过账号和密码登录到该 FTP 服务器上，如果需要下载，直接把文件复制到本地硬盘中，如果需用上传，只需要把本地的文件复制到 FTP 空间中。